Dr. Hans-Joachim Berg	Bergakademie Freiberg, Sektion Metallurgie und Werkstofftechnik
Dr. Gerhard Dümecke	Akademie der Wissenschaften der DDR, Zentralinstitut für anorganische Chemie
Dr. Helmut Ehrhardt	VEB Mansfeld Kombinat, Forschungsinstitut für NE-Metalle Freiberg
Dr. Klaus Höppner	Akademie der Wissenschaften der DDR, Zentralinstitut für anorganische Chemie
Dr. Peter Jugelt	Technische Universität Dresden, Sektion Physik
Prof. Dr. Jerzy Jurczyk	Eisenforschungsinstitut Gliwice (VR Polen)
Dr. sc. Roland Kiessling	Bergakademie Freiberg, Sektion Chemie
Prof. Dr. Karlheinz Kleinstück	Technische Universität Dresden, Sektion Physik
Dipl.-Chem. Elmar Lechmann	Zentrales Geologisches Institut Berlin
Dr. Bertold Luft	Bergakademie Freiberg, Sektion Metallurgie und Werkstofftechnik
Dr. Dieter Mudrack	Akademie der Wissenschaften der DDR, Zentralinstitut für anorganische Chemie
Dr. Kurt Richter	Technische Universität Dresden, Sektion Physik
Dipl.-Chem. Günter Sanner	VEB Mansfeld Kombinat, Forschungsinstitut für NE-Metalle Freiberg
Dr. Michael Schiekel	Technische Universität Dresden, Sektion Physik
Dr. Rolf Schindler	Zentrales Geologisches Institut Berlin
Dr. Bernd Wehner	Technische Universität Dresden, Sektion Physik

Röntgenfluoreszenzanalyse

Anwendung in Betriebslaboratorien

Von einem Autorenkollektiv
unter Federführung von Dr. rer. nat. Helmut Ehrhardt

2., überarbeitete und erweiterte Auflage

Mit 84 Bildern, 53 Tabellen und 4 Tafeln

Springer-Verlag Berlin Heidelberg NewYork
London Paris Tokyo 1989

Lizenzausgabe für den
Springer-Verlag Berlin Heidelberg New York London Paris Tokyo

Vertriebsrechte für die nichtsozialistischen Länder:
Springer-Verlag Berlin Heidelberg New York London Paris Tokyo

Vertriebsrechte für die sozialistischen Länder:
VEB Deutscher Verlag für Grundstoffindustrie, Leipzig

CIP-Titelaufnahme der Deutschen Bibliothek
Röntgenfluoreszenzanalyse : Anwendung in
Betriebslaboratorien / von e. Autorenkollektiv unter
Federführung von Helmut Ehrhardt. – 2., überarb. u. erw. Aufl.
– Berlin ; Heidelberg ; New York ; London ; Paris ; Tokyo:
Springer, 1989
1. Aufl. im Dt. Verl. für Grundstoffindustrie, Leipzig
ISBN 978-3-642-52296-3   ISBN 978-3-642-52295-6 (eBook)
DOI 10.1007/978-3-642-52295-6
NE: Ehrhardt, Helmut [Hrsg.]

Alle Rechte vorbehalten
© VEB Deutscher Verlag für Grundstoffindustrie, Leipzig 1989
Softcover reprint of the hardcover 2nd edition 1989

Die Wiedergabe von Gebrauchsnamen, Handelsnamen, Warenbezeichnungen usw. in diesem Werk berechtigt auch ohne besondere Kennzeichnung nicht zur Annahme, daß solche Namen im Sinne der Warenzeichen- und Markenschutz-Gesetzgebung als frei zu betrachten wären und daher von jedermann benutzt werden dürften.

Sollte in diesem Werk direkt oder indirekt auf Gesetze, Vorschriften oder Richtlinien (z. B. DIN, VDI, VDE) Bezug genommen oder aus ihnen zitiert worden sein, so kann der Verlag keine Gewähr für Richtigkeit, Vollständigkeit oder Aktualität übernehmen. Es empfiehlt sich, gegebenenfalls für die eigenen Arbeiten die vollständigen Vorschriften oder Richtlinien in der jeweils gültigen Fassung hinzuzuziehen.

2160/3020-543210

Vorwort

Seit etwa 25 Jahren besitzt die Röntgenfluoreszenzanalyse für Betriebslaboratorien große Bedeutung. Hauptanwendungsgebiete in der Metallurgie und in der Silikatindustrie sind die Produktionskontrolle und -steuerung und die Erkundung in der Geologie. Neben analytisch tätigen Chemikern beschäftigen sich Vertreter vieler naturwissenschaftlicher und technischer Fachrichtungen mit der Röntgenfluoreszenzanalyse.
Anliegen des vorliegenden Buches ist es, Mitarbeiter von Betriebslaboratorien beim Vertrautwerden mit Möglichkeiten, Vorzügen, Problemen und Leistungsgrenzen dieser modernen und sehr effektiven Analysenmethode zu unterstützen. Das Autorenkollektiv, dem Vertreter unterschiedlicher Fachgebiete angehören, unternimmt den Versuch, die bei der Anwendung dieser Methode gewonnenen eigenen Erfahrungen so weit zu verallgemeinern, daß sie ohne Schwierigkeiten auch auf analoge Problemstellungen übertragen werden können.
Das Buch soll dem Betriebspraktiker als Werkzeug dienen, ihm die zur Anwendung der Röntgenfluoreszenzanalyse erforderlichen Grundkenntnisse vermitteln und Fakten erfolgreich erprobter Verfahren zur Elementanalyse darlegen.
Die Tatsache, daß die erste Auflage bereits nach kurzer Zeit vergriffen war, zeigt das Interesse am behandelten Stoffgebiet.
Die Autoren entsprachen dieser Sachlage durch Überarbeitung und Ergänzung des Stoffes und der Literaturangaben sowie durch die Einbeziehung der energiedispersiven RFA. Verbesserungen wurden durch die Anwendung einer einheitlichen Symbolik und durch Vermeidung von Wiederholungen erzielt.
Die Autoren danken Herrn Prof. Dr. POHLACK, Jena, für wertvolle Hinweise und seine Mühe bei der Durchsicht des Manuskriptes sowie dem Verlag für die unkomplizierte Lösung aller mit der Drucklegung verbundenen Probleme.

Freiberg   H. EHRHARDT

Inhaltsverzeichnis

Verzeichnis der wichtigsten Symbole 11

**Grundlagen der Röntgenfluoreszenzanalyse,
Instrumentierung, Probleme
der Konzentrationsbestimmung, Analysenbedingungen**

1. **Einführung** 14

2. **Physikalische Grundlagen der RFA** 17
   - 2.1. Grundprinzip der RFA – Globale Charakterisierung ihrer Anwendungsleistungen . . 17
   - 2.2. Allgemeine Charakterisierung der Röntgenstrahlen 18
   - 2.3. Gesetzmäßigkeiten der primären Röntgenstrahlung 20
     - 2.3.1. Röntgenbremsstrahlung 21
     - 2.3.2. Charakteristische Röntgenstrahlung 23
     - 2.3.3. Einfluß der elektrischen Parameter 27
     - 2.3.4. γ-Strahlung radioaktiver Quellen 29
   - 2.4. Wechselwirkung von Röntgenstrahlung und Materie 29
     - 2.4.1. Schwächung 29
     - 2.4.2. Fotoabsorption 31
     - 2.4.3. Auger-Effekt 33
     - 2.4.4. Streuung 34
     - 2.4.5. Beugung am Einkristall 36
   - 2.5. Intensität der Röntgenfluoreszenzstrahlung der Analysenprobe 37
     - 2.5.1. Intensität der K_α-Spektrallinien bei monochromatischer Anregung . . . 38
     - 2.5.2. Intensität der K_α-Spektrallinien bei polychromatischer Anregung 40
     - 2.5.3. Optimale Anregungsbedingungen 40
     - 2.5.4. Einfluß der Dicke der Analysenprobe 41

3. **Apparative Grundlagen der RFA** 43
   - 3.1. Aufbau und Wirkungsweise von RFA-Geräten 43
   - 3.2. Primärstrahlungsquellen 51

3.3.	Monochromatoren		57
3.4.	Strahlungsmessung		62
	3.4.1.	Detektoren	62
	3.4.1.1.	Allgemeine Detektorparameter	62
	3.4.1.2.	Szintillationszähler	66
	3.4.1.3.	Proportionalzählrohr	68
	3.4.1.4.	Halbleiterdetektor	71
	3.4.2.	Nachweiselektronik	76
3.5.	Energiedispersive Röntgenfluoreszenz-Analysengeräte		81
	3.5.1.	Geräte für Spezialanwendungen	82
	3.5.2.	Universelle Vielkanalgeräte	84
3.6.	Funktionstest		85

4. Meßgrößen und Meßwertaufbereitung 89

4.1.	Wellenlängendispersive RFA		90
4.2.	Energiedispersive RFA		92
	4.2.1.	Struktur des Impulshöhenspektrums	92
	4.2.2.	Spektreninspektion und Elementidentifizierung (qualitative Analyse)	95
	4.2.2.1.	Glättung und Peaksuche	95
	4.2.2.2.	Korrektur von Spektrenverfälschungen	97
	4.2.2.3.	Elementidentifizierung	98
	4.2.3.	Peakflächenbestimmung und Spektrenauswertung als Vorbereitung für die Konzentrationsbestimmung (quantitative Analyse)	98
	4.2.3.1.	Untergrundbestimmung	99
	4.2.3.2.	Flächenbestimmung isolierter Peaks	100
	4.2.3.3.	Flächenbestimmung überlagerter Peaks mittels Überlappungsfaktoren	101
	4.2.3.4.	Spektrenauswertung mittels Standardspektren	102
	4.2.3.5.	Spektrenauswertung mittels Parameteroptimierung	104
	4.2.3.6.	Spektrenentfaltung	105

5. Konzentrationsbestimmung mittels RFA 107

5.1.	Probleme bei der Konzentrationsbestimmung mittels RFA		107
	5.1.1.	Matrixeffekte	108
	5.1.1.1.	Matrixeffekte infolge selektiver Schwächung	108
	5.1.1.2.	Matrixeffekte infolge zusätzlicher Anregung durch die Begleitelemente	110
	5.1.2.	Korngrößen- und Oberflächenprobleme	114
	5.1.2.1.	»Effektives« Probevolumen in der RFA	115
	5.1.2.2.	Einfluß der Korngröße und ihrer Verteilung auf die Fluoreszenzintensität	116
	5.1.2.3.	Einfluß des Oberflächenzustandes auf die Fluoreszenzintensität	119
5.2.	Anforderungen an die Eichproben		122
5.3.	Rechnerische Möglichkeiten ohne spezielle Probenvorbereitung		123
	5.3.1.	Grafische Darstellung der Intensitäts-Konzentrations-Beziehung und lineare Eichkurve	124
	5.3.2.	Intensitäts-Korrektur-Modelle	125

	5.3.3.	Regression und Koeffizientenbewertung	127
	5.3.4.	Konzentrationsbestimmung in Stahl (als Beispiel)	131
	5.3.5.	Konzentrations-Korrektur-Modelle	135
	5.3.6.	Fundamentalparameter-Modell	138
	5.3.7.	Beispiel für die Konzentrationsbestimmung von Nickel in Hartperm	141
5.4.		Experimentelle Möglichkeiten	145
	5.4.1.	Übersicht	145
	5.4.2.	Anwendung von äußeren und inneren Standards	146
	5.4.2.1.	Äußerer Standard	146
	5.4.2.2.	Innerer Standard	146
	5.4.3.	Anwendung von gestreuter Primärstrahlung	149
	5.4.4.	Verdünnungsmethoden	151

6. Präparationstechnik in der RFA … 153

6.1.		Kompaktes Analysenmaterial (Metalle, Legierungen, Gläser)	155
	6.1.1.	Metallische Analysenproben	155
	6.1.2.	Gläser und Schmelzaufschlüsse	158
6.2.		Pulverförmige Proben	165
	6.2.1.	Untersuchung von Pulvern als Schüttgut	166
	6.2.2.	Preßproben ohne Bindemittelzusatz	167
	6.2.3.	Preßproben mit Bindemittelzusatz	169
	6.2.4.	Tablettierung geringer Probemengen	170
6.3.		Flüssige Proben	171

7. Fehlerquellen in der RFA, Bewertung der Analysenverfahren und Auswahl optimaler Zählbedingungen … 173

7.1.		Systematische und zufällige Fehler in der RFA	173
7.2.		Statistische Parameter für die Erfassung zufälliger Fehler	174
	7.2.1.	Einführung	174
	7.2.2.	Reproduzierbarkeit von Analysenverfahren	175
	7.2.3.	Reproduzierbarkeit von Meßwerten	176
7.3.		Zufällige Fehler durch Probenvorbereitung und Auswertung	177
7.4.		Ermittlung der Meßwertstabilität von Röntgenspektrometern	178
7.5.		Bewertungsgrößen für Verfahren der RFA	179
	7.5.1.	Reststreuung der Eichung	179
	7.5.2.	Bestimmungsgrenze	181
	7.5.3.	Empfindlichkeit	182
	7.5.4.	Zeitbedarf und Arbeitsaufwand	182
7.6.		Impulsstatistischer Fehler und Auswahl optimaler Zählbedingungen	183
	7.6.1.	Meßstrategie	183
	7.6.2.	Nettointensitäten	184
	7.6.3.	Intensitätsverhältnisse	186

Verfahren der Röntgenfluoreszenzanalyse

8. Anwendung der RFA in der Schwarzmetallurgie 191

8.1. Analyse von Eisenerz, Eisensinter und Eisenerzkonzentraten 191
    8.1.1. Verfahren mit Lithiumtetraborataufschluß 192
    8.1.2. Verfahren mit Tabletten und Bindemittelzusatz 194
    8.1.3. Verfahren über einen Sinteraufschluß mit Natriumtetraborat 195

8.2. Analyse von Schlacken 195
    8.2.1. Verfahren mit Boraxaufschluß 196
    8.2.2. Verfahren mit Tabletten unter Bindemittelzusatz 197

8.3. Analyse von Roh- und Gußeisen 197
    8.3.1. Verfahren mit kompakten Roheisenproben 198
    8.3.2. Verfahren für Eisenpulver in Tablettenform mit Bindemittel 198
    8.3.3. Verfahren mit kompakten Roheisenproben unter Anwendung des Umschmelzens 199

8.4. Analyse von Stahl 199
    8.4.1. Verfahren mit kompakten Stahlproben 200
    8.4.2. Verfahren mit umgeschmolzenen Stahlspänen 202

8.5. Analyse von Ferrolegierungen 203
    8.5.1. Verfahren mit naßchemischem Voraufschluß und anschließendem Schmelzaufschluß 203
    8.5.2. Oxydierender Schmelzaufschluß im Platin-Gold-Tiegel 204
    8.5.3. Umschmelzen unter Verdünnung in einem HF-Ofen 206

9. Anwendung der RFA in der Buntmetallurgie 207

9.1. Analyse von Rohstoffen 207
    9.1.1. Kupferschiefer 207
    9.1.2. Tantalitkonzentrat 209
    9.1.3. Bauxit 210

9.2. Analyse von Schlacken 211
    9.2.1. Zinnhaltige Schlacken 211
    9.2.2. Schlacke des Bleischachtofens 213
    9.2.3. Kupfer-Nickel-Schlacke 214

9.3. Analyse von Stäuben und Schlämmen 215
    9.3.1. Tonerde 215
    9.3.2. Anodenschlamm der Bleielektrolyse 216
    9.3.3. Flugstaub des Bleischachtofens 218

9.4. Analyse von Buntmetallen und Buntmetallegierungen 220
    9.4.1. Neusilber – Messing 221
    9.4.2. Hüttenaluminium 223
    9.4.3. Bestimmung von Edelmetallen in Blei (Dokimasie – Bleikönig) 224
    9.4.4. Weißmetalle 226

9.5.	Analyse von Lösungen		227
	9.5.1.	Galvanische Bäder	228
	9.5.2.	Silberelektrolyt	228
	9.5.3.	Zinnkrätze	230

10. Anwendung der RFA in der Silikatindustrie ... 232

10.1.	Analyse technischer Gläser		233
	10.1.1.	Analyse technischer Gläser als Kompaktglasproben	233
	10.1.2.	Analyse von Glaspulvern	235
10.2.	Analyse silikatischer Roh- und Werkstoffe		241
	10.2.1.	Analyse von Tonen als Pulvermaterial	241
	10.2.2.	Analyse von Kaolin, Ton und anderen silikatischen Roh- und Werkstoffen mit Schmelztabletten	242
	10.2.3.	Analyse von Zirkon-Korund-Feuerfestmaterial und von Zr-reichen Rohstoffen	244
	10.2.4.	Analyse von Zement	246

11. Anwendung der RFA in der Geologie ... 249

11.1.	Bestimmung von Haupt- und Nebenkomponenten in Gesteinen, Erzen und Anreicherungsprodukten		250
	11.1.1.	Bestimmung von Haupt- und Nebenkomponenten in Gesteinen	251
	11.1.2.	Verfahren zur Analyse von Erzen und Anreicherungsprodukten	254
11.2.	Bestimmung von Spurenelementen in Gesteinen		258
	11.2.1.	Verfahren zur Bestimmung von Spurenelementen auf der Basis der Rh-Compton Matrixkorrektur	258
	11.2.2.	Bestimmung von Spurenelementen mit innerem Standard	260
	11.2.3.	Verfahren zur Bestimmung von Spurenelementgehalten im CLARKE-Bereich	261
11.3.	Analyse geologischen Materials mit energiedispersiven Gerätesystemen		263

12. RFA minimaler Probemassen ... 267

12.1.	Physikalische Besonderheiten		267
12.2.	Spurenanalyse		268
	12.2.1.	Schwebstaubanalyse	269
	12.2.2.	Röntgenspektrochemische Wasseranalyse	274
	12.2.3.	Allgemeine röntgenspektrochemische Spurenanalyse	277

Tafel I.	Wellenlängen charakteristischer Spektrallinien	282
Tafel II.	Anregungsenergien für K- und L-Spektren und Wellenlängen von K- und L-Absorptionskanten	283
Tafel III.	Analysatorkristalle	284
Tafel IV.	Massenschwächungskoeffizienten μ/ϱ	287

Literaturverzeichnis ... 291

Sachwortverzeichnis ... 312

Verzeichnis der wichtigsten Symbole

Symbol	Bedeutung
A	Impulshöhenanalysator
AW	Anregungswahrscheinlichkeit
a	Abstand zwischen Strahlenquelle und Beobachtungsort
	Regressionskoeffizient
B	Index für Bruttoimpulse
	Index für Bremsstrahlung
C	Index für Compton-Strahlung
c	Lichtgeschwindigkeit
	Konzentration
c_i	Konzentration des Elementes i
$\bar{c}_i$	mittlere Konzentration des Elementes i
D	Impulshöhendiskriminator
$D_{1/2}$	Halbwertsdicke der Schwächung
D_{min}	Mindestdicke der »unendlich dicken« Probe
d	Netzebenenabstand
DZ	Gasdurchflußzählrohr
E	Index für Eich- oder Standardprobe
	Energie
	Effektivität
E_{EL}	kinetische Energie des Elektrons
E_Q	Quantenenergie
E_k	Energie der K-Schale
e	elektrische Elementarladung
F	Fano-Faktor
h	Plancksches Wirkungsquantum
HD	Halbleiterdetektor
hkl	Millersche Indizes
I	Intensität
	Impulse
	Impulszahl
I_B	Intensität der Röntgenbremsstrahlung
	Bruttointensität
I_C	Intensität der gestreuten Compton-Strahlung
I_{Ch}	Intensität der charakteristischen Röntgenstrahlung
I_0	Intensität der Röntgenprimärstrahlung
$I_{iK\alpha}$	Intensität der K_α-Spektrallinie des Elementes i
I_R	Intensität der reflektierten Strahlung
K	Apparatekonstante
l	Nebenquantenzahl
m_e	Elektronenmasse
N	Anzahl von Quanten oder Impulsen
N	Index für Nettoimpulse
n	Hauptquantenzahl
	Ordnungszahl der Beugung
	Anzahl der Meßwerte
	Anzahl der Eichproben
n^x	Brechungsexponent
P	Index für Probe
P	Wahrscheinlichkeit oder statistische Sicherheit
PZ	Proportionalzählrohr, geschlossen
Q	Quotient der Intensitäten bzw. Impulsraten
R	Rydberg-Konstante
R	Impulsrate
r	Korrelationskoeffizient
S	Kovarianz
S_K	K-Absorptionssprung
s	Standardabweichung
	Spinquantenzahl
$\bar{s}$	Quadratwurzel der Reststreuung
s_r	relative Standardabweichung
SZ	Szintillationszähler

Symbolverzeichnis

Symbol	Bedeutung
t	Zählzeit
$t_{1/2}$	Halbwertszeit
U	Index für Untergrundimpulse
U	Röntgenröhrenspannung
$U_{\text{K-Serie}}$	Anregungsspannung der K-Serie
$U_{\text{L-Serie}}$	Anregungsspannung der L-Serie
u	Übergangswahrscheinlichkeit
v	Geschwindigkeit des Elektrons
Z	Ordnungszahl im Periodensystem der Elemente
Θ	Braggscher Winkel
λ	Wellenlänge der Röntgenstrahlung
λ_K, λ_{LI}, λ_{LII}, λ_{LIII}	Wellenlängen der Kanten im Röntgenabsorptionsspektrum
$\lambda_{\min}$	kurzwellige Grenze des Röntgenbremsspektrums
$\lambda_{\max}$	Wellenlänge maximaler Intensität des Röntgenbremsspektrums
λ_{eff}	»Effektive« Wellenlänge der Röntgenprimärstrahlung
μ	Schwächungskoeffizient Beweglichkeit
μ/ϱ	Massenschwächungskoeffizient
τ	Absorptionskoeffizient Totzeit
τ/ϱ	Massenabsorptionskoeffizient
σ	Streukoeffizient
σ/ϱ	Massenstreukoeffizient
ε	mittlerer Energieaufwand für Ladungsträgerpaar
$\varkappa$	Zerfallskonstante
ν	Frequenz der Röntgenstrahlung
ϱ	Dichte
φ	Winkel zwischen Primärstrahlrichtung und Probenoberfläche
ψ	Abnahmewinkel der Röntgenfluoreszenzstrahlung gegen die Probenoberfläche
ω	Fluoreszenzausbeute

Grundlagen der Röntgenfluoreszenzanalyse, Instrumentierung, Probleme der Konzentrationsbestimmung, Analysenbedingungen

1.	Einführung	*14*
2.	Physikalische Grundlagen der RFA	*17*
3.	Apparative Grundlagen der RFA	*43*
4.	Meßgrößen und Meßwertaufbereitung	*89*
5.	Konzentrationsbestimmung mittels RFA	*107*
6.	Präparationstechnik in der RFA	*153*
7.	Fehlerquellen in der RFA, Bewertung der Analysenverfahren und Auswahl optimaler Zählbedingungen	*173*

1. Einführung

HELMUT EHRHARDT

Von der Entdeckung einer neuartigen Strahlung durch CONRAD WILHELM RÖNTGEN im Jahre 1895 bis zu ihrer Anwendung für die Elementanalyse im Betriebslabor vergingen etwa 60 Jahre. In dieser Zeitspanne mußten weitere wissenschaftliche Erkenntnisse gesammelt werden, damit diese Entwicklung möglich wurde. So gelang es VON LAUE 1912, die Wellennatur der neuen Strahlung nachzuweisen. Die Beziehungen, die W. H. und W. L. BRAGG in der nach ihnen genannten Gleichung und MOSELEY mit dem ihm zu Ehren benannten Gesetz im Jahre 1913 fanden, bilden die Grundlage für die qualitative »Röntgen«-Spektralanalyse. Die Entdeckungen des Hafniums im Jahre 1923 durch COSTER und VON HEVESY und des Rheniums 1925 durch NODDACK und TACKE waren erste große Erfolge der Anwendung von Röntgenspektren zur Analyse. Die bis dahin betriebene Primäranregung, die großen experimentellen Aufwand erforderte, wurde 1928 von GLOKKER und SCHREIBER sowie von VON HEVESY, BÖHM und FASSLER durch die Sekundär- oder Fluoreszenzanregung ergänzt, wobei geschlossene Röntgenröhren Verwendung fanden. Die damit erzielten experimentellen Vereinfachungen waren jedoch von einem Intensitäts- und damit Empfindlichkeitsverlust begleitet, der erst mit der Entwicklung von fotoelektrischen Empfängern für ionisierende Strahlung ausgeglichen werden konnte. Damit wurde zugleich die fotografische Aufzeichnung in der Röntgenspektralanalyse abgelöst. Durch die elektronische Registrierung der Spektren verminderte sich der manuelle Aufwand abermals, und die Methode der wellenlängendispersiven Röntgenfluoreszenzanalyse (RFA) fand mit ihrer ersten Gerätegeneration etwa ab 1955 Eingang in die Betriebslaboratorien. Dabei begegnete man Abweichungen von linearen Intensitäts-Konzentrationsbeziehungen zunächst auf experimentellem Wege durch die Probenvorbehandlung und mit Hilfe interner Standards. Rechnerische Korrekturansätze fanden dann mit der zweiten, rechnergekoppelten Gerätegeneration Anwendung und lösten die experimentellen Methoden zur Korrektur von Matrix- und anderen Einflüssen weitgehend ab.
Aufbauend auf grundlegenden Arbeiten zur Herstellung von p-i-n-Silicium-Halbleiterdetektoren durch Kompensation von p-Silicium mittels Li-Drifttechnologie sowie zur Entwicklung rauscharmer Vorverstärker erfolgte die rasche Entwicklung energiedispersiv arbeitender Vielkanalspektrometer mit Halbleiterdetektoren. Über erste Anwendungen wurde nach 1965 berichtet, wobei zunächst bevorzugt Radionuklidquellen zur Anregung Verwendung fanden. Die Einführung energiedispersiver Vielkanalgeräte mit Halbleiterdetektoren in die Betriebslaboratorien begann etwa ab 1975. Diese Entwicklung hat jedoch nicht zu einer generellen Ablösung wellenlängendispersiv arbeitender Spektrometer geführt. Energiedispersiv arbeitende RFA-Geräte stellen vielmehr deren notwendige und vorteilhafte Ergänzung dar.

Gegenwärtig sind die Bemühungen der Entwickler von Geräten und Methode darauf gerichtet, den Eichaufwand einzuschränken bzw. durch die Anwendung von Absolutmethoden auf Eichproben in der RFA vollständig zu verzichten.

In ihrer *Leistungsfähigkeit* ist die RFA hinsichtlich solcher Vergleichskriterien wie erfaßbare Elemente und deren Gehaltsbereich, Präzision der Ergebnisse und Zeit- und Arbeitsaufwand je Bestimmung vielen klassischen und auch modernen Methoden überlegen. Hinzu kommt, daß sie in bezug auf die Meßprobe zerstörungsfrei ist und somit das Probenmaterial für Wiederholungsmessungen verfügbar bleibt. Von Vorteil ist ferner, daß die Röntgenspektren relativ linienarm sind und Linieninterferenzen seltener als in der optischen Spektralanalyse auftreten. Ebenso vorteilhaft ist die Tatsache, daß sowohl kompakte und pulverförmige als auch flüssige Proben analysiert werden können.

Zu den Nachteilen der Methode kann man das im Vergleich zur optischen Spektralanalyse und zur Atomabsorption geringere Nachweisvermögen zählen. Der hohen Gerätekosten und der zeitaufwendigen Verfahrensentwicklungen wegen ist die RFA zur Lösung analytischer Einzelaufgaben wenig geeignet. Als Relativmethode hängt ihre erfolgreiche Anwendung noch von einer hinreichend großen Anzahl gut analysierter Eichproben ab.

Aus ökonomischer Sicht zeichnet sich die RFA als Betriebsmethode dadurch aus, daß durch sie eine kontinuierliche Produktionskontrolle und damit die Vermeidung von Fehlchargen möglich ist. In vielen Fällen ist sogar eine direkte Produktionsbeeinflussung erzielbar: Die Schnelligkeit der Bereitstellung analytischer Daten ermöglicht die bessere Auslastung von Aggregaten, und durch die hohe Präzision der Meßwerte kann z. B. bei Legierungen mit hochwertigen Komponenten bei Einhaltung der geforderten Qualität eine Materialeinsparung erreicht werden. Schließlich steigt durch die Anwendung der RFA in Betriebslaboratorien die Analysenleistung je Mitarbeiter bei niedrigeren Kosten je Analyse beträchtlich.

Probleme bei der Anwendung der RFA ergeben sich aus den bereits erwähnten oftmals komplizierten Intensitäts-Konzentrations-Beziehungen. Infolge gleichzeitiger Anwesenheit von mehreren Elementen in einer Probensubstanz treten in Abhängigkeit von der Stellung dieser Elemente im Periodensystem eine unterschiedlich starke Absorption von Primär- und Fluoreszenzstrahlung oder auch sekundäre Anregungen auf, wodurch die Proportionalität zwischen dem Gehalt des zu bestimmenden Elementes und der Intensität seiner Fluoreszenzstrahlung nicht gegeben ist.

Die geringe Eindringtiefe der anregenden Strahlung in die Probe und die noch geringere Austrittstiefe der charakteristischen Eigenstrahlung sowie die dabei auftretende Wechselwirkung zwischen Strahlung und Atomen sind die Ursache für den Einfluß, den die Korngröße und der Mineralbestand bei pulverförmigem Probenmaterial und die Oberflächenbeschaffenheit bei kompakten Proben auf das Ergebnis röntgenspektrometrischer Analysen ausüben. Schließlich hängt die Richtigkeit der Analysenwerte entscheidend von der Qualität der verfügbaren Eichproben ab. Systematische Fehler der chemischen Verfahren bei der Analyse des Eichmaterials werden voll auf den röntgenspektrometrisch ermittelten Analysenwert übertragen. Trotz dieser Probleme hat die RFA in Betriebslaboratorien bereits viele chemische Methoden der Produktionsüberwachung abgelöst.

Der effektive Einsatz moderner Röntgenspektrometer im Betriebslabor ist an bestimmte *Voraussetzungen* geknüpft. Die Anwendung der Methode ist nur dann gerechtfertigt, wenn Proben der gleichen Qualität in regelmäßigen Abständen untersucht werden müssen oder

wenn an die Analysendurchführung strenge zeitliche Forderungen oder Forderungen nach hoher Präzision gestellt werden.
Für die Aufstellung von Spektrometer und Peripheriegeräten müssen bestimmte räumliche Voraussetzungen gegeben sein. Im allgemeinen ist für ein Röntgenspektrometer ein klimatisierter Raum von 25 bis 30 m^2 ausreichend. Hinzu kommen je ein Arbeitsraum für die Probenvorbereitung und für die Auswertung. Außerdem ist der Platzbedarf für die Lagerung der Eich- und Analysenproben sowie für Spektrometer-Ersatzteile zu berücksichtigen. Unbedingt notwendig sind geeignete Geräte zur Probenvorbereitung wie Mühlen, Waagen, Pressen, Schmelz- und Schleifgeräte. Schließlich hängen die mit der RFA erzielbaren wirtschaftlichen Ergebnisse entscheidend von der Erfüllung personeller Voraussetzungen ab. Neben einem Spezialisten mit Hoch- oder Fachschulausbildung, der sich ständig und ausschließlich mit Methode und Spektrometer befassen sollte, sind für die erfolgreiche Anwendung der RFA im Betriebslabor qualifizierte und an dieser Tätigkeit interessierte Laboranten oder andere Mitarbeiter erforderlich. Außerdem ist die Betreuung eines Gerätekomplexes zur RFA durch einen Elektronik-Fachmann zu sichern. Völlig abwegig ist die Annahme, bei Einsatz »automatisch« arbeitender Geräte (»Analysenautomaten«) auf geschultes Fach- und Laborpersonal verzichten zu können. Bei gleichbleibendem Personalbestand mehr Analysen je Zeiteinheit anzufertigen, lautet die Aufgabenstellung bei Einführung der RFA. Dabei werden die chemischen Analysenverfahren durch die RFA nicht verdrängt. Sie sind für Kontrollbestimmungen, für die Analyse von Eichmaterial und für die Lösung von Sonderaufgaben mit kleiner Probenanzahl auch weiterhin unentbehrlich. Dabei muß man berücksichtigen, daß die RFA keine universell anwendbare Methode ist und deshalb auch nicht andere Methoden ersetzen kann.
Bei Beachtung ihrer Leistungsfähigkeit, der Berücksichtigung aller mit ihrer Anwendung verbundenen Besonderheiten, bei Kenntnis der Grenzen ihrer Anwendbarkeit und bei der Erfüllung bestimmter Voraussetzungen bringt die Methode der RFA im Produktionsprozeß einen großen Nutzen.

2. Physikalische Grundlagen der RFA

KARLHEINZ KLEINSTÜCK, BERND WEHNER und KURT RICHTER

2.1. Grundprinzip der RFA – Globale Charakterisierung ihrer Anwendungsleistungen

Bei der RFA trifft eine primäre Röntgenstrahlung, emittiert von einer Röntgenröhre oder einer radioaktiven Quelle Q, auf die zu analysierende Probe P (Bild 2-1). Als Folge dieser Wechselwirkung geht von der Probe eine sekundäre Röntgenstrahlung aus, die in einzelnen Komponenten charakteristisch für die chemische Zusammensetzung der Probe ist.

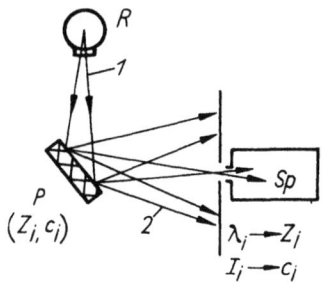

Bild 2-1
Experimentelles Grundschema der RFA
1 primäre Röntgenstrahlung
2 sekundäre Röntgenstrahlung (λ_i, I_i)

Und zwar erzeugen die in der Probe enthaltenen Atomsorten Z_i (Z Ordnungszahl) u. a. Strahlungskomponenten mit für sie typischen Wellenlängen λ_i, und die Konzentrationen c_i der Atomsorten haben maßgeblichen Einfluß auf die Intensitäten I_i, mit denen diese Komponenten in der sekundären Strahlung auftreten. Die Messung der λ_i und I_i erfolgen mit einem Spektrometer Sp und erlauben nach dem Gesagten die Bestimmung der Z_i und c_i, d. h. die qualitative und quantitative chemische Elementanalyse.
Der Begriff *Röntgen-Fluoreszenz-Analyse* für das beschriebene Verfahren ist physikalisch begründet, weil die zur Analyse der Probe benutzte und von ihr emittierte charakteristische Röntgenstrahlung durch eine andere Röntgenstrahlung von außen angeregt wird (Effekt der Fluoreszenz).
Bei den Spektrometern Sp hat man zwischen den beiden Typen *kristalldispersiv* und *energiedispersiv* zu unterscheiden. Bei ersteren erfolgt die spektrale Zerlegung der Fluoreszenzstrahlung durch Beugung an einem Einkristall und bei letzteren allein mit einem fotoelektrischen Detektor besonders hoher Energieauflösung.
Die Anwendungsleistungen der RFA sind durch den aktuellen technischen und methodi-

2. Physikalische Grundlagen der RFA

schen Entwicklungsstand bedingt und können für die kristalldispersiven Systeme global folgendermaßen charakterisiert werden:

- Die Analyse ist im gesamten Elementebereich des Periodensystems von der Ordnungszahl $Z = 9$ (F) an möglich (in speziellen Fällen ab $Z = 6$ (C)).
- Die RFA erlaubt die quantitative Analyse im Konzentrationsbereich bis herab zu 10^{-2} bis $10^{-4}\%$; nach oben gibt es keine Grenze, d. h., sie ist bis 100% durchführbar.
- Es werden Analysengenauigkeiten von $\Delta c/c = 0{,}1$ bis $0{,}5\%$ erreicht. Im Grenzbereich der niedrigsten Konzentrationen sind sie naturgemäß schlechter; sie haben hier als absolute Fehler Δc meist die Größenordnung der meßbaren Grenzkonzentrationen von 10^{-2} bis $10^{-4}\%$.
- Die Analysengeschwindigkeiten sind sehr hoch. Zur Messung einer elementaren Komponente beträgt die Meßzeit größenordnungsmäßig 1 min.
- Die Analysengeräte messen meist die Mittelwerte von Probenflächen mit einem Durchmesser bis etwa 40 mm, und die Methode erfaßt die Probe in einer Dicke von maximal 0,1 bis 0,5 mm an der Oberfläche.
- Die Analyse ist an kompakten, pulverförmigen und flüssigen Proben möglich.

Die Anwendungsleistungen der energiedispersiven RFA-Systeme liegen bei den Parametern Elementebereich, Konzentrationsbereich und Analysengenauigkeit etwas darunter, sind ansonsten aber die gleichen.
Die praktische Durchführung der RFA erfordert die Kenntnis physikalischer Gesetzmäßigkeiten der primären Röntgenstrahlung und ihrer Wechselwirkung mit der Probe, insbesondere der dabei erzeugten und für die elementare Probenzusammensetzung charakteristischen Röntgenstrahlung (der Röntgenfluoreszenzstrahlung). Beides wird nachfolgend in diesem Abschnitt behandelt.

2.2. Allgemeine Charakterisierung der Röntgenstrahlen

Röntgenstrahlen gehören ihrem Wesen nach zur Kategorie der elektromagnetischen Strahlung. Als Welle dargestellt besitzen sie eine Frequenz ν und eine Wellenlänge λ, die gemäß

$$\nu \lambda = c \tag{2-1}$$

$c = 2{,}998 \cdot 10^8$ m/s   Lichtgeschwindigkeit

miteinander verknüpft sind. Im Vergleich zu den anderen Strahlenarten des elektromagnetischen Spektrums (wie Radiowellen, Wärmestrahlung oder sichtbares Licht) besitzen Röntgenstrahlen extrem große Frequenzen und extrem kleine Wellenlängen. Sie bilden gemeinsam mit den γ-Strahlen den kurzwelligen Grenzbereich im elektromagnetischen Spektrum; man zählt zu ihnen die Strahlungen mit Wellenlänge $\lambda < 100$ nm.
Bei der Röntgenspektroskopie zur chemischen Elementanalyse wird hauptsächlich Röntgenstrahlung im Bereich 0,02 bis 2 nm benutzt.
Betrachtet man das einzelne Quant einer elektromagnetischen Strahlung, so beträgt dessen Energie

2.2. Charakterisierung der Röntgenstrahlen

$$E = h\,\nu = \frac{hc}{\lambda} \qquad (2\text{-}2)$$

$h = 6{,}62 \cdot 10^{-34}$ Js   Plancksches Wirkungsquantum

Nach Obengesagtem besitzen Röntgenstrahlen mit die höchsten Quantenenergien unter den elektromagnetischen Strahlungen. Benutzt man als Maßeinheit für die Quantenenergie das Elektronenvolt eV (1 eV = $1{,}60 \cdot 10^{-19}$ J) und wird die Wellenlänge in nm gemessen, folgt aus Gl. (2-2) die Zahlenwertgleichung

$$E = \frac{1240}{\lambda} \qquad (2\text{-}3)$$

E Quantenenergie [eV]
λ Wellenlänge [nm]

Hiernach haben die Quanten einer Röntgenstrahlung von beispielsweise 0,1 nm Wellenlänge die Energie 12 400 eV = 12,4 keV. Für den in der röntgenspektroskopischen Elementanalyse hauptsächlich benutzten Strahlungsbereich ergeben sich damit Quantenenergien von etwa 0,6 (für $\lambda = 2$ nm) bis 60 keV (für $\lambda = 0{,}02$ nm).
Die Größe Strahlungsintensität (kurz: Intensität) I beschreibt in der Röntgenphysik meist die Fotonenflußdichte und wird definiert als die Zahl der Röntgenquanten, die eine bestimmte Fläche in der Zeiteinheit durchsetzen:

$$I = \frac{\text{Zahl der Quanten}}{\text{Fläche} \cdot \text{Zeit}} \qquad (2\text{-}4)$$

Ihre Dimension ist z. B. 1/cm²s. Gemäß dieser Definition sind für die Intensität eines Röntgenstrahles die Energien der einzelnen Quanten bedeutungslos; oder anders formuliert: Soll eine Röntgenstrahlung als Energieflußdichte vollständig charakterisiert werden, benötigt man neben der Intensität I zusätzlich die Energien der einzelnen Quanten und ihre Anteile in der Strahlung.
Röntgenstrahlung wird vom Ort ihrer Entstehung als Kugelwelle emittiert. Daraus folgt für die Abhängigkeit der Intensität vom Abstand a zur Strahlenquelle das Abstandsquadratgesetz (Bild 2-2)

$$I = \frac{\text{konst.}}{a^2} \qquad (2\text{-}5)$$

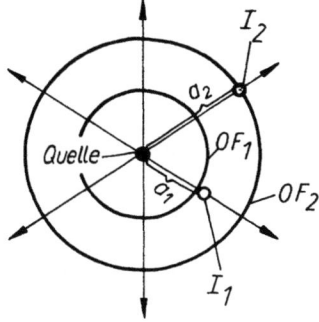

Bild 2-2
Abstandsquadratgesetz für Kugelwellen
Kugeloberflächen $OF \sim a^2$
$I_1 \sim 1/OF_1 \sim 1/a_1^2$
$I_2 \sim 1/OF_2 \sim 1/a_2^2$

Die Intensität der Röntgenstrahlung verkleinert sich mit $1/a^2$ (dem Abstandsquadrat) zur Quelle.
Wenn Röntgenstrahlung die Grenzfläche zweier Medien passiert, wird sie genaugenommen gebrochen (wie die anderen elektromagnetischen Strahlenarten auch) und reflektiert (Bild 2-3). Jedoch sind für die Röntgenstrahlen Brechungszahlen $n_x = \sin\alpha/\sin\alpha'$ extrem wenig von $n_x = 1$ verschieden ($1 - n_x \approx 10^{-6}$) und das Reflexionsvermögen I_R/I_0 extrem klein ($\approx 10^{-12}$). Für die Praxis ist deshalb die Aussage zulässig, daß Röntgenstrahlen an

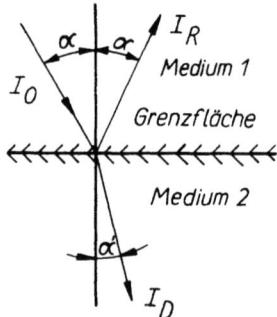

Bild 2-3
Brechung und Reflexion von Strahlung

Grenzflächen weder gebrochen noch reflektiert werden. Das ist eine Besonderheit des Röntgenbereiches im elektromagnetischen Spektrum und hat die nachteilige Konsequenz, daß für die Ablenkung von Röntgenstrahlen keine einfachen Linsen, Prismen oder Spiegel wie z. B. für das sichtbare Licht existieren.

2.3. Gesetzmäßigkeiten der primären Röntgenstrahlung

Die folgenden Betrachtungen behandeln erstens die von Glühkatoden-Röntgenröhren emittierte Strahlung, bei denen die mit einer elektrischen Spannung U (Röhrenspannung) beschleunigten Elektronen auf eine massive Metallanode treffen (Bild 2-4). Die Zahl der je Zeiteinheit auf die Anode auftreffenden Elektronen ergibt den Röhrenstrom i.

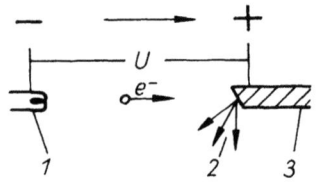

Bild 2-4
Schema der Glühkatoden-Röntgenröhre
1 Glühkatode
2 Röntgenstrahlen
3 massive Metallanode

Glühkatoden-Röntgenröhren senden zwei Arten von Röntgenstrahlung aus, Bremsstrahlung und charakteristische Strahlung. Der Erzeugung dieser beiden Strahlenarten liegen verschiedenartige physikalische Vorgänge zugrunde, und für sie gelten deshalb unterschiedliche Gesetzmäßigkeiten.
Zweitens werden die zur Charakterisierung von radioaktiven γ-Strahlenquellen benutzten physikalischen Größen eingeführt.

2.3.1. Röntgenbremsstrahlung

Röntgenbremsstrahlung entsteht, wenn ein auf die Anode treffendes Elektron im Kraftfeld eines Atomkerns des Anodenmaterials seine kinetische Energie E_{E1}

$$E_{E1} = \frac{m_e v^2}{2} = eU \tag{2-6}$$

$m_e = 9,1 \cdot 10^{-31}$ kg Elektronenmasse
v Geschwindigkeit der Elektronen unmittelbar vor der Anode
$e = 1,6 \cdot 10^{-19}$ As elektrische Elementarladung
U Röntgenröhrenspannung

ganz oder zu einem Teil ΔE_{E1} verliert, d.h. »gebremst« wird. Mit der hierbei abrupt verlorengehenden Bewegungsenergie wird ein Strahlungsquant E_{Qu} gleicher Energie erzeugt:

$$E_{Qu} = \frac{hc}{\lambda} = \Delta E_{E1} \tag{2-7}$$

Jeder einzelne Bremsakt j mit dem Bewegungsenergieverlust $\Delta E_{E1,j}$ liefert ein Quant mit der Energie $E_{Qu,j}$ gemäß Gl. (2-7). Betrachtet man eine sehr große Zahl von Elektronen, die alle die gleiche Röhrenspannung U durchlaufen haben, so werden bei den Bremsvorgängen Energieverluste und damit Quantenenergien jeder Größe vom Maximalwert $\Delta E_{E1,j} = E_{E1} = eU$ bis zum Wert Null auftreten. Die Häufigkeit des Auftretens der einzelnen Energieverluste und Quantenenergien in diesem Bereich ist unterschiedlich und

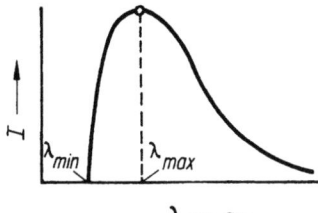

Bild 2-5
Verlauf des Bremsspektrums

hängt von einer Reihe Faktoren ab. Typisch ist, daß die Häufigkeit sich stetig ändert und bei einer bestimmten Energie ein Maximum aufweist. Wird die solcherart erzeugte Bremsstrahlung durch die Intensitäten und die Wellenlängen ihrer Quanten beschrieben, erhält man in der Darstellung $I(\lambda)$ ein Spektrum mit folgenden hervorstechenden Merkmalen (Bild 2-5):

- Es hat einen kontinuierlichen Verlauf.
- Es verfügt über eine kurzwellige Grenze λ_{min}.
- Es besitzt ein Maximum bei λ_{max}.

Die kurzwellige Grenze λ_{min} folgt unmittelbar aus dem Maximalwert für E_{Qu}. Es gilt:

$$(E_{Qu})_{max} = \left(\frac{hc}{\lambda}\right)_{max} = \frac{hc}{\lambda_{min}} = eU$$

Daraus folgt (Gesetz von DUANE-HUNT)

$$\lambda_{min} = \frac{hc}{eU} \tag{2-8a}$$

oder nach dem Einsetzen der universellen Konstanten h, c und e als Zahlenwertgleichung

$$\lambda_{min} = \frac{1{,}24}{U} \tag{2-8b}$$

λ_{min} [nm]
U [kV]

Für den Verlauf der spektralen Verteilung $I(\lambda)$ wurde aus experimentellen Untersuchungen näherungsweise die Funktion

$$I = \text{konst.} \left(\frac{1}{\lambda_{min} \lambda} - \frac{1}{\lambda^2} \right) \tag{2-9}$$

und für die Lage ihres Maximums (Bild 2-5) die Beziehung

$$\lambda_{max} \approx 2 \lambda_{min} \tag{2-10}$$

ermittelt.

Damit eine Bremsstrahlung mit ihrem intensivsten Teil in das Gebiet der Röntgenwellen fällt, müssen die sie erzeugenden Elektronen eine hinreichend hohe Röhrenspannung U durchlaufen haben. Beispielsweise ist zur Erzeugung eines Röntgenbremsspektrums mit $\lambda_{min} = 0{,}1$ nm die Röhrenspannung $U = 12{,}4$ kV erforderlich oder für ein Spektrum mit $\lambda_{min} = 0{,}02$ nm eine solche von $U = 62$ kV. Neben der Verschiebung des Spektrums nach

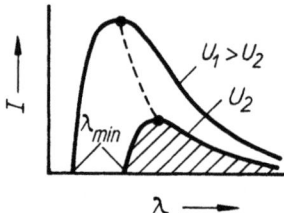

Bild 2-6
Einfluß der Röhrenspannung auf das Bremsspektrum

kleinen Wellenlängen bewirkt die Erhöhung der Röhrenspannung eine Vergrößerung der Bremsstrahlungs-Intensität im gesamten Bereich (Bild 2-6).

Auch das Anodenmaterial der Röntgenröhre beeinflußt das Bremsspektrum. Mit wach-

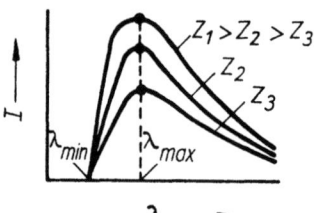

Bild 2-7
Einfluß des Anodenmaterials auf das Bremsspektrum bei konstanter Röhrenspannung

sender Ordnungszahl des Anodenmaterials erfährt das Bremsspektrum eine Intensitätszunahme im gesamten Bereich (Bild 2-7) entsprechend $I \sim Z$; die kurzwellige Grenze und die Wellenlänge maximaler Intensität werden dabei nicht verändert. Zum Beispiel ist die von einer Röntgenröhre mit W-Anode ($Z_W = 74$) emittierte Bremsstrahlung um den Faktor 3 intensiver als die einer Röntgenröhre mit Cr-Anode ($Z_{Cr} = 24$) unter sonst gleichen Bedingungen.

2.3.2. Charakteristische Röntgenstrahlung

Die charakteristische Röntgenstrahlung (auch Eigenstrahlung genannt) entsteht, wenn aus den inneren Schalen der Atome der Röntgenröhrenanode Elektronen entfernt (»Ionisierung« innerer Schalen) und die inneren Schalen danach durch Elektronen aus äußeren Schalen wieder aufgefüllt werden. Zu solcher Ionisierung sind die auf die Anode der Röntgenröhre geschossenen Elektronen vermöge ihrer Bewegungsenergie E_{El} in der Lage. Sowohl die Vorgänge in der Atomhülle zur Erzeugung charakteristischer Röntgenstrahlung als auch deren äußere Erscheinungen werden durch das Bohrsche Atommodell beschrieben.
Hiernach besitzen die Elektronen in der Atomhülle die diskreten Energien

$$E_n = \frac{hRZ^2}{n^2} \tag{2-11}$$

$R = 3{,}29 \cdot 10^{15}\,\text{s}^{-1}$ Rydberg-Konstante
$n = 1, 2, 3 \ldots$ Hauptquantenzahl

$n = 1$ charakterisiert die innerste, die K-Schale; sie besitzt die niedrigste Energie in einem Atom. $n = 2, 3, 4$ usw. kennzeichnen die darüber liegenden L-, M-, N-, ...-Schalen. Die Zahl der Elektronen in den Schalen ist begrenzt (PAULI-Prinzip): In der K-Schale finden höchstens 2 Elektronen Platz, in den darüber liegenden L- und M-Schalen höchstens 8 bzw. 18 Elektronen. Normalerweise besetzen die Elektronen die Schalen von innen nach außen. In diesem Fall besitzt die Elektronenhülle die minimale Energie, und es liegt ein stabiler Gleichgewichtszustand vor.
Wird durch einen Stoßprozeß mit einem von außen kommenden Elektron zum Beispiel ein Elektron aus der K-Schale herausgeschlagen (Bild 2-8), dann ist der Gleichgewichtszustand gestört. Das System ist nun sofort bestrebt, den energetisch günstigsten Zustand

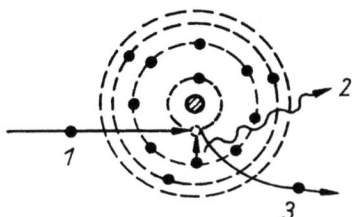

Bild 2-8
Schema der Erzeugung charakteristischer Röntgenstrahlung
1 eingeschossenes Elektron
2 Röntgenquant
3 K-Elektron

wiederzuerlangen. Das geschieht durch den Übergang eines Elektrons aus einer darüber liegenden Schale (in Bild 2-8 aus der L-Schale) in das ionisierte innere Niveau. Dabei verliert das Elektron an Energie, nämlich den Differenzbetrag der Energieniveaus der beiden Schalen, zwischen denen der Elektronenaustausch stattfindet. Diese Energiedifferenz wird in Form eines Strahlungsquants vom betrachteten Atom emittiert. Allgemein gilt für die Energie des erzeugten Quants

$$E_{\text{Qu j, i}} = \frac{hc}{\lambda_{j,i}} = E_j - E_i = \Delta E_{j,i} \qquad (2\text{-}12)$$

wenn der Elektronenübergang aus der Schale $n = j$ in die Schale $n = i$ erfolgt. Mit Gl. (2-11) ergibt sich daraus

$$\frac{c}{\lambda_{j,i}} = R Z^2 \left(\frac{1}{i^2} - \frac{1}{j^2} \right) \qquad (2\text{-}13)$$

Gl. (2-13) verdeutlicht zwei wesentliche Eigenschaften der charakteristischen Röntgenstrahlung:

- Da für j und i nur ganze Zahlen zugelassen sind, kann $\lambda_{j,i}$ nicht beliebige, sondern nur diskrete Werte annehmen, d. h., die Strahlung besitzt ein Linienspektrum, sie besteht aus Spektrallinien.
- $(1/\lambda_{j,i}) \sim Z^2$ besagt, daß die Wellenlängen der Spektrallinien für den gleichen Elektronenübergang vom Element abhängen, d. h. charakteristisch für die Atomsorte sind, woraus auch die Benennung der hier betrachteten Röntgenstrahlenart resultiert.

Das bisher benutzte Atommodell, bei dem sich die Elektronen in der Atomhülle sämtlich auf Kreisbahnen bewegen und einzig die Hauptquantenzahl n auftritt, ist zu ungenau zur vollständigen Beschreibung des charakteristischen Röntgenspektrums. Es muß vielmehr berücksichtigt werden, daß sich die Elektronen auch auf Ellipsenbahnen bewegen und um eine innere Achse drehen (Spin). Das bedingt die Einführung von zwei weiteren Quantenzahlen:

- der Nebenquantenzahl l, die in jeder Schale (Hauptquantenzahl n) die Werte $l = 0, 1, 2, \ldots (n-1)$ annehmen kann und
- der Spinquantenzahl $s = \pm 1/2$.

Die Gleichung für die diskreten Energien der Elektronen in der Hülle (Gl. (2-11)) erweitert sich damit zu einem Ausdruck $E_{n,l,s}$, der von allen drei Quantenzahlen n, l, s abhängt und für jede Kombination der Quantenzahlen einen bestimmten Wert annimmt. Dies bedeutet, daß für jede Schale eines Atoms (ausgenommen die K-Schale) mehrere Energieniveaus existieren und die Schalen »aufspalten«: Die L-Schale in drei, die M-Schale in fünf Niveaus usw. Die Verhältnisse sind in Bild 2-9 als Termschema dargestellt (jede Waagerechte markiert einen möglichen Energiewert $E_{n,l,s}$, geordnet nach steigender Energie von unten nach oben; die zugehörigen Quantenzahlen sind angegeben).
Bild 2-9 enthält auch die Elektronenübergänge, die bei der Auffüllung von ionisierten K- und L-Schalen stattfinden und als charakteristische Röntgenspektrallinien beobachtet werden. Das sind bei weitem nicht alle denkbaren Übergänge, da für sie folgende Auswahlregeln gelten:

- Elektronenübergänge zwischen den Teilniveaus ein und derselben Schale finden nicht statt, d. h., für einen erlaubten Übergang muß $\Delta n \neq 0$ sein.
- Es sind nur solche Übergänge erlaubt, bei denen sich die Nebenquantenzahl l dem Betrag nach um 1 und die Summe der Quantenzahlen $(l + s)$ entweder nicht oder um 1 dem Betrag nach ändern, d. h., $\Delta l = \pm 1$ und $\Delta (l + s) = 0$ bzw. ± 1.

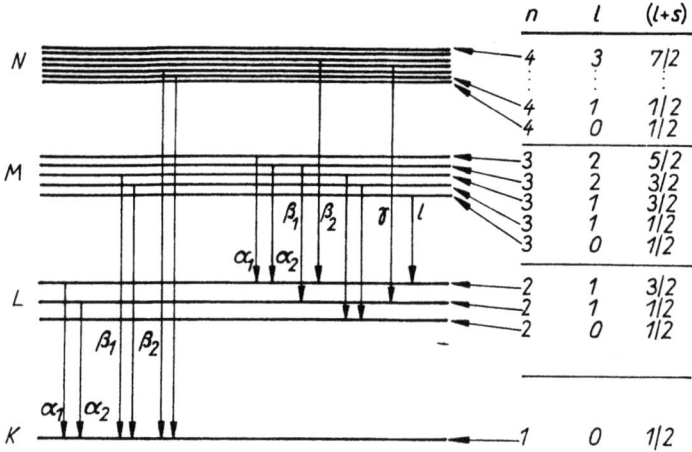

Bild 2-9
Vollständiges Termschema bis zur N-Schale und erlaubte Übergänge

Das Termschema in Bild 2-9 veranschaulicht außerdem die Systematik der Benennung der charakteristischen Röntgenspektrallinien:

- Alle Linien, deren Ursache Elektronenübergänge sind, die auf der K-Schale enden, werden zur K-Serie zusammengefaßt. Aus den Übergängen, die auf der L-Schale enden, resultieren die Linien der L-Serie usw.
- Kommt das Elektron aus der unmittelbar benachbarten Schale, heißen die Linien K_α oder L_α usw. Die Linien aller anderen Übergänge werden bei der K-Serie durchweg mit K_β, bei der L-Serie mit L_β, L_γ, L_l oder mit weiteren Buchstabenkombinationen gekennzeichnet.
- Die bei den K_α-, K_β-, L_α- und L_β-Linien als drittes Symbol benutzten arabischen Zahlen werden in jeder Gruppe in der Reihenfolge der Spektrallinien-Intensitäten vergeben. Das besagt zum Beispiel, daß die $K_{\alpha 1}$-Linie intensiver ist als die $K_{\alpha 2}$-Linie oder die $K_{\beta 1}$-Linie und die $L_{\alpha 1}$-Linie die intensivsten aller K_β- bzw. L_α-Linien sind.

Treffen wie beim Betrieb einer Röntgenröhre in der Zeiteinheit sehr viele Elektronen auf die Anodenatome und werden deren K-Schalen ionisiert, so entstehen alle charakteristischen Spektrallinien der K-Serie gleichzeitig und nebeneinander, da man von außen keinen Einfluß darauf nehmen kann, aus welchem der darüber liegenden Niveaus die Auffüllung der K-Schale erfolgt. Die Intensitäten der stärksten Linien verhalten sich dabei zueinander etwa wie $I_{K\alpha1} : I_{K\alpha2} : I_{K\beta1} = 100 : 50 : 20$. Diese Verhältnisse gelten gleichermaßen für alle Elemente. Unter den Spektrallinien der L-Serie ist $L_{\alpha1}$ die intensivste, danach folgt $L_{\beta1}$.

Exakt werden die relativen Spektrallinien-Intensitäten durch die Übergangswahrscheinlichkeiten u beschrieben. Bild 2-10 veranschaulicht Größe und Abhängigkeit der Übergangswahrscheinlichkeit $u_{K\alpha}$ der $K_{\alpha1}$- und $K_{\alpha2}$-Linien zusammengenommen für verschiedene Elemente. Zum Beispiel besagt $u_{K\alpha} = 0{,}87$ für Mn ($Z = 25$), daß bei diesem Element $0{,}87 \cdot 100\,\% = 87\,\%$ der Gesamtintensität aller Spektrallinien der K-Serie auf die $K_{\alpha1}$- und $K_{\alpha2}$-Spektrallinien entfallen.

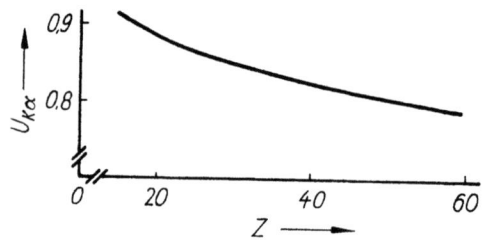

Bild 2-10
Abhängigkeit der Anregungswahrscheinlichkeit der K_α-Spektrallinien von der Ordnungszahl

Damit die Elektronen in der Röntgenröhrenanode eine bestimmte Spektrallinienserie erzeugen können, ist eine Energiebedingung zu erfüllen: Die Elektronen müssen wenigstens so viel an Bewegungsenergie mitbringen, wie zur Ionisierung der betreffenden Schale benötigt wird. Für die K-Serie ist es nach Gl. (2-11) der Betrag von E_1 (die Energie E_K der K-Schale), und es gilt

$$E_{E1} = eU \geqq E_K \tag{2-14a}$$

Die Röhrenspannung, die die Elektronen zur Anregung der K-Strahlung mindestens durchlaufen haben müssen, die Anregungsspannung $U_{K\text{-Serie}}$, ist damit

$$U_{K\text{-Serie}} = \frac{E_K}{e} \tag{2-14b}$$

Zur Erzeugung der L-Spektrallinien existieren, da die L-Schale dreifach aufgespalten ist, genaugenommen drei Anregungsspannungen $U_{L\text{-Serie}}$, die sich aber wenig unterscheiden. Für jede Atomsorte ist $U_{K\text{-Serie}} > U_{L\text{-Serie}}$. Das bedeutet u. a., daß bei Erzeugung der K-Spektrallinien stets auch die Linien der L-Serie mit auftreten oder daß im Fall der Erzeugung von L-Strahlung die Linien der K-Serie nicht unbedingt mit entstehen müssen.

In der Tafel II des Anhanges sind die Anregungsspannungen für die K- und L-Spektrallinien der Elemente aufgeführt. Beispielsweise betragen sie bei Al ($Z = 13$) 1,6 kV, bei Cu ($Z = 29$) 9 kV und bei Pd ($Z = 46$) 25 kV für die K-Serien oder bei W ($Z = 74$) 70 kV für die K-Serie und 13 kV für die L-Serie.

Betrachtet man die Wellenlängen der charakteristischen Röntgenspektrallinien (Tafel I des Anhanges) so ist folgendes ersichtlich:

- Die Wellenlängen der beiden K_α-Linien haben für alle Elemente die kleine Differenz von 0,0004 nm; man nennt sie deshalb K_α-Dublett und betrachtet sie häufig als eine

2.3. Gesetzmäßigkeiten der primären Röntgenstrahlung

einzige Linie mit einer Wellenlänge aus dem Mittelwert von $\lambda_{K\alpha 1}$ und $\lambda_{K\alpha 2}$ (z. B. $\lambda_{CuK\alpha}$ = (0,1540 nm + 0,1544 nm)/2 = 0,1542 nm).

- Für ein und dasselbe Element (Z = konst.) sind die Wellenlängen der K-Spektrallinien kleiner als die der L-Spektrallinien.

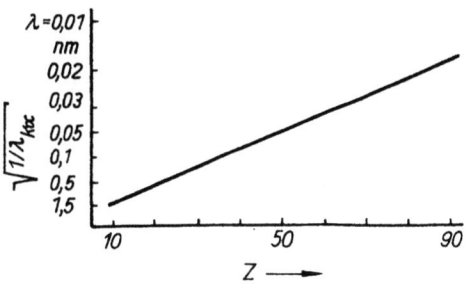

Bild 2-11
Abhängigkeit der Wellenlängen der K_α-Strahlung von der Atomsorte

- Die Wellenlängen der K-Spektrallinien und ebenso die der L-Spektrallinien nehmen mit wachsender Ordnungszahl der Atome ab. Bild 2-11 zeigt den Sachverhalt für das K_α-Dublett in der Darstellung $\sqrt{1/\lambda_{K\alpha}}$ als Funktion von Z und ergibt (MOSELEY-Gesetz)

$$\sqrt{1/\lambda_{K\alpha}} = \text{konst.}\ Z \qquad (2\text{-}15)$$

Diese Abhängigkeit liefert auch das Bohrsche Atommodell, denn aus Gl. (2-13) folgt über das K_α-Dublett

$$\frac{1}{\lambda_{K\alpha}} = \frac{Z^2 R}{c}\left(\frac{1}{1^2} - \frac{1}{2^2}\right) = \text{konst.}\ Z^2$$

oder

$$\lambda_{K\alpha} \approx \frac{130}{Z^2} \qquad (2\text{-}16)$$

$\lambda_{K\alpha}$ [nm]

Für die anderen Spektrallinien gelten qualitativ die gleichen Abhängigkeiten.

2.3.3. Einfluß der elektrischen Parameter

Für die Röntgenbremsstrahlung wurde der Einfluß der Röhrenspannung U schon behandelt (Bild 2-5 und 2-6) und gefunden, daß sich mit wachsender Röhrenspannung das Spektrum nach kleineren Wellenlängen hin verschiebt und die Intensitäten vergrößern. Betrachtet man letzteres quantitativ, so gilt für die über alle Wellenlängen summierte Bremsstrahlungs-Intensität I_B (Flächeninhalt unter der Verteilungskurve; in Bild 2-6 für U_2 schraffiert)

$$I_B = \int_{\lambda_{min}}^{\infty} I\,d\lambda \approx \text{konst.}\ U^2 \qquad (2\text{-}17)$$

als eine gute Näherung für den in der RFA am häufigsten benutzten Bereich $20 \text{ kV} \leq U \leq 60 \text{ kV}$.
Die Abhängigkeit von i_B von dem anderen elektrischen Betriebsparameter der Röntgenröhre, dem Röhrenstrom i, ist linear, und mit Gl. (2-17) folgt

$$I_B \approx \text{konst.} \; i U^2 \tag{2-18}$$

Für die Intensitäten der charakteristischen Spektrallinien I_{Ch} gilt (wie für die Bremsstrahlungs-Intensität) $I_{Ch} \sim i$. Die Abhängigkeit von der Röhrenspannung ist jedoch qualitativ anders:

- Für jede Spektrallinienserie existiert eine Anregungsspannung U_{Schale}; bei $U < U_{Schale}$ treten die zugehörigen Spektrallinien nicht auf ($I_{Ch} = 0$).

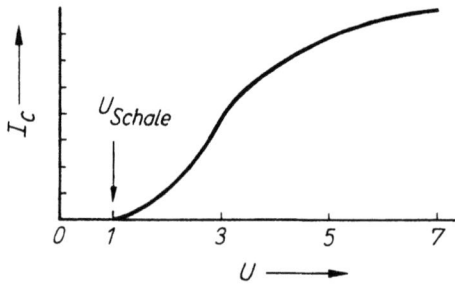

Bild 2-12
Abhängigkeit der Spektrallinien-Intensitäten von der Röhrenspannung

- Bei $U > U_{Schale}$ wachsen die Spektrallinien-Intensitäten mit der Röhrenspannung gemäß Bild 2-12; für den Bereich bis etwa $U = 3 \, U_{Schale}$ erfolgt der Anstieg näherungsweise gemäß

$$I_{Ch} \approx \text{konst.} \; i (U - U_{Schale})^2 \tag{2-19}$$

und ab etwa $U = 10 \, U_{Schale}$ bringt eine Steigerung der Röhrenspannung praktisch keine Intensitätsvergrößerung mehr.

Bild 2-13 zeigt Spektren in schematisierter Form zum Beispiel einer Röntgenröhre mit Pd-Anode für die beiden Röhrenspannungen 25 und 60 kV.

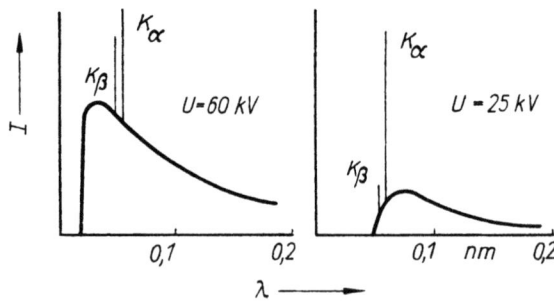

Bild 2-13
Spektren einer Röntgenröhre mit Pd-Anode für unterschiedliche Röhrenspannungen

2.3.4. γ-Strahlung radioaktiver Quellen

Die von radioaktiven Quellen emittierte und in der RFA genutzte γ-Strahlung besitzt diskrete Spektren mit einer oder wenigen Wellenlängen. Sie sind charakteristisch für das Isotop, bei dessen Zerfall sie ausgesandt werden.

Dieser radioaktive Zerfall kann von außen her nicht beeinflußt werden. Er erfolgt vielmehr spontan und rein statistisch und kann folglich nur für eine große Zahl von Atomkernen einer bestimmten Art mathematisch beschrieben werden. Es ist plausibel, daß die Zahl der je Zeiteinheit zerfallenden Kerne (dN/dt) der Zahl N der noch nicht zerfallenen Kerne direkt proportional ist ($dN/dt = -\varkappa N$; $\varkappa$ Proportionalitätsfaktor). Daraus resultiert das exponentielle Zerfallsgesetz

$$N = N_0 e^{-\varkappa t} \tag{2-20}$$

$\varkappa$ Zerfallskonstante; eine für jedes Isotop charakteristische Konstante.

Der Strahlungsintensität einer γ-Quelle ist proportional der je Zeiteinheit in ihr zerfallenden Kerne. Ihre Kennzeichnung geschieht durch die Größe »Aktivität« in der Maßeinheit »Becquerel« (abgekürzt Bq). In einer radioaktiven Quelle der Aktivität 1 Bq zerfällt je Sekunde ein Atomkern.

Die Strahlungsintensität einer γ-Quelle nimmt nach dem Zerfallsgesetz (Gl. 2-20) mit der Zeit ab. Die Größe der Abnahme wird durch die für das jeweilige Isotop charakteristische Zerfallskonstante $\varkappa$ bestimmt und zumeist durch die Halbwertszeit $t_{1/2}$ charakterisiert:

$$t_{1/2} = \frac{\ln 2}{\varkappa} = \frac{0{,}693}{\varkappa} \tag{2-21}$$

$t_{1/2}$ ist diejenige Zeit, in der von den anfangs insgesamt vorhandenen instabilen Kernen N_0 gerade die Hälfte ($N_0/2$) zerfallen sind.

2.4. Wechselwirkung von Röntgenstrahlung und Materie

Trifft Röntgenstrahlung auf Materie, z. B. auf die Probe bei der RFA, finden zwei verschiedenartige Wechselwirkungen statt: Fotoabsorption (kurz: Absorption) und Streuung. (Die Paarbildung als dritte Wechselwirkungsmöglichkeit soll hier außer Betracht bleiben, da sie nur bei Quantenenergien größer etwa 1 000 keV auftritt, was weit außerhalb des in der RFA zur Anwendung kommenden Spektralbereiches liegt.) Absorption und Streuung zusammengenommen ergeben die sog. Schwächung.

2.4.1. Schwächung

Durchsetzt ein gerichteter Röntgenstrahl (Bild 2-14) eine Materieschicht der Dicke D und der Dichte ϱ, dann wird seine Intensität nach dem Exponentialgesetz.

$$I = I_0 e^{-\mu D} \tag{2-22}$$

μ Schwächungskoeffizient

vermindert (Schwächungsgesetz). μ ist eine Materialkonstante und außerdem abhängig von der Wellenlänge der Röntgenstrahlung. μ ist proportional ϱ und wächst rasch an mit steigender Ordnungszahl der Atome im Material und der Wellenlänge der Röntgenstrahlung. μ/ϱ heißt Massenschwächungskoeffizient. Tafel IV des Anhangs verdeutlicht die quantitativen Verhältnisse.

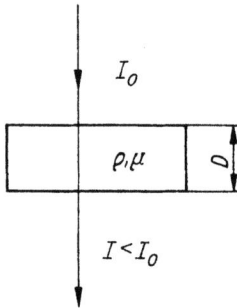

Bild 2-14
Schwächung der Strahlung beim Durchgang durch Materie (Schwächungsgesetz)

Anschaulicher als durch μ wird die Größe der Schwächung durch die sog. Halbwertdicke $D_{1/2}$ wiedergegeben. $D_{1/2}$ ist definiert als diejenige Materialdicke, welche die Primärintensität I_0 gerade auf die Hälfte schwächt. Dafür erhält man aus Gl. (2-22)

$$D_{1/2} = \frac{\ln 2}{\mu} = \frac{0{,}69}{\mu} \qquad (2\text{-}23)$$

Tabelle 2-1 verdeutlicht die verhältnismäßig geringe Durchdringungsfähigkeit dieser Röntgenstrahlung (im Bereich $\lambda > 0{,}2$ nm nimmt sie immer rapider ab).
Bei Proben mit mehr als einer Atomsorte (Legierungen, Verbindungen) ergibt sich μ/ϱ additiv aus den $(\mu/\varrho)_i$ für die elementaren Komponenten i unter Berücksichtigung ihrer Gewichtsanteile c_i (in %):

$$(\mu/\varrho) \text{ Legierung, Verbindung} = \sum \frac{c_i (\mu/\varrho)_i}{100} \qquad (2\text{-}24)$$

Wie schon vermerkt, setzt sich die Schwächung aus den beiden physikalischen Grundvorgängen Absorption und Streuung zusammen, und zwar gilt

$$\mu = \tau + \sigma \qquad (2\text{-}25)$$

τ Absorptionskoeffizient
σ Streukoeffizient

Tabelle 2-1
Halbwertdicke $D_{1/2}$ [mm] einiger Elemente im λ-Bereich 0,02 bis 0,2 nm

λ[nm]	C[1] Z = 6	Al Z = 13	Cu Z = 29	Pb Z = 82
0,022	12	8	$4 \cdot 10^{-1}$	$1 \cdot 10^{-1}$
0,100	1,3	$2 \cdot 10^{-1}$	$5 \cdot 10^{-3}$	$8 \cdot 10^{-2}$
0,193	$2 \cdot 10^{-1}$	$3 \cdot 10^{-2}$	$7 \cdot 10^{-3}$	$1 \cdot 10^{-3}$

[1]) für Diamant $\varrho = 3{,}5$ g/cm^3

2.4. Wechselwirkung Röntgenstrahlung – Materie

Die relativen Anteile von τ und σ am Schwächungskoeffizienten variieren sowohl mit der Wellenlänge der Röntgenstrahlung als auch mit der Atomsorte des schwächenden Materials. Es ist generell so (Tabelle 2-2), daß der τ-Anteil mit Z und λ wächst und τ im Vergleich zu σ in dem für die RFA bedeutungsvollen λ-Bereich stark dominiert (ausgenommen die leichtesten Elemente wie C). Bei Mg ist der τ-Anteil schon bei $\lambda = 0{,}07$ nm 95 %,

Tabelle 2-2
τ-Anteile [%] am Schwächungskoeffizienten μ ($=100\%$) einiger Elemente im λ-Bereich 0,02 bis 0,2 nm

Element	λ [nm]		
	0,02	0,07	0,2
C (Z = 6)	10	71	97
Mg (Z = 12)	60	95	99
Cu (Z = 29)	90	>99	>99
Ag (Z = 47)	95	>99	>99

und bei den Materialien aus mittleren und schweren Atomen ist $\tau \gg \sigma$ oder $\mu \approx \tau$. Es ist folglich für die Praxis der RFA meist gerechtfertigt, Schwächung und Absorption gleichzusetzen.

2.4.2. Fotoabsorption

Fotoabsorption liegt dann vor, wenn von außen kommende Strahlungsquanten in einem Material Elektronen aus den Atomhüllen herauslösen (Fotoeffekt). Die Energie der Strahlungsquanten wird dabei einesteils zur Ablösung (Ablösearbeit) dieser Elektronen (Fotoelektronen) vom Atom verbraucht und anderenteils in Bewegungsenergie der Fotoelektronen umgewandelt.

Röntgenquanten sind vermöge ihrer großen Energien E_{Qu} ebenso wie hochgeschwinde Elektronen im besonderen Maße in der Lage, auch innere Schalen von Atomen zu ionisieren und als Folge charakteristische Röntgenstrahlung zu erzeugen. Dabei spielen sich in den Atomhüllen die gleichen Prozesse ab, und es gelten dieselben Gesetzmäßigkeiten, wie im Abschnitt 2.3. beschrieben. Die Energiebedingung für die Anregung lautet hier (anstelle von Gl. (2-14) bei Elektronen)

$$E_{Qu} \geqq E_{Schale} \tag{2-26}$$

d.h., die anregende Strahlung muß eine größere oder zumindest die gleiche Quantenenergie wie die anzuregende Strahlung (genauer: wie die anzuregende Schale) besitzen. Die solcherart (mittels Strahlungsanregung) erzeugte charakteristische Röntgenstrahlung nennt man auch Röntgenfluoreszenzstrahlung und den Vorgang selbst Fluoreszenzanregung. Auf dieser Wechselwirkungsart und den dabei entstehenden und für die Elemente in der Probe charakteristischen Strahlungskomponenten (vgl. Abschn. 2.2) basiert die gesamte RFA. Die Analyse geschieht im allgemeinen über die K-Strahlung für die Elemente mit Ordnungszahlen 9 (F) $\leq Z \leq 56$ (Ba) und über die L-Strahlung für $Z > 56$. Der schon eingeführte Absorptionskoeffizient τ ist ein Maß für die Häufigkeit der Fotoabsorptionsprozesse. τ ist eine Materialkonstante und als solche abhängig von der Dichte und der Ordnungszahl des Materials:

$$\tau \sim \varrho Z^3 \qquad (2\text{-}27)$$

Außerdem ist τ eine Funktion der Wellenlänge der Strahlung. Bild 2-15 zeigt die Abhängigkeit des Massenabsorptionskoeffizienten τ/ϱ von λ (das sog. Absorptionsspektrum) beispielsweise für Pd. Der Verlauf ist unstetig: Von großen λ kommend, vergrößert sich z. B. bei λ_K der Massenabsorptionskoeffizient sprunghaft. Dieses Verhalten erklärt sich aus dem Bohrschen Atommodell und ist die unmittelbare Folge der zuvor besprochenen Fluoreszenzanregung. Bei λ_K erreichen nämlich die einfallenden Quanten gerade die Energie E_K, die zur Ionisierung der K-Schale erforderlich ist, d.h., die Wahrscheinlichkeit der Wechselwirkung der Strahlung mit dem Material erhöht sich sprunghaft; zuvor ($\lambda > \lambda_K$) findet der Fotoeffekt nur bis zur L-Schale statt. Die Unstetigkeiten bei λ_{LI}, λ_{LII} und λ_{LIII} stimmen mit den Teilniveaus von E_L überein und spiegeln die Existenz der L-Schale wider. Nach größeren Wellenlängen (in Bild 2-15 außerhalb der Darstellung) folgen weitere Unstetigkeiten für die M-Schale (5fach) usw. Man nennt alle diese Unstetigkeiten Absorptionskanten und sagt, das Absorptionsspektrum der Röntgenstrahlen besitzt eine Kantenstruktur.

Die Lagen der K-Kanten (und ebenso die der anderen Kanten) verändern sich jeweils in Abhängigkeit von der Ordnungszahl der absorbierenden Atome wegen $\lambda_K = hc/E_K$ und Gl. (2-11) gemäß

$$\lambda_K \sim 1/Z^2 \qquad (2\text{-}28)$$

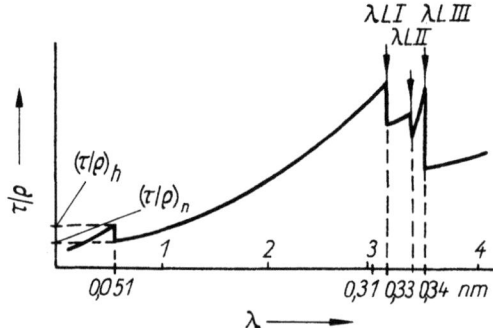

Bild 2-15
Abhängigkeit des Massenabsorptionskoeffizienten von der Wellenlänge für Pd (Absorptionsspektrum)

In den Bereichen außerhalb der Unstetigkeiten (unterhalb der K-Kante, zwischen der K-Kante und den L-Kanten usw.) verkleinert sich τ/ϱ stetig mit abnehmender Wellenlänge. Es gilt $\tau/\varrho \sim \lambda^3$ oder mit Gl. (2-27)

$$\tau/\varrho \sim \lambda^3 Z^3 \qquad (2\text{-}29)$$

Die Zahlenwerte für τ/ϱ sind der Tafel IV des Anhangs für μ/ϱ zu entnehmen, da für das Spektralgebiet der RFA $\mu/\varrho \approx \tau/\varrho$.

Der Absorptionssprung an den Kanten, z. B. an der K-Kante, ist definiert (Bild 2-15) als der Quotient der beiden Absorptionskoeffizienten-Werte unmittelbar an der Kante τ_h (auf der kurzwelligen Seite, hoch) und τ_n (auf der langwelligen Seite, niedrig)

$$S_K = \frac{\tau_h}{\tau_n} \qquad (2\text{-}30a)$$

Die Gesamtheit der Absorptionsvorgänge in vielen Atomen der gleichen Sorte (gekennzeichnet durch τ) ergibt sich aus der Summe der Absorptionsanteile der einzelnen Schalen. Beschreibt man diese Anteile durch die partiellen Absorptionskoeffizienten τ_K (für das K-Niveau), τ_{LI}, τ_{LII}, τ_{LIII} (für die drei L-Niveaus) usw., folgt für den Absorptionssprung an der K-Kante

$$S_K = \frac{\tau_K + \tau_{LI} + \tau_{LII} + \tau_{LIII} + \ldots}{\tau_{LI} + \tau_{LII} + \tau_{LIII} + \ldots} = \frac{\tau}{\tau - \tau_K} \qquad (2\text{-}30b)$$

weil

$$\tau_K + \tau_{LI} + \tau_{LII} + \tau_{LIII} + \ldots = \tau \qquad (2\text{-}31)$$

Aus Gl. (2-30b) erhält man für den partiellen Absorptionskoeffizienten der K-Schale

$$\tau_K = \tau - \frac{\tau}{S_K} = \frac{S_K - 1}{S_K}\tau \qquad (2\text{-}32)$$

τ_K charakterisiert die absolute Häufigkeit der Ionisierung der K-Schale und S_K den relativen Anteil der K-Schale an der Gesamtheit der Ionisierungen aller Schalen. Bild 2-16 zeigt Größe und Verlauf des K-Absorptionssprunges für die Elemente.

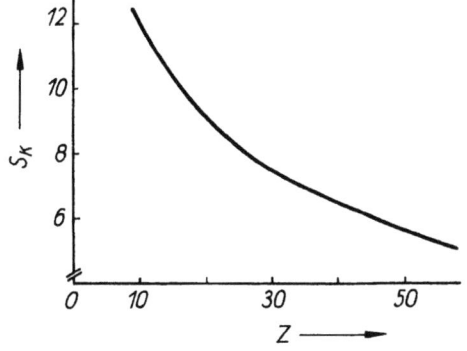

Bild 2-16
Abhängigkeit des K-Absorptionssprunges von der Ordnungszahl

2.4.3. Auger-Effekt

Zur Charakterisierung der Häufigkeit der Erzeugung von Röntgenfluoreszenzstrahlung bei der Strahlungswechselwirkung mit Materie genügen die bisher besprochenen Absorptionskoeffizienten allein noch nicht. Es existiert nämlich der Auger-Effekt, der diese Häufigkeit mindert und folgenden physikalischen Vorgang beschreibt (Bild 2-17): Das als Folge der Ionisierung beispielsweise der K-Schale erzeugte Quant einer K-Strahlung kann, bevor es das Atom verläßt, mit einem Elektron in der L- oder M-Schale usw. dergestalt wechselwirken, daß es seinerseits eine dieser Schalen ionisiert und dabei wieder verschwindet. Trotz erfolgter Ionisierung der K-Schale erscheint dann außerhalb des Atoms

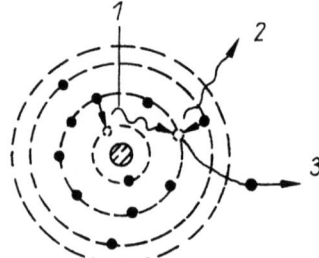

Bild 2-17
Schema des Auger-Effektes
1 Röntgenquant der K-Serie
2 Röntgenquant der L-Serie
3 Auger-Elektron

keine K-Strahlung, sondern dafür L- oder M-Strahlung usw. sowie ein Elektron, das sog. Auger-Elektron.
Die Wahrscheinlichkeit, mit der dieser Effekt auftritt, hängt vom Element ab und ist für die Schalen unterschiedlich; sie ist in Atomen mit gleicher Ordnungszahl beispielsweise für die L-Schale größer als für die K-Schale, und sie fällt in jeder Schale mit der Ordnungszahl. Der Anteil von den Ionisierungen einer Schale, die tatsächlich zur Ausstrahlung von Röntgenstrahlen der ihr zugehörigen Serie führt, ist die Fluoreszenzausbeute ω;

Element	ω_K (K-Schale)	Element	ω_L (L-Schale)
C (Z = 6)	0,0009	Ag (Z = 47)	0,096
Mg (Z = 12)	0,030	Ba (Z = 56)	0,152
Cu (Z = 29)	0,41	W (Z = 74)	0,302
Ag (Z = 47)	0,83	Pb (Z = 82)	0,391
Ba (Z = 56)	0,90	U (Z = 92)	0,443

*Tabelle 2-3
Fluoreszenzausbeuten ω für die K- und L-Schalen einiger Elemente*

bei 100 %iger Ausbeute beträgt $\omega = 1$. Der Ausdruck $(1 - \omega)$ charakterisiert dann die Häufigkeit des Auger-Effektes. In Tabelle 2-3 sind Fluoreszenzausbeuten für die K- und L-Schalen einiger Elemente angegeben. Beispielsweise für C ist ω_K für die K-Schale nur noch 0,0009, d. h., bei weniger als 1‰ der Absorptionsvorgänge entsteht nur noch K-Strahlung. Dieses starke Absinken von ω_K mit fallender Ordnungszahl ist der Hauptgrund dafür, daß die RFA bezüglich des ihr zugänglichen Elementebereiches eine untere Grenze besitzt und derzeit nur bis herab zu $z = 9$ (F) möglich ist (in speziellen Fällen bis $Z = 6$ (C)); bei $Z = 9$ beträgt ω_K schon weniger als 0,01.

2.4.4. Streuung

Wenn ein Röntgenstrahl bei der Wechselwirkung mit Materie seine Richtung ändert, dabei als Strahlung aber erhalten bleibt, nennt man das Streuung. Stimmen die Wellenlängen von gestreuter und primärer Strahlung überein ($\Delta\lambda = 0$), liegt Thomson-Streuung (auch klassische oder kohärente Streuung genannt) vor; tritt beim Streuvorgang eine Wellenlängenänderung auf ($\Delta\lambda \neq 0$), handelt es sich um Compton-Streuung (auch inkohärente Streuung genannt). Beide Prozesse treten nebeneinander auf.

2.4. Wechselwirkung Röntgenstrahlung – Materie

Bei der Thomson-Streuung erregt die einfallende Röntgenwelle die an die Atomkerne gebundenen Elektronen zu elektrischen Dipolschwingungen, was $\Delta\lambda = 0$ erklärt und durch die Gesetze der klassischen Elektrodynamik beschrieben wird.

Bei der Compton-Streuung hingegen kommt der korpuskulare Charakter der Röntgenstrahlung zur Wirkung, und ihre Beschreibung muß durch die Quantenmechanik erfolgen. Dabei werden Zusammenstöße zwischen Fotonen der Röntgenstrahlung und ruhen-

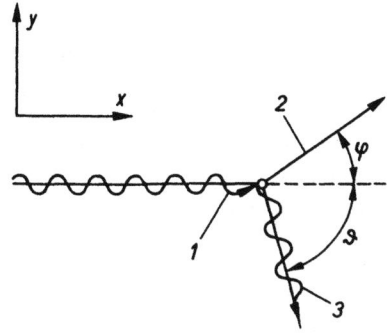

Bild 2-18
Stoßvorgang beim Compton-Effekt
1 einfallendes Foton, $h\nu$, $h\nu/c$
2 gestoßenes Elektron, $m_e v^2/2$, $m_e v$
3 gestreutes Foton, $h\nu_C$, $h\nu_C/c$

den, freien Elektronen der streuenden Materie betrachtet (Bild 2-18), für die der Energieerhaltungssatz

$$h\nu = h\nu_c + \frac{m_e}{2} v^2 \tag{2-33}$$

und der Impulserhaltungssatz

$$\frac{h\nu}{c} = \frac{h\nu_c}{c} \cos\vartheta + m_e v \cos\varphi \quad \text{(Komponente in } x\text{-Richtung)} \tag{2-34}$$

$$0 = \frac{h\nu_c}{c} \sin\vartheta + m_e v \sin\varphi \quad \text{(Komponente in } y\text{-Richtung)} \tag{2-35}$$

gelten müssen. $h\nu$ und $h\nu/c$ bzw. $h\nu_c$ und $h\nu_c/c$ sind die Fotonenenergien und Fotoimpulse vor bzw. nach dem Stoß, $m_e v^2/2$ und $m_e v$ die Energie und der Impuls des gestoßenen Elektrons. Beim Stoß ändert das Foton seine Richtung um ϑ und verkleinert seine Frequenz von ν auf ν_c bzw. vergrößert seine Wellenlänge von λ auf λ_c. Die mathematische Zusammenfassung der Gln. (2-33) bis (2-35) ergibt für die Wellenlängenzunahme bei der Compton-Streuung

$$\Delta\lambda = \lambda_c - \lambda = 2\frac{h}{m_e c} \sin^2(\vartheta/2) \tag{2-36}$$

$h/m_e c$ Compton-Wellenlänge, ist universell und beträgt 0,00242 nm

Bei der Compton-Streuung einer monochromatischen Röntgenstrahlung (λ = konst.) erfährt diese also absolute Wellenlängenänderungen $\Delta\lambda$, die allein durch die Richtungen ϑ bestimmt sind, in denen die gestreute Strahlung betrachtet oder gemessen wird. $\Delta\lambda$ wächst mit zunehmendem Streuwinkel ϑ und ist bei $\vartheta = 180°$ maximal 0,00484 nm.

Tabelle 2-4
Massenstreukoeffizienten σ/ϱ (cm^2/g) einiger Elemente für $\lambda = 0,071$ nm

C (Z = 6)	Al (Z = 13)	Cu (Z = 29)	Ag (Z = 47)	Pb (Z = 82)
0,18	0,20	0,29	0,47	0,82

In dem für die RFA bedeutungsvollen Spektralbereich dominiert die Thomson-Streuung. Ein Maß für die Häufigkeit des Auftretens von Streuprozessen ist der schon eingeführte Streukoeffizient σ. Er ist eine Materialkonstante und als solche ebenso wie τ und μ proportional der Dichte des streuenden Materials. Der Massenstreukoeffizient σ/ϱ, der (ausgenommen die leichtesten Elemente; vgl. Abschnitt 2.4.1.) wesentlich kleiner als der Massenabsorptionskoeffizient ist, ändert sich nur wenig mit der Ordnungszahl der streuenden Atome (Tabelle 2-4); auch seine Änderung mit der Wellenlänge der Strahlung ist vergleichsweise zur Abhängigkeit von τ/ϱ klein (z. B. bei Cu von $0,20$ cm^2/g für $\lambda = 0,02$ nm auf $0,35$ cm^2/g für $\lambda = 0,2$ nm).

Obwohl die Streuung im Verhältnis zur Absorption klein ist, findet sie in jedem Fall statt, also auch in der Probe bei der RFA. Zusammen mit der durch Fluoreszenzanregung erzeugten charakteristischen Röntgenstrahlung bildet die gestreute Strahlung das sekundäre Strahlungsfeld (vgl. Bild 2-1), und beide Strahlungsarten fallen in das Spektrometer Sp ein. Da bei der RFA aber in erster Linie die charakteristische Fluoreszenzstrahlung ausgenutzt wird, ist hier die Streustrahlung des Bremsspektrums, die den kontinuierlichen Untergrund verursacht, zumeist eine Störung (Blindwert oder Untergrund im Spektrum) und zweckmäßigerweise klein zu halten.

Im Gegensatz dazu werden die gestreuten Linien des Anodenmaterials häufig zur Korrektur von Matrixeinflüssen herangezogen.

2.4.5. Beugung am Einkristall

Eine sehr nützliche und spezielle Anwendung findet die Thomson-Streuung von Röntgenstrahlen an Materie bei der RFA in einer wichtigen Funktionsgruppe des Spektrometers, dem sog. Kristallmonochromator: Wenn (Bild 2-19) gerichtete polychromatische

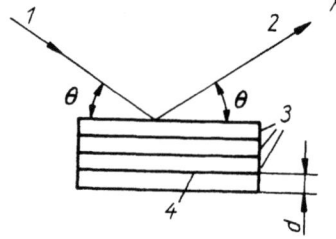

Bild 2-19
Funktionsweise des Kristallmonochromators
1 polychromatisch
2 monochromatisch
3 Netzebenen (hkl)
4 Einkristall

Röntgenstrahlung unter dem Winkel Θ auf einen Einkristall fällt, dessen Oberfläche parallel zu den Netzebenen mit den Millerschen Indizes (hkl) verläuft (Netzebenenabstand d), dann separiert dieser Kristall die monochromatische Strahlkomponente

$$\lambda = \frac{2d \sin \Theta}{n} \qquad (2\text{-}37)$$

$n = 1, 2 \ldots$ ganze Zahl

Stellt man einen solchen Einkristall unter den verschiedensten Winkeln Θ_i zur einfallenden Strahlung, kann man z. B. die enthaltenen Röntgen-Spektrallinien λ_i separieren und ihre Intensitäten I_i messen, so wie es bei der RFA zur qualitativen und quantitativen Elementanalyse erforderlich ist.

Gl. (2-37) ist die bekannte Braggsche Gleichung. Sie beschreibt den als Folge kohärenter Streuung resultierenden Beugungsvorgang am Einkristall; n ist der Ordnungsgrad der Beugung. Die Gültigkeit dieser Gleichung kann man sich mit dem folgenden fiktiven Modell veranschaulichen (Bild 2-20): Schreibt man den Einkristall-Netzebenen die Fähigkeit der »Reflexion« von Röntgenstrahlung zu und betrachtet sie als teilweise durchlässig, dann wird eine bestimmte Wellenlänge λ nur dann mit maximaler Intensität »reflektiert«,

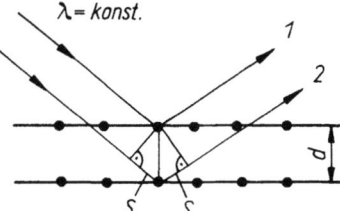

Bild 2-20
Veranschaulichung des Beugungsvorganges als Braggsche Reflexion

wenn der Wegunterschied $\Delta s = 2s$ zwischen den beiden Strahlen 1 und 2 ein ganzzahliges Vielfaches n der Wellenlänge ist:
$\Delta s = 2s = n\lambda$. Da $s = d \sin \Theta$, folgt hieraus unmittelbar Gl. (2-37). Es sei aber nochmals ausdrücklich darauf hingewiesen, daß es sich hierbei (der sog. Braggschen Reflexion) in Wirklichkeit um einen Beugungsvorgang handelt und nicht um eine echte Reflexion im physikalisch-klassischen Sinne; die Braggsche Gleichung beschreibt den Beugungsvorgang lediglich als Reflexion an den Netzebenen.

Der Intensitätsanteil, mit dem eine Strahlungskomponente λ durch einen Einkristallmonochromator vermöge Braggscher Reflexion aus einem Strahlungsfeld separiert wird, ist das Braggsche Reflexionsvermögen (meist kurz Reflexionsvermögen genannt). Es ist eine Materialkonstante und außerdem abhängig von der Wellenlänge. Bei den in der RFA zur Anwendung kommenden Kristallmonochromatoren liegt es im Bereich 10^{-4} bis 10^{-7}. Dieses Braggsche Reflexionsvermögen ist nach dem oben Gesagten nicht zu verwechseln mit dem in Abschnitt 2.1. behandelten echten Reflexionsvermögen.

2.5. Intensität der Röntgenfluoreszenzstrahlung der Analysenprobe

Mit den Kenntnissen über die fundamentalen physikalischen Wechselwirkungen zwischen Röntgenstrahlung und Materie wird in diesem Abschnitt dargestellt, wodurch die Intensitäten der Röntgenspektrallinien bei der praktischen Durchführung der RFA bestimmt sind und wovon sie wesentlich abhängen (physikalisches Modell der RFA). Die Wechselwirkungen zwischen unterschiedlichen Elementen in derselben Probe und ihr Einfluß auf die Spektrallinien-Intensitäten (Interelementeffekt) bleiben hier noch unberücksichtigt, und ferner erfolgt die Beschränkung auf die K_α-Spektrallinien. Die Ausdrücke für die anderen in der RFA zur Anwendung gelangenden Spektrallinien ($K_{\beta1}$, $L_{\alpha1}$) basieren auf den gleichen physikalischen Gesetzmäßigkeiten und sind analog beschaffen.

2.5.1. Intensität der K_α-Spektrallinien bei monochromatischer Anregung

Die ebene Analysenprobe P befinde sich (Bild 2-21) unter dem Winkel φ zur primären Röntgenstrahlung, die vereinfacht als Parallelstrahlung angenommen wird. Das Spektrometer Sp sei so beschaffen, daß es von der gesamten Röntgenfluoreszenzstrahlung der Probe denjenigen Teil mißt, der die Probenfläche F durchsetzt (Wirkung der Blende B) und in Richtung ψ zu Sp parallelisiert ist.

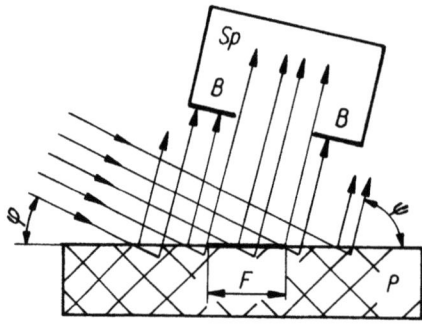

Bild 2-21
Geometrische Verhältnisse bei der RFA

Die primäre Röntgenstrahlung dringt endlich tief in die Probe ein, und die erzeugte Fluoreszenzstrahlung wird auf ihrem Wege zum Spektrometer in der Probe geschwächt. Zur genauen Beschreibung dieser Verhältnisse (Bild 2-22) wird die sehr dünne Schicht Δx in der Probentiefe x betrachtet und zunächst angenommen, daß die primäre Röntgenstrahlung nur Quanten enthält von praktisch gleicher Wellenlänge (genauer: aus einem schma-

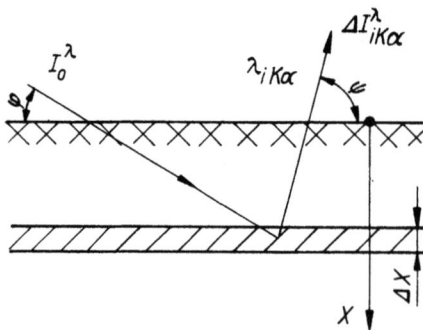

Bild 2-22
Beitrag der Schicht Δx zur Spektrallinien-Intensität

2.5. Intensität der Röntgenfluoreszenzstrahlung

len Bereich $\Delta\lambda$). Wenn I_0^λ die Intensität dieser monochromatischen (λ = konst.!) Primärstrahlung ist, kommt sie infolge der Schwächung auf ihrem Wege zur betrachteten Probenschicht in dieser nur noch mit der Intensität

$$I_0^\lambda \exp\left[-\frac{\mu x}{\sin\varphi}\right] = I_0^\lambda \exp\left[-\frac{(\mu/\varrho)\varrho x}{\sin\varphi}\right] \qquad (2\text{-}38)$$

zur Wirkung (vgl. hierzu Abschn. 2.4.1. und Gl. (2-20)). Die als Folge angeregte Fluoreszenzstrahlung, z. B. die K_α-Strahlung des Elementes i, erleidet auf dem Wege bis zur Probenoberfläche durch Schwächung einen Intensitätsverlust um den Faktor

$$\exp\left[-\frac{\mu_{iK\alpha} x}{\sin\psi}\right] = \exp\left[-\frac{(\mu/\varrho)_{iK\alpha}\varrho x}{\sin\psi}\right] \qquad (2\text{-}39)$$

In den voranstehenden Exponentialfunktionen sind μ/ϱ der Massenschwächungskoeffizient der Probe für die betrachtete konstante Wellenlänge der Primärstrahlung und $(\mu/\varrho)_{iK\alpha}$ derjenige für die beispielsweise gewählte Spektrallinie K_α des Elementes i.
Der Formelausdruck für den Beitrag $\Delta I_{iK\alpha}^\lambda$, den die betrachtete Probenschicht Δx bei monochromatischer Anregung zur K_α-Spektrallinien-Intensität des Elementes i außerhalb der Probe leistet, kann nun ohne weiteres formuliert werden; er ist proportional

- der primären Röntgenstrahlungsintensität in der Probentiefe x gemäß Gl. (2-38),
- der Konzentration c_i des Elementes i in der Probe,
- der absoluten Häufigkeit der Ionisierung der K-Schalen $(\tau_K)_i$ des Elementes i gemäß Gl. (2-32),
- der Übergangswahrscheinlichkeit $u_{iK\alpha}$ für die betrachtete K_α-Spektrallinie (vgl. Abschn. 2.3.2.),
- der Fluoreszenzausbeute $(\omega_K)_i$ der K-Schale des Elementes i (vgl. Abschn. 2.4.3., Auger-Effekt),
- der Schwächung gemäß Gl. (2-39) der Spektrallinie $\lambda_{iK\alpha}$ in der Probe,

und man erhält

$$\Delta I_{iK\alpha}^\lambda = K\, I_0^\lambda\, Q_{iK}\, c_i \left(\frac{\tau}{\varrho}\right)_i \exp\left[-\left\{\frac{(\mu/\varrho)}{\sin\varphi} + \frac{(\mu/\varrho)_{iK\alpha}}{\sin\psi}\right\} x\varrho\right]\varrho\,dx \qquad (2\text{-}40)$$

K Apparatekonstante

$$Q_{ik} = u_{iK\alpha}\,(\omega_K)_i\,\frac{(S_K)_i - 1}{(S_K)_i}$$

Die Gesamtintensität $I_{iK\alpha}^\lambda$ der Spektrallinie bei monochromatischer Anregung gewinnt man durch Integration von Gl. (2-40) über die Probendichte x (oder über das Produkt ϱx, da ϱ = konst.), und es folgt für die unendlich dicke Probe (Integration im Bereich $0 \leq \varrho x \leq \infty$)

$$I_{iK\alpha}^\lambda = K I_0^\lambda Q_{iK} \left[\frac{c_i\left(\dfrac{\tau}{\varrho}\right)_i}{\dfrac{(\mu/\varrho)}{\sin\varphi} + \dfrac{(\mu/\varrho)_{iK\alpha}}{\sin\psi}}\right] \qquad (2\text{-}41)$$

Der Ausdruck in der eckigen Klammer heißt Anregungswahrscheinlichkeit AW. Für eine bestimmte Probe und gleiche geometrische Bedingungen (φ = konst.; ψ = konst.) ändert sich AW mit der Wellenlänge der Primärstrahlung, weil sowohl $(\tau/\varrho)_i$ im Zähler als auch μ/ϱ im Nenner der Gl. (2-41) von λ abhängen. Gravierend für die Änderung von AW ist die Wellenlängenabhängigkeit des Massenabsorptionskoeffizienten $(\tau/\varrho)_i$ desjenigen Elementes i, dessen K_α-Spektrallinien-Intensität gerade interessiert. Gemäß Gl. (2-29) (vgl. auch Bild 2-15) steigt $(\tau/\varrho)_i$ und somit AW mit wachsender Primärwellenlänge λ an, und beide Größen erreichen maximale Werte unmittelbar vor der Wellenlänge der K-Absorptionskante $(\lambda_K)_i$ des betrachteten Elementes i; ist $\lambda > (\lambda_K)_i$, wird die K_α-Spektrallinie des Elementes i nicht mehr angeregt, d. h., $I^\lambda_{iK\alpha} = 0$.

2.5.2. Intensität der K_α-Spektrallinien bei polychromatischer Anregung

Wird die RFA unter Verwendung von Glühkatoden-Röntgenröhren durchgeführt, besteht die anregende Primärstrahlung (vgl. Bild 2-12) aus der Röntgenbremsstrahlung und den charakteristischen Röntgenlinien des Anodenmaterials. Zum mathematischen Ausdruck für die Intensität der K_α-Spektrallinie $I_{iK\alpha}$ des Elementes i der Probe gelangt man in diesem Falle, wenn I^λ_0 in Gl. (2-38) durch eine Primärintensität als wellenlängen-abhängige Größe ersetzt und die genannte Gleichung über die Wellenlänge integriert wird:

$$I_{iK\alpha} = K \, Q_{iK} \, c_i \left[\int_{\lambda_{min}}^{(\lambda_K)_i} \frac{I(\lambda)_B \, (\tau/\varrho)_i \, d\lambda}{\frac{(\mu/\varrho)}{\sin \varphi} + \frac{(\mu/\varrho)_{iK\alpha}}{\sin \psi}} + \sum_m \frac{I^{\lambda_m}_C \, (\tau/\varrho)_i}{\frac{(\mu/\varrho)}{\sin \varphi} + \frac{(\mu/\varrho)_{iK\alpha}}{\sin \psi}} \right] \quad (2\text{-}42)$$

Der erste Summand in der eckigen Klammer beschreibt die Anregung durch das Bremsspektrum $I(\lambda)_B$ der Röntgenröhre[1]; es ist plausibel, daß die Integration sich über den Bereich von der kurzwelligen Grenze λ_{min} bis zur Wellenlänge $(\lambda_K)_i$ der Absorptionskante des betrachteten Elementes i erstreckt. Der zweite Summand erfaßt die Anregungen durch die charakteristischen Strahlungskomponenten des Anodenmaterials, von denen jede für sich monochromatisch ist (λ_m) und die mit den Intensitäten $I^{\lambda_m}_C$ in die Probe einfallen[2]; die Summation erstreckt sich dabei über alle charakteristischen Linien des Anodenmaterials bei $\lambda_m = (\lambda_K)_i$ der Wellenlänge der K-Absorptionskante des anzuregenden Elementes i in der Probe.

2.5.3. Optimale Anregungsbedingungen

Zusammen mit den Gln. (2-18) und (2-19) für die Primärstrahl-Intensitäten ermöglicht Gl. (2-42), für ein vorgegebenes Element i in einer Probe optimale Anregungsbedingungen festzulegen. Gemeint sind das zweckmäßigste Anodenmaterial der Röntgenröhre so-

---

[1] $I(\lambda)_B$ ist hier nicht wie gewöhnlich die Zahl der Quanten je Fläche und Zeit (Gl. (2-4)), sondern die Zahl der Quanten je Fläche, Zeit und Wellenlängenintervall $d\lambda$.
[2] $I^{\lambda_m}_C$ ist wieder wie üblich die Zahl der Quanten einer Spektrallinie je Fläche und Zeit.

wie die günstigste Röhrenspannung U. Weil zumeist die Intensität der charakteristischen Strahlung des Anodenmaterials viel größer ist als die Bremsstrahlungs-Intensität, gelten folgende allgemeine Regeln:

- Als Anode wird ein Metall gewählt, das intensive charakteristische Linien (K- oder L-Strahlung) auf der kurzwelligen Seite und möglichst nahe bei der Absorptionskante der anzuregenden Spektrallinie liefert.
- Es kommt eine Röhrenspannung U zur Anwendung, welche vor allem die für die Anregung bestimmten charakteristischen Linien der Anode mit hinreichend großer Intensität erzeugt.

2.5.4. Einfluß der Dicke der Analysenprobe

Die Gln. (2-41) und (2-42) gelten für die unendlich dicke Analysenprobe. Bei endlich dicken Proben sind die Spektrallinien-Intensitäten genaugenommen immer kleiner, jedoch hat das von einer Mindestprobendicke D_{min} an keine praktische Bedeutung mehr. Zum Beispiel bringt der Übergang von der unendlich dicken Probe ($D = \infty$) zur endlichen Probendicke ($D = D_{min}$) lediglich eine Intensitätsabnahme von 0,1 % (auf 99,9 %). Das heißt, für die Praxis der RFA liefern Proben mit Dicken $\geq D_{min}$ die gleichen Spektrallinien-Intensitäten wie unendlich dicke Proben; oder: Bei Probendicken $\geq D_{min}$ haben unterschiedliche Probendicken keinen Einfluß auf die Spektrallinien-Intensität.
Zur Abschätzung von D_{min} genügt es, das vereinfachte Modell der RFA mit monochromatischer Anregung heranzuziehen (Abschn. 2.5.1.). Die Bestimmungsgleichung für D_{min} lautet damit

$$\frac{I_{iK\alpha}^{\lambda} \text{ für die Probendicke } D = D_{min}}{I_{iK\alpha}^{\lambda} \text{ für die Probendicke } D = \infty} = 0{,}999 \tag{2-43a}$$

Der Nenner stimmt mit Gl. (2-41) überein, den Zähler berechnet man durch Integration von Gl. (2-40) in den Grenzen $0 \leq x \leq D_{min}$ und erhält schließlich

$$D_{min} = \frac{6{,}9}{\left(\dfrac{(\mu/\varrho)}{\sin \varphi} + \dfrac{(\mu/\varrho)_{iK\alpha}}{\sin \psi}\right)\varrho} \tag{2-43b}$$

Gl. (2-43b) besagt (und das ist plausibel), daß D_{min} von der Zusammensetzung der Probe, von der angenommenen monochromatischen Primärwellenlänge (beides durch den Para-

Tabelle 2-5
Mindestdicken D_{min} der »unendlich dicken« Probe

Element	λ_{eff} [nm]		D_{min} [μm]	Element	λ_{eff} [nm]	D_{min} [μm]
Al	0,229	(CrK$_\alpha$)	17	Fe	0,071	42
	0,071	(MoK$_\alpha$)	20	Cr	0,071	42
S	0,229		36	Cu	0,071	41
	0,071		63			

meter μ/ϱ) und von der betrachteten Spektrallinie (durch den Parameter $(\mu/\varrho)_{iK\alpha}$) sowie von der Probenraumgeometrie (φ, ψ) abhängt.

Bei der Berechnung von D_{min} wird als Wellenlänge der Primärstrahlung (maßgeblich für μ/ϱ in Gl. (2-43b)) diejenige mit der größten Anregungswirkung gewählt (die effektivste oder effektive Wellenlänge λ_{eff}), z. B. die der K_α-Linie oder der $L_{\alpha 1}$-Linie des Anodenmaterials, wenn diese kleiner als die betrachtete Spektrallinie der Probe sind (exakter: kleiner als die Wellenlänge der für die betrachtete Spektrallinie maßgeblichen Absorptionskante).

Tabelle 2-5 enthält einige Beispiele für D_{min}. Dabei wurde angenommen, daß die Proben zu 100 % aus dem betrachteten Element bestehen und $\varphi = 45°$ und $\psi = 45°$. Es ist ersichtlich, daß D_{min} durchweg kleiner als 0,1 mm, d. h. eine kleine Größe ist.

3. Apparative Grundlagen der RFA

Kurt Richter, Michael Schiekel, Karlheinz Kleinstück, Bernd Wehner und Peter Jugelt

3.1. Aufbau und Wirkungsweise von RFA-Geräten

Nach der Art der Selektion der charakteristischen Strahlung unterscheidet man heute »wellenlängendispersive« (oder »kristalldispersive«) und »energiedispersive« Geräte. Mit diesen nicht ganz treffend gewählten Begriffen bezeichnet man abkürzend die Zerlegung mittels Interferenz zum einen und mit Hilfe der energieproportionalen Amplituden der Spannungsimpulse von energieauflösenden Detektoren zum anderen. Die Hauptbaugruppen der Geräte sind folgende:

- eine Primärstrahlungsquelle zur Anregung der Fluoreszenzstrahlung in der Probe,
- ein Spektrometer zur Aufnahme des Spektrums der von der Probe emittierten Strahlung,
- eine leistungsfähige Nachweis- und Auswerteelektronik zur Bestimmung der Intensität der charakteristischen Linien sowie der daraus folgenden Elementkonzentrationen.

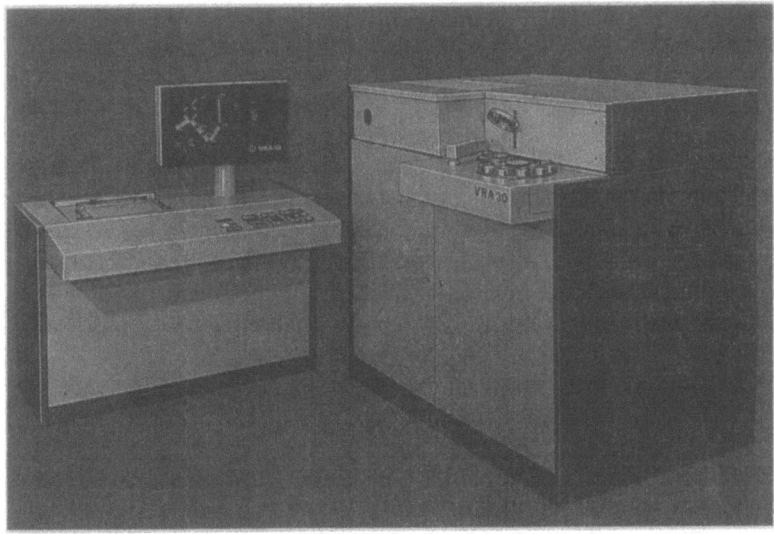

Bild 3-1
Spektrometer und Steuerpult des vollautomatischen
Röntgenfluoreszenzanalysators VRA-30 (VEB Kombinat Carl Zeiss Jena)

Bild 3-2
Energiedispersiver Röntgenfluoreszenzanalysator mit Radionuklidanregung durch Fe-55, Cd-109, Pu-238 oder Am-241; der Analysator ist anwendbar für den Elementbereich von Aluminium bis Uran
(Foto: mit freundlicher Genehmigung von Oxford Instruments Deutschland GmbH, Wiesbaden)

Dazu kommt eine mehr oder weniger aufwendige Gerätesteuerung. Je nach Aufbau des Spektrometers unterscheidet man bei den wellenlängendispersiven Geräten Sequenzgeräte und Mehrkanalgeräte.

Sequenzgeräte besitzen einen durchstimmbaren Monochromator. Man kann damit Strahlung jeder beliebigen Wellenlänge im vorgesehenen Wellenlängenbereich nacheinander vom übrigen Spektrum trennen. Der Monochromator bewirkt also, daß aus einem Strahlungsgemisch (unterschiedliche Wellenlängen) nur die Strahlung mit der gewünschten Wellenlänge in den Detektor gelangt. Zur Strahlungsmessung benutzt man je nach Wellenlänge wahlweise einen Szintillationszähler (SZ) oder ein Durchfluß-Proportionalzählrohr (DZ) mit der zugehörigen Nachweiselektronik. Sequenzgeräte werden vorzugsweise in Laboratorien eingesetzt, deren Aufgabe es ist, Proben mit wechselnder Elementzusammensetzung zu analysieren.

Große Helligkeit und vollautomatischer Analysenbetrieb bei kurzen Zählzeiten auch für geringe Elementgehalte gestatten auch mit diesem Gerätetyp eine direkte Einflußnahme auf die Produktion.

Mehrkanalgeräte enthalten mehrere (bis zu 30) auf je eine definierte Wellenlänge fest eingestellte Monochromatoren. Die Zahl der Monochromatoren muß mindestens gleich der Zahl der interessierenden Elemente in der Probe sein. Jedem Monochromator sind ein geeigneter Detektor (SZ oder DZ) und eine komplette Nachweiselektronik zur Intensitätsmessung nachgeschaltet. Mehrkanalgeräte werden in Industriebetrieben zur Prozeßkon-

Tabelle 3-1
Einsatz- und Gerätecharakteristik von wellenlängendispersiven und energiedispersiven RFA-Geräten

	Wellenlängendispersive Geräte		Energiedispersive Geräte (universell)
	Sequenzgerät	Mehrkanalgerät	
Meßproblem	Analyse von Proben mit wechselnder Elementzusammensetzung und beliebigen Elementkonzentrationen	Analyse von Proben, die immer dieselben Elemente enthalten, deren Konzentrationen zwar beliebig sind, jedoch gewöhnlich nur in gewissen Bereichen variieren	Analyse von Proben mit wechselnder Elementzusammensetzung und beliebigen Elementkonzentrationen
Einsatzort	chemisches Labor, unabhängig vom Ort der Probenentnahme	zur Prozeßkontrolle oder Prozeßsteuerung in der Nähe des Betriebsprozesses	chemisches Labor, unabhängig vom Ort der Probenentnahme
Gerätecharakteristik	1 Röntgengenerator 1 Spektroskopieröntgenröhre 1 durchstimmbarer Monochromator (BRAGG-SOLLER) mit Kollimatorwechsler (3 Kollimatoren) und Kristallwechsler (bis zu 8), ebene Analysatorkristalle 2 Detektoren (SZ und DZ) 1 komplette Nachweiselektronik 1 Prozeßrechner aufwendige Gerätesteuerung	1 Röntgengenerator 1 Spektroskopieröntgenröhre n auf je eine Wellenlänge (Element) fest eingestellte Monochromatoren unterschiedlicher Art ($n \leq 30$) 1 einfacher durchstimmbarer Monochromator zur qualitativen Analyse von Proben unbekannter Zusammensetzung n Detektoren (SZ oder DZ) n-mal komplette Nachweiselektronik 1 Prozeßrechner relativ einfache Gerätesteuerung	1 Röntgengenerator 1 Röntgenkleinleistungsröhre 1 Halbleiterdetektor 1 rauscharmer Vorverstärker 1 spektroskopischer Hauptverstärker 1 Vielkanalanalysator 1 Prozeßrechner einfache Gerätesteuerung
Analysenzeit ohne Probenvorbereitung	bei n Elementen etwa n-fach, bezogen auf das Mehrkanalgerät	1 min	≤ 10 min

trolle oder -steuerung eingesetzt, also dort, wo die Elementkonzentration in Proben bestimmt werden muß, die immer die gleichen Elemente enthalten. Moderne Spektrometer dieses Typs verfügen neben fest eingestellten Monochromatoren noch über einen sequentiell arbeitenden Kanal, womit sich die Flexibilität beim Einsatz dieser Geräte erhöht. Ein universelles energiedispersives RFA-Gerät (Bild 3-2) stellt ein echtes Mehrkanalgerät mit variablen Kanalgrenzen dar. Bei ihm entfallen jedoch die Monochromatoren, so daß sich vergleichsweise ein sehr einfacher Probenraum ergibt. Ein Halbleiterdetektor (HD) mit hohen Energieauflösungsvermögen bildet zusammen mit dem rauscharmen Vorverstärker, dem spektroskopischen Hauptverstärker und dem Vielkanalanalysator das energiedispersive Spektrometer. Die Nachweiselektronik ist hier integraler Bestandteil des Spektrometers.

In Tabelle 3-1 werden Einsatz- und Gerätecharakteristika von wellenlängendispersiven und energiedispersiven RFA-Geräten zusammenfassend gegenübergestellt. Auf die einzelnen Baugruppen wird in den folgenden Abschnitten näher eingegangen. Bei Betrachtung der Analysenzeiten muß unbedingt die Probenvorbereitungszeit berücksichtigt werden. Sie ist gewöhnlich wesentlich größer als die in der Tabelle für ein Mehrkanalgerät genannte Analysenzeit.

Der Meßprozeß läuft wie folgt ab: Die Probe gelangt über die Probenzuführung (i. allg. aus äußerem Probenmagazin, Probenschleuse und innerem Probenwechsler bestehend) in Meßposition. Sie befindet sich dann dicht vor dem Strahlenaustrittsfenster der Röntgenröhre. Ein möglichst kleiner Abstand zwischen dem Brennfleck auf der Anode (Entstehungsort der Primärröntgenstrahlung) und der Probe ist nach Gl. (2-5) die Voraussetzung für eine maximale Fluoreszenzintensität. Das Strahlenaustrittsfenster der Spektroskopie-Röntgenröhren ist entweder seitlich oder stirnseitig angebracht. Sequenzgeräte werden heute mit Seitenfensterröhren oder mit Stirnfensterröhren ausgerüstet. Bei Mehrkanalgeräten besteht die Forderung, eine möglichst große Zahl von Monochromatoren rund um die Probe anzuordnen. Dieser Forderung kommt man am besten mit einer Stirnfensterröhre nach. Zum Betreiben der Röntgenröhre ist ein Hochspannungsgenerator erforderlich.

In der Probe wird durch die Primärstrahlung der Röntgenröhre die Fluoreszenzstrahlung der in der Probe enthaltenen Elemente angeregt. Ein Teil der Fluoreszenzstrahlung gelangt in den Monochromator (die Monochromatoren) und wird spektral zerlegt.

Der in Bild 3-3a enthaltene Monochromator nach BRAGG-SOLLER wird in Sequenzgeräten am häufigsten eingesetzt. Er besteht aus dem raumfesten *Soller-Kollimator 1*, dem um die Achse *A* drehbaren ebenen Analysatorkristall und dem um *A* schwenkbaren Kollimator *2*. Die Achse *A* steht senkrecht auf der Monochromatorebene, welche durch die Oberflächennormale des Kristalls (gleichzeitig Netzebenennormale) und den Zentralstrahl des Strahlenbündels, das von der Probe kommt, aufgespannt wird. Kollimator *1* legt die Richtung, den Querschnitt und die Divergenz des zu analysierenden Strahlenbündels fest. Die Strahlung wird mittels Braggscher Reflexion an den Netzebenen des Analysatorkristalls, die parallel zu dessen Oberfläche liegen, spektral zerlegt und gelangt durch den Kollimator *2* in den Detektor.

Die Strahlungsintensität wird mit dem Detektor und der zugehörigen Nachweiselektronik gemessen. Durchfluß-Proportionalzählrohr, Vorverstärker und Kollimator *2* bilden häufig eine Baueinheit. Der Kollimator dient dann gleichzeitig zur Abstützung des dünnen

3.1. Aufbau und Wirkungsweise von RFA-Geräten

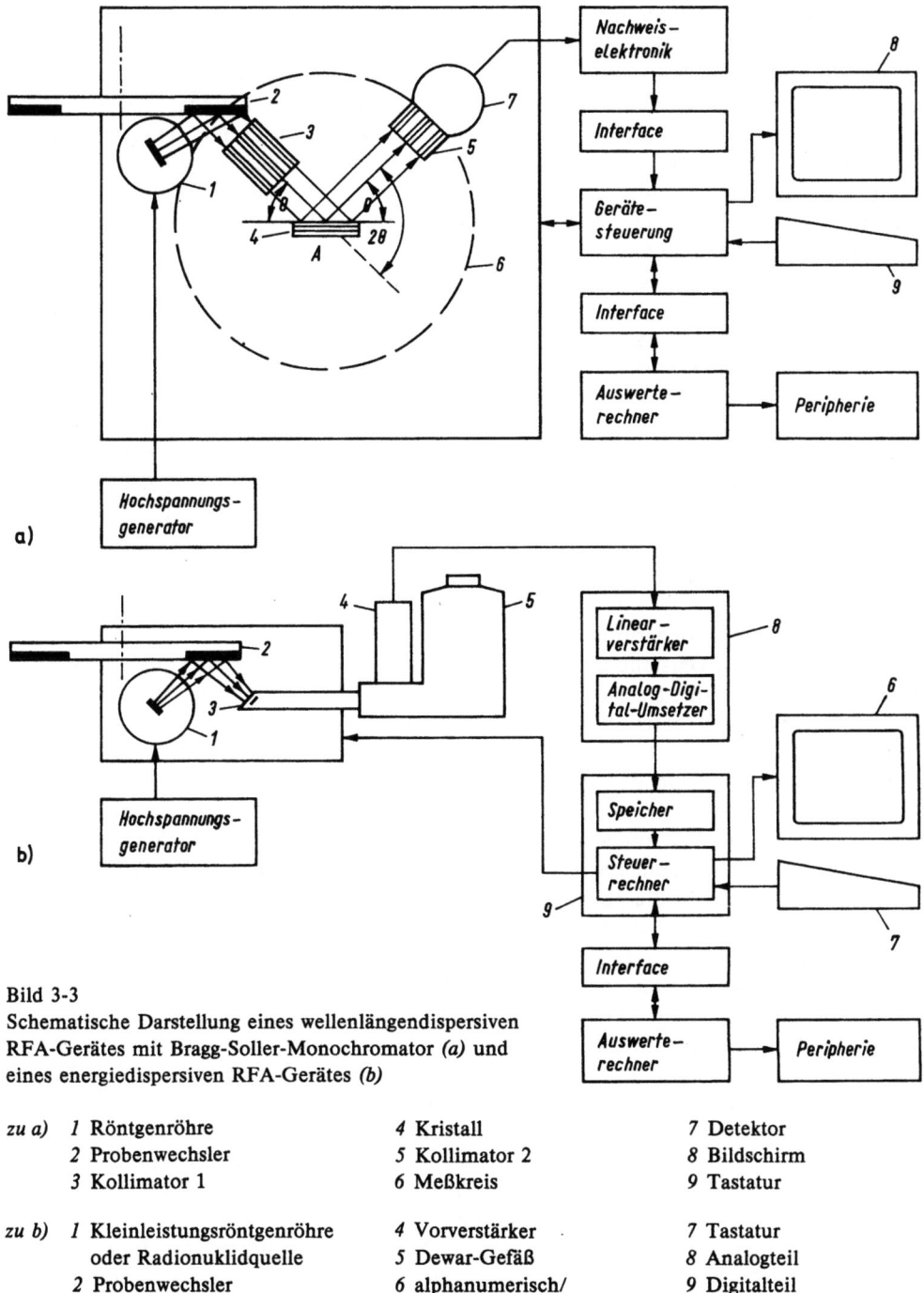

Bild 3-3
Schematische Darstellung eines wellenlängendispersiven
RFA-Gerätes mit Bragg-Soller-Monochromator (a) und
eines energiedispersiven RFA-Gerätes (b)

zu a) 1 Röntgenröhre   4 Kristall   7 Detektor
       2 Probenwechsler   5 Kollimator 2   8 Bildschirm
       3 Kollimator 1   6 Meßkreis   9 Tastatur

zu b) 1 Kleinleistungsröntgenröhre   4 Vorverstärker   7 Tastatur
         oder Radionuklidquelle   5 Dewar-Gefäß   8 Analogteil
       2 Probenwechsler   6 alphanumerisch/   9 Digitalteil
       3 Halbleiterdetektor   grafischer Bildschirm

Zählrohrfensters. Das Zählrohrfenster muß wegen des Druckunterschiedes zwischen dem Detektorinneren und dem Spektrometerraum (Vakuum) abgestützt werden. Bei Sequenzspektrometern hat sich die Tandemanordnung eines Durchfluß-Proportionalzählrohrs und eines Szintillationszählers bewährt. Der Szintillationszähler befindet sich in diesem Fall hinter dem mit einem Strahlenaustrittsfenster versehenen Proportionalzählrohr. So kann die harte Strahlung, die nicht im Zählrohr absorbiert worden ist, mit dem Szintillationszähler gemessen werden. In einem bestimmten Wellenlängenbereich kann man durch Addition der mit beiden Detektoren gleichzeitig gemessenen Impulsraten die Meßzeit verkürzen (s. Bild 3-16).

Um das Spektrum der von der Probe emittierten Strahlung zu gewinnen, wird der Kristall mit der Winkelgeschwindigkeit ω um die Achse A gedreht. Auf diese Weise wird nacheinander die Reflexionsbedingung (Gl. (2.37)) für die verschiedenen Wellenlängen erfüllt. Damit die reflektierte Strahlung in den Detektor fällt, muß dieser mit der Winkelgeschwindigkeit 2ω um A geschwenkt werden. Schreibt man die vom Detektor registrierte Impulsrate in Abhängigkeit vom Glanzwinkel Θ mit einem Kompensationsbandschreiber auf, so erhält man das Spektrum. Bild 3-4a zeigt ein relativ kompliziertes Beispiel. Über einem kontinuierlichen Untergrund erheben sich teilweise überlappend die Spektrallinien der in der Probe enthaltenen Elemente. Neben einer linienreichen L-Serie sind auch K-Linien zweiter Ordnung im Diagramm zu sehen. Bei Proben, die vorwiegend Elemente niedriger Ordnungszahl enthalten, kann man auch die an der Probe gestreuten charakteristischen Linien des Anodenmaterials der Röntgenröhre und ihre Compton-Linien im Übersichtsdiagramm wiederfinden.

Neben der analogen Darstellung der Impulsrate (Bild 3-4a), die für eine qualitative Analyse genügt, gestattet die Nachweiselektronik auch die Verarbeitung und Ausgabe der Impulszahlen bzw. Impulsraten in digitaler Form, was für die quantitative Analyse unerläßlich ist.

Bei energiedispersiven Geräten entfällt der mit dem Monochromator verbundene Intensitätsverlust (mehrere Zehnerpotenzen). Man kann deshalb Kleinleistungsröntgenröhren oder Radionuklidquellen zur Anregung verwenden. Das Schema in Bild 3-3b zeigt, daß die von der Probe ausgehende Strahlung direkt auf den energieauflösenden Detektor fällt. Eine Besonderheit stellt die notwendige Kühlung des Si(Li)-Halbleiterdetektors und des Eingangstransistors des Vorverstärkers dar. Si(Li)-Detektoren werden gegenwärtig bevorzugt eingesetzt. Bild 3-4b zeigt ein energiedispersiv registriertes Spektrum bei unterschiedlicher Anregung. Eine allgemeine Erläuterung solcher Spektren findet man im Abschnitt 4.2.1. Bei modernen Geräten ist der gesamte Meßablauf automatisiert und wird von einem Prozeßrechner kontrolliert. Dieser übernimmt auch die Auswertung der Meßergebnisse, d. h., er identifiziert die Elemente und berechnet aus den gemessenen Impulsraten die Konzentrationen der in der Probe enthaltenen Elemente.

Außer den bisher genannten prinzipiell erforderlichen Baugruppen benötigt man Zusatzeinrichtungen am Gerät, welche einen großen Einfluß auf die Reproduzierbarkeit der Meßergebnisse haben, bzw. die es erst ermöglichen, Elemente mit einer Ordnungszahl $Z < 20$ röntgenspektrometrisch nachzuweisen.

Letzteres erfordert, daß der Strahlenweg im Vakuum verläuft, da für Wellenlängen $\lambda > 0{,}3$ nm die Schwächung in Luft erheblich ist (CaK$_\alpha$: $D_{1/2} = 5{,}4$ cm). Es werden keine hohen Ansprüche an das Vakuum gestellt (Feinvakuum genügt). Das Vakuumsystem

3.1. Aufbau und Wirkungsweise von RFA-Geräten

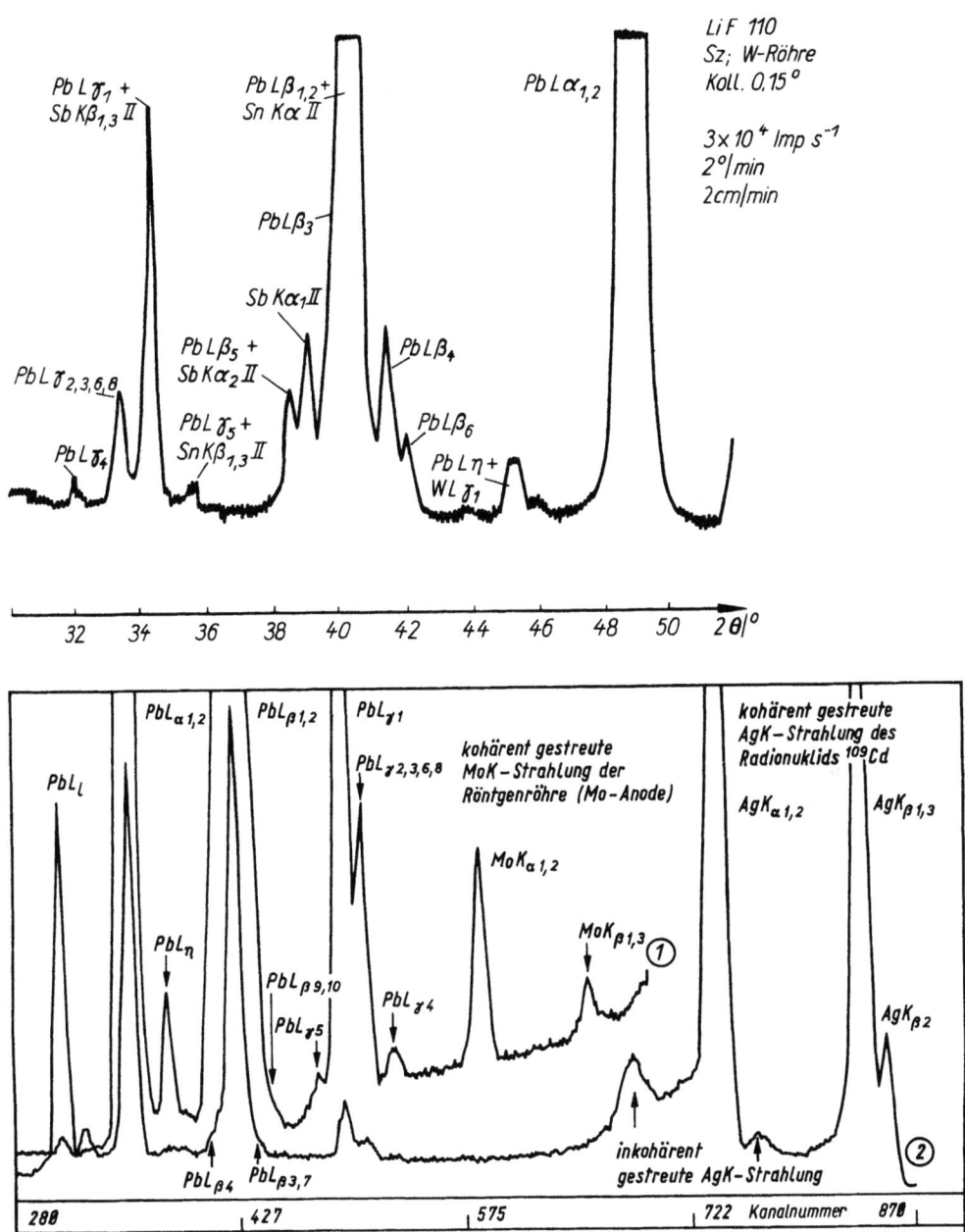

Bild 3-4
Teilspektrum von einer Probe aus Letternmetall
oben: wellenlängendispersive Messung
unten: energiedispersive Messung

1 Anregung mit der Röntgenröhre (Mo-Anode)
2 Anregung mit einem Radionuklid (^{109}Cd)

muß jedoch so dimensioniert sein, daß nach einer Belüftung des Spektrometers oder nach einem Probenwechsel die Meßbereitschaft schnell erreicht wird. Der Probenwechsel erfolgt deshalb über eine Vakuumschleuse. Das ist ein kleiner Raum, der vom Spektrometer getrennt evakuiert und belüftet werden kann. Bei flüssigen Proben benutzt man als Behältnis eine Küvette, die mit einer dünnen Folie (0,01 bis 0,02 mm) bespannt ist. Das Vakuum im Spektrometer stellt hierbei eine besondere Erschwernis dar, denn die Folien gehen infolge des Druckunterschiedes häufig zu Bruch. Um diese Schwierigkeit zu umgehen, spült man das Spektrometer mit Helium. Damit baut man den Druckunterschied am Küvettenfenster ab und schafft, was die Schwächung der Strahlung anbelangt, quasi Vakuumbedingungen, da das Helium nach dem Wasserstoff die kleinsten Schwächungskoeffizienten aufweist.

Zum Ausgleich von Probeninhomogenitäten (Elementverteilung in der Probe, Oberflächenbeschaffenheit) kann die Probe während der Messung um ihre Oberflächennormale gedreht werden. Bei Mehrkanalspektrometern ist die Probenrotation besonders wichtig, da durch die Vielzahl der Monochromatoren konstruktiv bedingt häufig nur die Strahlung von einem Teil der Probe in einen bestimmten Monochromator gelangen kann.

Detektoren und Nachweiselektronik können nicht mit unbegrenzt hohen Impulsraten belastet werden. Infolge der Totzeit (s. Abschn. 3.6.) treten bei hohen Impulsraten Zählverluste auf, die zu einer Abweichung vom linearen Zusammenhang zwischen Impulsrate und Intensität führen. Bei Proben mit stark unterschiedlichen Elementkonzentrationen benötigt man für die Elemente mit geringer Konzentration die volle Anregungsleistung, während für die Elemente, die mit hoher Konzentration in der Probe enthalten sind, eine geringere Anregungsleistung genügt. Der Stabilität der Primärstrahlung ist jedoch eine dauernde Variation der Betriebsparameter der Röntgenröhre nicht förderlich. Aus diesem Grund schwenkt man bei intensitätsstarken Linien Abschwächer (Blenden, Filter) in den Strahlengang.

Die Spektrometereigenschaften, insbesondere die der Kristalle und der Detektoren, sind temperaturabhängig. Das Spektrometer wird deshalb mit einer Temperaturregeleinrichtung auf einer konstanten Temperatur ($\Delta T = \pm 0{,}5\,°C$) gehalten.

Die Eigenschaften des Durchfluß-Proportionalzählrohrs sind vom Druck des Zählgases abhängig. Ein Manostat sorgt für einen konstanten Zählgasdruck.

Der Umfang der Gerätesteuerung ist bei einem automatisch arbeitenden Sequenzgerät besonders groß. Er soll nur durch Aufzählung der wichtigsten einstellbaren Parameter bzw. Betriebsarten grob umrissen werden:

- *Generator:* Hochspannung, Röhrenstrom;
- *Probe:* externer Wechsel, Schleuse, interner Wechsel, Rotation;
- *Spektrometer:*
  - Übersichtsmessung im Schrittbetrieb oder kontinuierlich im vorgegebenen 2Θ-Bereich mit vorgegebener Winkelgeschwindigkeit,
  - Messung im Linienmaximum bzw. im Untergrund bei Ansteuerung beliebig vieler Linien mit Vorgabe der 2Θ-Werte oder mit selbsttätiger Suche des Maximums,
  - Messung mit oder ohne Intensitätsabschwächer, Art des Abschwächers,
  - Art des Kollimators,
  - Art des Analysatorkristalls,

- Art des Detektors,
- *Nachweiselektronik*
- Verstärkung,
- Diskriminierbetrieb oder Analysierbetrieb, Kanalbreite,
- Zeitvorwahl oder Impulsvorwahl.

Dazu kommen noch weitere Funktionen, wie die Steuerung des Vakuumregimes oder der Ein- und Ausgabe von Daten.
Mit der RFA werden feste und flüssige Proben untersucht. Die Proben sind selbsttragend oder befinden sich in Küvetten, die mit einer dünnen Plastfolie bespannt sind. Zur Prozeßsteuerung wird bei pulverförmigen und flüssigen Proben auch mit Durchflußküvetten gearbeitet. In diesem Fall strömt das Probegut kontinuierlich durch die Küvette. Dazu ist es erforderlich, daß sich das Spektrometer in unmittelbarer Nähe des Betriebsprozesses befindet.

3.2. Primärstrahlungsquellen

Röntgenröhren. Zur Erzeugung der primären Röntgenstrahlung werden ein Röntgengenerator und eine Röntgenröhre oder im Falle der energiedispersiven RFA Radionuklidquellen benötigt. Der Röntgengenerator erzeugt die Hochspannung und liefert den Heizstrom zum Betreiben der Röntgenröhre. Um Analysenergebnisse mit guter Reproduzierbarkeit zu erzielen, ist eine intensive und zeitlich konstante Primärstrahlung erforderlich. Sowohl die räumliche als auch die spektrale Verteilung sollten sich also im Zeitverlauf möglichst wenig ändern. Grundvoraussetzung dafür ist die Konstanz der Hochspannung und des Röhrenstromes. Die modernen Geräte arbeiten deshalb mit einer Gleichspan-

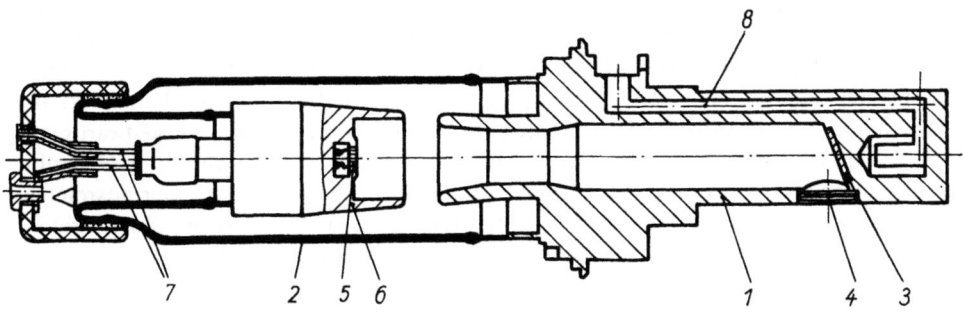

Bild 3-5
Schnittzeichnung einer Spektroskopie-Röntgenröhre vom Typ FS...75 ö (VEB Röhrenwerk Rudolstadt im VEB Kombinat Mikroelektronik)
1 metallischer Röhrenkopf
2 Glastubus
3 Target
4 Berylliumfenster
5 Glühkatode
6 Wehnelt-Zylinder
7 Katodenanschluß
8 Wasserkühlung für Kupferblock

nung relativ geringer Welligkeit (2 % SS)[1]. Bei zulässigen Netzspannungsschwankungen von ±10 % werden Stabilitätswerte $|\Delta U/U|$, $|\Delta I/I| \leq 0,01$ % angegeben. Die Generatoren, die für die RFA eingesetzt werden, geben eine elektrische Leistung von 3 bis 4 kW ab. Bei Gleichspannungsgeräten ergibt sich die abgegebene Leistung direkt als Produkt der gewählten Werte von Strom und Spannung. Diese können unter Beachtung der maximalen Leistung, mit der eine Röhre betrieben werden darf, unabhängig voneinander in Stufen oder kontinuierlich eingestellt werden. Je nach Röhrentyp und Generator kommen Spannungen bis zu 100 kV und Röhrenströme bis zu 80 mA zur Anwendung. Der prinzipielle Aufbau und die Wirkungsweise einer Röntgenröhre sollen anhand von Bild 3-5 erläutert werden. Abgebildet ist die Schnittzeichnung der *Seitenfenster-Spektroskopie-Röntgenröhre*

Bild 3-6
Spektroskopie-Röntgenröhre vom Typ ES...75 ö (VEB Röhrenwerk Rudolstadt im VEB Kombinat Mikroelektronik)

FS...75/40ö, welche auch im Original zu sehen ist. (Bild 3-6). Die äußere Gestalt der Röntgenröhre wird durch den metallischen Röhrenkopf (*1*) und den Glastubus (*2*) bestimmt. Beide sind vakuumdicht miteinander verbunden. Im Inneren der Röhre herrscht Hochvakuum ($p < 10^{-5}$ Pa), damit sich die Elektronen ungehindert bewegen können und die Glühkatode nicht durchbrennt. Der Röhrenkopf dient bei dieser Röhre als Anode. Er trägt das Target (*3*), welches als Plättchen oder heute meist als Schicht aufgebracht ist. Der Mantel des Röhrenkopfes ist so dick, daß die Röntgenstrahlung, die vom Target ausgeht, nur durch ein Berylliumfenster (*4*) nach außen gelangen kann. Die Dicke des Fensters ergibt sich aus den Forderungen nach hoher Transparenz für die Röntgenstrahlung und ausreichender mechanischer Stabilität sowie Vakuumdichtheit. Bei kommerziellen Spektroskopie-Röntgenröhren mit Seitenfenster beträgt die Fensterdicke gegenwärtig zwischen 0,2 und 0,5 mm bei einem freien Durchmesser von etwa 15 mm. Der Glastubus trägt die Glühkatode (*5*) und den Wehneltzylinder (*6*). Zur Erzielung einer ausreichenden thermischen Elektronenemission wird die aus einem gewendelten Wolframdraht bestehende Katode (*7*) elektrisch bis zur Weißglut erhitzt. Der Glastubus hat eine solche Länge, daß die Isolation zwischen Katode und Anode gesichert ist.
Der Entstehungsmechanismus der Röntgenstrahlung in einer Glühkatoden-Röntgenröhre wurde bereits im Abschnitt 2. ausführlich beschrieben, deshalb soll hier nur noch auf einige technische Parameter hingewiesen werden.
Die Elektronen verlassen aufgrund thermischer Anregung die Katode. Durch die hohe Potentialdifferenz zwischen Anode und Katode (bis zu 100 kV) werden alle von der Katode

---

[1] SS bedeutet, daß die Differenz der Scheitelwerte der überlagerten Wechselspannung auf den Gleichspannungsanteil bezogen wird.

emittierten Elektronen abgesaugt und tragen zum Röhrenstrom bei, d. h., die Röhre arbeitet im Sättigungsgebiet. Der Wehneltzylinder, der auf Katodenpotential liegt, sorgt dafür, daß alle Elektronen im Brennfleck auf die Anode treffen. Spektroskopieröhren haben einen ausgedehnten Brennfleck (6,5 × 3,5 mm² beim Typ FS...75/40ö). Dadurch, daß die Röhre im Sättigungsgebiet betrieben wird, können der Röhrenstrom und die Spannung unabhängig voneinander geregelt werden. Dabei kann die Regelung des Stromes einfach über die Änderung der Katodentemperatur erfolgen, da die thermische Elektronenemissionsrate sehr stark von der Temperatur abhängt. Die Röhrenstromstärke wird also zweckmäßigerweise mit dem Heizstrom der Glühkatode geregelt.

Der *Wirkungsgrad* η einer Röntgenröhre ist als Verhältnis von der abgegebenen Röntgenstrahlungsleistung zu der zugeführten Elektronenstrahlleistung definiert. Er ist abhängig von der Ordnungszahl Z des Anodenmaterials und von der Beschleunigungsspannung U gemäß

$$\eta = C Z U \tag{3-1}$$

Konstante C hat einen Wert zwischen $1 \cdot 10^{-9}$ und $1,5 \cdot 10^{-9}\,V^{-1}$

Der wirkliche Nutzeffekt ist noch geringer, da nur ein Teil des Strahlenkegels ausgenutzt werden kann und weil ein erheblicher Teil der Strahlung, insbesondere der langwellige Anteil, im Röhrenfenster absorbiert wird. Der wahre Wirkungsgrad erreicht bestenfalls Werte, die in der Größenordnung von 0,5 ‰ liegen. Der weitaus überwiegende Teil der zugeführten Energie wird also im Target in Wärme umgewandelt. Die Anode muß deshalb wirksam gekühlt werden. Damit die Wärme gut abgeleitet werden kann, ist das Target in einem Block aus Kupfer eingebettet oder als Schicht auf diesen Block aufgebracht. Der Kupferblock wird mit Wasser gekühlt (8).

Je nach Konstruktion wird die Röntgenröhre entweder mit positiver Hochspannung an der Anode oder mit negativer Hochspannung an der Katode betrieben. Der Vorteil der erstgenannten Betriebsweise besteht darin, daß die von der Anode zurückgestreuten Elektronen sofort wieder von ihr eingefangen werden. Sie gelangen dadurch nicht auf das Röhrenfenster.

Im anderen Fall, also bei geerdeter Anode, prallen die rückgestreuten Elektronen auch auf das Fenster und erwärmen es ganz erheblich. Das ist der Grund für eine obere Leistungsbegrenzung, die niedriger liegt als die Grenze, welche durch die Anodenbelastbarkeit gegeben ist.

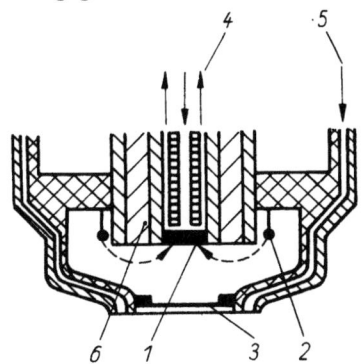

Bild 3-7
Elektrodenanordnung bei einer Stirnfenster-Spektroskopie-Röntgenröhre
1 Anode
2 ringförmige Glühkatode
3 Berylliumfenster
4 Kühlung für Anode
  (entmineralisiertes Wasser)
5 Kühlung für Röhrenkopf
  (Leitungswasser)
6 Isolation

3. Apparative Grundlagen der RFA

Die in Mehrkanalspektrometern eingesetzten Stirnfensterröhren werden vorzugsweise mit positiver Hochspannung betrieben. Bei diesen Röhren hat sich folgende Elektrodenanordnung bewährt (Bild 3-7): Die Anode ist in geringem Abstand vom Fenster parallel zu diesem angeordnet. Die Elektronen werden von der die Anode etwa in gleicher Höhe ringförmig umgebenden Glühkatode elektronenoptisch auf die Anode gelenkt. Für die Kühlung der Anode wird ein gesonderter Kühlkreislauf mit entmineralisiertem Wasser benötigt. Der Röhrenkopf wird zusätzlich mit Leitungswasser gekühlt.

Seitenfensterröhren, die vorzugsweise in Sequenzgeräten eingesetzt werden, arbeiten mit negativer Hochspannung. Der Vorteil einer negativen Hochspannung an der Katode besteht darin, daß die auf Erdpotential liegende Anode mit Leitungswasser gekühlt werden kann.

Röntgenröhren werden in ein Röhrenschutzgehäuse eingesetzt. Häufig wird dieses zur Verbesserung der Hochspannungsüberschlagfestigkeit mit Öl gefüllt. Das Gehäuse schützt den Glaskörper vor mechanischen Stößen und verhindert die weitere Ausbreitung der Röntgenstrahlung, die durch das Glas dringt.

Für die Anregung der Fluoreszenzstrahlung in einer Probe ist vor allem die charakteristische Strahlung aus dem Primärspektrum entscheidend. In Ausnahmefällen kommt es natürlich auch vor, daß überhaupt keine charakteristische Strahlung des Primärspektrums in der Lage ist, die zur Analyse verwendete Linie anzuregen (*Beispiel:* Anregung der AgK-Schale mit einer 60-kV-W-Röhre). In der Regel wird jedoch der Anteil des Bremsspektrums an der Anregung der Fluoreszenzstrahlung nur bei ungünstiger Anregung 5 % übersteigen. Da die Anregungswahrscheinlichkeit mit wachsendem Energieabstand zwischen anregender Strahlung und der für die interessierende Linie maßgeblichen Absorptionskante abnimmt, trägt nur ein geringer Teil des Bremsspektrums effektiv zur Anregung bei. Andererseits aber kann im Röhrenspektrum das Verhältnis der Intensitäten von charakteristischer Strahlung zu Bremsstrahlung gleicher Wellenlänge mehr als 10 betragen. Es ist also sinnvoll, eine dem Analysenproblem angepaßte charakteristische Primärstrahlung zu verwenden. Als Targetmaterial kommen allerdings nur wenige Elemente in Frage, da bestimmte technologische Gesichtspunkte berücksichtigt werden müssen. In handelsüblichen Spektroskopieröhren werden Au, W, Ag, Rh, Pd, Mo, Cu und Cr eingesetzt.

In Tabelle 3-2 sind charakteristische Daten von Spektroskopie-Röntgenröhren und Kleinleistungsröhren aus dem VEB Röhrenwerk Rudolstadt zusammengestellt.

Typ	FS...75/26ö	FS...75/40ö	FS...30/03
Anodenmaterial	Cr, Cu, Ag, Rh, Au[1])	Mo, W	Be, Mo
Nennleistung [kW]	2	3	0,01
Nennhochspannung [kv]	75	75	30
Dicke des Be-Fensters [mm]	0,5; 0,2[1])	0,5	0,4
Röhrenschutzgehäuse	TuR MR 75	TuR Mr 75[2])	–

Tabelle 3-2 Spektroskopie-Röntgenröhren des VEB Röhrenwerk Rudolstadt

[1]) Sonderanfertigung
[2]) TuR: VEB Transformatoren- und Röntgenwerk, Dresden

3.2. Primärstrahlungsquellen

Aufgrund der von der Beschleunigungsspannung abhängigen Eindringtiefe der Elektronen und der Schwächung der charakteristischen Strahlung im Target durchläuft die Intensität einer charakteristischen Linie bei steigender Röhrenspannung ein Maximum. Andererseits nimmt die integrale Intensität des Bremsspektrums im gesamten Spannungsbereich bis 100 kV etwa mit dem Quadrat der Spannung zu. Da das gestreute Bremsspektrum den Untergrund für das Fluoreszenzspektrum der Probe bildet, ist es nicht ratsam, über einen Spannungswert hinauszugehen, bei welchem das Effekt-Untergrund-Verhältnis oder in bestimmten Fällen die Effektintensität maximal wird. Dieser Tatsache ist bei den oben genannten Anodenmaterialien erst für Beschleunigungsspannungen oberhalb von 60 kV Rechnung zu tragen, insbesondere bei Anodenmaterial mit niedriger Ordnungszahl.

Bei der Wahl der optimalen Anregungsleistung sollte auch die Lebensdauer der Röntgenröhre in Betracht gezogen werden. Die Lebensdauer einer Röhre kann vergrößert werden, wenn sie nicht ständig mit maximaler Leistung betrieben wird.

Radionuklidquellen. Die Vorteile der radioaktiven Nuklide als Anregungsquellen bestehen in

- dem Wegfall der aufwendigen Geräte zur Erzeugung und Stabilisierung der Primärstrahlung,
- der großen Stabilität und einfachen Berechenbarkeit der Strahlungsemission und
- der kleinen Dimension.

Demgegenüber stehen die nicht zu übersehenden Nachteile der geringen Fotonenausbeute und der begrenzten Lebensdauer. Außerdem gibt es keine Radionuklidquelle, die für einen größeren Elementbereich optimale Anregungsbedingungen ermöglicht. Damit bei Nuklidanregung trotzdem ein möglichst breiter Ordnungszahlbereich erfaßt werden kann, sind mehrere Nuklidquellen sequentiell einzusetzen.

In Tabelle 3-3 sind die gebräuchlichsten Radionuklidquellen aufgeführt. Vorzugsweise werden die Nuklide ^{55}Fe und ^{109}Cd genutzt, da sie als reine E-Einfang-Strahler eine sehr linienarme und damit quasimonoenergetische Strahlung emittieren. Ihre geringe Halbwertszeit erfordert es jedoch, alle 3 bis 5 Jahre eine Erneuerung der Quelle vorzunehmen. Deshalb finden ebenso häufig die Nuklide ^{238}Pu und ^{241}Am Verwendung, deren Lebensdauer praktisch nur durch die das radioaktive Material umhüllende Kapsel begrenzt wird.

Zwei Arten der Konfektionierung sind typisch. Die häufigste Form ist eine flache Scheibe mit einem Durchmesser zwischen 5 und 20 mm, auf deren Oberfläche die radioaktive Substanz fixiert wird. Zum Schutz wird diese Scheibe in der Regel mit einem Metallmantel gekapselt, der eine dünne Folie als Strahlenaustrittsfenster besitzt. Diese Quellen lassen sich bei Geometrieberechnungen im allgemeinen als Punktquellen betrachten. Aufgrund der Selbstabsorption der Strahlung in der Quelle ist jedoch die Dicke und damit die maximale Aktivität einer solchen Quelle begrenzt.

Deshalb finden ebenso Quellen mit ringförmiger Anordnung der Aktivität Verwendung, bei denen eine größere strahlende Fläche realisiert werden kann. Sonderformen sind Quellen mit sekundärer Strahlungsemission über ein zusätzliches Target. Sie werden selten angewendet.

3. Apparative Grundlagen der RFA

Tabelle 3-3
Häufig genutzte Radionuklidquellen (nach [3.1])
Die prozentuale Emissionshäufigkeit bezieht sich auf einen Zerfallsakt; sie gilt für dünne Quellen und kann sich mit wachsender Quellendicke verringern.

Nuklid	Halbwertzeit $t_{1/2}$	Hauptlinien Energie [keV]	prozentuale Häufigkeit	typ max. Aktivität in GBq	Elementbereich
^{55}Fe	2,7 a	5,89⎫ 6,49⎭(Mn-K)	⎫25⎭	20 (4)	9–22 (K) 35–58 (L)
^{57}Co	270 d	6,40⎫ 7,06⎭(Fe-K) 14,4 122 136	⎫48⎭ 8,6 85 11	0,4	60–92 (K)
^{109}Cd	453 d	22,1⎫ 25,0⎭(Ag-K) 88,0	⎫101⎭ 3,6	4	25–46 (K) 55–92 (L)
^{153}Gd	242 d	41,3⎫ 47,3⎭(Eu-K) 69,7 97,4 103	110 2,6 30 20	0,4	40–58 (K)
^{238}Pu	86 a	13,6⎫ 17,6⎬(U-L) 20,4⎭	⎫13⎭	4 (1)	24–40 (K) 60–85 (L)
^{241}Am	458 a	13,9⎫ 17,8⎬(Np-L) 20,8⎭ 26,4 59,6	13,5 18,4 5 2,5 36	185 (20)	45–70 (K)
^{3}H/Ti	12,4 a	4,51⎫ 4,9 ⎭(Ti-K) Bremsstrahlung bis 18,6 keV	0,01	75	11–20 (K)
^{3}H/Zr	12,4 a	Bremsstrahlung bis 18,6 keV	0,01	75	12–30 (K) 50–80 (L)

3.3. Monochromatoren

Die Zerlegung der von der Probe emittierten Strahlung (Fluoreszenz- und Streustrahlung) erfolgt in Kristallspektrometern auf der Grundlage der Beugung an den regelmäßig (periodisch) angeordneten Bausteinen (z. B. Atome, Ionen, Moleküle) des Analysatorkristalls (s. Abschn. 2.4.5.).

Je nach Spektrometertyp (Sequenz- oder Mehrkanalgerät) werden unterschiedliche Monochromatoren verwendet. Eine ausführliche Beschreibung von Monochromatoren findet man bei BLOCHIN [3.2]. In Sequenzgeräten hat das Bragg-Spektrometer mit ebenem Kristall und Soller-Kollimatoren (Bild 3-3a) die weiteste Verbreitung gefunden, weil sich in diesem Fall Kristalldrehung und Detektorbewegung zur Variation des Glanzwinkels Θ leicht realisieren lassen.

Entgegen der in Bild 3-3a dargestellten Reflexionsanordnung liegen bei der ebenfalls möglichen Transmissionsanordnung die reflektierenden Netzebenen senkrecht zur Kristalloberfläche, durch welche die Strahlung in den Kristall eintritt. Diese Anordnung, die im Falle kleiner Bragg-Winkel von Vorteil ist, findet kaum Anwendung, da die Kristalle wegen der Absorption sehr dünn ($<0,3$ mm) sein müssen. Bei der *Bragg-Soller-Anordnung* wird mit dem Kollimator 1 die benötigte Divergenz eingestellt. Dieser Kollimator ist deshalb zwecks Optimierung der Analysenbedingungen austauschbar. Der Kollimatorwechsler ist hierzu gewöhnlich mit drei Kollimatoren bestückt (Öffnungswinkel: $0,15°$; $0,4°$; $0,7°$). Kollimatoren mit noch kleinerem Öffnungswinkel werden nur selten benötigt. Der Kollimator 2 dient zur Unterdrückung der Streustrahlung, die von beliebigen Spektrometerteilen direkt (nicht über den Kristall) in den Detektor gelangen kann. Seine Lamellen haben einen relativ großen Abstand voneinander (1 mm). Damit wird ohne wesentlichen Verlust an Nutzstrahlung der Raumwinkel, aus welchem die Streustrahlung in den Detektor fällt, genügend stark eingeengt. Die Folge ist eine Verbesserung des Effekt-Untergrund-Verhältnisses R_N/R_U. Bei dieser Spektrometergeometrie muß der Detektor ein großflächiges Eintrittsfenster besitzen (etwa 20×30 mm²), um das gesamte Strahlenbündel aufzunehmen.

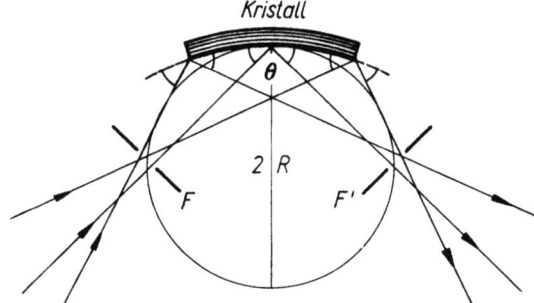

Bild 3-8
Spektralzerlegung nach JOHANN

Fokussierende Dispersionsanordnungen werden bei der RFA hauptsächlich in Mehrkanalgeräten eingesetzt. Sie werden vom Hersteller für eine feste Wellenlänge justiert und sind damit einem bestimmten Element zugeordnet. Häufig genügen bereits die nicht exakt fokussierenden Verfahren, da die Elementanalyse kein hohes Auflösungsvermögen erfordert. Die Bilder 3-8 bis 3-10 stellen die Reflexionsanordnung nach JOHANN, die Transmissionsanordnung nach CAUCHOIS und die Reflexionsanordnung unter Verwendung eines logarithmisch gekrümmten Kristalls dar. Bei der Methode nach JOHANN wird der Analysatorkristall, dessen reflektierende Netzebenen parallel zur Oberfläche liegen,

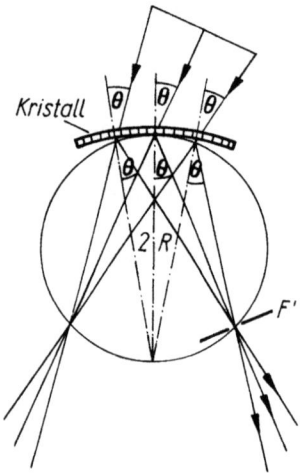

Bild 3-9
Spektralzerlegung nach
CAUCHOIS

einem Kreiszylinder mit dem Radius $2R$ angepaßt. Alle durch den Eintrittsspalt F tretenden Strahlen treffen annähernd unter dem gleichen Winkel Θ auf den Kristall. Exakt trifft das nur für die Berührungslinie des Kristalls mit dem Fokalzylinder (Radius R) zu. Die Abweichung wächst mit zunehmendem Abstand von dieser Linie. Wird eine endliche Spaltbreite zugelassen, so treffen auch an den Kristallrändern Strahlen unter dem Winkel Θ auf. Genügen λ und Θ der Braggschen Gleichung, so werden die reflektierten Strahlen in F' annähernd fokussiert. An dieser Stelle wird der Austrittsspalt angebracht. Er kann mit dem schmalen Detektorfenster (<1 mm) identisch sein.

Bei dem Transmissionsverfahren nach CAUCHOIS liegen die reflektierenden Netzebenen parallel zu den Radien des Krümmungszylinders (Radius $2R$), welchem der dünne Analysatorkristall angepaßt wird. Die von der ausgedehnten Probe konvergent eintreffenden Strahlen werden, wiederum nach der Gl. (2-37), nach dem Durchtritt durch den Kristall in F' (Schnittlinie mit dem Fokalzylinder vom Radius R) annäherend fokussiert.

Werden die reflektierenden Netzebenen des Analysatorkristalls einer logarithmischen

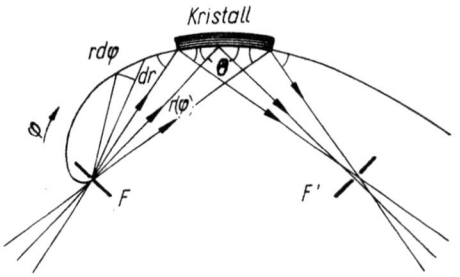

Bild 3-10
Spektralzerlegung mit einem
logarithmisch gekrümmten Kristall

Spirale angepaßt, so entsteht ebenfalls eine fokussierende Anordnung. Die logarithmische Spirale ist die Kurve, die alle vom Koordinatenursprung ausgehenden Strahlen unter dem gleichen Winkel Θ schneidet. Ihre Gleichung in Polarkoordinaten lautet:

$$r = a \exp k\varphi \tag{3-2}$$

Entsprechend Bild 3-10 kann der Winkel Θ folgendermaßen berechnet werden:

$$\cot \Theta = \frac{dr}{r\, d\varphi} = k \tag{3-3}$$

Legt man die Eintrittsblende F in den Koordinatenursprung, so werden die an den parallel zur Kristalloberfläche liegenden Netzebenen reflektierten Strahlen annähernd im Punkt F' gesammelt, wenn Gleichung (2-3) erfüllt ist.

Eine exakte Fokussierung kann nach JOHANSSON erreicht werden, indem der auf einen Radius $2R$ gekrümmte Analysatorkristall zusätzlich angeschliffen wird, so daß er sich an den Fokalzylinder anschmiegt (Bild 3-11).

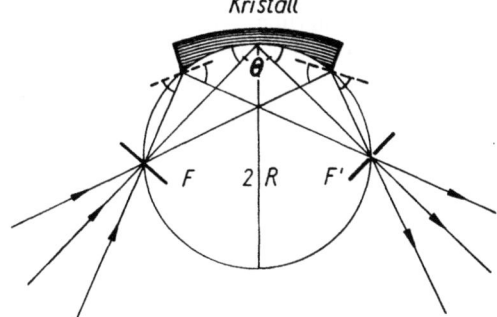

Bild 3-11
Spektralzerlegung nach JOHANSSON

Für die spektrale Zerlegung der Strahlung im Wellenlängenbereich 0,02 nm < λ < 4,5 nm kommt man nicht mit einem einzigen Analysatorkristall (Netzebenenabstand d) aus; man benötigt ein ganzes Sortiment von Kristallen unterschiedlicher d-Werte. Für Wellenlängen λ > 2,0 nm setzt man heute außer Stearaten auch Schichtstrukturen ein, die aus einigen alternierenden Lagen konstanter Dicke von einem Schwermetall und einem leichten Element, wie z. B. Be, bestehen [3.3]. Man erzielt damit ein hohes Reflexionsvermögen. Tafel III des Anhangs enthält die gebräuchlichsten Kristalle, ihre Einsatzbereiche sowie eine qualitative Charakterisierung.

Bei den Mehrkanalspektrometern wird die Auswahl des geeignetsten Kristalls für ein bestimmtes Element bereits vom Hersteller getroffen. Der Betreiber eines solchen Geräts muß also lediglich die für sein Analysenproblem benötigten Spektrometerkanäle einsetzen. Anders liegt der Fall bei einem Sequenzspektrometer. Hier muß der Anwender die Auswahl der geeignetsten Kristallen selbst treffen und dann den Kristallwechsler damit bestücken. Eine Justierung schließt sich an. Die *Kristallauswahl* wird nach folgenden Kriterien vorgenommen:

a) Der Reflexionswinkel für die interessierende Wellenlänge muß im Θ-Variationsbereich des Spektrometers liegen.

b) Kritische benachbarte Linien müssen ausreichend voneinander getrennt werden (siehe auch Kollimatorauswahl).
c) Das integrale Reflexionsvermögen soll möglichst groß sein.
d) Die Eigenstrahlung des Kristalls darf sich nicht störend auswirken, d. h., der Energieabstand zur Analysenlinie erlaubt eine elektronische Unterdrückung (Diskriminierung) der Eigenstrahlung.

Für die Trennung von Spektrallinien benachbarter Wellenlänge haben die Dispersion und die Breite der *Rocking-Kurve* (Kristalleigenschaften) sowie die Divergenz der Strahlung Bedeutung. Das *integrale Reflexionsvermögen* des Kristalls hingegen hat großen Einfluß auf die Gesamteffektivität des Spektrometers.

Die Dispersion gibt Auskunft über die Größe des Winkelbereichs $\Delta\Theta$, auf welchen ein Wellenlängenbereich $\Delta\lambda$ abgebildet wird. Indem man Gl. (2-37) differenziert und zu endlichen Winkel- bzw. Wellenlängenintervallen übergeht, erhält man

$$\Delta\Theta/\Delta\lambda = n/(2d\cos\Theta) \qquad (3\text{-}4)$$

Für eine weite Auffächerung des Spektrums ist es also erforderlich, einen Kristall zu verwenden, dessen reflektierende Netzebenen einen kleinen Abstand voneinander haben.

Die Rocking-Kurve erhält man für einen ebenen Kristall mit der experimentellen Anordnung von Bild 3-12. Bei kommerziellen RFA-Geräten ist diese Möglichkeit gewöhnlich nicht gegeben.

Ein paralleles monochromatisches Strahlenbündel der Wellenlänge λ fällt auf einen ebenen Kristall. Die reflektierte Strahlung wird mit einem feststehenden Detektor unter einem Winkel 2Θ registriert. Dreht man nun den Kristall in einem Winkelintervall, welches den Braggschen Winkel Θ für λ enthält, so bekommt man eine Reflexionskurve, wie sie im rechten Teil des Bildes 3-12 zu sehen ist. Die gemessenen Intensitäten werden auf

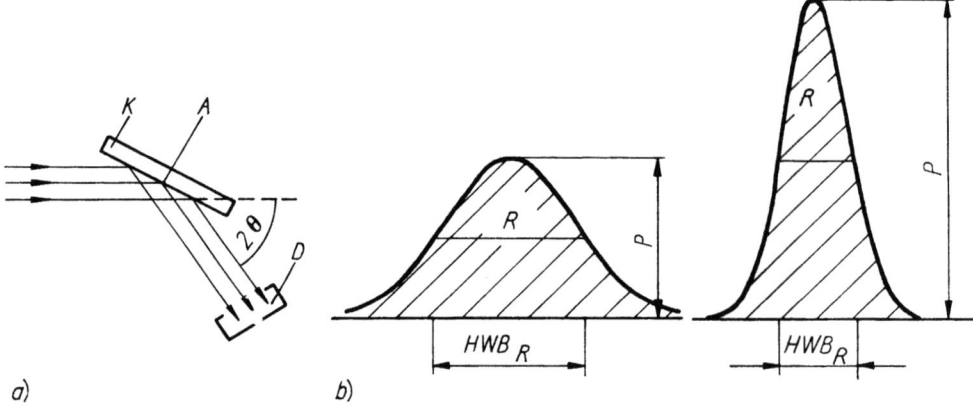

Bild 3-12
a) Experimentelle Anordnung zur Aufnahme einer Rocking-Kurve
b) Rocking-Kurven von Kristallen mit gleichem integralen Reflexionsvermögen R, aber unterschiedlichem Reflexionsvermögen im Peak P sowie unterschiedlicher Halbwertsbreite HWB_R

3.3. Monochromatoren

die Primärintensität bezogen. Diese wird gemessen, indem der Detektor bei $2\Theta = 0°$ aufgestellt und der Kristall entfernt wird. Charakteristische Größen der Rocking-Kurve sind das Reflexionsvermögen im Peak P (dimensionslos), die Halbwertsbreite HWB_R (in Radiant) und das integrale Reflexionsvermögen (in Radiant), welches der Fläche unter der Rocking-Kurve entspricht. Das integrale Reflexionsvermögen ist die geeignete Vergleichsgröße für Analysatorkristalle, da diese i. a. eher dem Modell eines *Mosaikkristalls* als dem eines Einkristalls nahe kommen. Das integrale Reflexionsvermögen des Mosaikkristalls ist etwa um den Faktor 10 größer als das des Indealkristalls. Dieser Faktor hängt jedoch stark von der Kristallart und der reflektierenden Netzebenenschar ab. Die Art und Weise des Erreichens der Mosaikstruktur ist für die verschiedenen Kristalle unterschiedlich. Bei LiF erzeugt man z. B. die gewünschten Versetzungen durch Schleifen und erzielt damit gegenüber der frischen Spaltfläche eine Erhöhung des integralen Reflexionsvermögens um mehr als den Faktor 10. Dabei erhöht sich sowohl die Halbwertsbreite als auch die Peakhöhe der Rocking-Kurve. Andere Methoden zur Erzeugung der Versetzungen sind das Sägen oder das Anlegen mechanischer Spannung. Die Halbwertsbreiten der Rocking-Kurven liegen für Mosaikkristalle in der Größenordnung 100 Winkelsekunden. Bei Graphit wurde aber auch schon eine Halbwertsbreite von einem Grad gemessen. Das ist natürlich nicht erstrebenswert.

Damit ein möglichst großer Teil der von der Probe emittierten Strahlung zur Analyse beiträgt, wählt man die horizontale Divergenz nicht kleiner, als dies für die Trennung der kritischsten Linien erforderlich ist.

Bei Verwendung ebener Kristalle dienen *Soller-Kollimatoren* zur Begrenzung der Divergenz. Diese bestehen aus einem Stapel dünner, ebener Blechlamellen (0,1 mm), die einen definierten Abstand zueinander haben (Bild 3-13). Die Durchlässigkeit eines Soller-Kollimators in Abhängigkeit von Einstrahlwinkel ist eine Dreieckskurve. Der halbe Öffnungs-

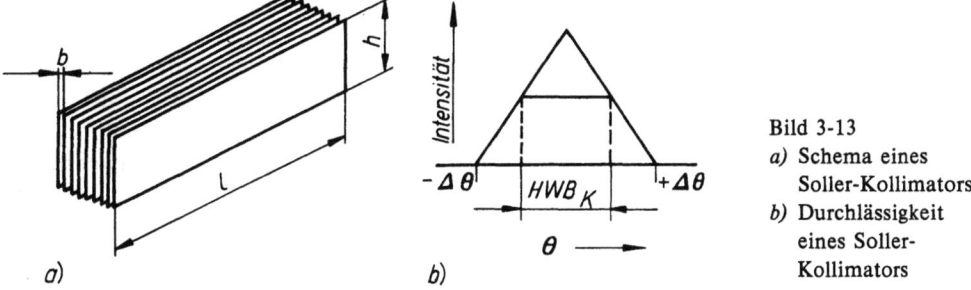

Bild 3-13
a) Schema eines Soller-Kollimators
b) Durchlässigkeit eines Soller-Kollimators

winkel HWB_K des von einem Kollimator der Länge l und dem Plattenabstand b durchgelassenen Strahlenbündels (horizontale Divergenz) beträgt unter der Bedingung $b \ll l$

$$HWB_K \approx b/l$$

Die vertikale Divergenz $\Delta\Phi$ des durch den Kollimator tretenden Strahlenbündels ist durch die Höhe der Platten h und deren Länge l bestimmt:

$$\tan(\Delta\Phi) = h/l \tag{3-6}$$

Bei den in der RFA eingesetzten Spektrometern wird das spektrale Auflösungsvermögen $\lambda/\Delta\lambda_{min} = \tan\Theta/\Delta\Theta_{min}$ im wesentlichen durch die horizontale Divergenz des Strahlenbündels bestimmt. $\Delta\lambda_{min}$ und $\Delta\Theta_{min}$ sind hierbei die *Halbwertsbreiten* der Linien im Wellenlängen- bzw. Winkelmaßstab. Die vertikale Divergenz und im allgemeinen auch die Breite der Rocking-Kurve des Kristalls haben wenig Einfluß auf das spektrale Auflösungsvermögen. Berücksichtigt man außer der horizontalen Divergenz noch die Breite der Rocking-Kurve, so kann man die Halbwertsbreite einer Spektrallinie mit Gl. (3-7) berechnen:

$$HWB^2 = HWB_R^2 + HWB_K^2 \tag{3-7}$$

Damit kann die Auswahl des Kollimators folgendermaßen getroffen werden: Man berechnet mittels Gl. (3-4) die Winkeldifferenz der kritischen Linien, deren Wellenlängenabstand $\Delta\lambda$ sei. Diese Linien sind dann deutlich voneinander getrennt, wenn die Bedingung $HWB \leq \Delta\Theta/3$ erfüllt ist. Die Halbwertsbreite des benötigten Kollimators ist somit

$$HWB_K \approx b/l \leq \sqrt{(\Delta\Theta/3)^2 - HWB_R^2} \tag{3-8}$$

Sollen beispielsweise mit einem LiF-Kristall ((200); $2d = 0{,}4028$ nm; $HWB_R = 110$ Sekunden) die Reflexe der MnK_α- und der CrK_β-Strahlung vollständig voneinander getrennt werden ($\Delta\lambda = 0{,}00169$ nm), so benötigt man einen Kollimator mit einer Halbwertsbreite $HWB_K = 1{,}7 \cdot 10^{-3} = 0{,}097°$.

3.4. Strahlungsmessung

3.4.1. Detektoren

3.4.1.1. Allgemeine Detektorparameter

In RFA-Geräten werden grundsätzlich Detektoren eingesetzt, die es erlauben, einzelne Quanten zu registrieren. Ihre Wirkungsweise beruht auf der Eigenschaft der Röntgenstrahlung, Atome zu ionisieren bzw. diese in Verbindung damit zur Lichtemission anzuregen. Die nach Absorption eines Röntgenquants im aktiven Volumen des Detektors entstandenen Ladungen oder Lichtquanten werden in geeigneter Weise weiterverarbeitet (innere Verstärkung), so daß dem Verstärkereingang schließlich eine solche Ladungsmenge zugeführt wird, die ausreicht, einen Spannungsimpuls zu erzeugen, der sich in genügendem Maße vom elektronischen Rauschen abhebt.

Zur Zeit werden bei der kristalldispersiven RFA hauptsächlich der Szintillationszähler und das Proportionalzählrohr eingesetzt, während der Halbleiterdetektor sein Hauptanwendungsgebiet in der energiedispersiven Analyse von Spektren gefunden hat. Der optimale Einsatz der Detektoren erfordert die Kenntnis ihrer Eigenschaften und Funktionsweise. Dem besseren Verständnis soll eine vorangestellte Erläuterung verschiedener damit zusammenhängender Begriffe dienen.

Die *Impulshöhenverteilung* ist die Häufigkeitsverteilung der vom Detektor bei Einstrahlung von Röntgenquanten abgegebenen Impulse in Abhängigkeit von ihrer Amplitude (Höhe). Sie wird mit einem Impulshöhenanalysator (auch differentieller Diskriminator genannt) gemessen. Die Vorgänge, welche nach Absorption eines Röntgenquants im Detektor zur

3.4. Strahlungsmessung

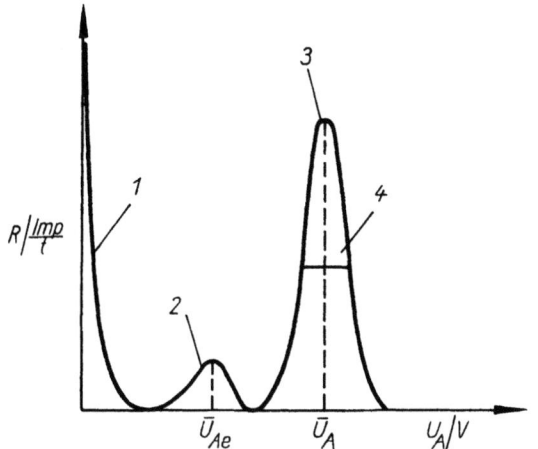

Bild 3-14
Amplitudenverteilung der in einem Proportionalzählrohr von monochromatischer Strahlung erzeugten und am Ausgang des Verstärkers gemessenen Spannungsimpulse (Impulshöhenverteilung)
1 elektronisches Rauschen
2 Escape-Peak
3 Fotopeak
4 HWB

Bildung einer gewissen Zahl beweglicher Ladungsträger und somit zur Erzeugung eines Spannungsimpulses am Eingang des Vorverstärkers führen, sind statistischer Natur. Das heißt, es entsteht auch bei monochromatischer Strahlung kein linienhaftes Impulshöhenspektrum, sondern eine mehr oder weniger breite Verteilung (Bild 3–14). Man beobachtet bei genügend hoher Detektorspannung eine oder bei Proportionalzählrohr und Halbleiterdetektor häufig zwei charakteristische Impulsgruppen mit unterschiedlicher Amplitude (U_A, U_{Ae}).

Die Hauptgruppe, der sog. *Fotopeak* (mittlere Impulsamplitude $\bar{U}_A$), entsteht dadurch, daß die gesamte Energie E_{Qu} des eingestrahlten Röntgenquants durch Bildung einer entsprechenden Zahl A von Ion-Elektron-Paaren bzw. Lichtquanten aufgebracht wird. Wenn zur Bildung eines Ion-Elektron-Paares im Mittel die Energie W gebraucht wird, so erhält man $A = E_{Qu}/W$ solcher Paare. In diesem Fall geht das durch Fotoeffekt in der K- oder L-Schale ionisierte Atom durch Auger-Effekt in den Grundzustand über. Die kinetische Energie der dabei emittierten Auger-Elektronen wird genauso wie die des Fotoelektrons durch inelastische Stöße (Bildung von Ion-Elektron-Paaren) aufgebracht.

Ein Bruchteil (Fluoreszenzausbeute) der in der K- bzw. L-Schale primär ionisierten Atome geht durch Emission der charakteristischen K- bzw. L-Strahlung in den Grundzustand über. Diese Strahlung aber kann mit hoher Wahrscheinlichkeit aus dem aktiven Detektorvolumen entweichen, da ein Atom seine eigene Strahlung nur in geringem Maß absorbiert. In diesem Fall entstehen nur $A' = (E_{Qu} - E_{K(L)})/W$ Ion-Elektron-Paare. Die Folge ist eine Impulsgruppe mit der etwas kleineren mittleren Impulsamplitude $\bar{U}_{Ae}$, der sog. *Escape-Peak*. Mitunter ist der Energieverlust durch die entwichene charakteristische Strahlung kleiner als die Halbwertsbreite des Fotopeaks. Dann bewirkt der Escape-Peak lediglich eine asymmetrische Verbreitung des Fotopeaks zu kleinen Impulsamplituden hin.

Beispielsweise beträgt im Falle des Nachweises von AlK_α-Strahlung mit einem Zählrohr, welches mit einem Gasgemisch von Ar/CH_4 (9:1) gefüllt ist,

$$\frac{A'}{A} = 1 - \frac{E(ArL)}{E(AlK_\alpha)} \approx 0{,}85$$

Die wahrscheinlichste Impulsamplitude des Escape-Peak ist also nur 15 % kleiner als die des Fotopeaks. Der Fotopeak aber hat bei einem guten Zählrohr für AlK$_\alpha$-Strahlung erfahrungsgemäß eine relative Halbwertsbreite von etwa 40 %.

Das Verhältnis der integralen Impulsraten von Escape-Peak R_E und Fotopeak R_F wird durch die Fluoreszenzausbeute ω bestimmt (s. Abschn. 2.4.3.):

$$R_E/R_F \approx \omega/(1-\omega) \tag{3-9}$$

ω ist abhängig vom Detektionsmedium und in geringem Maße auch von der Energie der eingestrahlten Quanten, so daß das Verhältnis (3-9) durchaus >1 werden kann. Dann ist die integrale Impulsrate des Escape-Peak größer als die des Fotopeaks. Die Lage und die integrale Impulsrate des Escape-Peak müssen bei der Festlegung der Kanalbreite für den Analysierbetrieb beachtet werden (s. Abschn. 3.6.).

Das *Energieauflösungsvermögen* ist die Fähigkeit der Detektoren, Quanten mit unterschiedlicher Energie zu unterscheiden.

Die relative Halbwertsbreite (RHWB) ist das Maß des Energieauflösungsvermögens. Sie ist definiert als Quotient aus der Gesamtbreite des Fotopeaks in halber Höhe (HWB) und der wahrscheinlichsten Impulsamplitude $\bar{U}_A$:

$$RHWB = (HWB/\bar{U}_A) \cdot 100\% \tag{3-10}$$

Unter der *Detektorcharakteristik* versteht man die Abhängigkeit der registrierten Impulsrate R von der Detektorspannung U_Z. Der Verlauf der Charakteristik (Bild 3-15) ist gekennzeichnet durch einen steilen Anstieg der Impulsrate ab einer gewissen Schwellspannung. Diese ist abhängig von der elektronischen Verstärkung und von der Pegelspannung des Diskriminators.

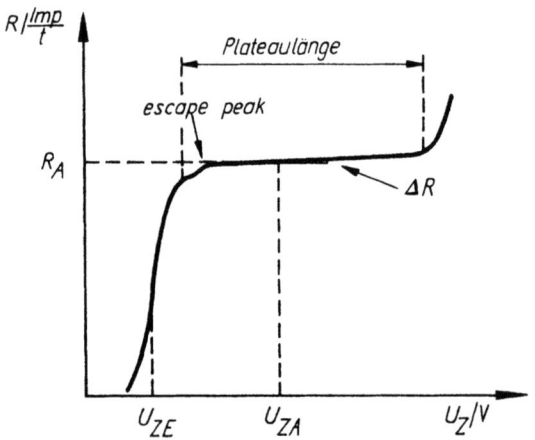

Bild 3-15
Charakteristik eines
Proportionalzählrohrs

Der Anstieg ist um so steiler, je schmaler die Impulshöhenverteilung ist. Es schließt sich ein Bereich an, in welchem die Impulsrate nur geringfügig mit der *Detektorspannung* ansteigt, das sog. *Plateau*. Am Ende des Plateaus steigt die Impulsrate unabhängig von der elektronischen Verstärkung und dem Diskriminatorpegel wieder stark an. Es kommt zu Nachentladungen und schließlich zur Dauerentladung. Dieser Spannungsbereich muß vermieden werden.

3.4. Strahlungsmessung

Die Einsatzspannung U_{ZE} ist die Spannung, bei der die wahrscheinlichste Impulsamplitude $\bar{U}_A$ der Impulshöhenverteilung gleich dem Diskriminatorpegel ist. In der Darstellung $R(U_Z)$ liegt diese am Wendepunkt des steil ansteigenden Teils vor der Einmündung in das Plateau.

Die Arbeitsspannung U_{ZA} ist die Betriebsspannung des Detektors. Sie sollte nicht unnötig hoch gelegt werden. Als Faustregel wird häufig genannt:

$$U_{ZA} = U_{ZE} + 100\,\text{V}$$

Die Plateausteigung ist der relative Anstieg der Impulsrate im Arbeitspunkt, bezogen auf eine Änderung der Detektorspannung um 100 V (Größenordnung: 1 %/100 V).

Unter der *Fotopeakverschiebung* versteht man die Abhängigkeit der Impulsamplitude von der Impulsrate. Mit zunehmender Impulsrate wächst die Raumladung und beeinflußt die Feldverhältnisse im Zählrohr oder im SEV derart, daß der Verstärkungsfaktor abnimmt. Die Fotopeakverschiebung hängt ab von der Impulsdichte, von der Geometrie und von den Betriebsbedingungen des Detektors. Als Maß dient die Änderung der wahrscheinlichsten Impulsamplitude, bezogen auf die wahrscheinlichste Impulsamplitude bei verschwindend kleiner Impulsrate und auf eine Impulsratenänderung um 10^5 Imp/s.

Das *zeitliche Auflösungsvermögen* ist die Fähigkeit des Detektors, zeitlich aufeinanderfolgende Impulse voneinander zu trennen. Es muß im Zusammenhang mit der Totzeit der Nachweiselektronik betrachtet werden. Bei Proportionalzählrohren und Szintillationszählern gibt es keine Totzeit in dem Sinne, daß diese Detektoren innerhalb einer gewissen Zeit nach einem registrierten Impuls überhaupt nicht ansprechbar wären, wie das beim Geiger-Müller-Zählrohr der Fall ist. Es ist jedoch möglich, daß sich Impulse überlagern, d. h. übergroße Impulse bilden, oder daß es durch zu große Raumladungen zur Beeinträchtigung der Ausbildung der Ladungslawinen kommt. Auf diese Art und Weise kann es neben der Fotopeakverschiebung auch zu Impulsverlusten kommen, weil die Amplitude mancher Impulse die Diskriminatorschwelle nicht mehr übersteigt. Bei hohen Impulsraten macht sich deshalb unter Umständen eine Totzeitkorrektur erforderlich.

Die *Quantenzählausbeute* QA ist der Quotient aus der Zahl der im Detektionsmedium absorbierten Quanten $N'_0 - N$ und der Zahl der in das Detektionsmedium gelangten Quanten N'_0.

$$QA = (1 - N/N'_0) = 1 - \exp(-\tau_{\text{Det}}\, d_{\text{Det}}) \tag{3-11}$$

d_{Det} Dicke des Detektionsmediums

Der Absorptionskoeffizient τ_{Det} kann für die verwendeten Detektionsmedien in guter Näherung durch den Schwächungskoeffizient μ_{Det} ersetzt werden.

Die Effektivität des Detektors ist definiert als Quotient aus der Zahl der registrierten Quanten und der Gesamtzahl der auf das Detektorfenster treffenden Quanten. Die *Effektivität E* ist das Produkt aus der *Transparenz T* des Detektorfensters und der Quantenzählausbeute QA des Detektionsmediums.

$$E = T\,QA \tag{3-12}$$

$$T = N'_0/N_0 = \exp(-\mu_F\, d_F) \tag{3-13}$$

d_F Fensterdicke
μ_F Schwächungskoeffizient des Fenstermaterials

5 Röntgenfluoreszenzanalyse

Der Exponent setzt sich aus mehreren Summanden zusammen, wenn, wie beim Halbleiterdetektor, die Strahlung erst einige unterschiedliche Schichten durchdringen muß, bevor sie in das Detektionsvolumen gelangt.

Im nachstehenden Bild 3-16 sind einige Effektivitätskurven von verschiedenen Detektoren dargestellt. Deutlich bilden sich darin die Absorptionskanten des Detektionsmediums ab.

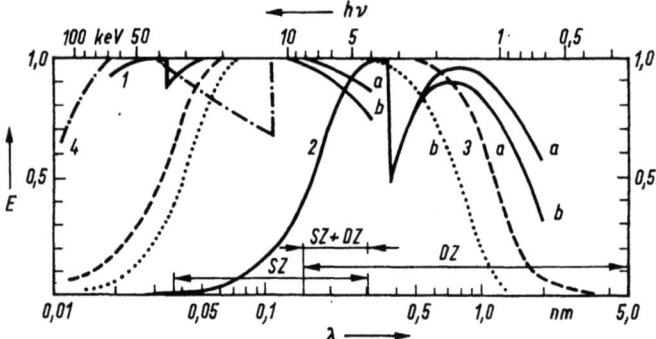

Bild 3-16
Beispiele für die Detektor-Effektivität in Abhängigkeit von der
Wellenlänge bzw. von der Energie der Strahlung
1 SZ mit NaJ(Tl)-Szintillator ($d = 1$ mm) und Berylliumfenster
   (a: 0,1 mm; b: 0,2 mm)
2 DZ mit Ar/CH$_4$-(9:1)-Füllung ($p = 101,3$ kPa; $d_{Det} = 30$ mm) und
   Polypropylen-Fenster (a: 0,001 mm; b: 0,002 mm)
3 HD Si(Li) mit Berylliumfenster (a: $d_{Det} = 5$ mm; $d_{Be} = 0,0075$ mm;
   b: $d_{Det} = 3$ mm, $d_{Be} = 0,025$ mm)
4 HD HPGe ($d_{Det} = 5$ mm)

3.4.1.2. Szintillationszähler

Ein Szintillationszähler besteht aus dem Szintillator und dem optisch angekoppelten Sekundärelektronenvervielfacher (SEV). In kommerziellen Röntgenspektrometern wird als Szintillator meist ein NaJ-Kristall verwendet, in welchem weniger als ein Prozent Tl als Aktivator enthalten ist.

Ein Röntgenquant gelangt durch ein Be-Fenster (0,2 mm) in den stark absorbierenden NaJ(Tl)-Kristall. Es ionisiert mit hoher Wahrscheinlichkeit die K- oder L-Schale eines Kristallatoms. Da man die Szintillationszähler für Quantenenergie >6 keV einsetzt, betrifft dies in erster Linie die J-Atome. Das aus dem Atomverband herausgeschlagene Elektron gibt seine kinetische Energie durch Wechselwirkung mit den Szintillatoratomen ab, indem es diese zur Lichtemission anregt. Die mittlere Anzahl der Lichtquanten ist der Energie des Röntgenquants proportional. Die Emission erfolgt dabei in alle Raumrichtungen.

Ein diffuser Reflektor aus Al-Oxid an der aufgerauhten Szintillatoroberfläche (außer an der Kontaktfläche zum SEV) erhöht die Wahrscheinlichkeit ε der Überführung der

Lichtquanten in den SEV. 70 bis 80 % aller Fotonen gelangen über den optischen Koppler (Silikonöl) auf die Fotokatode des SEV. Nur ein Teil dieser Fotonen löst Fotoelektronen aus. Deren Sammlung auf der ersten Dynode ist ebenfalls mit Verlusten verbunden. Jedes Elektron, welches die erste Dynode erreicht, löst aus dieser im Mittel $\bar{\delta}$ Sekundärelektronen heraus. Die Sekundärelektronen werden durch eine entsprechende Potentialdifferenz (90 bis 120 V) zur zweiten Dynode hin beschleunigt und verursachen dort erneut die Emission von Elektronen (wiederum $\bar{\delta}$ je auftreffendes Elektron). Dieser Prozeß setzt sich fort, bis schließlich die so gebildeten Ladungen von der Anode aufgenommen werden. Die Summe aller Einzelelektronenlawinen ergibt den Gesamtstromimpuls. Die Größe des Impulses ist der Energie des Röntgenquants proportional.
Enthält der SEV n Dynoden, so wird ein Fotoelektron etwa um den Faktor

$$K = \bar{\delta}^n \tag{3-14}$$

verstärkt. Bei Verwendung von 10 bis 12 Dynoden erhält man demzufolge Verstärkungsfaktoren $K = 10^6$ bis 10^7, falls $\bar{\delta} \approx 4$. Der Sekundäremissionskoeffizient hängt vom Dynodenmaterial und von der Energie der Elektronen ab. Die Gesamtzahl an Elektronen, die je Impuls an der Anode gesammelt werden, beträgt

$$\bar{Z} = \bar{L} \varepsilon \gamma \eta K \tag{3-15}$$

$\bar{L}$ mittlere Anzahl der im Szintillator je Röntgenquant erzeugten Lichtquanten
ε Lichtüberführungsfaktor (0,7 bis 0,8)
γ fotoelektrische Ausbeute (0,2)
η Zahl der Fotoelektronen, die die erste Dynode erreichen, bezogen auf die Gesamtzahl der Fotoelektronen (0,2 bis 1)

Für die Abschätzung der relativen Halbwertsbreite der Impulshöhenverteilung in % wird in [3.4] folgende Formel angegeben:

$$\text{RHWB} = 236 \left[\frac{1}{\bar{Z}} \left(1 + \frac{\alpha}{\bar{\delta} - 1} \right) \right]^{1/2} \tag{3-16}$$

Experimentell erhielt man für α den Wert 1,5. Da die Anzahl der Lichtquanten $\bar{L}$ und damit die Anzahl der Elektronen $\bar{Z}$ je Impuls proportional der Energie des Röntgenquants E_{Qu} sind, ergibt sich eine Proportionalität zwischen der relativen Halbwertsbreite der Impulshöhenverteilung und $E_{\text{Qu}}^{-1/2}$. Verglichen mit dem Proportionalzählrohr ist die relative Halbwertsbreite bei einem Szintillationszähler etwa um den Faktor 3 größer.
Bei einem NaJ (Tl)-Szintillationszähler wird die Impulsdauer von der Abklingzeit τ_{SZ} des Szintillators bestimmt. NaJ (Tl) hat eine Abklingzeit von $2,5 \cdot 10^{-7}$ s. Die Lichtemission erfolgt entsprechend dem Abklinggesetz:

$$L = L_0 \exp(-t/\tau_{\text{SZ}}) \tag{3-17}$$

L Zahl der zum Zeitpunkt t emittierten Lichtquanten
L_0 Gesamtzahl an Lichtquanten, die nach Absorption eines Röntgenquants emittiert werden

Dieser Verlauf wird durch die Emission der Fotoelektronen ($<10^{-9}$ s nach Lichtabsorption) und die Laufzeitschwankungen im SEV ($\approx 10^{-9}$ s) nicht wesentlich beeinflußt. Demzufolge ist der Stromimpuls am Ausgang der SEV gekennzeichnet durch einen raschen Anstieg – der Maximalwert wird bereits nach wenigen ns erreicht – und durch den expo-

nentiellen Abfall mit der Zeitkonstante τ_{SZ}. Die Fotopeakverschiebung in Abhängigkeit von der Impulsrate spielt bei Szintillationszählern eine untergeordnete Rolle. Ein Raumladungseinfluß kann sich bestenfalls an den letzten Dynoden bemerkbar machen.
Bei Szintillationszählern beobachtet man eine hohe Rate von Impulsen kleiner Amplitude, welche durch thermische Elektronenemission aus der Katode und den ersten Dynoden verursacht werden. Diese muß man durch entsprechende Wahl des Diskriminatorpegels unterdrücken. Die Rauschimpulse sind der Grund dafür, daß man Szintillationszähler nicht zum Nachweis beliebig langwelliger Strahlung einsetzen kann. Ihr Einsatzgebiet liegt bei Energien >5 keV. Die Kühlung der Fotokatode bringt eine Verbesserung, ist aber i. allg. zu umständlich. Die Fotokatode darf möglichst nicht dem Tageslicht ausgesetzt werden.
Szintillationszähler haben im Vergleich zu Proportionalzählrohren eine hohe Lebensdauer. Mitunter macht sich eine Erneuerung des optischen Kopplers zwischen Szintillator und SEV erforderlich (Silikonöl: Typ NM 1 100000; TGL 8467). Will man den Szintillationszähler rasch wieder benutzen, so wird diese Erneuerung im Dunklen vorgenommen. Der Dunkelstrom des SEV nimmt mit dem Alter zu. Beim Arbeiten mit einem Szintillationszähler ist auf Temperaturkonstanz zu achten. Es wird von Änderungen der Impulshöhe von einem bis zu einigen Prozent je Grad Temperaturänderung berichtet. Detaillierte Ausführungen über Szintillationszähler befinden sich in [3.4] und [3.5].

3.4.1.3. Proportionalzählrohr

Ein Proportionalzählrohr besteht aus einem Gehäuse (Katode), in welchem von diesem isoliert als Anode ein dünner Draht (z. B. W, Durchmesser 0,02 bis 0,1 mm) angebracht ist. Das Zählrohr ist i. allg. mit einem Edelgas gefüllt, dem eine geringe Menge eines Löschgases zugemischt wird. Zwischen Zähldraht und Gehäuse wird durch Anlegen einer Hochspannung (≤ 3 kV) ein elektrisches Feld E erzeugt. Dieses Feld ist bei einem zylindrischen Zählrohr im gesamten Zählvolumen zylindersymmetrisch ($E(r) \sim 1/r$); in Zähldrahtnähe ist die Feldstärke also besonders groß.
Im Zählrohrmantel ist ein Strahleneintrittsfenster angebracht. Bei Tandemanordnung eines Proportionalzählrohrs und eines Szintillationszählers besitzt das Zählrohr auch ein Austrittsfenster für die nicht absorbierte Strahlung.
Die Wirkungsweise des Proportionalzählrohrs kann folgendermaßen beschrieben werden: Ein Röntgenquant tritt durch das Strahleneintrittsfenster in das aktive Volumen. Es ionisiert die innere Schale (K, L) eines Zählgasatoms (Fotoeffekt). Dem Fotoelektron wird dabei die überschüssige Energie ($E_{Qu} - E_{K,L}$) als kinetische Energie übertragen. Das Fotoelektron ist nun in der Lage, durch Stoßionisation weitere Ion-Elektron-Paare zu erzeugen. So entsteht die Primärladung, die der Energie das Röntgenquants proportional ist. Durch das elektrische Feld werden die Ladungen getrennt, die positiven Ionen driften zur Katode, die Elektronen zur Anode. In Drahtnähe ($r \leq r_G$) nehmen die Elektronen auf einer mittleren freien Weglänge (mittlerer Abstand zwischen zwei aufeinander folgenden Stößen des Elektrons mit Zählgasatomen) soviel Energie auf, daß sie durch Stoßionisation weitere Ion-Elektron-Paare erzeugen können. Diesen lawinenartigen Vervielfachungsprozeß nennt man *Gasverstärkung*.

$$K = \exp \int_{r_0}^{r_D} \alpha \, dr \qquad (3\text{-}18)$$

r_G Radius der Gasverstärkungszone (wenige Drahtradien)
r_D Drahtradius
α Ionisationskoeffizient[1)]

Der Gasverstärkungsfaktor K hängt von den Geometrieparametern (Katodenradius, Anodenradius) und den Betriebsparametern (Arbeitsspannung, Gasart, Gasdichte) ab. Die annähernd exponentielle Abhängigkeit der Gasverstärkung von den Geometrie- und Betriebsparametern ist experimentell gesichert. Für Abschätzungszwecke kann man beispielsweise annehmen, daß sich bei Erhöhung der Zählrohrspannung um 1 V die Gasverstärkung um etwa 1 % vergrößert.

Ein erheblicher Teil der von den Elektronen im elektrischen Feld aufgenommenen Energie wird zur Anregung der Atome mit nachfolgender Emission von Lichtquanten verbraucht. Diese Quanten sind in der Lage, Fotoelektronen aus der Katode herauszulösen und verkürzen damit den Proportionalbereich. Durch Zusatz mehratomiger Gase (z. B. Methan) als sog. Löschgas erreicht man eine Vergrößerung des Proportionalbereichs, da die mehratomigen Gase die Lichtquanten absorbieren, ohne daß Fotoelektronen entstehen. Eine weitere Funktion des Löschgases besteht darin, durch Umladungsprozesse bei Zusammenstößen mit positiven Edelgasatomen diese zu neutralisieren. Während des Neutralisationsprozesses der langsamen Löschgasmolekülionen zerfallen diese, ohne daß weitere freie Elektronen entstehen. Das ist ein Grund für die Alterung abgeschmolzener Proportionalzählrohre. Ein anderer Effekt, der die Alterung beschleunigt, besteht darin, daß sich die Zersetzungs- bzw. Polymerisationsprodukte der Löschgasmoleküle auf dem Zähldraht ablagern und das elektrische Feld lokal verändern. Die Alterung macht sich bereits nach einigen 10^8 Impulsen in einer Verbreiterung der Impulshöhenverteilung bemerkbar und führt schließlich zur völligen Deformation derselben. Ein Arbeiten im Analysierbetrieb ist dann nicht mehr möglich.

Zur relativen Halbwertsbreite der Impulshöhenverteilung tragen beim Proportionalzählrohr die Schwankungen der Primärionisation (charakterisiert durch den *Fano-Faktor F*) und der Gasverstärkung (charakterisiert durch die relative Varianz f der Ladungsvervielfachung) bei. Legt man eine Gauss-Verteilung zugrunde, so erhält man für die relative Halbwertsbreite in Prozent

$$\text{RHWB} = 236 \sqrt{(F+f)\varepsilon/E_{\text{Qu}}} \qquad (3\text{-}19)$$

ε mittlerer Energieaufwand für die Erzeugung eines Ion-Elektron-Paares ($20\,\text{eV} < \varepsilon < 40\,\text{eV}$) je nach Art des Zählgases
E_{Qu} Energie der eingestrahlten Röntgenquanten

Die relative Halbwertsbreite ist also auch beim Proportionalzählrohr proportional zu $E_{\text{Qu}}^{-1/2}$. Für Verstärkungsfaktoren $K \geq 100$ liegt f bei Werten zwischen 0,6 und 0,8. Der Fano-Faktor ist eine gasspezifische Konstante. Für Ar/CH$_4$ (9:1) beispielsweise wurde experimentell $F \leq 0,2$ ermittelt.

[1)] Der Ionisationskoeffizient α gibt an, wie viele Ion-Elektron-Paare ein Elektron längs einer Wegstrecke von einem cm durch Ionisation erzeugt. α hängt von Feldstärke, Gasart und -druck ab.

3. Apparative Grundlagen der RFA

Mit steigender Impulsrate verschiebt sich die Impulshöhenverteilung zu kleineren Impulsamplituden hin und verbreitert sich. Diesem Effekt muß man beim Arbeiten im Analysierbetrieb Rechnung tragen. Die Fotopeakverschiebung ist abhängig von der Zählrohrgeometrie und von den Betriebsbedingungen. Man muß bei einer Zählratenänderung von 10^5 Imp/s mit Werten zwischen 5 und 30% rechnen [3.6]. Da die Zählrohrspannung einen erheblichen Einfluß hat, sollte man bei möglichst kleinen Werten arbeiten. Dies ist übrigens auch im Sinne einer hohen Lebensdauer des Zählrohrs günstig. Die Effektivität des Zählrohrs im Bereich großer Wellenlängen wird durch die Transparenz des Eintrittsfensters bestimmt (s. Bild 3-16). Man verwendet Kunststofffolien geringer Dicke (0,5 bis $10 \cdot 10^{-3}$ mm) und stützt diese, wenn nötig, mit einem geeigneten Gitter von hoher optischer Transparenz ($T \geq 60\%$), um den Druckunterschied zwischen Zählrohr und Spektrometerraum abzufangen. In Tabelle 3-4 sind häufig verwendete Foliematerialien zusammengestellt. Die dünnen Strahleneintrittsfenster sind in geringem Maße gasdurchlässig,

Tabelle 3-4 Fenstermaterial für Durchfluß-Proportionalzählrohre

Chemische Bezeichnung	Handelsname	Chemische Formel	Dichte [g/cm³]	Minimale handelsübliche Dicke [10^{-3} mm]
Polyethenterephthalat (PETP)	Grisuten Hostaphan Mylar Melinex	$C_{10}H_8O_4$	1,397	3,8
Polypropylen	Udel-Folie Trespaphan	C_3H_6	0,905	12,7
Polycarbonat	Makrofol	$C_{16}H_{14}O_3$	1,20	2,0
Polyvinylformal/ Polyvinylacetat/ Polyvinylalkohol	Formvar	82% $C_5H_8O_2$ 12% $C_4H_6O_2$ 6% C_2H_4O	1,23	–

so daß das Zählgas kontinuierlich erneuert werden muß (≤ 3 l/h). Infolge der ständigen Strahlenbelastung verändern sich die mechanischen Eigenschaften der Folien im Laufe der Zeit. Sie müssen deshalb nach einer gewissen Betriebszeit ausgewechselt werden. Formvar-Folien werden nicht gehandelt, sondern vom Zählrohrhersteller selbst in Flotationstechnik hergestellt. Polypropylen-Folie ist reckbar. Mit einer geeigneten Ziehvorrichtung lassen sich gleichmäßige Folien mit Dicken kleiner als 10^{-3} mm herstellen.
Quantenzählausbeute, Gasverstärkung und Energieauflösung eines Proportionalzählrohrs hängen von der Gasdichte ab. Bei abgeschmolzenen Zählrohren ist die Gasdichte nahezu unabhängig von äußeren Einflüssen wie Temperatur und Luftdruck. Für Durchfluß-Zählrohre, bei denen in der Regel das Gas abgeblasen wird, ist eine *Dichtestabilisierung* erforderlich. Diese wird durch einen Druckregler (Manostat) und die ohnehin erforderliche Temperierung des Laborraumes bzw. des Spektrometers realisiert. Man muß mit einer Zunahme des Gasverstärkungsfaktors um 1 bis 3% bei einer Temperaturzunahme um 1°C rechnen. Eine Druckerhöhung um 10^3 Pa bewirkt hingegen in den üblichen Druckberei-

chen eine Verkleinerung der Gasverstärkung um etwa 10 %. In dem langwelligen Bereich kann man die höherenergetischen Anteile des Untergrundes unterdrücken und somit das Effekt-Untergrund-Verhältnis verbessern, indem man von der üblicherweise verwendeten P-10-Mischung (90 % Ar + 10 % CH_4) zu anderen Zählgasen übergeht. Beispielsweise kann man reines Methan (CH_4) oder Propan (C_3H_8) sowie Gemische von 70 % He + 30 % CH_4 oder 88 % He + 12 % CO_2 verwenden. Zwingend wird die Anwendung der genannten Zählgase, wenn man z. B. Kohlenstoffstrahlung ($\lambda_{CK\alpha}$ = 4,4 nm) messen will.

3.4.1.4. Halbleiterdetektor

In der energiedispersiven Röntgenanalytik finden in der Regel Planardetektoren aus den Basismaterialien Silicium oder Germanium Verwendung. Sie gehören zum p-i-n-Typ. Den prinzipiellen Aufbau eines solchen Detektors zeigt Bild 3-17. Der Fensterkontakt besteht aus einer dünnen Goldschicht (15 bis 35 nm) und der angrenzenden p-leitenden

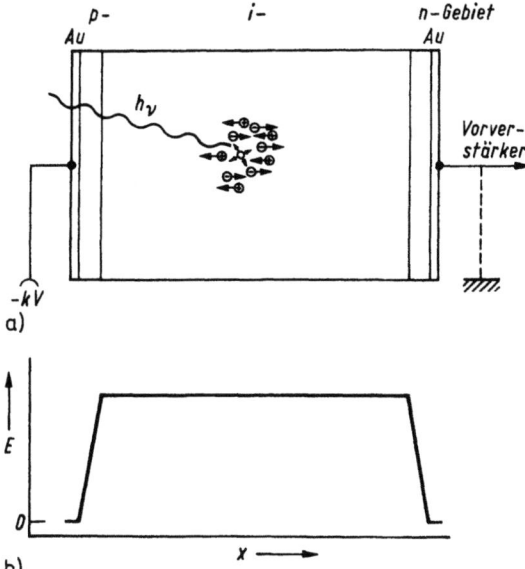

Bild 3-17
Schematische Darstellung eines idealen Halbleiterdetektors vom p-i-n-Typ
a) Aufbau
b) Verlauf der elektrischen Feldstärke

Schicht. Den Rückkontakt bildet ein dünnes n-leitendes Kristallgebiet, welches ebenfalls mit einer dünnen Goldschicht bedampft ist. Dazwischen liegt das eigenleitende (intrinsic) Gebiet (einige mm), der aktive Teil des Detektors. Im Falle von Si-Detektoren entsteht diese Zone durch eine Drift von Li^+-Ionen in das schwach p-leitende Detektorausgangsmaterial. Damit erfolgt eine nahezu vollständige elektrische Kompensation, so daß sich dieses Kristallgebiet eigenleitend verhält. Germaniumeinkristalle können in genügend hoher Reinheit hergestellt werden. Der zusätzliche technologische Schritt der Li^+-Drift ist demzufolge bei der Herstellung von Ge-Detektoren nicht erforderlich. Die Arbeitsspannung (Sperrspannung) beträgt 1 000 bis 2 000 V. Der Verlauf des elektrischen

Feldes ist für den idealen Kristall in Bild 3-17 dargestellt. Der homogene konstante Verlauf der Feldstärke im eigenleitenden Gebiet ist dann gestört, wenn Abweichungen von der homogenen Drift bzw. wenn Kristallgitterstörungen auftreten [3.8; 3.9].
Dringt ein Röntgenfoton durch den Fensterkontakt in das aktive Volumen ein, so kann es durch Fotoeffekt seine Energie an ein Elektron einer inneren Schale des Si-Atoms abgeben. Das freigewordene Fotoelektron erzeugt durch Stoßionisation solange Elektron-Loch-Paare im Kristall bis seine kinetische Energie aufgebraucht worden ist. Die mittlere Anzahl der entstandenen Elektron-Loch-Paare ist der Fotonenenergie proportional. Die gebildeten beweglichen Ladungsträger werden durch das elektrische Feld getrennt und zu den Anschlußelektroden geführt. Der Anteil der ankommenden Elektronen bestimmt die Ladungssammeleffektivität η. Für den Bereich der Röntgenenergien gilt näherungsweise

$$\eta = \frac{\mu \tau E}{d_{\text{Det}}} \left[1 - \exp\left(-\frac{d_{\text{Det}}}{\mu \tau E}\right) \right] \tag{3-20}$$

μ Beweglichkeit der Elektronen
τ Lebensdauer der Elektronen
E Stärke des elektrischen Feldes
d_{Det} Dicke der aktiven Zone

Eine vollständige Ladungssammlung erfordert, daß die Bedingung $d^2 \ll \mu \tau U_{\text{Det}}$ eingehalten wird (U_{Det} Detektorspannung). Mit den Parametern aus Tabelle 3-5 und $d_{\text{Det}} = 3$ mm ergibt sich eine Mindestbetriebsspannung von einigen zehn Volt. Schwankungen von η in bestimmten Detektorzonen durch Driftinhomogenitäten oder Randeffekte führen zu

Parameter	Silicium	Germanium
Ordnungszahl Z	14	32
Relative Dielektrizitätskonstante	12	16
Spezifischer Widerstand bei Eigenleitung ϱ_e [Ω cm]	$2,3 \cdot 10^5$ (300 K) $1,1 \cdot 10^7$ (77 K)	47 (300 K) $5 \cdot 10^4$ (77 K)
Ladungsträgerkonzentration bei Eigenleitung (300 K) c_L [cm^{-3}]	$1,5 \cdot 10^{10}$	$2,4 \cdot 10^{13}$
Breite der verbotenen Zone E_v [eV]	1,11 (300 K)	0,66 (300 K) 0,75 (77 K)
Mittlerer Energieaufwand je Ladungsträgerpaar [eV]	3,65 (300 K) 3,82 (77 K)	2,96 (77 K)
Elektronenbeweglichkeit μ_e [cm^2/Vs]	1 350 (300 K) $4 \cdot 10^4$ (77 K)	3 900 (300 K) $3,6 \cdot 10^4$ (77 K)
Beweglichkeit der Defektelektronen μ_d [cm^2/Vs]	480 (300 K) $1,8 \cdot 10^4$ (77 K)	1 900 (300 K) $4,2 \cdot 10^4$ (77 K)
Minoritätsträgerlebensdauer τ_e [µs]	≈ 1 000	≈ 1 000

Tabelle 3-5
Ausgewählte Parameter von Materialien für Halbleiterdetektoren

3.4. Strahlungsmessung

einer Verschlechterung der spektrometrischen Eigenschaften des Kristalls. Dadurch wird der niederenergetische Untergrund erhöht und die Linie asymmetrisch verzerrt [4.1]. Zur Vermeidung dieser Asymmetrie werden möglichst hohe Betriebsspannungen verwendet.

Die im Kristall entstehenden Signale sind sehr klein, so daß eine hohe Ladungsverstärkung durch entsprechende elektronische Baugruppen erforderlich ist. Ladungsempfindliche Vorverstärker werden deshalb verwendet, damit eine vom dynamischen Verhalten des Detektionskristalls unabhängige Verstärkung garantiert werden kann. Das energetische Auflösungsvermögen ergibt sich aus zwei Anteilen

$$\text{HWB}^2 = \Delta E_{\text{stat}}^2 + \Delta E_{\text{el}}^2 = \varepsilon F h \nu \text{ konst.} + \Delta E_{\text{el}}^2 \qquad (3\text{-}21)$$

deren erster aus dem statistischen Prozeß der Primärladungsbildung resultiert und deren zweiter elektronischer Natur ist. Der statistische Anteil wird durch Fano-Faktor, mittleren Energieaufwand ε zur Bildung eines Elektron-Loch-Paares und Fotonenenergie $h\nu$ bestimmt. Er ergibt sich, wenn in Gl. (3-19) der Term für den Vervielfältigungsprozeß wegfällt. Der elektronische Anteil ist abhängig vom Eingangssperrstrom des ersten Transistors, von der dynamischen Eingangskapazität am Vorverstärker C_{Det} und der Steilheit S des Eingangstransistors

$$\Delta E_{\text{el}}^2 \sim \frac{C_{\text{Det}}^2}{S} \text{konst.}_1 + i_{\text{Det}} \text{konst.}_2 + \text{konst.}_3 \qquad (3\text{-}22)$$

Da sowohl Kapazität als auch Sperrstrom mit sinkender Temperatur abnehmen, sind Halbleiterdetektoren im Betriebsfall zu kühlen. Sie besitzen dann ein sehr gutes energetisches Auflösungsvermögen. Es ist etwa eine Größenordnung besser als das der Proportio-

Tabelle 3-6 Energieauflösung und Nachweiseffektivität von Halbleiterdetektoren unterschiedlicher Art und Größe

Detektor	Volumen	HWB [eV]		Effektivität [%]	
	Fläche × Dicke	5,9 keV	122 keV	50 keV	10 keV
Si (Li)	12,5 m² × 3 mm	145	–	15	100
$Z_{\text{eff}} = 13$ $F = 0{,}12$	80 mm² × 3 mm	160	–		
$\varepsilon = 3{,}82$ eV	200 mm² × 5 mm	240	–	23	100
HP GE	25 mm² × 5 mm	145	480	100	100
$Z_{\text{eff}} = 32$ $F = 0{,}12$	100 mm² × 7 mm	175	520	100	100
$\varepsilon = 2{,}96$ eV	500 mm² × 10 mm	300	570	100	100

nalzählrohre. Der absolute Wert der Energieauflösung wird beeinflußt von der Größe und der geometrischen Beschaffenheit des Kristalls sowie von der Schaltungsvariante des ladungsempfindlichen Vorverstärkers. Es sind eine Anzahl von Schaltungen entwickelt worden [3.7; 3.11], die eine optimale Signalverteilung ermöglichen. Sie beruhen entweder auf dem Prinzip der Widerstandsrückkopplung [3.10] oder der optisch gepulsten Rückkopplung. Die erreichten Ergebnisse unterscheiden sich kaum.

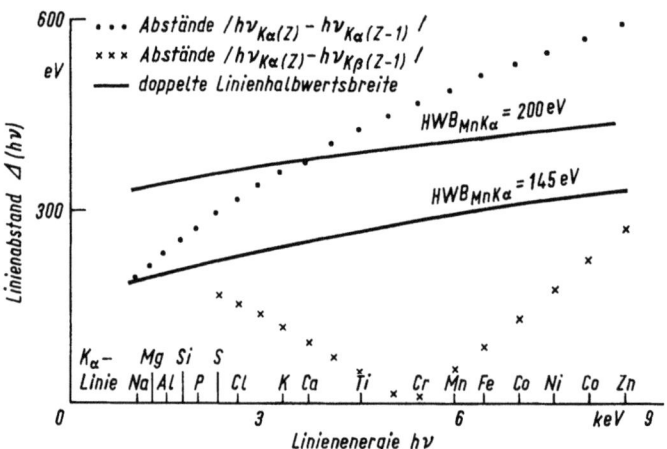

Bild 3-18
Linienabstand von im Periodensystem benachbarten Elementen und doppelte Linienhalbwertsbreiten von ausgewählten Halbleiterdetektoren in Abhängigkeit von der Linienenergie

In Tabelle 3-6 sind einige charakteristische Parameter kommerzieller Detektorsysteme aufgeführt.
Es ist möglich, die K_α-Linien von im Periodensystem benachbarten Elementen voneinander zu trennen. Wird die doppelte Linienhalbwertsbreite als ausreichend für die Trennung angenommen (diese etwas willkürliche Festlegung ist in der Praxis hinreichend), so ergeben sich die im Bild 3-18 dargestellten Verhältnisse. Man erkennt, daß sich die K_α-Linien eines Elements nicht von den K_β-Linien des Elements mit der nächstniedrigeren Ordnungszahl trennen lassen. Dazu bedarf es umfangreicher mathematischer Auswertverfahren (vgl. Abschnitt 4.2.).
Das gute *energetische Auflösungsvermögen* der *Si(Li)-Detektoren* ermöglicht eine vollständige Trennung der Escape-Linien (zur Entstehung von Escape-Linien vgl. auch Abschnitt 3.4.1.1., $E_{SiK_\alpha} = 1{,}741$ keV) von den Fotolinien (vgl. Bild 3-19). Es ist bei der qualitativen Analyse besonders darauf zu achten, daß auf diese Weise das Vorhandensein von Linien anderer Elemente vorgetäuscht werden kann.
Die Nachweiswahrscheinlichkeit der Halbleiterdetektoren wird im niederenergetischen Bereich von der Strahlungsschwächung in den absorbierenden Schichten auf der Strahleneintrittsseite und auf der hochenergetischen Seite von der Detektordicke bestimmt. Die Strahlung muß drei Schichten durchdringen, bevor sie in das aktive Volumen eintritt:

3.4. Strahlungsmessung

- das Eintrittsfenster in der Detektorkappe, die den Kristall gegen die Atmosphäre abschirmt (Be, Dicke 7 bis 50 µm),
- die Kontaktschicht auf der Strahleneintrittsseite,
- die dünne inaktive Zone zwischen Kontaktschicht und aktivem Volumen (Totschicht, Dicke 0,1 bis 0,4 µm).

Entsprechend Gl. (3-12) ergibt sich die Nachweiseffektivität aus der Beziehung (3-23)

$$E = [1 - \exp(-\mu_{Det} d_{Det})] \exp[-(\mu_{Be} d_{Be} + \mu_{Au} d_{Au} + \mu_{tot} d_{tot})] \qquad (3-23)$$

Beispiele sind in Bild 3-16 eingetragen.

Für Si(Li)-Detektoren beginnt der Detektionsbereich bei Energien von 800 eV (nur mit speziellen Detektormeßköpfen sind noch geringere Energien ab etwa 180 eV nachzuweisen [3.12]). Das entspricht einer unteren Ordnungszahlgrenze von 9 (F). HPGe-Detektoren ermöglichen den Nachweis von Röntgenstrahlung erst ab Energien >2,5 keV.

Für das zeitliche Auflösungsvermögen von Halbleiterdetektoren ist der Hauptverstärker mit seinen Zeitkonstanten von >1 µs maßgebend (vgl. Abschn. 3.4.2.). Die Ladungssammelzeit im Kristall und die Anstiegszeit der Impulse im Vorverstärker sind <100 ns. Folglich ist ihr Einfluß auf die Zeitauflösung des Halbleiterdetektor-Spektrometers vernachlässigbar gering.

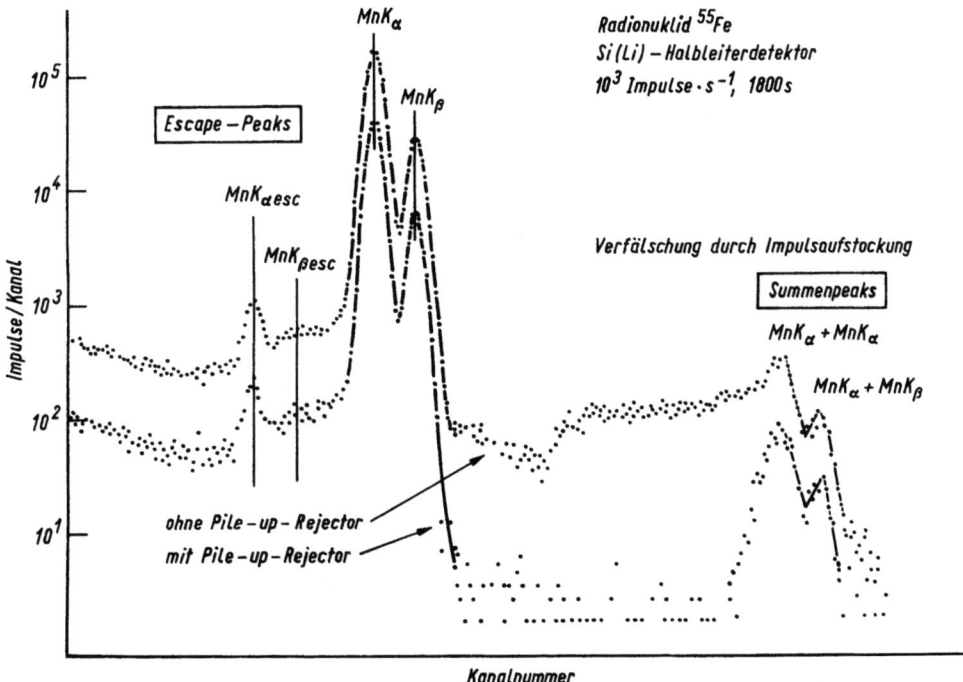

Bild 3-19
Impulshöhenspektrum einer Radionuklidquelle ^{55}Fe mit und ohne Unterdrückung der Impulsaufstockung

3.4.2. Nachweiselektronik

Zur Impulserzeugung bzw. -verarbeitung gehören die elektronischen Baugruppen, welche zum Betreiben der Detektoren sowie zur Erzeugung eines digital verarbeitbaren Signals erforderlich sind, im Bild 3-3a unter dem Begriff Nachweiselektronik zusammengefaßt. Im folgenden soll nur auf einige Baugruppen der Nachweiselektronik eingegangen werden. Dabei zwingen Charakter und Umfang dieses Buches zur äußersten Beschränkung. Bezüglich schaltungstechnischer Details muß auf die Spezialliteratur, z.B. [3.5– 3.7], verwiesen werden.

Die Hochspannungsversorgungseinheit erzeugt die für den Detektorbetrieb erforderliche stabilisierte positive oder negative Gleichspannung. Proportionalzählrohre benötigen eine positive Hochspannung bei maximal 3 kV (abhängig von Geometrie und Zählgas), während die SEV der Szintillationszähler häufig mit einer negativen Hochspannung unter 1,5 kV betrieben werden. Der differentielle Meßbetrieb (Analysierbetrieb) erfordert eine außerordentlich konstante Detektorspannung, da die Impulsamplitude stark spannungsabhängig ist (s. Abschn. 3.4.1.3.). Es wird deshalb eine geringe Drift ($<10^{-4}$ über 24 Stunden bei konstanter Temperatur) und ein geringer Temperaturkoeffizient ($<10^{-4}/°C$) gefordert. Auch die Welligkeit der Spannung muß klein sein (<20 mV$_{SS}$). Die Welligkeit macht sich in einer Verbreiterung der Impulshöhenverteilung bemerkbar, während die Drift der Hochspannung zu einer Verschiebung der Impulshöhenverteilung führt. Beim HD ist die Konstanz der Hochspannung unkritisch, da die Primärladungen nur gesammelt, nicht aber vervielfacht werden.

Die in den Detektoren erzeugten Ladungsmengen je nachgewiesenes Röntgenquant reichen nicht aus, um Spannungsimpulsamplituden zu erzeugen, die vom Analysator direkt verarbeitet werden können. Es muß deshalb eine Verstärkung des Signals vorgenommen werden. Die Impulsverstärkung wird in der Strahlungsmeßtechnik in zwei Baugruppen realisiert, dem *Vorverstärker* und dem *Hauptverstärker* (Linearverstärker). Bei automatisch arbeitenden Sequenzgeräten, in denen zeitlich nacheinander unterschiedliche Strahlungsenergie und damit Impulse mit unterschiedlichen Amplituden differentiell verarbeitet werden müssen, kommt noch ein *Funktionsverstärker (Sinusverstärker)* dazu. Durch diese Aufteilung wird die erforderliche räumliche Entfernung zwischen den Orten der Strahlungsmessung und der weiteren elektronischen Impulsverarbeitung möglich.

Der Vorverstärker wird direkt am Detektor angebracht, um der Forderung nach minimalem Rauschen, d.h. unter anderem nach minimaler Kapazität der Verbindung Detektor/ erste Verstärkerstufe und kleinstmöglicher Einstreuung in diesen empfindlichsten Bereich nachzukommen. Er hat zwei Aufgaben:

a) Er sorgt für die Impedanzanpassung, die für eine verlustarme Übertragung der Signale vom Detektor (hochohmig) über ein Koaxialkabel (niederohmig) zum Hauptverstärker erforderlich ist.
b) Er verstärkt das Signal im Fall der Messung mit dem PZ um einen Faktor 10. Bei der Messung mit dem SZ genügt ein Verstärkungsfaktor ≈ 1.

Bei automatisch arbeitenden Sequenzgeräten muß für eine Nachführung der Verstärkung gesorgt werden, damit für unterschiedliche Strahlenqualitäten die mittlere Impulsamplitude am Ausgang des Hauptverstärkers konstant ist. Dies gilt insbesondere für den differentiellen Meßbetrieb, da die Diskriminatorpegel innerhalb eines Meßprogramms nicht geändert werden. Die automatische Verstärkungsnachführung nimmt der Funktionsverstärker anhand der spektrometrischen Betriebskenngrößen vor, welche die Strahlungsenergie eindeutig festlegen, nämlich Kristall (Netzebenabstand), Glanzwinkel und Beugungsordnung.

Der Hauptverstärker hat die Aufgabe, die Spannungsimpulse so zu verstärken, daß sie vom nachfolgenden Analysator verarbeitet werden können. Dabei muß der lineare Zusammenhang zwischen der Energie des Röntgenquants und der Impulsgröße erhalten bleiben, wenn ohne Funktionsverstärker gearbeitet wird. In Bild 3-20 ist das Ersatzschaltbild des Verstärkers dargestellt. Die Eigenschaften des Verstärkers können durch den frequenzunabhängigen Verstärkungsfaktor V und die Zeitkonstanten $T_1 = C_1 R_1$ (Differentiations-Zeitkonstante) und $T_2 = C_2 R_2$ (Integrations-Zeitkonstante) beschrieben werden. Der

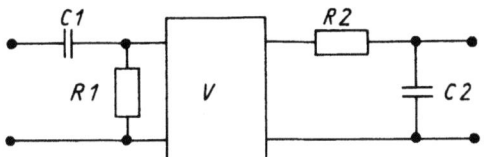

Bild 3-20
Ersatzschaltbild eines Verstärkers

Hochpaß C_1, R_1 beschneidet den Frequenzbereich des Verstärkers bei niedrigen und der Tiefpaß C_2, R_2 bei hohen Frequenzen. Da das energetische und das zeitliche Auflösungsvermögen von den Zeitkonstanten des Verstärkers beeinflußt werden, sind diese bei manchen Geräten einstellbar. Dadurch kann man der Forderung nach maximaler Energieauflösung ($T_1 = T_2 = 1\,\mu s$) oder nach maximaler Zeitauflösung ($T_1 = T_2 < 1\,\mu s$) entsprechen. Die Einstellung der Verstärkung geschieht meist stufenweise. Dabei wird der Eingangsimpuls durch einen Spannungsteiler untersetzt. Die Angaben der Verstärkung erfolgt häufig in Dezibel (db). Es besteht folgender Zusammenhang zwischen der Verstärkung V in db und dem Verhältnis von Ausgangs- zu Eingangsspannung U_A/U_E:

$$V = 20 \lg (U_A/U_E) \tag{3-24}$$

Die Aufgabe des Diskriminators bzw. Analysators besteht darin, die Nutzimpulse von den Rauschimpulsen bzw. von den Impulsen, die von kurzwelligeren Strahlungsanteilen (Streustrahlung; $\lambda/2$, $\lambda/3$, ...) herrühren, zu trennen.
Damit wird folgendes erreicht:

a) Durch die Unterdrückung des elektronischen Rauschens wird die Intensitätsmessung überhaupt erst möglich.
b) Das Effekt-Untergrund-Verhältnis wird verbessert.
c) Der Einfluß der Matrix auf das Analysenergebnis (nicht zu verwechseln mit dem Matrixeffekt) wird eliminiert. Gemeint ist damit die Unterdrückung der Strahlungskomponenten $\lambda/2$, $\lambda/3$, ..., die am Kristall in höherer Ordnung gebeugt werden. Diese rühren nicht nur vom gestreuten Bremsspektrum der Röntgenröhre her, sondern auch von anderen in der Probe enthaltenen Elementen.

Der Analysator besteht aus zwei Diskriminatoren, einer Antikoinzidenzstufe und einer Formerstufe. Die Differenz der beiden Diskriminatorpegel entspricht der Kanalbreite. Die Antikoinzidenzstufe sorgt dafür, daß nur die Impulse weiterverarbeitet werden, deren Amplitude zwischen dem unteren und dem oberen Diskriminatorpegel (U_{D1}, U_{D2}) liegt (Bild 3-21). Die Formerstufe gibt uniforme Impulse ab, wodurch eine digitale oder auch analoge Registrierung der Impulsrate möglich wird.

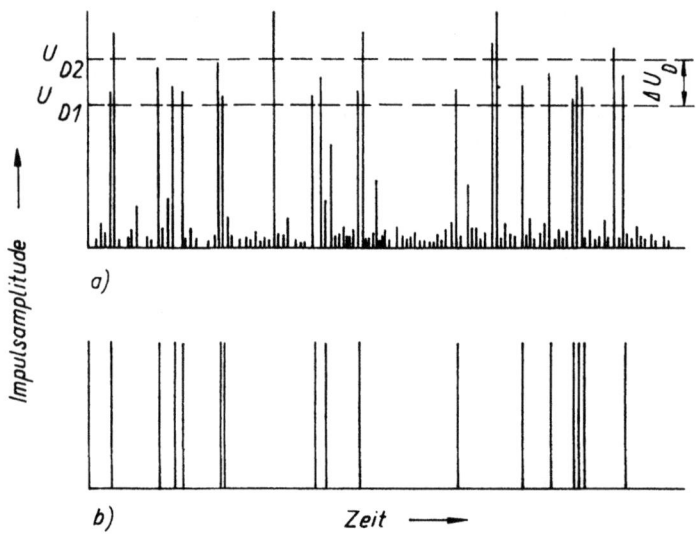

Bild 3-21
Schematische Darstellung zur Impulsverarbeitung
a) Impulsfolge am Verstärkerausgang
b) Impulsfolge am Analysatorausgang
U_{D1}, U_{D2} unterer bzw. oberer Diskriminatorpegel
ΔU_D Kanalbreite

Mit einer zusätzlichen Totzeitstufe kann eine definierte Totzeit eingestellt werden, mit welcher die gemessenen Impulsraten entsprechend Gl. (3-29) korrigiert werden können.
Die vom Analysator abgegebenen Impulse können mit dem Zähler digital oder mit dem Mittelwertmesser (Impulsdichtemesser) analog registriert werden. Bei der Einzelimpulszählung wird die Meßzeit mit Hilfe des Taktgebers variabel festgelegt. Bei der analogen Messung ist der Strom, der durch die Integration der uniformen Impulse (Integrationszeit wählbar) entsteht, der Impulsrate proportional.
Weitere elektronische Baugruppen, die das Arbeiten mit dem RFA-Gerät erleichtern, aber für den Betrieb nicht unbedingt benötigt werden, sind das Impulsspektroskop und die Spektrometerautomatik. Diese Geräte dienen zur augenblicklichen bzw. raschen Aufnahme der Impulshöhenverteilung, was zur Beurteilung des Zustandes der Detektoren und auch zur Festlegung der Kanalbreite für den Analysierbetrieb regelmäßig getan werden sollte.

3.4. Strahlungsmessung

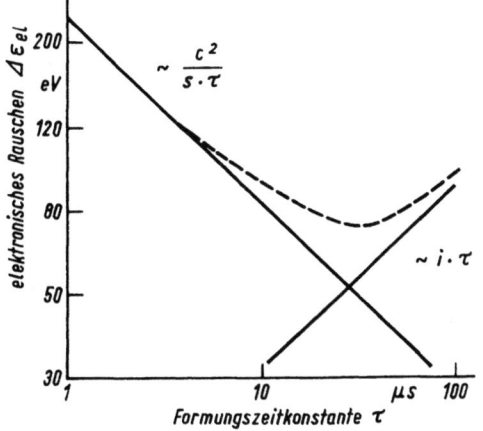

Bild 3-22
Abhängigkeit des elektronischen Rauschens (berechnet) von der Formungszeitkonstanten des Linearverstärkers ($C = 5$ pF; $i_{Det} = 10^{-13}$ A; $S = 5$ mA/V)

Die Impulsamplitude am Vorverstärkerausgang energiedispersiver Röntgenspektrometer liegt im Bereich von 3 bis 10 mV/keV, so daß eine anschließende Signalverstärkung von 200 bis 300 erforderlich ist. Dazu werden spektroskopische Linearverstärker verwendet, die gleichzeitig auch eine optimale Impulsformung zur verstärkten Unterdrückung von Rauschanteilen ermöglichen. Entsprechend den in Gl. (3-22) ausgewiesenen Beiträgen setzt sich das elektronische Rauschen aus zwei Anteilen mit unterschiedlicher Abhängigkeit von der Formungszeitkonstanten des Hauptverstärkers zusammen. Im Bild 3-22 sind die Verhältnisse für einen Siliciumdetektor mit der Realität angenäherten Parametern [3.11] dargestellt. Es existiert eine optimale Formungszeitkonstante, bei der das Rauschen ein Minimum aufweist. Mit wachsendem Detektorstrom verschiebt sich das Optimum zu kleineren Zeitkonstanten. Der absolute Wert der optimalen Zeitkonstanten ist für ein gegebenes System experimentell zu ermitteln.

Moderne spektroskopische Linearverstärker verfügen über eine integrierte Basislinienstabilisierung (baseline restorer) und eine Aufstockungsunterdrückung (pile up rejector), durch die in Abhängigkeit von der gewählten Formungszeitkonstanten die Durchlaßrate

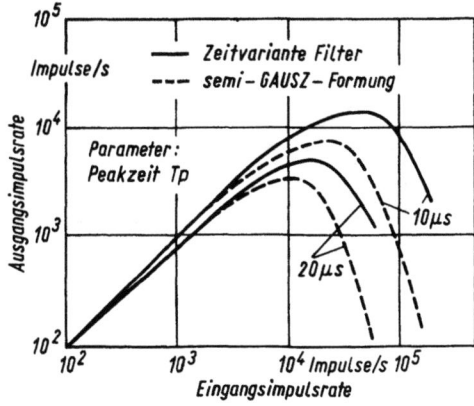

Bild 3-23
Ausgangsimpulsrate als Funktion der Eingangsimpulsrate für verschiedene Verstärker

bestimmt wird. Im Bild 3-23 sind für zwei Verstärkertypen und verschiedene Zeitkonstanten die Ausgangsimpulsraten als Funktion der Eingangsimpulsraten dargestellt. Danach gibt es für jede Zeitkonstante eine Eingangsimpulsrate R_E, bei der die Ausgangsimpulsrate ein Maximum aufweist. Diese Eingangsimpulsrate kann näherungsweise aus der Beziehung

$$R_E \approx 1/T_0 \tag{3-25}$$

abgeschätzt werden. Dabei ist T_0 diejenige Zeit, innerhalb der ein zweiter ankommender Impuls nicht mehr verarbeitet wird. Da sich einerseits mit kleineren Zeitkonstanten das energetische Auflösungsvermögen des Spektrometers verschlechtert, andererseits sich jedoch die Durchlaßrate vergrößert, ist eine Optimierung der Zeitkonstanten des Hauptverstärkers für jede spezielle Anwendung erforderlich.

Wie aus Bild 3-19 ersichtlich ist, führen Aufstockungen zu einem zusätzlichen Untergrundbeitrag im höherenergetischen Bereich bzw. zu Linien, deren Lage durch die Summe der Energien der beteiligten Linien bestimmt wird. Die in Bild 3-19 dargestellten Spektren beweisen, daß durch geeignete schaltungstechnische Maßnahmen der kontinuierliche Anteil weitestgehend beseitigt werden kann, daß die Summenpeaks jedoch nicht völlig verschwinden. Da die Einbeziehung von Modulen zur Aufstockungsunterdrückung in die Analogelektronik gleichzeitig eine Herabsetzung der registrierten Impulsdichte zur Folge hat, muß ein Ausgleich durch eine Erhöhung der Meßzeit erfolgen.

Die Speicherung der Daten erfolgt in digitalisierter Form. Dazu wird ein Analog/Digital-

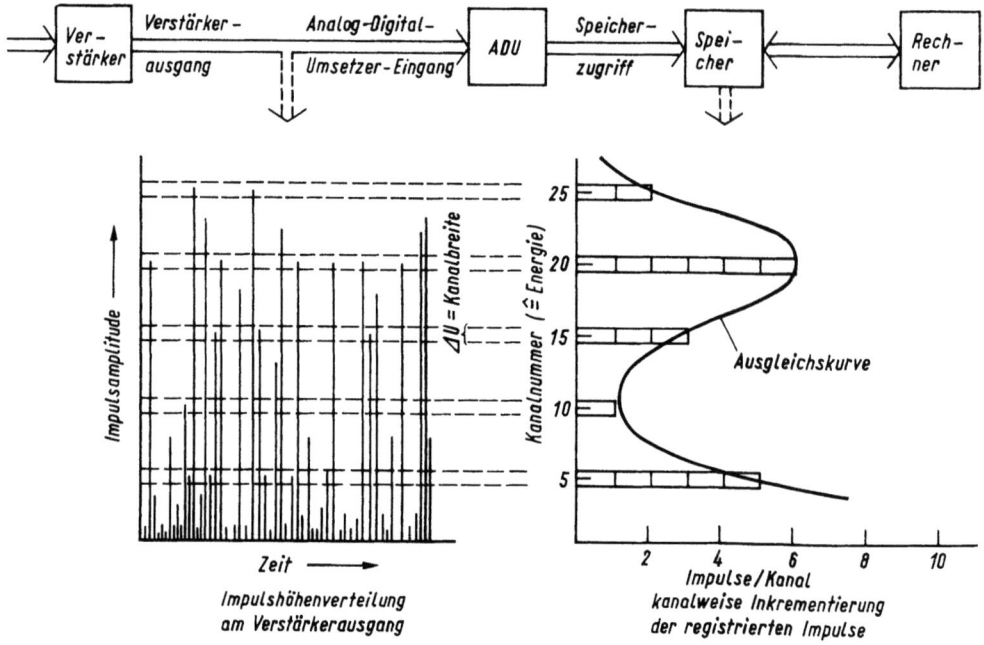

Bild 3-24
Prinzip der Impulshöhenanalyse mit einem Vielkanalanalysator

Umsetzer (ADLe bzw. ADC) zwischen Verstärker und Speicher eingefügt. Das Prinzip des Vielkanalanalysators zeigt Bild 3-24. Die Amplitude eines registrierten Impulses wird in eine Kanaladresse umgewandelt. Im Speicher erfolgt anschließend bei dieser Adresse eine Inkrementierung des Inhaltes um den Betrag 1, so daß entsprechend der Anzahl der je Kanal ermittelten Impulse eine Impulshöhenverteilung gespeichert wird. Die Breite des Kanals ΔU kann in diskreten Schritten variiert werden. Moderne Systeme gestatten eine Auflösung von Impulsen von 10 V Amplitude auf maximal 8 000 Kanäle.

Für die technische Realisierung existieren zwei Umwandlungsprinzipien [3.7], die unterschiedliche Verarbeitungszeiten zur Folge haben. Die Verwendung eines Speicherkondensators (WILKINSON-ADC) ergibt Umsetzungszeiten, die von der Impulsamplitude abhängig sind und zwischen 40 und 400 µs betragen können. Zunehmend wird für den ADC jedoch das Prinzip der sukzessiven Approximation genutzt, bei dem sich konstante Umsetzungszeiten von 10 bis 20 µs ergeben. Damit lassen sich größere Impulsdichten verlustarm verarbeiten.

3.5. Energiedispersive Röntgenfluoreszenz-Analysengeräte

Der in Bild 3-3b gezeigte prinzipielle Aufbau eines energiedispersiven Röntgenanalysengerätes unterscheidet sich im wesentlichen nur bezüglich der Nachweiseinrichtung für die Fluoreszenzstrahlung von einem wellenlängendispersiven Gerät.

Die Anregung erfolgt vorzugsweise durch die Röntgenstrahlung einer Röhre kleiner Leistung (≤ 50 W). Die dabei erhaltenen Impulsdichten genügen, damit selbst in kurzen Zeiten noch ausreichende Analysenergebnisse erhalten werden. Als Anodenmaterial finden vorrangig Rh, Mo und W Verwendung. Praktisch alle mit Röhrenanregung arbeitenden Röntgenanalysengeräte besitzen außerdem Filter, die über einen ansteuerbaren Wechsler in den Primärstrahlengang gebracht werden können und damit eine optimale Anpassung der anregenden Strahlung an den speziellen Analysenfall ermöglichen. Bestimmte Kombinationen erlauben außerdem die Verwendung von Sekundärtargets, benötigen dazu aber Röntgenröhren mit mehr als 1,5 kW Leistung. Die Steuerung der Primärstrahloptimierung erfolgt durch den zentralen Rechner des Röntgenanalysengerätes.

Nuklidquellen werden hauptsächlich in unikalen Geräten zur Anregung verwendet. Ihre geringen Abmessungen ermöglichen einen gedrängten Aufbau des Analysengerätes. Nur vereinzelt finden Nuklidquellen auch in kommerziellen universellen Vielelementgeräten Anwendung.

Die Vorzüge eines energiedispersiven Spektrometers bestehen in

- dem Wegfall von mechanisch bewegten oder zu justierenden Baugruppen,
- dem geringen Abstand zwischen Probe und Detektor, der aufgrund des fehlenden dispergierenden Kristalls möglich ist und der eine große Nachweiseffektivität zuläßt,
- der simultanen Speicherung des gesamten von der Probe emittierten Röntgenspektrums und damit einer simultanen Vielelementanalyse sowie
- dem Fehlen von Linien höherer Beugungsordnung im Meßspektrum, wie es ein Vergleich der aufgenommenen Spektren von Letternmetall in Bild 3-4 verdeutlicht.

Entsprechend dem Schema aus Bild 3-3 b kann ein energiedispersives Röntgenanalysengerät in drei Hauptgruppen eingeteilt werden:

- die Anregungs- und Detektionseinheit (Positionen 3, 4, 5 in Bild 3-3b),
- den Analogteil (Pos. 8) und
- die digitale Speicher- und Verarbeitungseinheit (Pos. 9).

Nach dem Verwendungszweck und dem Ausstattungsgrad in diesen Gruppen erfolgt eine Unterscheidung in Geräte für Spezialanwendungen, die einen mobilen Einsatz gestatten, und echte Multielement-Analysengeräte, deren Verwendung auf die Laborpraxis beschränkt bleibt.

3.5.1. Geräte für Spezialanwendungen

Diese Geräte werden in der Regel für quantitative Analysen genutzt, bei denen die Meßgutzusammensetzung bekannt ist und nur wenige Komponenten mit ausreichend großem Ordnungszahlabstand auszuwerten sind. In diesem Fall bestehen keine allzu großen Forderungen an das energetische Auflösungsvermögen der Detektionseinheit, so daß hauptsächlich Szintillationszähler und Proportionalzählrohre Verwendung finden.
Ein gutes Proportionalzählrohr ist in der Lage, die K_α-Linien von Elementen zu trennen, deren Ordnungszahldifferenz größer als drei ist. Liegen Meß- und Störstrahlung dichter beieinander, und soll trotzdem nicht auf die Vorteile der konventionellen Detektoren (keine aufwendige Kühlung mit Flüssiggas, große aktive Nachweisfläche) verzichtet werden, ist die Störstrahlung auszufiltern. Die dafür verwendeten Filter beruhen auf der Tatsache, daß der Massenschwächungskoeffizient keine monotone Funktion der Photonenenergie ist, sondern an den Absorptionskanten eine signifikante Unstetigkeit aufweist (vgl. Abschn. 2.4.2.). Befinden sich die Energien von Nutz- und Störstrahlung auf unterschiedlichen Seiten der Kante, erfolgt eine entsprechende starke bzw. weniger starke

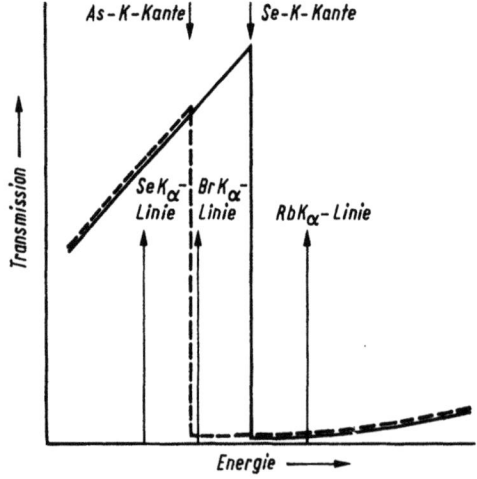

Bild 3-25
Transmissionsfunktionen eines abgestimmten Differenzfilterpaares

Schwächung. Dieses als Kantenfilter-Methode bekannte Verfahren wird heute nur noch wenig genutzt. Die meisten mit Filtern ausgerüsteten Geräte arbeiten nach dem *Filterdifferenzverfahren*. Dabei werden zwei Filter so miteinander kombiniert, daß die Energie der Nutzstrahlung zwischen den beiden Kanten liegt. Die Transmissionsfunktion für zwei derartige Filter ist in Bild 3-25 am Beispiel des Nachweises von Br-K_α-Strahlung dargestellt. Kann die Gleichung

$$\mu_1 d_1 = \mu_2 d_2 \qquad (3\text{-}26)$$

für alle Energien außerhalb des Bereiches zwischen den beiden K-Kanten eingehalten werden, so ergibt die Differenz aus den beiden Messungen das nur geringfügig geschwächte Nutzsignal. In der Abgleichbedingung (3-26) bezeichnet der Index 1 den Sperrfilter (mit der niedrigeren Sprungenergie) und 2 den Durchlaßfilter mit der höheren Sprungenergie. Die optimale Dicke des Durchlaßfilters kann aus der Beziehung

$$d_{\text{opt}} = \frac{1}{\mu_o - \mu_u} \ln \frac{\mu_o}{\mu_u} \qquad (3\text{-}27)$$

abgeschätzt werden, wobei μ_o der Schwächungskoeffizient an der oberen Grenze und μ_u derjenige an der unteren Grenze der Sprungenergie sind.

In Tabelle 3-7 sind für einige praktische Beispiele für die optimalen Filterdicken mit aufgeführt. Bei Verwendung von Materialien, die sich in reiner Form nicht als Folie herstellen lassen, muß eine Einbettung in einen Träger erfolgen. Damit dieser die Filterwirkung nicht beeinträchtigt, wird dafür in der Regel ein organisches Trägermaterial genutzt. Analysengeräte, die nach dem Filterdifferenzverfahren arbeiten, besitzen einen Satz von abgestimmten Filtern für den Nachweis mehrerer Elemente. Häufig sind die Filteraufnahmen so gestaltet, daß ein automatischer Filterwechsel erfolgen kann. Die Steuerung des Filterwechsels und der Datenaufnahme übernimmt in neueren Geräten ein in das System integrierter Mikroprozessor.

Tabelle 3-7
Abgestimmte Filterpaare für ausgewählte Elemente
(Flächenmasse mit Gl. (3-26) und (3-27) berechnet)

Analysenlinie	Energie $h\nu$ [keV]	Sperrfilter			Durchlaßfilter		
		Element	Flächenmasse [mg/cm²]	Energie der K-Kante E_K [keV]	Element	Flächenmasse [mg/cm²]	Energie der K-Kante E_K [keV]
CaK_α	3,69	K	15	3,608	Ti	10	4,965
FeK_α	6,40	Cr	16	5,989	Mn	14	6,538
CuK_α	8,04	Co	22	7,709	Ni	20	8,332
ZnK_α	8,63	Ni	24	8,332	Cu	22	8,980
BrK_α	11,91	As	38	11,865	Se	35	12,655
AgK_α	22,16	Mo	89	20,004	Rh	75	22,220
SnK_α	25,27	Pd	88	24,348	Ag	83	25,517
UL_α	13,60	Se	83	12,655	Br	55	17,999

Tragbare Geräte mit Differenzfiltern nutzen zur Anregung Nuklidquellen. Sie sind damit weitestgehend unabhängig von externen Speisespannungsquellen.
Für Elemente mit Ordnungszahlen über 22 lassen sich mit diesen Geräten minimal nachweisbare Konzentrationen von 0,03 Masse-% erzielen. In einigen Spezialfällen können die Konzentrationsgrenzen auch bis zu 0,003 Masse-% ausgedehnt werden.

3.5.2. Universelle Vielkanalgeräte

Die Verwendung von Halbleiterdetektor-Spektrometern hat zur Entwicklung universeller Multielement-Analysengeräte geführt. In kommerziellen Geräten werden hauptsächlich Si(Li)-Detektoren eingesetzt, da sie auch im unteren Energiebereich noch ausreichende Nachweiseffektivität (vgl. Abschn. 3.4.1.4.) besitzen.
Die Anregungsparameter werden vom zentralen Rechner gesteuert. Abgesehen von speziellen Einsatzfällen ist es üblich, die Probe in einer Vakuumkammer auszumessen. Das Probenmagazin umfaßt bis zu 48 Proben und ist in jedem Fall über eine Vakuumschleuse zugänglich.
Die Spektrometer verfügen über einen Analogprozessor, der eine Verarbeitung hoher Impulsdichte ermöglicht. Alle wesentlichen Parameter des Analogteiles können sowohl manuell als auch automatisch vom zentralen Steuerrechner eingestellt werden. Der typische erfaßbare Energiebereich liegt entsprechend der eingesetzten Detektoren zwischen 1 und 50 keV, die Energiebreite je Kanal zwischen 10 und 100 eV.
Vom Analogteil werden die Daten dem Zentralrechner in digitalisierter Form übergeben. Häufig wird zur Datenübergabe ein Koppelmodul eingefügt, der ohne Belastung der Zentraleinheit die Daten direkt vom ADC in den Speicher einschreibt. Dieser Koppelmodul besitzt z. T. eigene Pufferspeicher und einen Prozessor zur Entlastung der Zentraleinheit.
Als Steuerrechner werden vorrangig Bürocomputer [3.9] genutzt. Sie verfügen über einen ausreichend großen Speicher (bis zu 264 kbyte RAM/ROM) und besitzen externe Speichermedien mit schnellem Zugriff wie Hochleistungs-floppy-disks und Folienspeicher. Damit ist der Rechner in der Lage, nicht nur sämtliche Steuerfunktionen des Analysengerätes auszuführen, sondern ebenso die komplette Software zur Spektrenbearbeitung einschließlich der Korrektionsrechnungen (vgl. Abschnitt 5.3.) aufzunehmen.
Zur Kommunikation zwischen Nutzer und Analysator dienen ein graphiktüchtiges Farbdisplay und eine alphanumerische Tastatur mit einer Anzahl von Funktionstasten. Diese Tasten sind in der Regel mehrfach belegt (sog. *soft-keys*), deren aktuelle Bedeutung auf dem Bildschirm vermerkt ist. Die Bildschirmeinheit verfügt über einen internen Prozessor mit großer Speicherkapazität, so daß eine Einzelansteuerung jedes Bildpunktes möglich ist.
Die geräteinterne Software ermöglicht es, vom Bildschirm sofort eine Anzahl von Informationen zu gewinnen. Dazu zählen:

- die Darstellung des aufgenommenen Spektrums logarithmisch oder linear mit Bereichsumschaltung (einzelne Spektrenbereiche können gedehnt dargestellt werden, wobei der Anfangspunkt des Bereiches kontinuierlich eingestellt werden kann),

- das Auslesen von einzelnen Kanälen bzw. Kanalbereichen hinsichtlich Kanalposition, Energie und Inhalt durch eine Laufmarke (diese dient gleichzeitig zur Markierung von auszuwertenden Bereichen),
- die Berechnung der Energien ausgewählter Linien auf Anforderung des Nutzers (die Energien werden durch Linienmarken im Spektrum angezeigt, damit ist eine schnelle Identifizierung von Linien unbekannter Herkunft möglich),
- die Anzeige der Betriebsbedingungen einschließlich vorgewählter Abbruchkriterien.

Moderne Analysensysteme ermöglichen eine vollautomatische quantitative Analyse innerhalb kurzer Zeitintervalle. Der Zentralrechner nimmt dabei nicht nur eine Linienidentifizierung vor, sondern er bestimmt auch die Nettointensitäten und berechnet daraus die Konzentrationen der Elemente. Erste vorläufige Resultate sind bereits nach 10 s verfügbar.

Die beschriebenen Vorteile einschließlich der erreichten Bestimmungsgrenzen (Tabelle 3-8), welche denen, die mit anderen Geräten erreicht werden, nicht nachstehen, haben für eine weite Verbreitung der energiedispersiven Systeme gesorgt [3.17]. Da ein kompakter Aufbau relativ einfach zu realisieren ist, sind auch tragbare energiedispersive Röntgenanalysatoren mit Halbleiterdetektoren für den Einsatz vor Ort entwickelt worden [3.18].

Tabelle 3-8
Bestimmungsgrenzen und Einsatzgebiete für die energiedispersive RFA

Elementbereich	Bestimmungsgrenze in ppm	Einsatzgebiete
11 (Na)-16 (S)	30...250	Metallurgie, Geologie, Biologie Umwelt
19 (K)-22 (Ti)	5...30	Geologie, Biologie
22 (Ti)-42 (Mo)	0,4...5	Geologie, Metallurgie Umwelt, Biologie
42 (Mo)-56 (Ba)	4...50	Metallurgie, Geologie
72 (Hf)-92 (U)	1...30	Geologie, Biologie

3.6. Funktionstest

Mit dem Funktionstest soll festgestellt werden, ob das Gerätesystem im Rahmen der zulässigen Toleranzen ordnungsgemäß arbeitet bzw. von welcher Baugruppe eventuelle Störungen verursacht werden. Für den Test benötigt man mechanisch und chemisch stabile Proben, die im Zeitverlauf keinen Veränderungen unterliegen. Desweiteren müssen die Anregungsbedingungen sowie die Betriebsparameter für die Detektoren und die Nachweiselektronik sinnvoll gewählt werden. Sind diese Voraussetzungen erfüllt, so kann man durch eine geeignete Teststrategie die drei Hauptursachen für eine Streuung der Meßergebnisse bei wiederholter Messung separieren [3.19]; es sind das

- der durch die spontane Emission und den statistischen Charakter der Detektion der Röntgenstrahlung bedingte zählstatistische Fehler $N^{-1/2}$,
- die durch die Lang- und Kurzzeitschwankungen der Betriebsparameter sowie der Emissionseigenschaften der Röntgenröhre bedingte Instabilität der Primärstrahlungsleistung,
- die Standardabweichung der Spektrometereinstellung s_R.

Die Anregungsbedingungen müssen so gewählt werden, daß die vom Detektor und von der Nachweiselektronik zu verarbeitende Impulsrate nicht zu hoch ist. Dies wird anhand der Totzeit τ und dem dadurch verursachten Impulsratenverlust beurteilt.

Da die Totzeit mitunter nicht bekannt ist, soll hier eine experimentelle Methode zur Bestimmung von τ beschrieben werden. Man mißt dazu das Verhältnis V der Impulsrate R zu der definiert geschwächten Impulsrate R' in Abhängigkeit von R. Bei verschwindend kleiner Auflösungszeit hätte V unabhängig von R den konstanten Wert V_0. Bei einer endlichen Totzeit ändert sich V in Abhängigkeit von R entsprechend Gl. (3-28):

$$V = R/R' = V_0[1 - \tau(R - R')] \qquad (3\text{-}28)$$

Dabei wird angenommen, daß die Totzeit, die von einem Impuls ausgelöst wurde, nicht durch weitere Impulse, die während der Totzeit eintreffen, verlängert wird. In diesem Fall erhält man die wahre Impulsrate R_0 nach Gl. (3-28):

$$R_0 = R(1 + R\tau) \qquad (3\text{-}29)$$

Mit Gl. (3-29) entsteht Gl. (3-28) unter der Annahme $R\tau \ll 1$ (d. h. $\frac{1}{1 + R\tau} \approx 1 + R\tau$).

Trägt man V über $(R - R')$ grafisch auf, so erhält man eine Gerade mit dem Anstieg $V_0 \tau$ und dem Ordinatenabschnitt V_0. Somit kann τ berechnet werden, indem der Anstieg durch den Ordinatenabschnitt dividiert wird. Anstelle von R und der aus R durch definierte Schwächung hervorgehenden Impulsrate R' ein und derselben Wellenlänge kann man bei Sequenzspektrometern auch das Verhältnis von K_α- und K_β-Intensität eines Elements verwenden. Dabei muß aber eine gute Reproduzierbarkeit der Winkeleinstellung gewährleistet sein.

Die für den Detektor und die Nachweiselektronik einstellbaren Parameter sind die Detektorarbeitsspannung, die elektronische Verstärkung (abhängig von den Zeitkonstanten des Verstärkers) und die Kanalbreite $(U_{D2} - U_{D1})$ des Analysators.

Die Wahl der Detektorarbeitsspannung erfolgt anhand der Charakteristik unter folgenden Gesichtspunkten: Prinzipiell sollte man die Arbeitsspannung nur so hoch wie nötig wählen (geringe Fotopeakverschiebung, geringe Alterung). Bei Sequenzspektrometern muß dabei die Impulshöhenverteilung der energieärmsten Strahlung in ausreichendem Maße oberhalb des Diskriminatorpegels liegen. Wird andererseits fortwährend dieselbe Strahlenqualität gemessen (Mehrkanalgerät), so stellt man die Arbeitsspannung so ein, daß das Maximum der Impulshöhenverteilung bei voller elektronischer Verstärkung in der Mitte des Variationsbereichs des Diskriminatorpegels liegt. Dabei muß natürlich das elektronische Rauschen sicher unterdrückt werden können.

Die Festlegung der Diskriminatorpegel U_{D1} und U_{D2} für den Analysierbetrieb erfolgt anhand der Impulshöhenverteilung. Bei der Aufnahme der Impulshöhenverteilung mit einem Einkanalanalysator wählt man die Kanalbreite so, daß durch diese keine wesentliche Verbreiterung der Verteilung auftritt. Sinnvoll ist eine Kanalbreite von $\leq 5\%$ bezogen auf die mittlere Impulsamplitude der Verteilung. Bei Messungen zur Konzentrationsbestimmung sollte man die Kanalbreite nicht zu klein wählen, da das infolge verschiedener Ursachen (Drift der Diskriminatorpegel, Änderung des inneren Verstärkungsfaktors der Detektoren, Fotopeakverschiebung in Abhängigkeit von der Impulsrate) zu einer schlechten Reproduzierbarkeit der Meßergebnisse führen kann. Wählt man $\Delta U_D = 3\,\text{HWB}$, so liegt zunächst der gesamte Fotopeak (99,9 %) im Analysierkanal. Je nach Lage des Escape-Peak und Größe der Fotopeakverschiebung in Abhängigkeit von der Impulsrate und von anderen Parametern empfiehlt es sich, die Kanalbreite entsprechend größer zu wählen. Das geht zwar zu Lasten des Effekt-Untergrund-Verhältnisses, verbessert aber die Reproduzierbarkeit.

Die Funktionsprüfung kann auf zweierlei Weise durchgeführt werden:

a) Es wird nach n-maliger Messung einer Linie eine Fehlerhäufigkeitsanalyse durchgeführt. Dabei wird geprüft, ob 68 % der Meßwerte in das Intervall $\bar{N} \pm F_{68}$ fallen.

b) Man vergleicht die Standardabweichung s der Meßreihe (n Messungen) mit der Größe F_{68}.

F_{68} wird unter Verwendung von Angaben des Geräteherstellers nach Gl. (3-30) errechnet.

$$F_{68} = \frac{\bar{N} D_S}{100} + \sqrt{\bar{N}\left(1 + \frac{\bar{N} s_r^2}{10^4}\right)} \qquad (3\text{-}30)$$

$\bar{N} = \dfrac{\sum_{i=1}^{n} N_i}{n}$ mittlere Impulszahl aus n Einzelmessungen

$D_S = D_I + 2 D_U$ Anteil der Drift der Strahlungsleistung der Röntgenröhre [%], der sich allein aus der Instabilität von Strom und Spannung ergibt

s_r relative Standardabweichung [%]

Der Gerätehersteller macht gewöhnlich Angaben zu D_S, seltener zu s_r, so daß sich der Betreiber eines RFA-Geräts möglicherweise die Größe F_{68} durch eine eigene Meßreihe mit dem neuen Gerät verschaffen muß.

$$F_{68} = s = \sqrt{\frac{\sum (\bar{N} - N_i)^2}{n - 1}} \qquad (3\text{-}31)$$

Spätere Funktionstests beziehen sich dann auf diesen Wert.

Die zweite Methode ist speziell bei großen Meßreihen weniger aufwendig und soll noch etwas näher beschrieben werden. Die Beurteilung, ob eine Abweichung $s - F_{68} > 0$ signifikant ist, erfolgt durch Vergleich mit dem Fehler Δs, mit welchem die Standardabweichung s behaftet ist:

$$\Delta s = s / [2(n-1)]^{1/2} \qquad (3\text{-}32)$$

3. Apparative Grundlagen der RFA

Man bildet die Größe Z:

$$Z = (s - F_{68})/\Delta s = \frac{s - F_{68}}{s} 2(n - 1) \tag{3-33}$$

Falls $Z \leq 0$, kann festgestellt werden, daß das Gerät einwandfrei arbeitet. Bei positivem Z vergleicht man mit einer Prüfgröße Z_p, deren Wert von der statistischen Sicherheit P abhängt, mit der man eine Unregelmäßigkeit in der Funktion des Geräts als signifikant anerkennt. Die Prüfgröße Z_p ist in Tabelle 3-9 angegeben.

Tabelle 3-9
Prüfgrößen Z_p
($n > 20$)

P [%]	Z_p	P [%]	Z_p	P [%]	Z_p
90	1,28	94	1,56	98	2,06
91	1,34	95	1,65	99	2,33
92	1,41	96	1,75	99,5	2,58
93	1,48	97	1,88	99,9	3,00

Gerätestörungen sollte man erst für $Z > 1,65$ für möglich halten, für $Z > 2,33$ aber als sicher annehmen dürfen.

Durch geeignete Wahl der Prüfstrategie kann der Fehler grob eingegrenzt werden, d. h., man kann evtl. die Baugruppe angeben, in welcher der Fehler auftritt. Dazu wird der Test unter verschiedenen Bedingungen wiederholt:

- Langzeitdriften der Primärstrahlungsleistung kann man eliminieren, indem man die Meßreihe innerhalb einer kurzen Zeit durchführt.
- Bestimmte Spektrometerfunktionen werden überprüft, indem die Meßreihe mit und ohne Betätigung einzelner Funktionsgruppen, wie Probenwechsel, Probenrotation, Winkelpositionierung, Kristallwechsel oder Kollimatorwechsel, wiederholt wird.

Günstig ist es, wenn in einer Probe mehrere Elemente für den Test herangezogen werden können. Dann kann man bei negativem Ausgang des Tests für nur ein Element auf eine Baugruppe schließen, die nur für dieses Element spezifisch ist.

4. Meßgrößen und Meßwertaufbereitung

BERND WEHNER (Abschnitt 4.1.),
PETER JUGELT (Abschnitt 4.2.)

Die Röntgenfluoreszenzspektren enthalten alle Informationen, die für eine qualitative und quantitative Elementanalyse erforderlich sind. Für die *qualitative Analyse* einer Probe genügt es, die *Wellenlängen* (bzw. *Energien*) der registrierten Spektrallinien zu bestimmen. Weil die Röntgenspektren, zumindest im Vergleich zu optischen Spektren, relativ linienarm sind, treten Koinzidenzen nur selten auf. Trotzdem setzt natürlich eine fehlerfreie Interpretation des Spektrums voraus, daß es hinreichend aufgelöst ist. Vor allem müssen die kohärent und inkohärent gestreuten Linien des Anodenmaterials der Röntgenröhre erkannt werden, um sie nicht fälschlich den Probenelementen zuzuordnen. Beim Einsatz kristalldispersiv arbeitender Geräte bereitet (bis auf ganz wenige Ausnahmen wie $YK_{\beta1}/NbK_{\alpha1}$, $CrK_{\beta1}/MnK_{\alpha1}$, $VK_{\beta1}/CrK_{\alpha1}$, $PbL_{\alpha1}/AsK_{\alpha1}$, $GdL_{\beta1}/HoL_{\alpha1}$, $TaL_{\eta}/WL_{\alpha1}$ und Beugungslinien höherer Ordnung) die Trennung von Spektrallinien selbst von benachbarten Elementen keine Mühe, weil das spektrale Auflösungsvermögen durch geeignete Wahl von Kollimator und Analysatorkristall für die Analysenaufgabe eingerichtet werden kann. Schwierigkeiten treten höchstens dann auf, wenn Spektrallinien von Spurenelementen benachbart sind mit solchen von Elementen sehr hoher Konzentration, so daß die breiten Linienausläufer die intensitätsschwache Linie überdecken. Anders ist die Situation beim Einsatz energiedispersiver Geräte mit Si(Li)-Halbleiterdetektor. Wegen des schlechteren energetischen Auflösungsvermögens erhält man hier viel häufiger Linienüberlagerungen. Aber es können auch weitere Peaks im Spektrum auftreten, die nicht als Spektrallinien gedeutet werden dürfen. So ergibt sich zusätzlich zu intensitätsstarken Linien ein Escape-Peak, der vom Detektor verursacht wird (s. Abschnitt 3.4.1.1.). Weiter können bei zeitlichen Impulsüberlagerungen sogenannte Pile-up-Peaks auftreten, da mit dem multikanaligen Meßprinzip auch diese verdoppelten Impulsamplituden erfaßt werden. Es ist daher meist nötig, das gemessene Spektrum zu entflechten, d.h. rechnerisch so aufzulösen, daß die Spektrallinien der Elemente und ihre Peakflächen bestimmt werden können. Eine solche Meßwertaufbereitung liefert dann alle Informationen für den qualitativen Elementnachweis und gleichzeitig auch die Intensität der Linien, die für die *quantitative Analyse* benötigt wird. In komplizierten Fällen starker Linienüberlagerung läßt sich bei der energiedispersiven RFA also die Peakflächenbestimmung und die Konzentrationsberechnung gar nicht voneinander entkoppeln. Man geht schrittweise vor und verbessert abwechselnd die Peakflächenbestimmung und die Konzentrationswerte.

In der Regel benutzt man für die quantitative Analyse nur die intensitätsstärksten Linien des zu bestimmenden Elementes. Es ist einleuchtend, daß dann gerade diese Linien gut von anderen separiert sein müssen. Eine präzise Konzentrationsberechnung setzt natürlich eine präzise Intensitätsbestimmung voraus. Die Spektrallinien sind immer einem kontinuierlichen Streuuntergrund überlagert. Er ist dann mit zu bestimmen, wenn die Konzentrationsberechnung mit Nettointensitäten erfolgen soll.

4.1. Wellenlängendispersive RFA

Eine *qualitative Analyse* ist nur mit Sequenzgeräten ausführbar. Dazu registriert man das Spektrum während des kontinuierlichen Spektrometerdurchlaufs, entnimmt dem Schreiberdiagramm die Bragg-Winkel, bei denen charakteristische Linien auftreten und bestimmt über Gl. (2-37) die Wellenlänge der Spektrallinien. Moderne Sequenzgeräte ermöglichen die Spektrendarstellung auf einem grafischen Display. Das setzt voraus, daß das Spektrum im Schrittbetrieb bezüglich θ aufgenommen wird. Für eine Hardcopy wird dann anstelle des Kompensationsbandschreibers ein Plotter benötigt. Man ordnet die Wellenlängen mit Hilfe von Tabellen oder rechnerunterstützt (mit Cursor am Display) über Identifizierungsprogramme den Elementen zu. Bei der Identifizierung der Linien muß man beachten, daß auch Intensitätsmaxima (Reflexe) höherer Beugungsordnung n erscheinen können, sofern nicht mit konstanter Impulsamplitude bei festeingestelltem Impulshöhenanalysator gearbeitet wird. Dann kann es zu Überlagerungen zwischen Reflexen erster Ordnung der Wellenlänge λ und Reflexen zweiter oder höherer Ordnung der Wellenlänge $\lambda/2$ bis λ/n kommen. Abweichende Intensitätsverhältnisse von Linien innerhalb einer Spektralserie deuten auf diesen Sachverhalt hin. Der sichere Nachweis eines Elementes ist in der Regel erst dann erbracht, wenn mehrere (wenigstens die intensitätsstärksten) Linien einer Spektralserie dieses Elementes identifiziert worden sind. Natürlich muß die Anregungsspannung für die Primärstrahlung geeignet gewählt werden, um das fragliche Element der Probe überhaupt anzuregen ($\lambda_{min} < \lambda_{Kante}$, λ_{min} nach Gl. (2-8b)).

Bei den meisten Geräten ist die Anregungsspannung auf 60 kV beschränkt. Daraus ergibt sich, nur für die Bestimmung der Elemente bis zur Ordnungszahl $Z \approx 55$ das K-Spektrum heranzuziehen und für die schwereren Elemente das L-Spektrum, um hinreichend hohe Fluoreszenzintensitäten zu erzeugen.

Für die *quantitative Analyse* benötigt man die *Intensitäten* der Spektrallinien. Sie besitzen die Information über die Konzentration, mit welcher das jeweilige Element in der Probe enthalten ist. Gewöhnlich wird auf die Auswertung der intensiven $K_{\alpha 1,2}$- bzw. $L_{\alpha 1,2}$-Linien orientiert. Dabei ist es für die Intensitätsbestimmung nicht erforderlich und selbst mit den kristalldispersiv arbeitenden Geräten meist nicht möglich, die beiden Linien des K_α- bzw. L_α-Dubletts voneinander zu trennen. Bei Elementen, die in sehr hoher Konzentration auftreten, weicht man manchmal auf die $K_{\beta 1,3}$- als intensitätsschwächere Linie aus, um den Detektor und die Nachweiselektronik nicht zu überlasten. Andererseits besitzen die Kristallspektrometer heute meist in den Strahlengang schwenkbare Abschwächerfolien (bei Mehrkanalgeräten oft nur für einen Teil der Spektrometerkanäle), um das Problem durch Intensitätsschwächung zwischen Probe und Detektor zu lösen.

Zur Messung der Intensität stellt man das Spektrometer auf das Maximum der Spektrallinie ein und mißt die Bruttoimpulsrate R_B (s. Bild 4-1a). Es ist bei der kristalldispersiven RFA nicht üblich, das gesamte Profil einer Spektrallinie zu erfassen, um durch anschließende Summation etwa die integrale Intensität zu bestimmen.

4.1. Wellenlängendispersive RFA

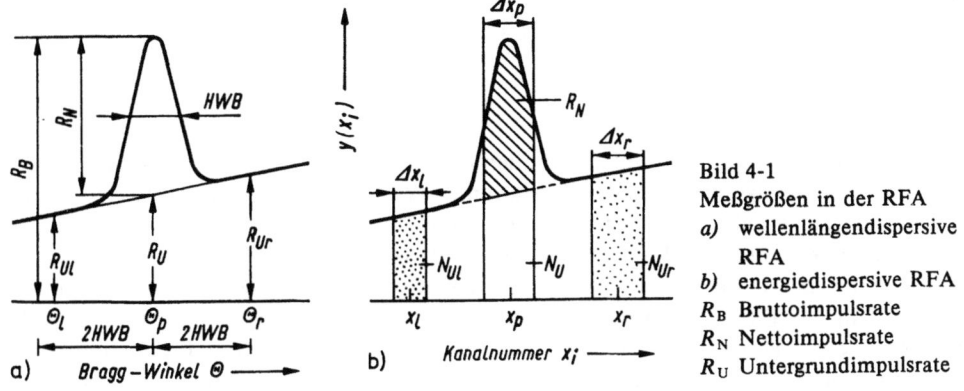

Bild 4-1
Meßgrößen in der RFA
a) wellenlängendispersive RFA
b) energiedispersive RFA
R_B Bruttoimpulsrate
R_N Nettoimpulsrate
R_U Untergrundimpulsrate

An dieser Stelle muß auf den Zusammenhang zwischen Intensität (s. Gl. (2-4)) und Impulsrate hingewiesen werden. Die Impulsrate R ist definiert als die in der Zeiteinheit t vom Detektor in Verbindung mit der Nachweiselektronik erzeugte Anzahl N von Impulsen:

$$R = N/t \qquad (4\text{-}1)$$

R [1/s]

Die Impulsrate ist der Intensität proportional. Der Proportionalitätsfaktor hängt u. a. von der Spektrometergeometrie, vom Reflexionsvermögen des Kristalls und von der Effektivität des Detektors ab. Er ist damit zwar von der Wellenlänge abhängig, nicht aber von der Konzentration, vorausgesetzt die Impulsrate überschreitet nicht die vom Detektor und von der Nachweiselektronik maximal verarbeitbare Impulsrate. Somit kann man auf den Proportionalitätsfaktor verzichten. Man spricht zwar häufig von Intensitäts-Konzentrations-Beziehungen, errechnet aber die Konzentrationen grundsätzlich direkt aus den gemessenen Impulsraten bzw. aus den Impulszahlen, wenn man sich immer auf die gleiche Meßzeit bezieht (s. Abschnitt 5.).

Für manche Auswertungsmethoden zur Konzentrationsbestimmung braucht man Nettoimpulsraten R_N. Man erhält diese, indem man von der Bruttoimpulsrate die Untergrundimpulsrate R_U abzieht:

$$R_N = R_B - R_U \qquad (4\text{-}2)$$

Dabei ist bei sehr hohen Impulsraten zu beachten, daß vor der Differenzbildung die Totzeitkorrektur (s. Abschnitt 3.6.) anzubringen ist. Da man die Untergrundimpulsrate nicht direkt messen kann, schließt man im einfachsten Fall durch lineare Interpolation zwischen links und rechts der Spektrallinie gemessenen Werten (R_{Ul}, R_{Ur}) auf die Untergrundimpulsrate am Ort des Linienmaximums (s. Bild 4-1a). Dabei muß man darauf achten, daß man R_{Ul} und R_{Ur} in hinreichendem Abstand von der betreffenden und auch von benachbarten Spektrallinien mißt (i. allg. genügen zwei Halbwertsbreiten vom Linienmaximum). Wird der Untergrund ganz symmetrisch beidseits des Linienmaximums gemessen (wie in Bild 4-1a dargestellt), ergibt sich die Untergrundimpulsrate zu

$$R_U = \frac{R_{Ul} + R_{Ur}}{2} \qquad (4\text{-}3)$$

Ist eine solche symmetrische Wahl der Meßpunkte nicht möglich, weil bereits weitere Spektrallinien auftreten, so ergibt sich die Untergrundimpulsrate aus

$$R_U = \frac{R_{Ur} - R_{Ul}}{\theta_r - \theta_l} (\theta_r - \theta_l) + R_{Ul} \qquad (4\text{-}4)$$

Die Untergrundbestimmung kann gewöhnlich nur bei Sequenzgeräten vorgenommen werden. Bei Mehrkanalgeräten sind die Spektrometerkanäle auf einen bestimmten Bragg-Winkel fixiert. Deshalb wäre hier lediglich an die Reservierung einiger Kanäle speziell zur Messung des Untergrundes an ausgewählten Punkten des Spektrums zu denken. Dieses Verfahren hat sich jedoch wegen mangelnder Identität der Spektrometerkanäle nicht bewährt. Um das Effekt-Untergrund-Verhältnis überhaupt einschätzen zu können, sind moderne Mehrkanalgeräte mit einem zusätzlichen durchstimmbaren Kanal (meist als Scanning-Kanal bezeichnet) ausgerüstet. In manchen Fällen wird auch die kohärente oder inkohärente Streuintensität – erzeugt durch Streuung von charakteristischen Linien oder ausgewählten Wellenlängen des Bremsspektrums der Röntgenröhre an der Probe – als Meßgröße mit hinzugenommen. Sie eignet sich zur Charakterisierung des Probenzustandes oder wird als Monitor benutzt, um gleichzeitig die Instabilität der Primärstrahlung auszukorrigieren [4.1; 4.2; 4.3]. Letzteres erreicht man durch die in Abständen unter konstanten Bedingungen wiederholte Messung der Impulsrate R_S von einer Standardprobe. Die Konzentrationsberechnung führt man dann mit der abgeleiteten Größe $Q = R/R_S$ aus.

4.2. Energiedispersive RFA

4.2.1. Struktur des Impulshöhenspektrums

Das Impulshöhenspektrum entsteht im Vielkanalanalysator als Histogramm der in aufeinanderfolgenden Impulshöhenkanälen x_i ($i = 1,...,n$) konstanter Breite während der Meßzeit t registrierten Impulszahlen $y(x_i)$. Analog zur wellenlängendispersiven RFA werden eigentlich in jedem Kanal x_i Impulsraten $R(x_i)$ gemessen, wobei für zeitlich konstante Anregungs- und Meßbedingungen gilt:

$$R(x_i) = y(x_i)/t \qquad (4\text{-}5)$$

Zwischen Kanalnummer x_1 und der Fotonenenergie $h\nu$ besteht ein linearer Zusammenhang:

$$h\nu = a x_i + b \qquad (4\text{-}6)$$

Aufgrund der relativ großen Linienbreite sowie der zusätzlich durch die Detektionseinheit und die Nachweiselektronik bedingten Beiträge ist das Impulshöhenspektrum kompliziert aufgebaut und bedarf zur Auswertung umfangreicher Algorithmen und der Erfahrung des Anwenders.

Entscheidend wird die Struktur des Impulshöhenspektrums durch das auf den Detektor treffende Röntgenspektrum bestimmt. Dazu gehören vor allem die von der Analysenprobe emittierte charakteristische Röntgenstrahlung sowie die an der Analysenprobe, an der Probenhalterung und an der Probenkammerwand gestreute Anregungsstrahlung (Bild 4-2,

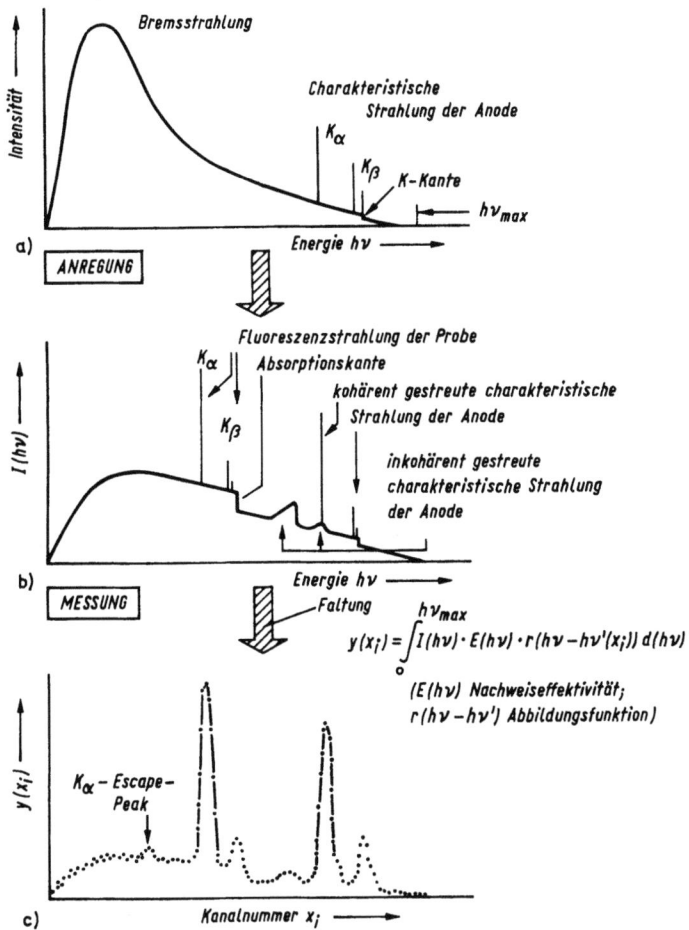

Bild 4-2
Entstehung eines Impulshöhenspektrums der energiedispersiven RFA
a) Spektrum der Röntgenröhre
b) Emissionsspektrum der Probe
c) Impulshöhenspektrum

3-4*b*). Die Peaks der *charakteristischen Röntgenstrahlung* entstehen im Ergebnis der Faltung [4.32] der Spektralverteilung der natürlichen Röntgenlinie (Cauchy-Verteilung) mit der die Abbildungsfunktion einer Linie beschreibenden Normalverteilung. Typische Breiten der natürlichen Röntgenlinien liegen im Bereich zwischen 1 eV und 20 eV und sind damit um mehr als eine Größenordnung schmaler als die apparativ bedingten Linienbreiten energiedispersiver Röntgenspektrometer (vgl. Abschn. 3.4.1.4.). Aus diesem Grunde können die Peaks der charakteristischen Röntgenstrahlung in erster Näherung durch eine Normalverteilung beschrieben werden (vgl. Gl. (7-1)).

Abweichungen von der symmetrischen Verteilungsfunktion können auf der niederenergetischen Flanke der Peaks auftreten. Eine wesentliche Ursache dafür sind Prozesse im Detektor (z. B. unvollständige Ladungssammlung, vgl. Abschn. 3.4.1.4.). Außerdem tragen bei Elementen im Ordnungszahlbereich $Z < 30$ strahlende Auger-Übergänge zu einer Asymmetrie bei [4.5].

Zu einer fehlerhaften Elementidentifizierung (qualitative Analyse) und zu Erschwernissen bei der quantitativen Analyse können Linien führen, die durch die Detektionseinheit bzw. durch die Nachweiselektronik hervorgerufen werden und zu Spektrenverfälschungen führen (Escape-Peaks, interne Fluoreszenzpeaks, Pile-up-Peaks, vgl. Bild 3-19).

Die Lage der Escape-Peaks wird bei Si(Li)-Halbleiterdetektoren bei einer Energie von 1,742 keV unterhalb der jeweiligen Fotolinie erwartet[1]. Findet die Absorption (Fotoeffekt) der einfallenden Fotonenstrahlung in der Totschicht des Detektors statt, so können die dabei entstehenden SiK-Fotonen in die empfindliche Zone des Detektors gelangen und zu einem »internen« Si-Peak führen. Weiterhin sind als interne Fluoreszenzstrahlung AuL-Linien der Kontaktschicht auf dem Strahleneintrittsfenster und Sn- bzw. In-Linien von Lötkontakten in Detektornähe zu erwarten. Durch Impulsaufstockung werden Summenlinien hervorgerufen.

Weitere, die Elementidentifizierung störende Linien haben ihre Ursache in Anregungs- und Meßbedingungen:

- Fluoreszenzstrahlung des Probenraumes und des Strahlführungssystems,
- charakteristische Strahlung des Argons bei Fluoreszenzanregung unter Luft [4.7],
- Interferenzpeaks bei polychromatischer Anregung polykristalliner Substanzen [4.8].

Zum *Spektrenuntergrund* tragen bei:

- das an Analysenprobe, Probenhalterung und Probenkammer gestreute Bremsstrahlungsspektrum bei Direktanregung mit Röntgenröhre,
- die durch energiereiche Fotoelektronen in der Analysenprobe erzeugte Bremsstrahlung [4.6],
- die niederenergetische Flanke der Streupeaks monoenergetischer Anregungsstrahlung (charakteristische Strahlung des Anodenmaterials bei Röhrenanregung bzw. monoenergetische Strahlung bei Radionuklidanregung).

Bei dicken Analysenproben, bei denen insbesondere die ersten beiden Beiträge zum Spektrenuntergrund ausgeprägt sind, überlagern sich dem Untergrundkontinuum Absorptionskanten, die durch Absorption in der Analysenprobe selbst bzw. beim Durchgang durch das Strahleneintrittsfenster und durch die Totschicht des Detektors entstehen. Die Absorptionskanten sind Sprungfunktionen, die durch die Apparatefunktion des Spektrometers verbreitert werden. Aufgrund der relativ großen Peakbreiten liegen die Absorp-

---

[1] VAN ESPEN u. a. [4.1] beobachteten eine geringfügig größere Energiedifferenz von $(1{,}750 \pm 0{,}002)$ keV zur Fotolinie und erklären dies damit, daß die Escape-Wahrscheinlichkeit in schlechtkompensierten Detektorgebieten besonders groß ist und diese Gebiete nahe der Detektoroberfläche liegen, weshalb auch ein hoher Ladungsträgerverlust auftritt.

tionskanten bei der energiedispersiven RFA unterhalb des benachbarten Peaks des die Absorption verursachenden Elements (z. B. K-Absorptionskante unterhalb des K_β-Peaks, vgl. auch Bild 4-2).

4.2.2. Spektreninspektion und Elementidentifizierung (qualitative Analyse)

Bild 4-3 enthält eine Übersicht über die bei der Meßwertaufbereitung von Impulshöhenspektren der energiedispersiven RFA erforderlichen Prozeßschritte. Dabei ist zu berücksichtigen, daß der Einsatz der Algorithmen entscheidend von der verfügbaren Rechentechnik bestimmt wird. Deshalb sind mehrere Varianten angegeben. Einige der Auswerteverfahren finden auch Anwendung, wenn anstelle von Halbleiterdetektoren Proportionalzählrohre bzw. Szintillationszähler eingesetzt werden.

Die Spektreninspektion umfaßt die Sichtung des gemessenen Impulshöhenspektrums zum Zwecke der Prüfung der Konstanz der Anregungs- und Meßbedingungen und Algorithmen zur Spektrenglättung, Peaksuche und zur Korrektur von Spektrenverfälschungen. Sie ist somit eine entscheidende Voraussetzung für die anschließende Elementidentifizierung.

4.2.2.1. Glättung und Peaksuche

Die Glättung stellt eine bewichtete Mittelung über einen kleinen Bereich des Spektrums dar:

$$\bar{y}(x_i) = \sum_{k=-m}^{+m} g_k y(x_{i+k}) \quad \text{mit} \quad \sum_{k=-m}^{+m} g_k = 1 \tag{4-7}$$

Dabei verhindert eine symmetrische Mittelung zum betrachteten Kanal x_i Phasenfehler. Bevorzugt werden die von SAVITZKY und GOLAY [4.10] angegebenen Sätze von Glättungsparametern g_k verwendet.

Die *Spektrenglättung* dient der Unterstützung der visuellen Inspektion im Falle großer statistischer Fehler der Kanalinhalte und wird in diesem Sinne bei der Elementidentifizierung intensitätsarmer Peaks nahe der Nachweisgrenze vorteilhaft eingesetzt. Sie kann allerdings dabei auch zur Herausbildung sogenannter Scheinpeaks führen, wenn ein ungeeigneter Satz von Glättungsparametern verwendet wird. Durch Glättung ist in begrenztem Maße auch die Herabsetzung des statistischen Fehlers bei Flächenbestimmungen isolierter Peaks möglich (vgl. Abschn. 4.2.3.2.).

Peaksuchverfahren nutzen Unterschiede zwischen der Peakstruktur und dem relativ schwach veränderlichen Verlauf des Spektrenuntergrundes. Gebräuchliche Peaksuchverfahren leiten die Kriterien zur Unterscheidung zwischen Peak und Untergrund aus der Analyse des Anstiegs der Kanalinhalte im Peakbereich, der ersten bzw. zweiten Ableitung des Spektrums oder der Korrelationsfunktion von Meßspektrum in Verbindung mit einem glockenförmigen Korrelator ab.

4. Meßgrößen und Meßwertaufbereitung

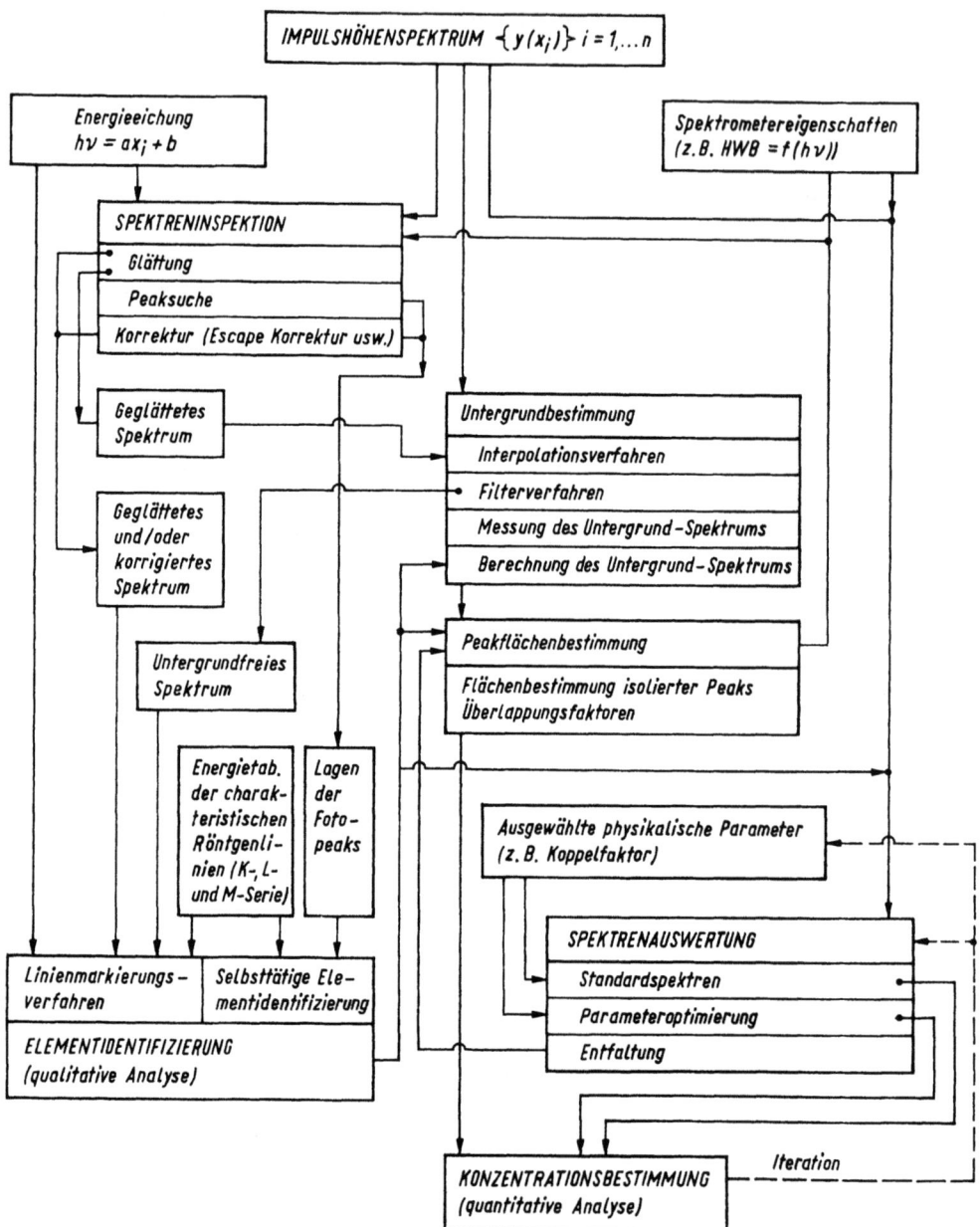

Bild 4-3
Prozeßschritte bei der Meßwertaufbereitung

Erschwert wird die Peaksuche durch statistische Schwankungen der Kanalinhalte. Deshalb sind Peaksuchverfahren mit einer Glättungsprozedur verbunden. Ein bestimmter Satz von Glättungsparametern ist jedoch nicht gleichermaßen zur Identifizierung intensitätsarmer Peaks und zur Separation benachbarter Linien geeignet. Es muß entweder ein Kompromiß eingegangen oder ausschließlich auf eines der beiden Ziele orientiert werden. Das von MARISCOTTI [4.11; 4.12] veröffentlichte Verfahren der generalisierten zweiten Differenz beruht auf der Analyse der Krümmung in einem Spektrenbereich, der in seinen Abmessungen etwa dem Dreifachen der Peakhalbwertsbreite entspricht.

4.2.2.2. Korrektur von Spektrenverfälschungen

Die Ursache für das Auftreten von Escape-Peaks bei Halbleiterdetektoren (vgl. Bild 3-19) ist mit der bei Gasionisationsdetektoren vergleichbar (s. Abschn. 3.4.1.3.). Das Verhältnis f der im Escape-Peak registrierten Impulszahl N_{esc} zur Gesamtzahl der registrierten Fotonen der Energie $h\nu$ berechnet sich für Si-Detektoren nach [4.13] zu:

$$f = \frac{N_{esc}}{N_{esc} + N_F} = \frac{1}{2} \omega_K \left(1 - \frac{1}{s_K}\right) \left[1 - \frac{\mu_K}{\mu_e} \ln\left(1 + \frac{\mu_e}{\mu_K}\right)\right] \quad (4\text{-}8)$$

ω_K Fluoreszenzausbeute von Silicium
S_K Absorptionskantensprung für Silicium
μ_e, μ_K Absorptionskoeffizienten von Silicium für die einfallende Strahlung $h\nu$ und die Si-K_α-Strahlung
N_F Zahl der im Fotopeak registrierten Fotonen

Dabei werden ein kollimierter senkrecht auf die Detektoroberfläche fallender Fotonenstrahl sowie eine vollständige Absorption im Detektor vorausgesetzt. Der Escape-Anteil nimmt mit wachsender Fotonenenergie rasch ab. Er beträgt für $h\nu = 2,5$ keV etwa $1,5 \cdot 10^{-2}$ und hat bei einer Energie von 15 keV einen Wert von etwa $3 \cdot 10^{-4}$.
Bei der Korrektur der durch Escape-Effekt verursachten Spektrenverfälschung können je nach Zielrichtung der Auswertung zwei Wege beschritten werden. In Verbindung mit der Elementidentifizierung wird bevorzugt eine kanalweise Korrektur des gemessenen Impulshöhenspektrums durchgeführt, wobei für jeden einzelnen Impulshöhenkanal sowohl mögliche Beiträge höherenergetischer Linien zu eliminieren als auch Verluste durch Escape-Effekt zu berücksichtigen sind. Der korrigierte Kanalinhalt $y(x_i)$ berechnet sich unter Benutzung des relativen Escape-Anteils $r = f/1 - f$:

$$\bar{y}(x_i) = [y(x_i) - y(x_i) r(h\nu + 1{,}74 \text{ keV})] [1 + r(h\nu)] \approx y(x_i) + \Delta y_{korr} \quad (4\text{-}9)$$

mit $\Delta y_{korr} = y(x_i) r(h\nu) - y(x_j) r(h\nu + 1{,}74 \text{ keV})$
$x_j = x_i + 1{,}74 \text{ keV}/a$

a Konversionsgrad; vgl. Gl. (4-6)

Zur Ermittlung des relativen Escape-Anteils r benutzt HECKEL [4.27] vorteilhaft die empirische Beziehung

$$r(h\nu) = 0{,}020\,2/[1 + (h\nu)^2 (0{,}014\,37 \text{ (keV)}^{-3} h\nu + 0{,}057\,88 \text{ (keV)}^{-2}] \quad (4\text{-}10)$$

Im Falle der quantitativen Analyse mittels Anpassung parametrisierter Modellspektren wird der Escape-Peak in die Modellfunktion einbezogen (vgl. Bild 4-7). Von Vorteil ist dabei, daß die Höhe des Escape-Peaks fest mit der Höhe des zugehörigen Fotopeaks gekoppelt werden kann, da das Höhenverhältnis auch dann nicht gestört wird, wenn gegebenenfalls, bedingt durch ein in der Probe enthaltenes Element, eine Absorptionskante zwischen beiden Peaks liegt.

Ursache der Impulsaufstockungen (Pile-up-Effekt) ist die begrenzte zeitliche Auflösung der Nachweiselektronik (vgl. Abschn. 3.4.2.). Durch Verwendung einer speziellen elektronischen Schaltung (sog. Pile-up-Rejector) kann die Impulsaufstockung erheblich reduziert werden. Die dabei realisierte zeitweise Sperrung des Analysatorkanals führt jedoch auch zu einer Herabsetzung der im gesamten Spektrenbereich registrierten Impulszahl (vgl. Bild 3-19). Die durch Impulsaufstockung verursachten Summenpeaks werden allerdings nicht vollständig unterdrückt und müssen durch eine anschließende rechentechnische Korrektur eliminiert werden.

Eine detaillierte Darstellung der bei der Korrektur von Spektrenverfälschungen zu berücksichtigenden Effekte einschließlich der unvollständigen Ladungssammlung und der zum niederenergetischen Plateau beitragenden Impulse geben KEITH und LOOMIS [4.28].

4.2.2.3. Elementidentifizierung

Die Elementidentifizierung kann entweder unter wesentlicher Einbeziehung des Anwenders (Linienmarkierungsverfahren) oder vollautomatisch erfolgen. Das Verfahren der Linienmarkierung ist das gebräuchlichste und in allen kommerziellen Systemen realisiert. Der Nutzer bedient sich bei der Entscheidungsfindung der Möglichkeit, die Linien der K-, L- bzw. M-Serie mittels Rechner zu generieren und in das am Bildschirm dargestellte Spektrum einzublenden. Die Entscheidung erfolgt durch visuellen Vergleich. Die relativen Linienhöhen entsprechen den relativen Übergangswahrscheinlichkeiten ohne Berücksichtigung der Tatsache, daß aufgrund der Absorption in der Analysenprobe Intensitätsunterschiede innerhalb einer Serie auftreten können. Die qualitative Analyse nahe der Nachweisgrenze kann dabei durch geeignete Verfahren der Untergrundsubtraktion (vgl. z. B. [4.15]), durch Glättungsverfahren und durch Peaksuche unterstützt werden. Beim zweiten Weg, die Elementidentifizierung vom Rechner automatisch durchführen zu lassen, werden vorzugsweise Peaksuchverfahren benutzt. Eine weitere Möglichkeit besteht in der Verwendung des Strippingverfahrens, dessen vorteilhafter Einsatz zur Elementidentifizierung von SCHMIEDL und DIEWITZ demonstriert wurde [4.9; 4.29].

4.2.3. Peakflächenbestimmung und Spektrenauswertung als Vorbereitung für die Konzentrationsbestimmung (quantitative Analyse)

In Vorbereitung auf die quantitative Analyse hat die Meßwertaufbereitung die Ausgangsdaten für die Konzentrationsbestimmung (vgl. Abschn. 5.3.) bereitzustellen. Die damit verbundenen Anforderungen an die Meßwertaufbereitung sind wesentlich größer als bei der wellenlängendispersiven RFA. Die einfachen Verfahren der Nettopeakflächenbestimmung können nur bedingt eingesetzt werden. In zunehmendem Maße steht die Forderung, die Spektrenauswertung mittels Anpassung parametrisierter Modellspektren durchzuführen, wobei je nach Modellfunktion die Lösung linearer Gleichungssysteme mit 30 und mehr Variablen notwendig ist.

4.2.3.1. Untergrundbestimmung

Bei isolierten Peaks kann die Untergrundbestimmung wie bei der wellenlängendispersiven RFA mittels linearer Interpolation unter Verwendung von zwei sorgfältig ausgewählten Untergrundfenstern (vgl. Bild 4-1b) erfolgen:

$$N_U = \Delta x_p \left\{ \frac{N_{Ur}/\Delta x_r - N_{Ul}/\Delta x_l}{x_r - x_l} (x_r - x_l) + N_{Ul}/\Delta x_l \right\} \tag{4-11}$$

Das *Interpolationsverfahren* wird vorzugsweise in Gerätesystemen mit minimaler Rechnerkonfiguration genutzt, wobei es in Verbindung mit einfachen Methoden der Peakflächenbestimmung (vgl. Abschn. 4.2.3.2.) zur Anwendung kommt. Vorteilhaft ist der Einsatz bei der Flächenbestimmung hochenergetischer Peaks, die insbesondere im Falle monoenergetischer Anregung auf der niederenergetischen Flanke des inkohärenten Streupeaks liegen.

Die Nutzung von *Digitalfiltern* beruht auf den Unterschieden zwischen den nahezu gaußförmigen Peaks und dem nur schwach veränderlichen Verlauf des Spektrenuntergrundes. Wie methodische Untersuchungen zum Einsatz derartiger Filterfunktionen zeigen [4.14], ist eine Anpassung der Koeffizienten in Abhängigkeit von der Linienbreite erforderlich. Liegt allerdings ein optimaler Koeffizientensatz vor, so kommt der Vorteil zum Tragen, daß keine spezifischen Eingabeparameter erforderlich sind und dieses Verfahren deshalb für die halbquantitative und qualitative Elementanalyse geeignet ist. Russ [4.15] demonstriert an einem Beispiel die große Selektivität des Filterverfahrens bei der Trennung intensitätsarmer Peaks vom Untergrund.

Die Subtraktion eines *gemessenen Untergrundspektrums* ist dann vorteilhaft, wenn sich das Analysengut auf einem Trägermaterial befindet (z.B. Filter) und selbst so dünn ist, daß es keinen entscheidenden Beitrag zum Spektrenuntergrund liefert. Derartige Fälle treten z.B. im Umweltschutz auf. Dadurch ist eine Erfassung aller das Untergrundspektrum beeinflussenden Faktoren aber auch eine rasche Anpassung an veränderte Trägermaterialien möglich. Das Verfahren eignet sich für die Spurenanalyse in Probensätzen mit konstanter Matrixzusammensetzung, wobei es in diesem Fall auch auf dicke Proben angewendet werden kann und somit eine Berücksichtigung der Absorptionskanten bei der Untergrundsubtraktion a priori gegeben ist. Dagegen wird die Existenz von Absorptionskanten sowohl beim Interpolationsverfahren als auch beim Filterverfahren vernachlässigt. Die exakte Berücksichtigung der Absorptionskanten erfordert bei der Analyse dicker Proben im allgemeinen Fall die *Berechnung des Untergrundspektrums* auf der Basis eines physikalischen Modells, wie dies in der energiedispersiven Elektronenstrahlmikroanalyse erfolgreich angewendet wird [4.16], bzw. die Einbeziehung der Absorptionskanten in das Modellspektrum beim Verfahren der Parameteroptimierung (vgl. Abschn. 4.2.3.5.).

4.2.3.2. Flächenbestimmung isolierter Peaks

Als Maß für die Intensität der von einem Element emittierten Fotonenstrahlung wird im Falle isolierter Linien die innerhalb eines Energiefensters akkumulierte Nettoimpulszahl N (vgl. Bild 4-1b) verwendet. Sie ergibt sich aus der im Fenster registrierten Gesamtimpulszahl durch Untergrundsubtraktion. Ein Überblick über gebräuchliche Verfahren zur Flächenbestimmung von Einzelpeaks ist in [4.17] zu finden. Bei der Mehrzahl der Verfahren wird das Bestreben deutlich, die Auswertung auf Zentralbereiche des Peaks zu beschränken, um den Einfluß von Peaküberlagerungen und des durch den Untergrund hervorgerufenen statistischen Fehlers gering zu halten.

In diesem Zusammenhang verdient das Verfahren von COVELL [4.18] Beachtung, das häufig zur Auswertung von Routinemessungen (große Anzahl gleichartiger Proben) benutzt wird. Die Besonderheit dieses Verfahrens besteht darin, daß als Maß für die Strahlungsintensität nur ein begrenzter Peakabschnitt (vgl. Bild 4-4) Verwendung findet. Von Vorteil

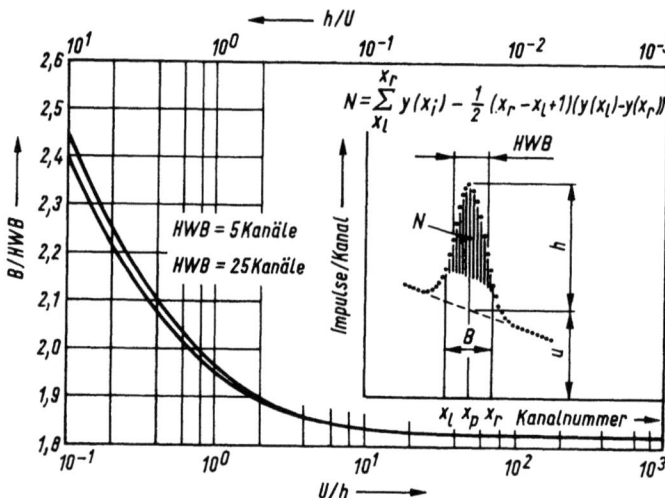

Bild 4-4
Optimales Verhältnis von Fensterbreite B zur Peakhalbwertsbreite HWB beim Verfahren nach COVELL (vgl. [4.19])

ist die Unabhängigkeit vom speziellen Spektrenuntergrund und die Herabsetzung des Einflusses von Peaküberlagerungen. Durch optimale Wahl der Fensterbreite kann der statistische Fehler des Verfahrens minimiert werden.

NIELSON [4.20] demonstriert anhand eines modifizierten Covell-Verfahrens die Möglichkeit, den statistischen Fehler durch vorherige Anwendung von Spektrenglättungsverfahren herabzusetzen. Allerdings geht damit eine Erhöhung des systematischen Fehlers einher, was jedoch bei der Konzentrationsberechnung mit Bezug auf Standardproben berücksichtigt werden kann.

4.2.3.3. Flächenbestimmung überlagerter Peaks mittels Überlappungsfaktoren

Überlappungsfaktoren werden vorteilhaft verwendet, wenn die quantitative Analyse auf der Grundlage von Energiefenstern (»reaches of interest«) erfolgt. Sie beschreiben diejenigen Anteile, mit denen einzelne Elemente zur Gesamtimpulszahl des betreffenden Fensters beitragen. Die Überlappungsfaktoren sind von den Anregungs- und Meßbedingungen abhängig und werden mit Hilfe von physikalisch und chemisch der Analysenprobe

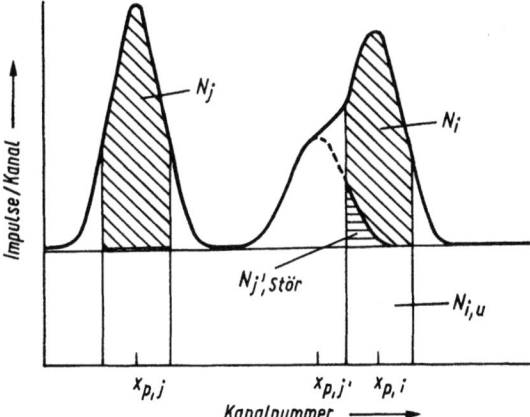

Bild 4-5
Flächenbestimmung
überlagerter Peaks mittels
Überlappungsfaktoren

ähnlichen Standardproben bestimmt. Voraussetzung ist ein zweiter einzelstehender Peak (Referenzpeak) des die Störung verursachenden Elements j (vgl. Bild 4-5). Nach Untergrundkorrektur berechnet sich der Störanfall $N_{j,\text{stör}}$ zu

$$N_{j,\text{stör}} = R_j N_j \tag{4-12}$$

Der Peaküberlappungsfaktor R_j kann entweder auf der Grundlage eines physikalischen Modells berechnet oder experimentell bestimmt werden, indem eine adäquate Probe mit einem definierten Gehalt des Elements j aber mit einem nicht nachweisbaren Anteil des Elements i bei sonst gleichen Bedingungen gemessen wird. Die interferenzkorrigierte Nettoimpulszahl des Elements i ergibt sich damit zu

$$N_i = N_{i,\text{ges}} - N_{i,U} - R_{ij} N_j \tag{4-13}$$

Das Verfahren führt zum Ziel, wenn die Referenzlinie frei von Überlagerungen ist und eine Untergrundkorrektur durchgeführt werden kann. Außerdem darf im Falle dicker Analysenproben keine Absorptionskante zwischen dem Referenzpeak und dem Störpeak liegen.

Durch geeignete Definition der Überlappungsfaktoren können Spektrenauswertung und Konzentrationsberechnung kombiniert werden. Beispiel dafür ist das von SHEN und Mitarbeitern [4.21] vorgeschlagene Verfahren, bei dem mathematisch nicht zwischen Matrixkorrektur und Peakflächenkorrektur unterschieden wird.

4.2.3.4. Spektrenauswertung mittels Standardspektren

Bei dieser Methode wird vorausgesetzt, daß sich das gemessene untergrundkorrigierte Impulshöhenspektrum $y^+(x_i)$ als Linearkombination der Standardspektren $A_j(x_i)$ aller in der Analysenprobe enthaltenen Elemente j darstellen läßt:

$$y^+(x_i) = \sum_{j=1}^{m} q_j A_j(x_i) \qquad (4\text{-}14)$$

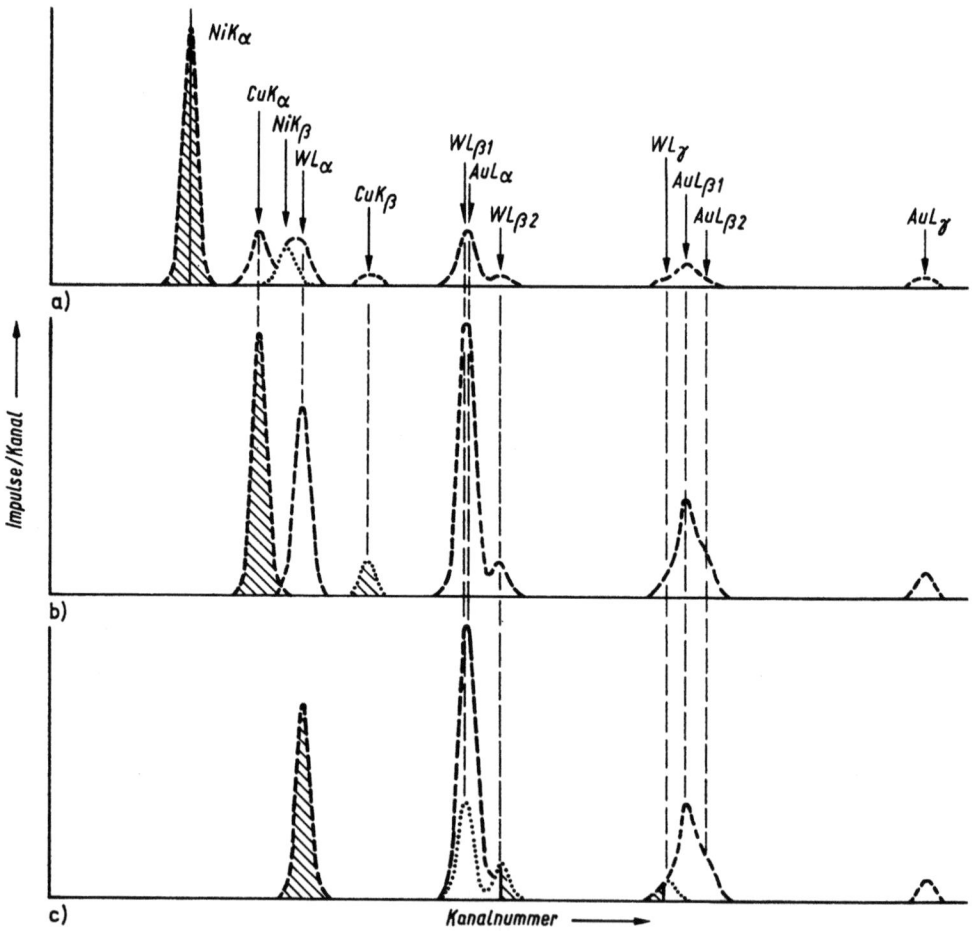

Bild 4-6
Schematische Darstellung der Strippingmethode (nach [4.9])
a) untergrundkorrigiertes Gesamtspektrum; Anpassung des NiK_α-Spektrums
b) Restspektrum nach Subtraktion des NiK-Spektrums; Anpassung des CuK-Spektrums
c) Restspektrum nach Subtraktion des NiK- und CuK-Spektrums; Anpassung des WL-Spektrums
   (Bilder 4-6b und 4-6c mit Maßstabsänderung, Anpassungsbereiche schraffiert gezeichnet)

Dabei ist zu beachten, daß der Spektrenuntergrund nicht linear additiv ist und deshalb vor der Spektrenzerlegung eine Untergrundsubtraktion sowohl an den Standardspektren als auch am zu analysierenden Spektrum erfolgen muß. Die Standardspektren werden unter identischen Bedingungen vor der Spektrenauswertung gemessen. Ziel der Standardspektrenmethode ist die Bestimmung der Koeffizienten q_j als Voraussetzung für die anschließende Konzentrationsbestimmung. Es sind zwei Verfahrensweisen üblich, das sogenannte Stripping-Verfahren und das Verfahren der Anpassung von Standardspektren mittels der Methode der kleinsten Quadrate.

Das *Stripping-Verfahren* beruht auf der schrittweisen Separation der spektralen Beiträge $a_j(x_i)$, die sich aus dem untergrundkorrigierten Standardspektren zu

$$a_j(x_i) = q_j A_j(x_i) \tag{4-15}$$

berechnen [4.9]. Die Bestimmung der Faktoren q_j stützt sich dabei auf Spektrenbereiche, in denen mit Ausnahme des zu separierenden Beitrags a_j alle anderen Beiträge vernachlässigbar sind (Bild 4-6). Das Stripping-Verfahren erfolgt in der Regel manuell und ist bildschirmorientiert.

Wesentlich leistungsfähiger ist das Verfahren der Anpassung der Standardspektren mittels der *linearen Methode der kleinsten Quadrate* (Lösung eines linearen (m, n)-Gleichungssystems; m ist die Anzahl der Elemente in der Analysenprobe und n die Anzahl der Kanäle des Impulshöhenspektrums). Vorteile der Standardspektrenmethode sind der relativ einfache Algorithmus und die Tatsache, daß durch die Standardspektren alle von einem Element herrührenden Peaks einschließlich spektrometerbedingter Effekte erfaßt werden.

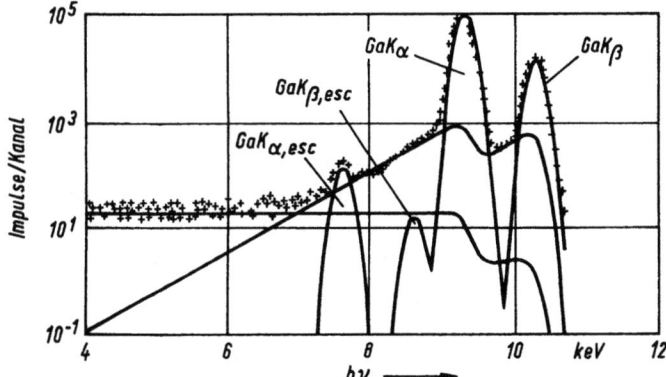

Bild 4-7
Impulshöhenspektrum einer dünnen Gallium-Probe (nach [4.22])

Andererseits ist das Verfahren sehr empfindlich gegenüber der Drift des Verstärkungsgrades und des Nullpunktes sowie gegenüber Veränderungen der Peakform (z. B. Linienverbreiterungen in Abhängigkeit von der Zählrate). Außerdem ist zu berücksichtigen, daß die spektralen Anteile der einzelnen Elemente j am Impulshöhenspektrum der Analysenprobe gegenüber den Standardspektren der Reinelemente durch Matrixeffekte verändert werden können.

WIELOPOLSKI und GARDNER [4.22] demonstrieren die vorteilhafte Verwendung parametrisierter Standardspektren, die unter Vernachlässigung von Sekundäreffekten berechnet werden, wobei die Beschreibung der Fotopeaks jeweils durch eine Normalverteilung, eine Exponentialflanke sowie durch ein flaches Kontinuum auf der niederenergetischen Seite erfolgt (vgl. Bild 4-7). Der Vorteil eines derartigen Vorgehens besteht in der größeren Flexibilität bei Anpassung an veränderte Meßbedingungen, ohne zusätzliche Messungen. Keine Berücksichtigung findet in [4.22] allerdings der Einfluß der Matrixzusammensetzung auf den spektralen Anteil der einzelnen Elemente.

4.2.3.5. Spektrenauswertung mittels Parameteroptimierung

Das Verfahren der Parameteroptimierung beruht auf der Methode der kleinsten Quadrate und führt dann zu den besten Ergebnissen, wenn ein adäquater Modellansatz verwendet wird. Die Parameter $\{p_k\}$ des Modellspektrums $f(x_i, p)$ werden dabei aus der Anpassung an das gemessene Spektrum $\{y(x_i)\}$ ermittelt, indem die gewichtete Summe der Abweichungsquadrate

$$Q = \sum_{i=1}^{N} w_i (y(x_i) - f(x_i, p))^2 \qquad (4\text{-}16)$$

zum Minimum gemacht wird. Wird das Modellspektrum als Summe einzelner Linienfunktionen $L_h(x_i, p_l)$ und einer Untergrundfunktion $U(x_i, p_u)$

$$f(x_i, p) = \sum_{h=1}^{H} L_h(x_i, p_l) + U(x_i, p_u) \qquad (4\text{-}17)$$

dargestellt, ist das Gleichungssystem nichtlinear, da in die Linienfunktionen ausgewählte Parameter nichtlinear eingehen, wie z.B. bei Verwendung einer Normalverteilung als Linienfunktion. Dies führt auf das Problem der *nichtlinearen Parameteroptimierung*. Bei der Spektrenauswertung werden häufig Näherungsverfahren auf der Basis der linearisierten Normalgleichung verwendet, wobei ausgehend von einem Startvektor die Lösung durch Iteration erfolgt. Der Bestimmung des Startvektors kommt dabei entscheidende Bedeutung zu. Weitere Probleme werden durch die Möglichkeit des »Festfahrens in Nebenminima« hervorgerufen.
Die Berechnung der Nettoimpulszahl der Peaks als Voraussetzung für die anschließende Konzentrationsbestimmung erfolgt unter Benutzung der im Ergebnis der Optimierung ermittelten Parameterwerte. Für den einfachen Fall der Normalverteilung gilt:

$$N = \sqrt{2\pi} \; \sigma y(x_0) \qquad (4\text{-}18)$$

$y(x_0)$ Peakhöhe

Eine besondere Aufgabe bei der energiedispersiven Röntgenspektrometrie besteht darin, die durch die hohe Liniendichte, durch die aufgrund der vielfältigen Linienüberlagerungen großen Anpassungsbereiche und durch die Ansatzfunktion naturgemäß große Zahl von Parametern zu reduzieren, um die erforderliche Rechenzeit zu begrenzen und der Gefahr der Nichtkonvergenz vorzubeugen. Dieses Problem wurde u.a. bereits von KUN-

ZENDORF und WOLLENBERG [4.23] zu Beginn der 70iger Jahre aufgeworfen. So kann unter Bezug auf Spektrometerfunktionen (Energie-Kanal-Eichung, Linienbreite als Funktion der Energie) und bei bekannter qualitativer Zusammensetzung die Zahl der zu optimierenden Parameter wesentlich reduziert werden. Unter Ausnutzung der Gesetzmäßigkeiten des Aufbaus der Röntgenserien gelingt es außerdem, die Linienhöhen mittels bekannter Intensitätsverhältnisse miteinander zu koppeln. Bei dicken Proben kommt dabei allerdings die Erschwernis hinzu, daß bei der Bestimmung der aktuellen Linienverhältnisse der Matrixeffekt zu berücksichtigen ist, wodurch die Spektrenauswertung gegebenenfalls in Verbindung mit der Konzentrationsberechnung durchlaufen werden muß.

MARAGETER und Mitarbeiter [4.24] berichten von einem Programm zur Spektrenanpassung, bei dem bis zu 60 Parameter optimiert werden. Diese große Zahl kommt u. a. dadurch zustande, daß die Autoren auf eine Kopplung der Peakhöhen verzichten und bei der Beschreibung des Peakprofils auch den Beitrag des strahlenden Auger-Übergangs mit berücksichtigen (vgl. Bild 4-8). Bei allen Vorteilen, die die Methode der nichtlinearen Parameteroptimierung bietet, darf nicht übersehen werden, daß sie z. Z. in diesen Dimensionen der Bearbeitung an Großrechnern vorbehalten ist. So benötigt das von MARAGETER entwickelte Programm bei 60 frei wählbaren Parametern und einer Spektrenlänge von 800 Kanälen am Rechner UNIVAC 1100/81 eine Zentralprozessorzeit von 0,5 min bis 5 min. Bei Implementierung auf einen Kleinrechner vom Typ NOVA 3 ergibt sich eine Zentralprozessorzeit von 0,5 bis 2 h für die Bearbeitung des gleichen Problems.

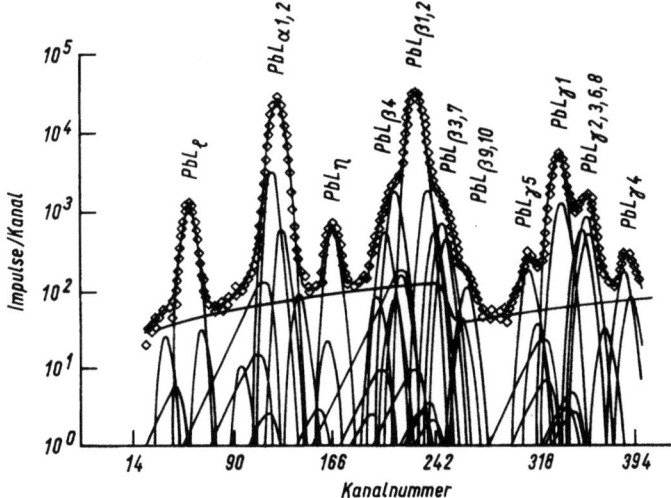

Bild 4-8
Anpassung eines PbL-Spektrums (nach [4.25])

4.2.3.6. Spektrenentfaltung

Erschwerend wirkt sich beim voranstehend beschriebenen Verfahren der Anpassung und Auswertung eines parametisierten Modellspektrums aus, daß hinreichend genaue Startinformationen für die zu optimierenden Parameter benötigt werden. Diesen Nachteil umgehen die Entfaltungsverfahren. Die Spektrenentfaltung ist der zur Messung inverse Prozeß (vgl. Bild 4-2). Mit der Entfaltung verbindet sich das Ziel, das natürliche Röntgenemissionsspektrum bei minimal verbleibender Linienverbreiterung zu reproduzieren. Dadurch sollen Linienüberlagerungen weitestgehend reduziert und zur quantitativen Analyse möglichst einfache Kanalsummationsverfahren verwendbar werden. Zur Entfaltung bieten sich Funktionaltransformationen, wie die Fourier- und die Laplace-Transformation an, bei denen das den Meßprozeß beschreibende Faltungsprodukt (vgl. Bild 4-2) in den Bildraum transformiert wird und dort einem gewöhnlichen Produkt entspricht [4.30]. Das originale Röntgenemissionsspektrum ergibt sich nach Rücktransformation. Die Anwendung der Fourier-Transformation hat jedoch nicht zum Erfolg geführt, da sich bei der Rücktransformation Deformationen des Röntgenspektrums ergeben [4.31]. Gute Ergebnisse konnten dagegen mit der Anwendung des Bayes-Theorems erreicht werden [4.26]. Das Verfahren beruht darauf, die durch die Apparatefunktion des Spektrometers bedingte Linienverbreiterung schrittweise zu eliminieren. Vor der Entfaltung ist allerdings eine Untergrundsubtraktion erforderlich. Dadurch werden Scheinpeaks unterdrückt, die ansonsten besonders an den Randzonen der bearbeiteten Spektrenbereiche auftreten. Nachteil der Entfaltung mittels Bayes-Theorem ist die hohe Zahl von Iterationszyklen und die damit verbundene große Rechenzeit.

5. Konzentrationsbestimmung mittels RFA

BERND WEHNER, KURT RICHTER und KARLHEINZ KLEINSTÜCK (Abschnitte 5.1.1., 5.2. und 5.3.),
GERHARD DÜMECKE und DIETER MUDRACK (Abschnitt 5.1.2.),
HELMUT EHRHARDT (Abschnitt 5.4.)

5.1. Probleme bei der Konzentrationsbestimmung mittels Röntgenfluoreszenzanalyse

Das Hauptanwendungsgebiet der RFA ist die quantitative Elementanalyse, wobei der Zusammenhang zwischen der Intensität ausgewählter Röntgenspektrallinien und der Konzentration ausgenutzt wird.
Um die Methode für die Bearbeitung neuer Problemstellungen einzurichten, sind mindestens drei Arbeitsschritte notwendig:

- die Ermittlung eines für die Probenqualität geeigneten Präparationsverfahrens,
- die Festlegung optimaler röntgenspektroskopischer Meßbedingungen und
- die Ermittlung der Intensitäts-Konzentrations-Beziehung anhand der Intensitäts- und Konzentrationsdaten vom Eichprobensatz.

Alle drei Schritte haben Einfluß auf die Qualität des erzielbaren Analysenergebnisses. Besondere Bedeutung kommt aber dem Auswertungsverfahren zu. Zwar ist es beim heutigen Entwicklungsstand der Röntgenfluoreszenzgeräte möglich, die Intensitäten der Spektrallinien mit sehr hoher Präzision zu messen, so daß der Meßfehler für die Intensität bei verträglichen Meßzeiten gewöhnlich 1% nicht übersteigt und meist sogar deutlich geringer ist. Es bedarf jedoch größeren Aufwandes, diese Güte der Intensitätsmessung auf die Konzentrationsbestimmung zu übertragen. Meist reicht für das Auswertungsverfahren die Fluoreszenzintensität des zu bestimmenden Elementes allein nicht aus, um auf die Elementkonzentration zu schließen. Die Fluoreszenzintensität des zu bestimmenden Elementes wird nämlich infolge der Strahlungswechselwirkung, die in der Probe mit den übrigen Elementen stattfindet, beeinflußt und hängt damit auch von der Zusammensetzung der übrigen Probe ab.
Diese Wechselwirkungsprozesse werden, weil die gesamte Probenmatrix daran beteiligt ist, *Matrixeffekte* genannt.
Es kommt hinzu, daß die Fluoreszenzintensität auch von der Probenbeschaffenheit (Präparatstruktur, Phasenverteilung, Korngrößenverteilung usw.) abhängig ist, was sich speziell bei der Analyse heterogener Proben bemerkbar macht. Grundsätzlich wird auch die Größe und Reproduzierbarkeit der gemessenen Fluoreszenzintensitäten von der Oberflächenbeschaffenheit der Proben bestimmt. Diese Details werden gewöhnlich als *Korngrößen- und Probenoberflächenprobleme* zusammengefaßt.

5.1.1. Matrixeffekte

Die Fluoreszenzintensität eines Elementes in der Probe ist nicht nur von seiner Konzentration, seinen strahlungsphysikalischen Eigenschaften (Absorptions- und Streuvermögen, Fluoreszenzausbeute usw.) und der zur Anregung benutzten Strahlung abhängig, sondern auch von der Konzentration und den Eigenschaften der Begleitelemente. Dieser Einfluß der Begleitelemente auf die Fluoreszenzintensität des zu analysierenden Elementes kommt auf verschiedene Weise zustande.

5.1.1.1. Matrixeffekte infolge selektiver Schwächung

Die zur Anregung benutzte Primärstrahlung wird beim Eindringen in die Probe geschwächt. Ebenso unterliegt die im Innern der Probe entstehende Fluoreszenzstrahlung der Schwächung beim Austritt an die Probenoberfläche. An der Schwächung der Strahlung durch Absorption und Streuung sind in beiden Fällen sämtliche Atome im angeregten Probenvolumen beteiligt. Dieser Sachverhalt wurde bereits bei der Herleitung des Ausdruckes für die Fluoreszenzintensität (Primäranregung) im Abschnitt 2.5. berücksichtigt.
Dort beinhalten die *Massenschwächungskoeffizienten* μ/ϱ für die Primärstrahlung und $(\mu/\varrho)_{iK\alpha}$ für die Fluoreszenzstrahlung die Schwächung der Strahlung durch die gesamte Probe. Nach Gl. (2-24) ergibt sich nämlich der Massenschwächungskoeffizient μ/ϱ der Probe additiv aus den $(\mu/\varrho)_i$ für die elementaren Komponenten i unter Berücksichtigung ihrer Konzentration c_i.
Die Auswirkungen, die dieser Einfluß der Begleitelemente auf die Fluoreszenzintensität des zu analysierenden Elementes hat, verdeutlicht man sich zweckmäßigerweise mit Hilfe eines binären Probensystems, weil dort die Verhältnisse leicht zu überblicken sind.
In Bild 5-1 ist der Zusammenhang zwischen der Intensität I_{FeK_α} und der Konzentration c_{Fe} für die binären Systeme Fe/Cr, Fe/Mn und Fe/Ni dargestellt. Man erkennt, daß der Kurvenverlauf, insbesondere die Art der Kurvenkrümmung, vom Begleitelement Ni, Mn oder Cr stark abhängt. Anhand des Zahlenwertes der Größe

$$q = \frac{[\mu/\varrho + (\mu/\varrho)_{FeK_\alpha}]_{BE}}{[\mu/\varrho + (\mu/\varrho)_{FeK_\alpha}]_{Fe}} \tag{5-1}$$

BE Begleitelement

läßt sich der prinzipielle Kurvenverlauf abschätzen.
$q > 1$ bedeutet, daß die Schwächung der Strahlung, die die Begleitelemente verursachen (in Bild 5-1 das Element Cr), größer ist als diejenige vom zu analysierenden Element (Fe). Man spricht in diesem Falle von einer „schweren Probenmatrix", hier bezogen auf das Element Fe. Die Kurve verläuft unterhalb der Eichgeraden mit positiver Krümmung (hyperbolische Kurve).
Es ist durchaus möglich, diese Abschätzung für q vorzunehmen, ohne die spektralen Anregungsbedingungen exakt zu kennen. Dazu trägt man die Werte der Massenschwächungskoeffizienten der Elemente aus der Probe über der Wellenlänge auf, so wie es in

5.1. Probleme bei der Konzentrationsbestimmung

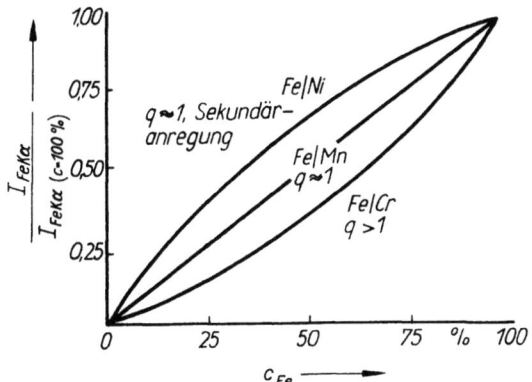

Bild 5-1
Matrixeffekt an binären Systemen

Bild 5-2 geschehen ist. Für das binäre System Fe/Cr zeigt sich folgendes. Die primär anregende Strahlung, deren Wellenlänge für die Anregung von Fe unterhalb der FeK-Kante liegen muß, wird etwas stärker vom Analysenelement Fe geschwächt als vom Cr (also $(\mu/\varrho)^{Fe} > (\mu/\varrho)^{BE=Cr}$). Die erzeugte FeK$_\alpha$-Strahlung unterliegt dagegen im Cr einer derartig starken Schwächung (also $(\mu/\varrho)^{BE=Cr}_{FeK_\alpha} \gg (\mu/\varrho)^{Fe}_{FeK_\alpha}$), daß insgesamt $q > 1$ resultiert. Diese Diskussion kann man führen, ohne die Intensitätsverteilung der anregenden Primärstrahlung zu kennen. Aber natürlich bestimmt die Auswahl der Primärstrahlung, wie stark q von 1 abweicht. Das bedeutet, daß man mit der Wahl der Primärstrahlung die Krümmung der Kurven in Bild 5-1 beeinflussen kann. Beispielsweise beträgt $q = 4{,}6$ für die Wellenlänge $\lambda = 0{,}07$ nm im anregenden Spektrum, für $\lambda = 0{,}16$ nm nimmt q hingegen den Wert 1,7 an. Verschiebt sich also die effektive Wellenlänge des Primärspektrums durch geeignete Auswahl des Anodenmaterials der Röntgenröhre hinreichend nahe an die Absorptionskante des anzuregenden Elementes, erhält man eine minimal gekrümmte Kurve.

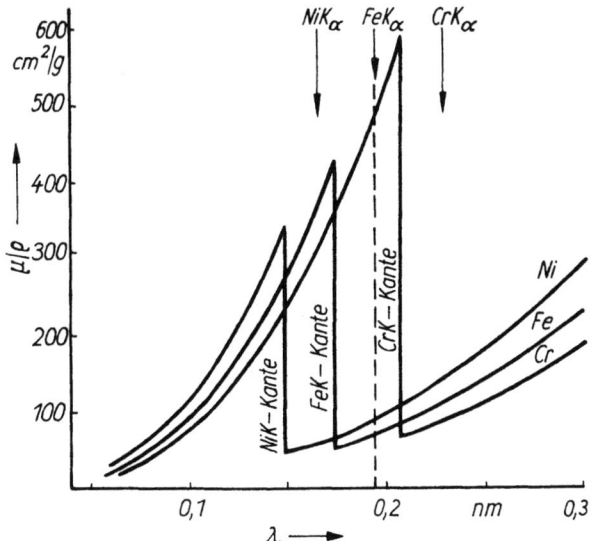

Bild 5-2
Massenschwächungskoeffizienten zur Erläuterung des Eichkurvenverlaufes in binären Systemen (siehe Bild 5-1)

Einen ebensolchen Kurvenverlauf wie für Fe/Cr würde man auch erhalten, wenn man die Intensität $I_{\text{NiK}\alpha}$ in den binären Systemen Ni/Fe oder Ni/Cr untersucht. In beiden Fällen ist das Begleitelement leichter als das zu analysierende Element, und es gilt trotzdem $q > 1$, was sich auch mit den Massenschwächungskoeffizienten aus Bild 5-2 ergibt.

Der Fall $q \approx 1$ tritt dann ein, wenn das Schwächungsverhalten von Probenmatrix und Analysenelement für die Primär- und Fluoreszenzstrahlung übereinstimmt. Als Beispiel steht dafür das binäre System Fe/Mn. Da beide Elemente im Periodensystem benachbart sind, unterscheiden sich die Massenschwächungskoeffizienten nur geringfügig. Man erhält im Konzentrationsbereich bis 100 % eine lineare Intensitäts-Konzentrations-Beziehung.

Gilt $q < 1$, so liegen die Intensitätswerte oberhalb dieser Eichgeraden. Man spricht dann von einer »leichten Probenmatrix«.

Für das binäre System Fe/Ni (Bild 5-1), wo die Kurve auch oberhalb der Geraden verläuft, reichen die bisherigen Vorstellungen zur Erklärung jedoch nicht mehr aus. Dann sind weitere Wechselwirkungsprozesse zu berücksichtigen, die zur Erzeugung zusätzlicher Fluoreszenzintensität führen und im folgenden behandelt werden.

5.1.1.2. Matrixeffekte infolge zusätzlicher Anregung durch die Begleitelemente[1]

Die primäre Anregung ist nicht die einzige Möglichkeit zur Erzeugung der Fluoreszenzintensität des zu analysierenden Elementes. Weil in der Probe stets alle Elemente primär angeregt werden, trägt die Fluoreszenzstrahlung der Begleitelemente, je nach Energie zusätzlich zur Anregung des Analysenelementes bei. Dieser Vorgang wird schematisch in Bild 5-3 erläutert. Bild 5-3a kennzeichnet die gewöhnliche Anregung des Elementes C

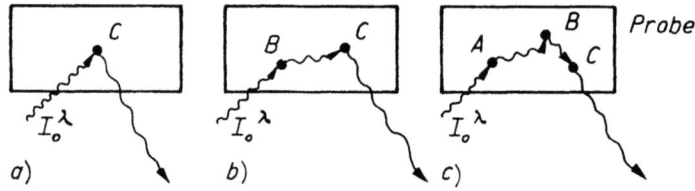

Bild 5-3
Schema der Interelementanregung
a) Primäranregung
b) Sekundäranregung
c) Tertiäranregung

durch die Primärstrahlung. Interelementanregung tritt dann auf (Bild 5-3b), sobald die Probe ein Element B enthält, dessen Fluoreszenzstrahlung $\lambda_{\text{BK}\alpha}$ zur Anregung von C fähig ist, also wenn

$\lambda_{\text{BK}\alpha} < \lambda_{\text{CK-Kante}}$

[1] auch als Interelementanregung oder Enhancement bezeichnet

5.1. Probleme bei der Konzentrationsbestimmung

gilt (Beschränkung der Betrachtungen auf die K-Strahlung). Bezogen auf die Ordnungszahlen bedeutet dies

$$Z_B > Z_C$$

Weil die zusätzliche Anregung über ein Begleitelement erfolgt, spricht man auch von *Sekundäranregung*.
Bild 5-3c enthält die Anregung über ein drittes Element A. Falls das Element A zur Sekundäranregung von B in der Lage ist, ergibt sich eine *Tertiäranregung* des Elementes C. Insgesamt wird C angeregt in der Art:

primär	Primärstrahlung → Z_C
sekundär	$Z_A → Z_C$ und $Z_B → Z_C$
tertiär	$Z_A → Z_B → Z_C$

Im Unterschied zur primären Anregung, wo die Strahlungsquelle in Form der Röntgenröhre außerhalb der Probe angeordnet ist, befinden sich bei der Interelementanregung die atomaren Anregungszentren im Probenvolumen verteilt und wirken als punktförmige, sekundäre Strahlungsquellen. Man kann annehmen, daß sie in alle Raumrichtungen gleichermaßen ihre Fluoreszenzstrahlung emittieren. Die Überlegungen zur Herleitung der Interelementanregungsbeiträge entsprechen denen für die primäre Anregung mit dem Unterschied der kugelsymmetrisch anregenden Strahlungsquelle. Man bestimmt den Fotoabsorptionsanteil, den das zu analysierende Element in einem differentiell kleinen Volumenelement der Probe aus der Strahlung des sekundär anregenden Elementes aufnimmt. Unter Berücksichtigung der Fluoreszenzausbeute und der Übergangswahrscheinlichkeit kann auf den Betrag der sekundär angeregten Fluoreszenzintensität geschlossen werden. Natürlich ist dazu die Integration über das gesamte angeregte Probenvolumen erforderlich, wobei die Schwächung der erzeugten Fluoreszenzintensität auf ihrem Wege bis zur Probenoberfläche wieder zu beachten ist. Man erhält für die Sekundäranregung $I^s_{iK_\alpha}$ des zu analysierenden Elementes i durch ein beliebiges Element j der Probe [5.1; 5.2]

$$I^s_{iK_\alpha} = \frac{K}{2} \cdot Q_{ik} Q_{jk} c_i c_j (\tau/\varrho)_i^{jK_\alpha} \left[\int_{\lambda_{min}}^{(\lambda_K)_j} \frac{I(\lambda)_B \cdot (\tau/\varrho)_j L d\lambda}{\frac{\mu/\varrho}{\sin\varphi} + \frac{(\mu/\varrho)_{iK\alpha}}{\sin\psi}} + \sum_m \frac{I^{\lambda m}_c (\tau/\varrho)_j L}{\frac{\mu/\varrho}{\sin\varphi} + \frac{(\mu/\varrho)_{iK\alpha}}{\sin\psi}} \right]$$

$$\text{mit } \quad L = \frac{1}{\frac{(\mu/\varrho)_{iK\alpha}}{\sin\psi}} \left[1 + \frac{(\mu/\varrho)_{iK\alpha}}{(\mu/\varrho)_{jK\alpha}\sin\psi} \right] + \frac{1}{\frac{(\mu/\varrho)}{\sin\varphi}} \left[1 + \frac{(\mu/\varrho)}{(\mu/\varrho)_{jK\alpha}\sin\varphi} \right] \quad (5-2)$$

$(\tau/\varrho)_i^{jK_\alpha}$ Massenabsorptionskoeffizient des zu analysierenden Elementes i für die sekundär anregende Spektrallinie des Elementes j

$(\mu/\varrho)_{jK\alpha}$ Massenschwächungskoeffizient der Probe für die sekundär anregende Spektrallinie des Elementes j

sonstige Symbole entsprechend Abschnitt 2.5.2.

Dabei ist zu bedenken, daß die Gl. (5-2) auf alle Spektrallinien des Elementes j anzuwenden ist, die zur Sekundäranregung fähig sind. Die sekundär angeregte Intensität ergibt

sich als Summe aus diesen Teilbeträgen, wobei die Summation in der Formel nicht explizit angegeben ist.
Besonders groß wird der Beitrag der Interelementanregung an der Gesamtintensität dann, wenn

$$\frac{\lambda_{jK\alpha}}{(\lambda_{K\text{-Kante}})_i} \lessapprox 1$$

gilt, und dies ist dann der Fall, wenn die an der Wechselwirkung beteiligten Elemente bezüglich der Ordnungszahl eng benachbart sind (z. B. $\Delta Z = 2$). Das drückt sich z. B. in der oberen Kurve von Bild 5-1 aus, wo der Intensitätszuwachs an FeK_α-Strahlung infolge der Sekundäranregung durch Ni beträchtlich ist. Dieser Kurvenverlauf kann also nur mittels der Vorstellungen über die Sekundäranregung verstanden werden. Die Kurve läßt sich auch rechnerisch gewinnen, wenn man zur Gl. (2-42), die die primär angeregte Intensität beschreibt, den Formalismus zur Sekundäranregung nach Gl. (5-2) hinzunimmt.

Das ternäre System Ni-Fe-Cr ist besonders gut geeignet zur Demonstration der Matrixeffekte. Das Element Ni erfährt darin keine Interelementanregung, seine Fluoreszenzintensität wird aber stark in der Fe/Cr-Matrix geschwächt. Dieser Sachverhalt spiegelt sich in den gekrümmten Eichkurven wider, die in Bild 5-4 angegeben sind. Entlang jeder Kurve bleibt die Konzentration c_{Cr} konstant. Reichert man in der Probenmatrix den Cr-Gehalt an, so bekommt man trotz konstanter Ni-Konzentration eine höhere Intensität $I_{NiK\alpha}$. Das wird anhand der Massenschwächungskoeffizienten verständlich (Bild 5-2), wonach die NiK_α-Strahlung vom Cr weniger als vom Fe geschwächt wird.

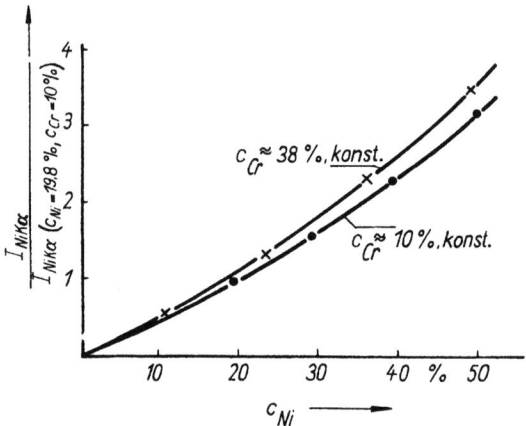

Bild 5-4
Intensitäts-Konzentrations-Beziehung für Nickel im ternären System Ni-Fe-Cr
Mo-Röhre; 40 kV

Beim Element Fe sind die Verhältnisse bereits komplizierter. Wie schon diskutiert, wird die FeK_α-Strahlung stark vom Cr in der Probenmatrix geschwächt. Dem steht eine Intensitätserhöhung für $I_{FeK\alpha}$ gegenüber infolge der Sekundäranregung vom Ni. Wie man aus der Eichkurvenkrümmung in Bild 5-5 entnimmt, überwiegt im dargestellten Konzentrationsbereich die Sekundäranregung.
Der Intensitäts-Konzentrations-Zusammenhang für Cr wird wesentlich durch die Interelementanregung beeinflußt, während sich die Schwächung der CrK_α-Strahlung bei verän-

5.1. Probleme bei der Konzentrationsbestimmung

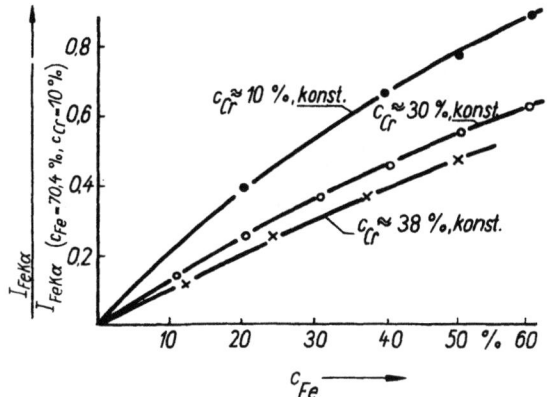

Bild 5-5
Intensitäts-Konzentrations-Beziehung für Eisen im ternären System Ni-Fe-Cr; Mo-Röhre; 40 kV

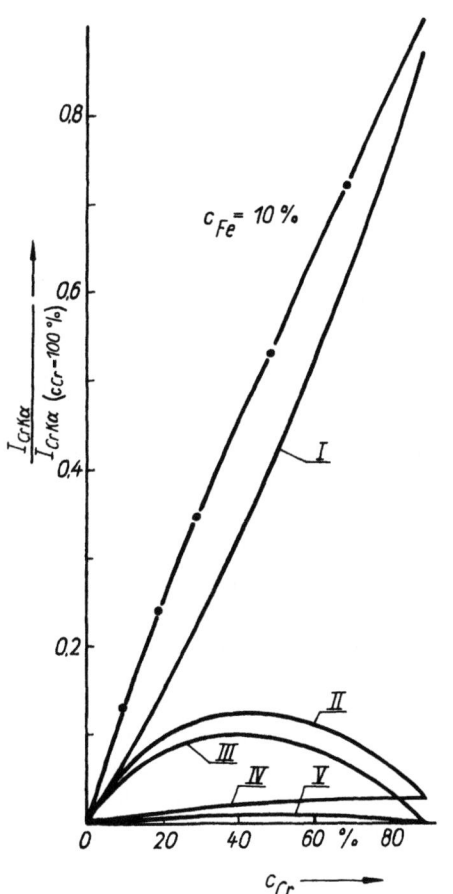

Bild 5-6
Intensitäts-Konzentrations-Beziehung für Chrom (obere Kurve) und Intensitätsanteile der Interelementanregung von Chrom (Kurven *I* bis *V*)
Probenmatrix Ni-Fe-Cr; $c_{Fe} = 10\%$ konst.; $c_{Ni} = 100\% - c_{Fe} - c_{Ni}$; Mo-Röhre; 40 kV
I   Primäranregung
II Summe der Sekundäranregungsbeiträge durch Ni und Fe
III Sekundäranregung durch Ni
IV Sekundäranregung durch Fe
V   Tertiäranregung durch Ni über Fe

derter Probenzusammensetzung kaum ändert. Ni, Fe und Cr haben für CrK_α-Strahlung nahezu gleiche Schwächungseigenschaften. Cr wird aber durch Ni und Fe sekundär angeregt und erfährt auch eine Tertiäranregung gemäß Ni→Fe→Cr. Für Proben mit einer konstanten Eisenkonzentration c_{Fe} = 10 % sind die Anregungsbeiträge in Bild 5-6 zusammengestellt (siehe auch Tabelle 5-1). Dabei ist zu betonen, daß der Anteil der Interelementanregung an der Gesamtintensität wesentlich von den spektralen Anregungsbedingungen der Röntgenröhre abhängt. Damit wird die Primäranregung der Begleitelemente festgelegt, die dann das Ausmaß der Interelementanregung bestimmt.

Es hat sich gezeigt, daß Interelementanregungseffekte höherer als 3. Ordnung (Tertiäranregung) generell vernachlässigt werden dürfen [5.3 bis 5.5].

Tabelle 5-1
Prozentuale Anteile an der Intensität I_{CrK_α} gemäß Bild 5-6

Konzentration [%]			Angeregte Intensität			
c_{Cr}	c_{Fe}	c_{Ni}	primär durch Mo-Röhre	sekundär durch Ni	durch Fe	tertiär durch Ni-Fe
20	10	70	60,3	32,8	5,2	1,7
40	10	50	70,5	22,8	4,8	1,9
60	10	30	81,6	13,4	4,0	1,0

5.1.2. Korngrößen- und Oberflächenprobleme

Die Ableitung der Intensitätsformel für die Fluoreszenzstrahlung (2-42) setzt voraus, daß die Fluoreszenzstrahlung in einem Volumenbereich ausgelöst wird, der bezüglich der chemischen Zusammensetzung und Dichte homogen und nicht durch Korn- und Oberflächeneigenschaften modifiziert ist. Bei konstanter chemischer Zusammensetzung des Untersuchungsmaterials wird die Fluoreszenzintensität einer Meßprobe auch durch die Präparatstruktur (Art der Anordnung von Partikeln), die Phasenanteile, die Korngröße der Teilchen, die Korngrößenverteilungen der einzelnen Phasen und die Oberflächenrauhigkeit bestimmt. Zum Beispiel bestehen unter Verwendung von Bindemitteln hergestellte Pulverpreßlinge aus (mindestens) drei Phasen (Analysenmaterial, Bindemittel, Luft), deren Abmessungen (Korn- bzw. Blasengröße) und Gestalt unterschiedlich ist.

Da die Präparation solcher Meßproben aber einfach ist und große zeitliche Vorteile bietet, wird diese Technik bei großen Analysenserien bevorzugt eingesetzt. Bei der Analyse derartiger Proben treten die genannten Volumen- oder Oberflächeneffekte nebeneinander auf. Eine klare Abgrenzung beider Einflüsse gegeneinander ist kaum möglich, da sich die heterogene Volumenstruktur auch auf die Rauhigkeit der Oberfläche auswirkt.

Den Einfluß der *Oberflächenstruktur* allein kann man bei der Untersuchung homogener Präparate leicht nachweisen. Durch einen unterschiedlichen Anschliff läßt sich eine Veränderung der Rauhtiefe und der Furchengeometrie erreichen.

Es gibt zahlreiche Arbeiten, die sich mit der Auswirkung eines unterschiedlichen Probenzustandes auf die Fluoreszenzintensität auseinandersetzen (z. B. [5.6; 5.7]).

5.1. Probleme bei der Konzentrationsbestimmung

In anderen Veröffentlichungen wird versucht, diesen Einfluß in Modellbetrachtungen einzubeziehen und Formeln für eine quantitative Berücksichtigung der genannten Effekte abzuleiten (z. B. [5.8; 5.9]).

Auf jeden Fall fordert die Berücksichtung eines wechselnden Probenzustandes zusätzliche Kenntnisse über den Aufbau des Untersuchungspräparates, die durch gesonderte Messungen am Präparat oder an der Ausgangsprobe gewonnen werden müssen. Sie können dann in Verbindung mit den Intensitätswerten entweder im Zusammenhang mit empirischen Beziehungen zwischen Fluoreszenzintensitäten und Probenparametern oder aber aufgrund theoretisch abgeleiteter Korrekturformeln zur Konzentrationsberechnung verwendet werden.

5.1.2.1. »Effektives« Probevolumen in der RFA

Bei der RFA wird die Fluoreszenzstrahlung im gesamten von der Primärstrahlung erreichbaren Volumen ausgelöst, wenn darin anregbare Atome enthalten sind. Dieser Teil des Probevolumens wird häufig als »effektives Probevolumen« der Meßprobe bezeichnet. Bei einer bestimmten *Probedicke* des Präparates entspricht das »effektive Probevolumen« dem Gesamtvolumen des Präparats. Bei sog. »dicken Meßproben« (Austrittstiefe der Fluores-

Tabelle 5-2
Beispiele für kritische Probendicken d [µm], berechnet nach Gl. (5-3)
(Dichte ϱ [g/cm³]; Massenschwächungskoeffizient μ/ϱ [cm²/g]; Wellenlänge der Fluoreszenzstrahlung λ_c [nm])

Element	Na	Mg	Al	Si	K	Ca	Ti	Fe	Sn	Cr	Ni
λ_c	1,191	0,989	0,834	0,713	0,374	0,336	0,275	0,194	0,047	0,229	0,166

Matrix: Kalkstein, gerechnet als CaO; $\varrho = 2,5$

μ/ϱ	4529	2711	1694	1098	186	138	555	218			
d	4	7	11	17	99	133	33	84			

Matrix: Kieselglas, gerechnet als SiO₂; $\varrho = 2,5$

μ/ϱ	3017	1767	1081	688	424	313	179	67			
d	6	10	17	27	43	59	103	275			

Matrix: Zinnofenschlacke: 10% Al₂O₃; 30% SiO₂; 10% CaO; 40% Fe₂O₃; 10% SnO₂; $\varrho = 4,5$

μ/ϱ	5776	3480	2188	1604	374	278	278	114	6		
d	2	3	5	6	27	37	37	90	1700		

Matrix: X 8 CrNiTi 18.10; 18% Cr, 72% Fe, 10% Ni; $\varrho = 7,86$

μ/ϱ								145		109	330
d								40		54	18

5. Konzentrationsbestimmung mittels RFA

zenzstrahlung kleiner als die Präparatdicke) trägt nur ein Teil des Gesamtvolumens der Tablette zur erfaßbaren Fluoreszenzstrahlung bei. In diesem Fall ist die gegenüber der anregenden Primärstrahlung langwelligeren Fluoreszenzstrahlung wegen der Absorptions- und Streueffekte nicht imstande, aus den tiefer im Präparat liegenden Bereichen durch die darüber liegende Probeschicht auszutreten. Wird eine kritische Dicke unterschritten, so nimmt die Fluoreszenzintensität ab, da auch die Anzahl der fluoreszierenden Atome entsprechend kleiner wird. Derartige Proben werden für die quantitative RFA nur in Spezialfällen verwendet, z. B. bei Staubanalysen für die Umweltkontrolle; sie erfordern bei der Umrechnung von Fluoreszenzintensitäten in Konzentrationen die Einhaltung bestimmter Präparatdicken oder spezielle Dickenkorrekturen. Die *kritische Probendicke* kann für senkrechten Strahlenaustritt leicht mit der Faustregel (5-3) abgeschätzt werden. In Tabelle 5-2 sind Beispiele für einige Stoffe angegeben.

$$d \approx 4{,}6/\mu(\lambda_c) \tag{5-3}$$

d kritische Meßprobendicke [cm], unterhalb der die Fluoreszenzintensitäten dickenabhängig sind

$\mu(\lambda_c)$ Schwächungskoeffizient der Meßprobe für die Fluoreszenzwellenlänge λ_c [cm^{-1}]

5.1.2.2. Einfluß der Korngröße und ihrer Verteilung auf die Fluoreszenzintensität

Die Phasenart, Kornform, -größe und -verteilung in den Meßproben modifizieren die austretende Fluoreszenzintensität besonders stark, wenn die Weglänge d der charakteristischen Fluoreszenzstrahlung in der Probe in die Größenordnung der Partikelabmessungen kommt. Dabei wird die Weglänge unter Annahme einer homogenen Elementverteilung berechnet.

Grundsätzlich können nach [5.10] bei Einphasensystemen drei Bereiche unterschieden werden:

Fall 1 : $K\mu(\lambda_c) \ll 1$
Fall 2 : $K\mu(\lambda_c) \approx 1$
Fall 3 : $K\mu(\lambda_c) > 1$

$\mu(\lambda_c)$ Schwächungskoeffizient [cm^{-1}] des Untersuchungskorns für die austretende Fluoreszenzstrahlungλ_c

K Korndurchmesser oder eine der vorliegenden Kornform äquivalente Größe [cm]

Im Fall 1 tragen viele Kornschichten des Pulverpreßpräparates zur Gesamtfluoreszenzintensität bei. Der »Korngrößeneffekt« ist klein, die Kornverteilung nicht kritisch, und auch die Partikelform beeinflußt das Analysenergebnis kaum.

Im Fall 2 stammt die gesamte austretende Fluoreszenzstrahlung nur aus Körnern der obersten Präparatschichten. Damit bestimmen Korngröße, -verteilung und -form die registrierbare Fluoreszenzintensität merklich.

Im Fall 3 tragen nur Teile der obersten Schicht des Präparats zur meßbaren Fluoreszenzintensität bei. Neben der Korngröße, -verteilung und -form bestimmen jetzt auch die Rauhtiefe und die Rauhheitsstruktur der Probenoberfläche die Intensität. Nach BRINDLEY

5.1. Probleme bei der Konzentrationsbestimmung

[5.11] ist der Korngrößeneinfluß für Ein- und Mehrphasensysteme bei Untersuchungen mit Röntgenstrahlen vernachlässigbar klein, wenn die Gl. (5-4) erfüllt ist:

$$K|(\mu_p(\lambda_c) - \mu_i(\lambda_c))| \ll 1 \tag{5-4}$$

K Partikeldurchmesser [cm]
$\mu_p(\lambda_c)$ mittlerer Schwächungskoeffizient der Probe [cm^{-1}]
$\mu_i(\lambda_c)$ Schwächungskoeffizient der Partikelsorte i [cm^{-1}]
λ_c Fluoreszenzwellenlänge [cm]

Aus dieser Beziehung ist zu erkennen, daß der Korngrößeneinfluß dann vernachlässigbar ist, wenn der mittlere Schwächungskoeffizient der Meßprobe den Koeffizienten der in der Probe enthaltenen einzelnen Phasenanteile näherungsweise gleich ist. Die bisherigen Feststellungen über die unterschiedliche Absorption in chemisch und mineralogisch gleichartigen, jedoch hinsichtlich Größe und Anordnung unterschiedlichen Körpern im Tablettenvolumen des Preßpräparates müssen noch ergänzt und präzisiert werden.

Sind in einem gepreßten Pulverpräparat nur chemisch und mineralogisch gleichartige Körner unterschiedlicher Größe (Parameter: Korngröße, -verteilung, -form) und damit bei konstanten Preßbedingungen festgelegte Packungsdichten (Parameter: Porenvolumen, -volumenverteilung, -form) vorhanden, spricht man von einem einphasigen (monodispersen) Pulverpräparat, vorausgesetzt, daß die Absorption der Röntgenstrahlung in den aus Luft bestehenden Poren gegenüber der im zu untersuchenden Korn vernachlässigbar klein ist. Verwendet man zur Tablettenherstellung aus Gründen der mechanischen Stabilität zusätzlich ein Bindemittel, so entsteht eine mehrphasige Pulverpreßprobe (Zweistoffsystem Probe/Bindemittel mit Poren aus Luft). Sie wird durch die Parameter »Korngröße«, »-verteilung« und »-form« des Analysengutes und des Bindemittels und zusätzlich durch den Parameter »Porenvolumen« der in der Meßprobe eingeschlossenen Luft charakterisiert.[1]

Ist die Absorption im Bindemittel vernachlässigbar klein gegenüber der im Untersuchungsmaterial, so kann das Präparat bezüglich der Korngrößeneffekte wie eine nur aus einer Phase bestehende Probe behandelt werden.

Liegen in der Analysenprobe chemisch und/oder mineralogisch unterschiedliche Körner vor, so entsteht durch das Verpressen mit oder ohne Bindemittel eine mehrphasige Preßprobe. Sie wird durch die entsprechenden Parameter für die »Korngröße«, »-größenverteilung« und »-form« der Einzelphasen charakterisiert. Dabei ist zu beachten, daß das zu analysierende Element in einer, mehreren oder allen Phasen enthalten sein kann.

In natürlichen Rohstoffen können die zu analysierenden Elemente in einer einzigen, aber auch in mehreren Phasen vorkommen. So ist z. B. das Element Silicium in natürlichen Feldspäten sowohl im Quarz- als auch im Feldspatanteil des Vorkommens enthalten. Der

---

[1] Da als Bindemittel bevorzugt Stoffe verwendet werden, die unter der Wirkung des Preßdrucks und der sich beim Verdichten einstellenden erhöhten Temperatur plastisch fließen, bleibt weder das ursprünglich vorhandene Kornspektrum noch die Kornform des Bindemittels (evtl. auch des Analysengutes) im Preßling erhalten. Deshalb sollte die evtl. notwendige quantitative Bestimmung dieser Parameter am besten im oberflächennahen Bereich des fertigen Preßlings erfolgen. Dabei kann z. Zt. die Frage nach einer geeigneten Charakterisierungsmethode (Meßmethode) dieses Oberflächenbereichs im Preßling nicht befriedigend beantwortet werden.

Feldspatanteil kann seinerseits aus drei verschiedenen Mineralien bestehen und aus Orthoklas (kaliumreich), Albit (natriumreich) und Anorthit (calciumreich) zusammengesetzt sein. Jede dieser Phasen enthält das Silicium. Außerdem kann der Rohstoff zusätzlich amorphes SiO_2 enthalten. In diesem Beispiel ist das Silicium in einer amorphen und vier verschiedenen kristallinen Mineralphasen gebunden. Die Fluoreszenzstrahlung kann also in den Einzelkörnern in ganz unterschiedlichem Maße, und zwar entsprechend ihren jeweiligen Absorptionskoeffizienten, absorbiert werden.

Der Absorptionskoeffizient für die SiK_α-Strahlung ist im calciumreichen Anorthit am größten, im natriumreichen Albit kleiner und im kaliumreichen Orthoklas am kleinsten. Die auftretenden Absorptionsverluste in den kristallinen und amorphen SiO_2-Phasen sind von gleicher Größe. Die quantitative RFA des Siliciums in einem solchen Mineralgemisch ist über Pulverpräparate sehr schwierig durchführbar und erfordert eine Aufmahlung des Analysengutes auf Korngrößen unter 1 µm. Wenn sich der Mineralbestand nicht wesentlich ändert, ist auch mit gröberen Korngrößen eine Rohstoffkontrolle möglich (Beschränkung der Kontrolle auf ein Vorkommen bei Verwendung von Eichkurven, die spezifisch für die Lagerstätte sind; reproduzierbare Meßprobenherstellung).

Wenn Elemente nur monomineralisch in natürlichen Rohstoffen gebunden sind und außerdem kurzwellige Fluoreszenzstrahlung (die nur eine geringe Schwächung erfährt) emittieren, reichen häufig schon Korngrößen von ≦ 60 µm aus, um exakte Analysen mit gepreßten Pulvertabletten durchführen zu können. So ist z. B. das Zirkonium im Zirkoniumsilikat ($ZrSiO_4$) vorwiegend einphasig gebunden, dessen Korngröße meist unter 80 µm liegt. Deshalb reicht bei der Untersuchung eines derartigen Rohstoffes schon analysenfeines Material aus. Liegt dagegen das Zirkoniumsilikat in einem Rohstoff nur als kleiner Phasenanteil vor, so muß, schon wegen der erforderlichen homogenen Verteilung dieses Anteils im Analysengut, eine Feinstmahlung durchgeführt werden.

In der Literatur sind zahlreiche Modellvorstellungen zum Einfluß der Korngröße auf die aus einer gepreßten Pulvertablettenoberfläche austretende Fluoreszenzstrahlung beschrieben worden [5.8; 5.9; 5.12 bis 5.18]. Bei den meisten Modellrechnungen setzt man eine monodisperse Pulverprobe voraus und vernachlässigt die in der Praxis vorliegende Korngrößenverteilung der verschiedenen Phasen des Präparates [5.8; 5.12 bis 5.14; 5.16; 5.17]. Die dagegen von HUNTER und RHODES [5.9; 5.15] abgeleiteten Formeln berücksichtigen diesen Einfluß. Eine recht anschauliche, vereinfachte Formulierung des Korngrößeneinflusses ist in der Arbeit von WEBER [5.10] zu finden.

Es muß an dieser Stelle darauf hingewiesen werden, daß die Nutzung solcher Korrekturvorschläge aufwendig ist, weil die Rechnungen exakte Kenntnisse über bestimmte Parameter der Meßtablette und des Analysengerätes voraussetzen, wie Korngröße, ihre Verteilung, Porosität, Massenabsorptionskoeffizienten und apparative geometrische Größen. GARDNER [5.8; 5.19] demonstriert an fünf Modellen wesentliche Gesichtspunkte für derartige Korrekturrechnungen. Diesen Modellen liegen folgende Annahmen zugrunde:

– Die heterogene gepreßte Pulverprobe besteht aus einer Mischung diskreter, in der Zusammensetzung homogener Partikeln verschiedener Phasen.
– Alle Partikeln haben gleiche Größe und Gestalt.
– Die Preßprobe hat einen schichtartigen Aufbau mit einer der Partikelgröße (Korngröße) entsprechenden Schichtdicke.

5.1. Probleme bei der Konzentrationsbestimmung

In [5.8] werden die fünf Modelle unter anderem zur quantitativen Beschreibung des Korngrößeneinflusses für die CuK_α-Strahlung in einem Gemisch aus Cu_2S- und SiO_2-Partikeln verwendet. Im Partikeldurchmesserbereich von 25 bis 440 μm ergeben sich für dieses Beispiel gute Übereinstimmungen zwischen den Modellrechenwerten und den experimentellen Ergebnissen (monoenergetische Anregung durch ^{238}Pu). Die Nutzung der angegebenen Gleichungen zur Berechnung des Korngrößeneinflusses von Elementen mit niedriger Ordnungszahl, z. B. in gepreßten Pulvertabletten aus gemahlenem Glas (Torgauer Flachglas, Partikeldurchmesser 1 bis 80 μm) und Polyvinylalkohol als Bindemittel mit polychromatischer Anregung [5.20], ergibt dagegen keine befriedigenden, mit dem Experiment übereinstimmenden Resultate. Einige Ergebnisse dieser Untersuchung sind in der Tabelle 5-3 zusammengestellt.

Tabelle 5-3
Korngrößenabhängigkeit relativer Fluoreszenzintensitäten von gepreßten Tabletten aus Glas- und Polyvinylalkoholpulver
Messung mit einem Philips-Sequenz-Spektrometer. Rechnungen auf der Basis der angegebenen Modelle mit Daten entsprechend [5.20]

Glaspartikel-Durchmesser [μm]	Messung		Rechnung nach Modell 1		Rechnung nach Modell 5	
	SiK_α	CaK_α	SiK_α	CaK_α	SiK_α	CaK_α
2,3	1,000	1,000	1,000	1,000	1,000	1,000
5,3	0,832	0,974	0,857	0,952	0,752	0,865
11,8	0,758	0,941	0,713	0,853	0,531	0,663
25,0	0,548	0,851	0,653	0,702	0,410	0,563
34,0	0,413	0,743	0,647	0,636	0,380	0,397
50,0	0,358	0,699	0,645	0,550	0,342	0,316

Für eine quantitative Beschreibung des Korngrößeneinflusses ist es deshalb zweckmäßig, auf der Basis beispielsweise des in [5.20] und im Abschnitt 10.1.2. beschriebenen einfachen empirischen Ansatzes, Korrekturen durchzuführen. Mit dieser Methode kann man quantitative Röntgenfluoreszenzanalysen ohne Kenntnis der Korngröße des Untersuchungsmaterials ausführen, wenn es nur aus einer Phase besteht oder – bei einem Mehrphasensystem – wenn die einzelnen Phasenanteile sehr ähnliche Massenschwächungskoeffizienten besitzen.

5.1.2.3. Einfluß des Oberflächenzustandes auf die Fluoreszenzintensität

Die erfaßbare Fluoreszenzintensität einer Meßprobe hängt sehr wesentlich von der Oberflächenbeschaffenheit ab. Die Rauhigkeit, d. h. die Tiefe der durch eine Oberflächenbehandlung aufgebrachten Furchen, und auch ihre Orientierung in bezug auf den Strahlengang spielen dabei eine entscheidende Rolle. In [5.21] ist dieser Einfluß für eine aus gleichmäßig ausgerichteten Prismen bestehende Oberfläche berechnet worden. Sowohl die Rechnung als auch Ergebnisse experimenteller Untersuchungen von JENKINS und HURLEY [5.22] zeigen, daß sich die Fluoreszenzintensität bei einer parallel zum Strahlengang verlaufenden Furchenanordnung nur wenig von der einer »ideal ebenen Oberfläche«

Tabelle 5-4
Grenzwerte für die maximale Rauhtiefe a_{max}
(nach JENKINS und HURLEY [5.22]; zitiert nach [5.21])

Probe	Element	Gehalt [%]	Linie	a_{max} [µm]
1	Al	92,6	AlK_α	70
	Si	0,16	SiF_α	80[1])
	Fe	0,27	FeK_α	180
	Cu	4,43	CuK_α	180
2	Cu	87,4	CuK_α	130
	Zn	3,75	ZnK_α	120
	Sn	5,25	SnK_α	180
			SnL_α	60
	Pb	3,60	PbL_α	125[1])
			PbM_α	60[1])
3	Mn	0,55	MnK_α	180
	Ni	2,87	NiK_α	180
	Cr	20,4	CrK_α	130
	Fe	62,2	FeK_α	140

[1]) Störeffekte durch Verschmieren der weicheren Komponenten beim Schleifen und Polieren

unterscheidet. Man kann sich vorstellen, daß die auftretenden Intensitätsverluste gegenüber dem Idealfall nur durch den um die Furchentiefe veränderten Abstand zwischen Röntgenröhre und Probenoberfläche verursacht werden. Sind die Furchen dagegen senkrecht zum Strahlengang des Spektrometers orientiert, so treten merkliche Abschattungs- und Streueffekte auf. JENKINS und HURLEY geben als maximal zulässige *Rauhtiefen* (Höhenunterschied zwischen »Berg« und »Tal«) für diesen Orientierungsfall die Zahlenwerte der Tabelle 5-4 an. Liegt die *Oberflächenrauhigkeit* unter dieser kritischen Größe a_{max}, so bleibt die Intensitätsminderung unter 5 %. Oberhalb dieser Grenzwerte ist eine Abhängigkeit der Fluoreszenzintensität von der Rauhigkeit zu registrieren. Die Stärke des Effekts korreliert mit dem Absorptionskoeffizienten des Untersuchungsmaterials nach Gl. (5-5).

$$I(\lambda) = \frac{1 - \exp[-a\mu(\lambda)]}{1 + \exp[-a\mu(\lambda)]} \frac{1}{a\mu(\lambda)} \tag{5-5}$$

a Rauhtiefe [µm]
$\mu(\lambda)$ Schwächungskoeffizient für die Strahlung [cm^{-1}]
λ Wellenlänge [nm]

5.1. Probleme bei der Konzentrationsbestimmung

Der Einfluß unterschiedlicher Rauhigkeiten von Glasscheiben auf die Fluoreszenzintensitäten ist in Tabelle 5-5 dargestellt, wobei in diesem Falle der Anschliff keine bevorzugte Schleifrichtung aufweist.

Tabelle 5-5
Einfluß der Oberflächenrauhigkeit von Glas auf die relative Fluoreszenzintensität von Si und Ca

Anschliffrauhigkeit [μm]	SiK_α	CaK_α
8	1,000	1,000
12	0,980	0,995
24	0,963	0,991
56	0,935	0,984
70	0,919	0,976
180	0,887	0,963

Im Bild 5-7 ist die Abhängigkeit der relativen Fluoreszenzintensität für Gold in einer Edelmetallegierung von der Schleifpapierfeinheit und der Probenorientierung relativ zum Primärstrahl dargestellt. Das Diagramm zeigt, daß bei einem groben Anschliff (Sorte 120) nicht nur eine starke Orientierungsabhängigkeit, sondern auch eine stärkere Streuung der

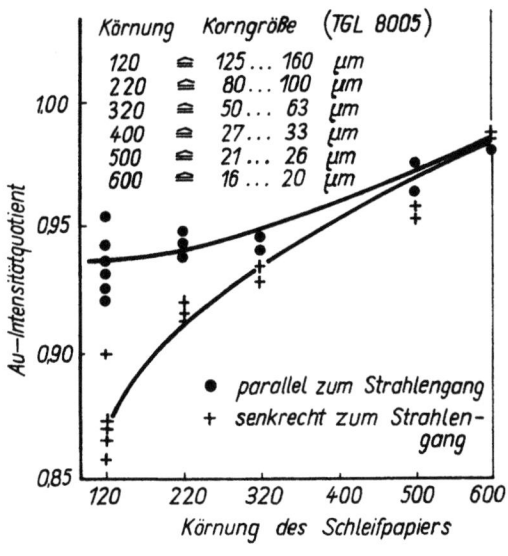

Bild 5-7
Abhängigkeit der gemessenen AuL_α-Intensität einer Meßtabelle (Bleilegierung) von der Rauhigkeit und der Orientierung der Textur relativ zum Strahlengang

Meßwerte auftritt, weil die Rauhtiefen stets eine Verteilung von Null bis zum maximalen Durchmesser der Schleifmittelkörner aufweisen.
Um diese Effekte zu verkleinern, werden Meßproben im allgemeinen während der Messung gedreht.

5.2. Anforderungen an die Eichproben

Die bei weitem dominierende Zahl der Einsatzfälle der RFA nutzt Eichproben zur Kalibrierung. Die RFA ist deshalb bis zum gegenwärtigen Zeitpunkt als relatives Analysenverfahren anzusehen. Zwar werden RFA-Verfahren, die auf Eichproben verzichten oder zumindest deren erforderliche Anzahl stark reduzieren können, in zunehmendem Maße ausgearbeitet. Sie stützen sich auf das physikalische Modell der Röntgenfluoreszenzanregung (s. auch Abschn. 5.3.6.) und benötigen daher nur Eichproben zur Normierung des Intensitäts-Konzentrations-Zusammenhanges. Aber bei diesen Modellen treten Schwierigkeiten auf, sobald heterogene Proben (z. B. Pulver) zu behandeln sind.
Die viel häufiger angewandten empirischen Auswerteverfahren erfordern dagegen eine größere Anzahl Eichproben, weil die gesamte Intensitäts-Konzentrations-Beziehung erst durch sie bestimmt wird.
Eine Probe eignet sich als Eichprobe, wenn sie die nachfolgenden Anforderungen erfüllt (s. auch [5.23]):

a) Die *chemische Elementkonzentration* muß mit möglichst geringem Fehler bekannt sein. Von den Eichproben hängt maßgeblich die Richtigkeit der aus RFA-Untersuchungen stammenden Analysenergebnisse ab. Meist werden deshalb die chemischen Konzentrationen der Eichproben mehrfach bestimmt, um höhere Sicherheit zu erreichen.
Die Anzahl der Elemente in der Probe, deren Konzentration bekannt sein muß, hängt vom Auswerteverfahren ab, welches für die RFA eingesetzt werden soll. Empirische Intensitäts-Korrektur-Modelle (Abschn. 5.3.2.) erfordern nur die Kenntnis der Konzentration des bestimmenden Elementes in der Probe, während die Konzentrations-Korrektur-Modelle (Abschn. 5.3.5.) die vollständige Analyse der Probe benötigen. Das ist besonders bei den Analysenproblemen einfach zu realisieren, wo man Eichproben aus der Schmelze der Elemente herstellen kann (z. B. bei metallischen Legierungen), oder bei flüssigen Proben. Grenzen können dort nur durch die nicht vollständige Mischbarkeit gesetzt sein. Dann entstehen inhomogene Proben aus Phasen unterschiedlicher chemischer Zusammensetzung. Hat man dagegen Proben mineralogischer Herkunft zu untersuchen, so ist eine Synthetisierung von vornherein schwierig. Man erhält nur brauchbare Eichproben, wenn ihre mineralogische Struktur und sonstige Beschaffenheit mit der Beschaffenheit des zu analysierenden Materials übereinstimmt. Die Eichproben müssen aus dem Analysenmaterial zusammengestellt und chemisch analysiert werden.

b) Für Eichproben und Analysenproben muß ein *einheitliches Präparationsverfahren* herangezogen werden. Für feste Proben ist eine gleichartige Behandlung der Probenoberfläche notwendig, damit die Rauhtiefen und -strukturen übereinstimmen. Bei der Behandlung von Pulverproben hat sich gezeigt, daß die Art und Weise der Zerkleinerung des Probenmaterials und die Parameter beim Verpressen (Druck, Preßzeit) maßgeblich die meßbare Fluoreszenzintensität bestimmen.

c) Vom Eichprobensatz ist weiter zu fordern, daß eine hinreichende *Anzahl von Eichproben* existiert, um beispielsweise in der empirischen Intensitäts-Konzentrations-Beziehung statistisch gesicherte Regressionskoeffizienten zu erhalten (s. Abschn. 5.3.3.). Diese Eichproben müssen im interessierenden *Konzentrationsbereich* bezüglich der

Konzentration des zu bestimmenden Elementes gleichmäßig verteilt vorliegen. Diese Forderung bereitet oft Schwierigkeiten, vor allem dann, wenn es um den Einsatz der RFA zur Prozeßkontrolle an großtechnischen Anlagen geht. Dort ist es meist aus ökonomischen Gründen nicht vertretbar, absichtlich extreme Prozeßparameter einzustellen. In solchen Fällen werden Eichprobensätze über längere Zeiträume zusammengestellt, in denen die Streubreite der Prozeßparameter erfaßt werden kann.

5.3. Rechnerische Möglichkeiten ohne spezielle Probenvorbereitung

In den Abschnitten 2. und 3. wurden die Wechselwirkungseffekte zwischen anregender Röntgenstrahlung und Probe erläutert, die zur Erzeugung der Fluoreszenzintensität führen.
Dabei stellte sich heraus, daß die Begleitelemente in der Probenmatrix und (vor allem bei pulverförmigen Proben) die Matrixbeschaffenheit entscheidend die Fluoreszenzintensität des zu analysierenden Elementes mitbestimmen. Es wird deshalb i. allg. nicht gelingen, nur anhand dieser Fluoreszenzintensität allein mit hinreichender Genauigkeit auf die Konzentration des Elementes zu schließen.
Für die quantitative Analyse werden deshalb analytische Beziehungen zur Bestimmung der Konzentrationen benutzt, die diese Wechselwirkungseffekte in einem der Praxis genügenden Maß erfassen. Sie möchten insbesondere für die Routineanalyse leicht handhabbar und übersichtlich sein. Dabei sind diese Auswertemodelle unabhängig davon, ob die Fluoreszenzintensitäten auf energiedispersiven oder wellenlängendispersiven Wege gewonnen werden. Man kann die heute gebräuchlichen Beziehungen ihrer physikalischen Form nach in zwei Gruppen teilen:

Empirische Intensitäts-Konzentrations-Beziehungen: Stützt man sich auf die Fluoreszenzintensität der Begleitelemente, um die Probenmatrix zu charakterisieren, erhält man sog. *Intensitäts-Korrektur-Modelle*. Bezieht man dagegen die Konzentrationen der Begleitelemente in den mathematischen Ansatz ein, kommt man zu sog. *Konzentrations-Korrektur-Modellen.*
Alle diese empirischen Beziehungen erfordern Messungen an Eichproben zur Koeffizientenbestimmung.

Physikalisch fundierte Intensitäts-Konzentrations-Beziehungen: Sie stellen aus physikalischen Prinzipien hergeleitete Ausdrücke wie Gl. (2-42) dar, die atomare und apparative Parameter enthalten. Man spricht in diesem Zusammenhang auch vom *Fundamentalparameter-Modell*. Bei seiner Verwendung kann die Zahl der Eichproben gering gehalten werden, weil die theoretischen Beziehungen nur auf die gemessenen Fluoreszenzintensitäten normiert werden müssen.

Routinemäßig werden gegenwärtig vor allem die empirischen Gleichungen benutzt. Sie sind universell verwendbar, haben aber den Nachteil, daß ihre Koeffizienten physikalisch kaum interpretierbar sind. Das gilt vor allem für die Intensitäts-Korrektur-Modelle.

Zur Aufstellung und Nutzung aller Intensitäts-Konzentrations-Beziehungen ist ein Rechner erforderlich.

5.3.1. Grafische Darstellung der Intensitäts-Konzentrations-Beziehung und lineare Eichkurve

Zur Ermittlung der Intensitäts-Konzentrations-Beziehung empfiehlt sich stets die grafische Darstellung des Zusammenhanges zwischen den gemessenen Intensitäten und den bekannten Konzentrationen des zu bestimmenden Elementes. Bereits hier lassen sich Intensitätsmeßfehler und grobe Fehler der chemischen Analyse der Eichproben leicht erkennen. Vor allem aber vermittelt die grafische Darstellung einen ersten Überblick über die Größe der Matrixeinflüsse. Es gibt viele Anwendungsfälle der RFA, in denen man mit linearen Eichkurven arbeiten kann. Hierzu zählt z. B. die Bestimmung von Elementen in engen Konzentrationsbereichen oder mit sehr niedrigen Konzentrationen. Demnach führt eine Probenverdünnung (Lösung, Schmelzaufschluß) meist auch zu linearen Eichkurven.

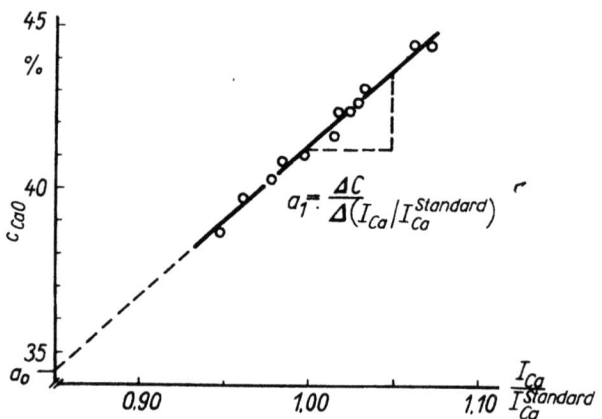

Bild 5-8
Lineare Eichbeziehung für CaO in Zementrohmehl

$c_{CaO} = a_0 + a_1 I_{Ca}/I_{Ca}^{Standard}$

$I_{CaK_\alpha}^{Standard} = 2\,434\,\text{Imp/s}$

Koeffizienten: $a_0 = -4{,}61\,\%$
$a_1 = 45{,}84\,\%$
Reststreuung: $\bar{s}^2 = 0{,}036\,\%$
$(\bar{s} = 0{,}19\,\%)$

Die Meßwerte passen sich in diesem Fall der Eichgeraden gut an, und die Reststreuung (s. Gl. (5-18) und Abschn. 7.5.1.) der Meßpunkte läßt sich durch kompliziertere Intensitäts-Konzentrations-Beziehungen nicht wesentlich verbessern. Die verbleibenden Abweichungen sind also zufälliger Natur. Bild 5-8 gibt ein Beispiel dafür an. Häufig genügt es,

5.3. Rechnerische Möglichkeiten ohne spezielle Probenvorbereitung

den Eichkurvenverlauf visuell festzulegen und der Grafik die beiden Parameter a_{i0} und a_{i1} zu entnehmen, die den Verlauf der Eichgeraden

$$c_i = a_{i0} + a_{i1} I_i \tag{5-6}$$

kennzeichnen.

Exakt geht man vor, wenn man die Parameter über eine *Regressionsrechnung* ermittelt. Dieser Vorgang ist als Spezialfall in der Behandlung allgemeiner empirischer Ansätze enthalten (Abschn. 5.3.3.). Man erhält die *Regressionskoeffizienten* a_{i0} und a_{i1} aus

$$a_{i1} = \frac{\sum_{k=1}^{n} (I_{ik} - \bar{I}_i)(c_{ik} - \bar{c}_i)}{\sum_{k=1}^{n} (I_{ik} - \bar{I}_i)^2} \tag{5-7}$$

und

$$a_{i0} = \bar{c}_i - a_{i1} \bar{I}_i$$

n Anzahl der Eichproben
I_{ik}, c_{ik} Intensitäten und Konzentrationen des zu bestimmenden Elementes der Eichproben

$$\bar{I}_i = \sum_{k=1}^{n} I_{ik}/n; \quad \bar{c}_i = \sum_{k=1}^{n} c_{ik}/n$$

Sobald Matrixeffekte nicht mehr vernachlässigbar sind, weichen die Meßpunkte systematisch von der angenommenen Eichgeraden ab, und man ist auf mathematisch umfangreichere Intensitäts-Konzentrations-Beziehungen angewiesen. Das Kriterium dafür, ob man die lineare Eichbeziehung benutzen kann, bildet die Reststreuung. Anhand dieser Größe muß geprüft werden, ob eine signifikante Verbesserung der Analysengenauigkeit möglich ist.

5.3.2. Intensitäts-Korrektur-Modelle

Bei der quantitativen RFA an Probensystemen mit starkem Matrixeffekt benutzt man häufig Intensitäts-Korrektur-Modelle, weil sie – wie Erfahrungen zeigen – eine geeignete mathematische Form zur Wiedergabe der physikalischen Wechselwirkungen beinhalten und sich für den Routinegebrauch eignen. Es wurde bereits erwähnt, wie der Begriff *Intensitäts-Korrektur* zu verstehen ist. Er bringt zum Ausdruck, daß es die Fluoreszenzintensitäten wesentlicher Elemente der Probe sind, die als charakteristische Größen zur Erfassung des Matrixeffektes und der Probenbeschaffenheit herangezogen werden. Mit ihnen »korrigiert« man die Abweichungen von der Linearität der Intensitäts-Konzentrations-Beziehung des zu bestimmenden Elementes. Es handelt sich also nicht um die Korrektur zufälliger oder systematischer Fehler, die während der Messung aufgetreten sind.

Man geht bei der Modellbildung von der grundsätzlichen Überlegung aus, daß zwischen der Intensität der angeregten Fluoreszenzstrahlung und der Konzentration des zu bestimmenden Elementes ein physikalischer Zusammenhang bestehen muß. Infolge des Matrixeffektes haben auch die Matrixelemente der Probe einen Einfluß. Demnach läßt sich, ohne den funktionellen Zusammenhang näher anzugeben, formal schreiben

$$I_i = F(c_1 \ldots, c_i, \ldots c_m) \tag{5-8a}$$

c_i Konzentration der m Elemente der Probe
I_i Intensität des zu bestimmenden Elementes i

Da man aber eigentlich die Konzentration c_1 zu bestimmen wünscht, folgt aus der Umkehrfunktion

$$c_i = f(I_1, \ldots, I_i, \ldots I_m) \tag{5-8b}$$

I_i Intensitäten der Spektrallinien von m Elementen der Probe

Dabei setzt man voraus, daß sich die Information über die Konzentration der Begleitelemente näherungsweise auch mit den Fluoreszenzintensitäten dieser Elemente darstellen läßt. Entwickelt man die Funktion f als *Potenzreihe*, so erhält man für das Polynom

$$c_i = a_{i0} + a_{i1} I_i + a_{i2} I_i^2 + I_i \sum_{\substack{j=1 \\ j \neq i}}^{m} m_{ij} I_j + \sum_{\substack{j=1 \\ j \neq i}}^{m} b_{ij} I_j + \sum_{\substack{j=1 \\ j \neq i}}^{m} d_{ij} I_j^2 \tag{5-9}$$

wobei der Potenzgrad 2 nicht überschritten wird (unvollständige Entwicklung).
Zumeist benutzt man Modelle, in denen die zu bestimmenden Koeffizienten linear sind. Ihre rechnerische Bestimmung geschieht mit Hilfe der mehrfachen linearen Regression. Gl. (5-9) hat eine recht einfache Bedeutung. Die ersten drei Summanden beinhalten den Zusammenhang zwischen Intensität und Konzentration vom zu bestimmenden Element i selbst. Das absolute Glied a_{i0} verschwindet manchmal. Das kann dann der Fall sein, wenn die Auswertung mit Nettointensitäten ausgeführt wird und man sich im Bereich kleiner Konzentrationen befindet.
Der Regressionskoeffizient a_{i1} ist der wesentlichste in der gesamten Beziehung, weil er den unmittelbaren Zusammenhang zwischen der Intensität I_i des zu bestimmenden Elementes und dessen Konzentration c_i widerspiegelt. Im Grunde genommen verkörpert er die Empfindlichkeit des Meßverfahrens. Der Koeffizient a_{i2} wird nur benötigt, wenn eine deutliche Eichkurvenkrümmung vorliegt, weil er mit I_i^2 verknüpft ist. Die weiteren Summanden in Gl. (5-9) schließlich erfassen alle Intensitäten I_j der Elemente j in der Probenmatrix, die durch Schwächung der Strahlung und/oder Interelementanregung die Fluoreszenzintensität des zu untersuchenden Elementes beeinflussen. Bewährt haben sich lineare Intensitätstherme I_j und quadratische in der Form I_j^2 bzw. $I_i I_j$. Damit werden auch Linienüberlagerungen berücksichtigt. Gl. (5-9) kann für alle Elemente, die in der Probe analysiert werden sollen, geschrieben werden. Für die Routineanalyse besitzt er einige Vorteile. Der Ansatz ist infolge seiner empirischen Natur für die Verwendung von Brutto- oder Nettointensitäten und auch von Intensitätsverhältnissen geeignet. Der *Relativmessung* wird in der Mehrzahl der Anwendungsfälle der Vorzug gegeben. Dabei bezieht man alle Intensitätswerte auf aktuelle Intensitätswerte einer Standardprobe. Diese sollte nach Möglichkeit dem zu analysierenden Probensystem entstammen und wird in solchen Zeitabständen wiederholt gemessen, in denen mit Sicherheit keine signifikante *Intensitätsdrift* nachweisbar ist. Mit diesem Bezug der Intensitäten auf die aktuellen der Standardprobe gelingt es, langfristig die Intensitätsdrift des Gerätesystems zu kompensieren und den Zeitraum bis zur erforderlichen Neueichung zu vergrößern (s. Abschnitt 5.4.1.).

5.3. Rechnerische Möglichkeiten ohne spezielle Probenvorbereitung

Die Möglichkeit der Verwendung von Bruttointensitäten im empirischen Ansatz stellt gegenüber anderen Auswertemodellen zweifellos einen Vorteil dar, weil die Bestimmung des kontinuierlichen Streuuntergrundes unter der Spektrallinie entfallen kann.
Diese Untergrundbestimmung ist z. B. bei wellenlängendispersiv arbeitenden Mehrkanalgeräten ohnehin kaum realisierbar. Die Erleichterungen bezüglich der Meßwertaufbereitung reichen noch weiter. Gewöhnlich verzichtet man nämlich auch auf die Totzeitkorrektur der Intensitätsmeßwerte, weil die Intensitätsverluste praktisch vom empirischen Modell mit erfaßt und eingeeicht werden.
Zu den Vorteilen zählt auch, daß die Konzentration nur für die Elemente in den Eichproben bekannt sein muß, die später analysiert werden sollen. Darin liegt ein wesentlicher Vorteil des Ansatzes (5-9) gegenüber den Konzentrations-Korrektur-Modellen, die stets vollständig bekannte Proben benötigen. Um den erforderlichen Umfang der Koeffizientenanzahl im Ansatz (5-9) festlegen zu können, ist lediglich die Kenntnis der qualitativen Zusammensetzung der Proben notwendig.
Selbstverständlich werden in Gl. (5-9) keine Wechselwirkungskoeffizienten m_{ij}, b_{ij} oder d_{ij} solcher Begleitelemente berücksichtigt, deren Einfluß aus physikalischen Gründen (niedrige Konzentration, leichtes Element usw.) vernachlässigbar ist. Der Einfluß des Begleitelementes ist dann stets außer acht zu lassen, wenn es einen kleinen Massenschwächungskoeffizienten $(\mu/\varrho)_j$ für die anregende Primärstrahlung und die Fluoreszenzstrahlung des zu bestimmenden Elementes hat. Das gilt auch, wenn keine oder nur wesentliche Interelementanregung möglich ist, weil das Begleitelement j in der Ordnungszahl unter dem zu analysierenden Element oder weit über ihm liegt. Besonderheiten bestehen auch, wenn das Begleitelement in allen Proben in praktisch gleichbleibender Konzentration c_j vorhanden ist. Dann kann zumindest m_{ij} entfallen. Insofern ist es durchaus üblich, den empirischen Ansatz aus physikalischen Gründen abzurüsten. Die Gl. (5-9), die Summationen über alle Begleitelemente enthält, stellt also einen Ausdruck maximalen Umfangs dar.
Die Reduzierung der Koeffizientenanzahl von vornherein schließt eine statistische Prüfung der Signifikanz der verbleibenden Koeffizienten nach erfolgter linearer Regression nicht aus, weil sich infolge der empirischen Natur des Ansatzes (5-9) der Betrag der Koeffizienten vorab schlecht übersehen läßt.
Die Intensitäts-Korrektur-Modelle schlugen LUCAS-TOOTH und PRICE [5.24] vor, die bereits 1961 einen im Vergleich zu Gl. (5-9) stark abgerüsteten Ausdruck der Form

$$c_i = a_{i0} + a_{i1} I_i + I_i \sum_{\substack{j=1 \\ j \neq i}}^{m} m_{ij} I_j \tag{5-10}$$

für die Analyse von Messing und Bronzen einsetzten. Empirische Polynome dieser Form wurden später auch von PLESCH [5.25] und JENKINS [5.26] untersucht.

5.3.3. Regression und Koeffizientenbewertung

Aufgabe der Regressionsrechnung ist es, die Koeffizienten a_{i0}, a_{i1}, a_{i2}, m_{ij}, b_{ij}, und d_{ij}, der Modell-Gl. (5-9) zu ermitteln. Das geschieht mit Hilfe der Gaußschen Methode der kleinsten Fehlerquadrate. Danach erhält man als Bedingungsgleichung für die Schätzwerte

$$\sum_{k=1}^{n} (c_{ik}^{chem} - c_{ik})^2 = \text{Minimum} \qquad (5\text{-}11)$$

Die Summe der Abweichungsquadrate zwischen den nach der Modell-Gl. (5-9) berechneten Konzentrationen c_{ik} und den Konzentrationen der Eichproben c_{ik}^{chem} soll für alle n Eichproben ein Minimum annehmen. Die Intensitäts-Konzentrations-Beziehung wird sich demnach den Konzentrationen c_{ik}^{chem} des Eichprobensatzes optimal anpassen.

Über die Regressionsverfahren gibt es umfangreiche mathematische Literatur (insbesondere bezüglich der mathematischen Voraussetzungen siehe z. B. [5.27] oder [5.28]).

Für die Koeffizientenbestimmung erweist sich eine Bezeichnungsänderung in Gl. (5-9) als zweckmäßig, die zu übersichtlichen mathematischen Ausdrücken führt. Dabei wird auf den Index i zur Kennzeichnung des zu bestimmenden Elementes verzichtet und eine Vereinheitlichung in der Benennung der Regressionskoeffizienten und der Intensitäten bzw. der Intensitätsquadrate herbeigeführt. Dafür wird ein Index k eingeführt, der die Nummer der Eichprobe kennzeichnet. Man erhält für die Modellgleichung, angewandt auf die Eichprobe,

$$Y_k = a_0 + a_1 x_{1k} + \ldots + a_p x_{pk}; \quad k = 1 \ldots n \qquad (5\text{-}12)$$

Y_k berechnete Elementkonzentration
$x_{1k} \ldots x_{pk}$ Intensitäten und -quadrate gemäß Gl. (5-9) oder einer abgerüsteten Form
$a_0 \ldots a_p$ partielle Regressionskoeffizienten
$p + 1$ Anzahl der partiellen Regressionskoeffizienten (von 0 bis p indiziert)
n Anzahl der Eichproben

Die bekannten Konzentrationen des zu bestimmenden Elementes der Eichproben werden mit y_k bezeichnet.

Mit Gl. (5-12) führt die Forderung der Gl. (5-11) auf das folgende Gleichungssystem

$$n a_0 + \sum_{k=1}^{n} x_{1k} a_1 + \ldots + \sum_{k=1}^{n} x_{pk} a_p = \sum_{k=1}^{n} y_k$$

$$\sum_{k=1}^{n} x_{1k} a_0 + \sum_{k=1}^{n} x_{1k}^2 a_1 + \ldots + \sum_{k=1}^{n} x_{1k} x_{pk} a_p = \sum_{k=1}^{n} x_{1k} y_k$$

$$\sum_{k=1}^{n} x_{pk} a_0 + \sum_{k=1}^{n} x_{1k} x_{pk} a_1 + \ldots + \sum_{k=1}^{n} x_{pk}^2 a_p = \sum_{k=1}^{n} x_{pk} y_k \qquad (5\text{-}13)$$

welches noch vereinfacht werden kann. Dividiert man die erste Gleichung dieses Systems durch die Anzahl der Eichproben n und löst nach a_0 auf, so erhält man

$$a_0 = \bar{y} - a_1 \bar{x}_1 - \ldots - a_p \bar{x}_p \qquad (5\text{-}14)$$

und wenn die Abkürzungen eingeführt werden:

$$\bar{y} = \sum_{k=1}^{n} y_k / n \quad \text{und} \quad \bar{x}_i = \sum_{k=1}^{n} x_{ik} / n \qquad (5\text{-}15)$$

5.3. Rechnerische Möglichkeiten ohne spezielle Probenvorbereitung

setzt man a_0 gemäß Gl. (5-9) in den übrigen Gleichungen des Systems (5-8) ein, so bekommt man ein lineares Gleichungssystem, welches zu lösen ist und die eigentliche numerische Aufgabe der Regressionsrechnung darstellt:

$$S_{11} a_1 + S_{12} a_2 + \ldots + S_{1p} a_p = S_{1y}$$
$$S_{21} a_1 + S_{22} a_2 + \ldots + S_{2p} a_p = S_{2y}$$
$$S_{p1} a_1 + S_{p2} a_2 + \ldots + S_{pp} a_p = S_{py} \tag{5-16}$$

Die S_{ij} beschreiben die *Kovarianz* innerhalb der gemessenen Fluoreszenzintensitäten bzw. der Intensitätsquadrate. Sie ergeben sich aus

$$S_{ij} = \sum_{k=1}^{n} (x_{ik} - \bar{x}_i)(x_{jk} - \bar{x}_j) = \sum_{k=1}^{n} x_{ik} x_{jk} - \bar{x}_i \sum_{k=1}^{n} x_{jk} \quad (i, j = 1 \ldots p) \tag{5-17a}$$

und bilden die Elemente einer Dreiecksmatrix, weil gilt

$$S_{ij} = S_{ji}$$

Die Kovarianz zwischen den Intensitäten (bzw. den Intensitätsquadraten) und den Konzentrationen errechnet man analog aus

$$S_{ij} = \sum_{k=1}^{n} (x_{ik} - \bar{x}_i)(y_k - \bar{y}) = \sum_{k=1}^{n} x_{ik} y_k - \bar{y} \sum_{k=1}^{n} x_{ik} \quad (i = 1 \ldots p) \tag{5-17b}$$

Nach der Lösung der Gl. (5-16) sind unter Hinzunahme von Gl. (5-14) alle partiellen Regressionskoeffizienten der Modellgleichung bekannt.
Zur Schätzung der Streuung $\bar{s}^2$ der Konzentrationswerte Y_k dient die *Reststreuung* (auch Streuung um die Regressionsfunktion genannt), die definiert ist durch

$$\bar{s}^2 = \frac{\sum_{k=1}^{n} (Y_k - y_k)^2}{n - (p + 1)} \tag{5-18}$$

Symbole siehe Legende zu Gl. (5-12)

Sie liefert eine Aussage über die Güte der Anpassung der empirischen Intensitäts-Konzentrations-Beziehung an die Meßwerte vom analysierten Element der Eichproben und wird häufig zur Bewertung des Analysenverfahrens mit herangezogen (vgl. auch Abschn. 7.5.1.).
Zur Durchführung der Regressionsrechnung sollte die Zahl n der benutzten Eichproben deutlich größer als die Anzahl $(p + 1)$ der Regressionskoeffizienten sein. Günstig ist $n \approx 2(p + 1)$.
Darüber hinaus muß man stets bedenken, daß neben der Anzahl der Eichproben ihre Konzentrationsverteilung sehr wesentlich ist. Davon werden die Regressionskoeffizienten auch bestimmt. Insbesondere ist es unzulässig, die empirischen Intensitäts-Konzentrations-Beziehungen über ihren Konzentrations-Definitionsbereich hinaus für die Analyse zu verwenden. Dieser Bereich wird ebenfalls von den Konzentrationen der Eichproben bestimmt.

Die Regressionskoeffizienten der linearen Eichkurve gemäß Gl. (5-6) ergeben sich mit Hilfe der eingeführten Kovarianzen sehr einfach zu

$$a_0 = \bar{y} - a_1 \bar{x}_1; \quad a_1 = \frac{S_{1y}}{S_{11}} \qquad (5\text{-}19)$$

Die Modell-Gl. (5-9) kann aber je nach Probensystem sehr viele Regressionskoeffizienten enthalten, und es ist wichtig, zu prüfen, ob etwa einige der inbegriffenen Regressionskoeffizienten (und damit ihre zugehörigen Intensitäten) einen statistisch nicht gesicherten Beitrag zur Regression leisten.
Zur diesbezüglichen Optimierung der Intensitäts-Konzentrations-Beziehung auf die Zahl der unbedingt erforderlichen Koeffizienten ist es deshalb zweckmäßig, einen einfachen *Koeffizienten-Signifikanz-Test* anzuschließen. Die Grundlagen dafür stellt die mathematische Statistik bereit (z. B. [5.21]).
Bei diesem Test reduziert man die vorgegebene Modellgleichung schrittweise um die statistisch nichtsignifikanten Terme, bis man ein Polynom erhält, dessen Glieder alle zur Beschreibung der Intensitäts-Konzentrations-Beziehung benötigt werden. Natürlich nimmt dabei der Rechenaufwand wesentlich zu, weil die Regressionsrechnung mehrfach mit jeweils einer um ein Glied verringerten Modellgleichung durchzuführen ist.
Man geht folgendermaßen vor:
Um zu entscheiden, ob der Regressionskoeffizient a_1 einen wesentlichen Beitrag zur Intensitäts-Konzentrations-Beziehung liefert, wird eine statistische Testgröße

$$\hat{F}_1 = \frac{SQ - SQ^{(1)}}{\bar{s}^2} f_1 = 1; \quad f_2 = n - (p + 1) \qquad (5\text{-}20)$$

gebildet. Sie stellt das Verhältnis zweier Streuungsmaße dar und gehorcht deshalb einer statistischen F-(Fischer-)Verteilung mit den beiden Freiheitsgraden f_1, f_2.
SQ beschreibt die Streuung der Konzentrationswerte aus der Regressionsrechnung um das Gesamtmittel der Konzentrationen und ergibt sich deshalb zu

$$SQ = \sum_{k=1}^{n} (Y_k - \bar{y})^2 = \sum_{i=1}^{p} a_i S_{iy} \qquad (5\text{-}21a)$$

Die Größe $SQ^{(1)}$ beschreibt eine ebensolche Streuung, wie man sie aber erhält, wenn der empirische Ansatz um den Term mit dem Regressionskoeffizienten a_1 verringert wurde. Folglich ergibt sich

$$SQ^{(1)} = \sum_{k=1}^{n} (Y_k^{(1)} - \bar{y})^2 = \sum_{\substack{i=1 \\ i \neq 1}}^{p} a_i^{(1)} S_{iy} \qquad (5\text{-}21b)$$

$\bar{s}^2$ erfaßt dagegen die Streuung der einzelnen Konzentrationswerte um die Regressionsfunktion und stellt wieder die Reststreuung nach Gl. (5-18) dar.
Im empirischen Ansatz der Intensitäts-Konzentrations-Beziehung wird nun schrittweise jeweils ein Term (d. h. ein Regressionskoeffizient) ausgelassen und für diesen Fall die zugehörige Testgröße $\hat{F}_1$ berechnet. Diese Größen $\hat{F}_1$ werden mit dem Wert $F_{1, n-(p+1), p}$ der *F-Verteilung* verglichen. Einige oft benötigte Werte der F-Verteilung sind in Tabelle 5-6 zusammengestellt.

Für die *statistische Sicherheit* wird meist ein Wert $P = 0,95$ gewählt. In der Intensitäts-Konzentrations-Beziehung wird der Term mit dem Regressionskoeffizienten a_1 gestrichen, für dessen zugeordnete Prüfgröße gilt

$$\hat{F}_1 < F_1, n - (p + 1), P \tag{5-22}$$

Sollten mehrere Prüfgrößen die Gl. (5-22) erfüllen, wird nur der Regressionskoeffizient mit der kleinsten zugehörigen Prüfgröße eliminiert.

Tabelle 5-6
Obere Werte der F-Verteilung $F_{f_1, f_2, P}$; statistische Sicherheit $P = 0,95$

f_2	f_1					
	1	2	4	6	8	10
1	161	200	225	234	239	242
2	18,5	19,0	19,3	19,3	19,4	19,4
4	7,7	6,9	6,4	6,2	6,0	6,0
6	6,0	5,1	4,5	4,3	4,2	4,1
8	5,3	4,5	3,8	3,6	3,4	3,4
10	5,0	4,1	3,5	3,2	3,1	3,0
20	4,4	3,5	2,9	2,6	2,5	2,4

Dann wird mit dem um einen Regressionskoffizienten verkleinerten Modell die Regression erneut durchgeführt und gegebenenfalls anhand der Testergebnisse ein weiterer Koeffizient gestrichen. Der Vorgang läuft so lange, bis keine Testgröße eines Regressionskoeffizienten die Gl. (5-22) mehr erfüllt.

Prinzipiell ist auch das umgekehrte Vorgehen bei der statistischen Koeffizientenbewertung möglich, d. h., das schrittweise Erweitern einer empirischen Intensitäts-Konzentrations-Beziehung so lange, bis sie alle signifikanten Glieder enthält. Diesen Weg hat z. B. STEPHENSON [5.30] für die Aufstellung der optimalen Intensitäts-Konzentrations-Beziehung bei der Analyse von feuerfestem Material erprobt.

5.3.4. Konzentrationsbestimmung in Stahl (als Beispiel)

Zur Veranschaulichung des rechnerischen Eichvorganges bei der quantitativen RFA mit Hilfe des Intensitäts-Korrektur-Modells wird im folgenden die Bestimmung der Cr-Konzentration in einem Cr-Ni-Stahl behandelt.

Das Probensystem enthält neun Elemente, deren Konzentrationsbereiche in Tabelle 5-7 zusammengestellt sind. Der Eichprobensatz umfaßt 12 Proben. Er wurde am Mehrkanalgerät SKM 18 bei Anregung mit einer Palladium-Röhre BCHW 12 (40 KV/50 mA) gemessen.

Die grafische Darstellung $c_{Cr} = f(I_{Cr})$ gemäß Bild 5-9 zeigt, daß Matrixeffekte auftreten und demzufolge die Meßwerte in starkem Maße um eine angenommene lineare Eichkurve $c_{Cr} = a_0 + a_1 I_{Cr}$ streuen. Man erhält in diesem Fall eine Reststreuung $\bar{s}^2 = 0,77\%$,

Tabelle 5-7
Probensystem Cr-Ni-Stahl

Element	Konzentrationsbereich [%]	Element	Konzentrationsbereich [%]
C	bis 1,0	Fe	51,7...79,1
Si	0,3...1,3	Co	0,1... 0,4
Ti	bis 0,1	Ni	2,5...19,7
Cr	8,8...26,7	Mo	bis 2,2
Mn	0,2...1,9		

die für die quantitative Elementanalyse in Stahl unvertretbar hoch ist. Deshalb nutzt man besser zur Konzentrationsauswertung ein Intensitäts-Korrektur-Modell.
Als Ansatz für die Intensitäts-Konzentrations-Beziehung zur Ermittlung der Cr-Konzentration wird folgende Gleichung vorgeschlagen:

$$c_{Cr} = a_0 + a_1 I_{Cr} + a_2 I_{Fe} + a_3 I_{Ni} + a_4 I_{Cr}^2 + a_5 I_{Fe}^2 + a_6 I_{Ni}^2 + a_7 I_{Cr} I_{Ni} + a_8 I_{Cr} I_{Fe} \quad (5\text{-}23)$$

In diesem Modell treten nur die Elemente Cr, Fe und Ni auf. Die Berücksichtigung des Einflusses der übrigen Elemente kann entfallen, weil sie in relativ niedriger Konzentration vorkommen. Zum anderen zwingt die geringe Anzahl der verfügbaren Eichproben dazu. Darauf bezogen ist die Gl. (5-23) mit neun Regressionskoeffizienten jetzt schon extrem groß. Allerdings wird sich der nachfolgenden Rechnung zufolge eine Intensitäts-Konzentrations-Beziehung ergeben, die als optimale Anzahl nur noch fünf Regressionskoeffizienten enthält. Damit ist dann die Forderung, daß die Zahl der Eichproben

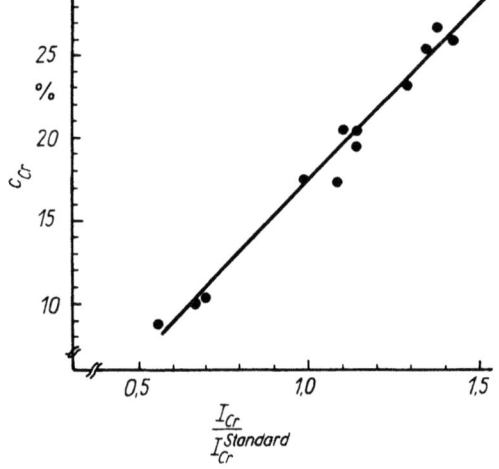

Bild 5-9
Lineare Eichbeziehung zur Bestimmung von Cr in Cr-Ni-Stahl
$c = a_0 + a_1 I_{Cr}/I_{Cr}^{Standard}$
Koeffizienten: $a_0 = -3,73\%$
$a_1 = 20,91\%$
Reststreuung: $\bar{s}^2 = 0,77\%$
($\bar{s} = 0,88\%$)

wenigstens doppelt so groß sein soll wie die Anzahl der Regressionskoeffizienten, am Ende erfüllt. In der Praxis ist es häufig schwierig, hinreichend viele Eichproben bei gleicher Probenqualität zur Verfügung zu stellen.
In Tabelle 5-8 sind die für eine Handhabung der Intensitäts-Konzentrations-Beziehung der Gl. (5-23) notwendigen Intensitäten und Konzentrationen des Eichprobensatzes zu-

5.3. Rechnerische Möglichkeiten ohne spezielle Probenvorbereitung

Tabelle 5-8
Konzentrationen und Intensitäten des Eichprobensatzes Cr-Ni-Stahl

Konzentration c_{Cr} [%]	Relative Intensitäten		
	I_{Cr}	I_{Ni}	I_{Fe}
17,3	1,0885	0,22424	1,1684
25,1	1,3676	0,45613	0,8873
19,4	1,1517	0,60942	1,0149
26,0	1,4391	0,37851	0,8917
10,2	0,6686	0,99090	1,2676
10,3	0,6832	0,82980	1,2814
20,2	1,1468	1,01700	0,9443
23,1	1,2901	1,28680	0,8510
20,4	1,1133	0,83540	0,5989
8,8	0,5608	1,05780	1,2651
26,7	1,3864	1,91900	0,7319
17,4	1,0000	1,00000	1,0000

sammengestellt. Es wurden relative Intensitäten verarbeitet. Die letzte Probe dient als Standard für die Relativmessung.

Mit diesen Konzentrationen und Intensitäten, ihren Quadraten und gemischten Termen

Tabelle 5-9
Kovarianzmatrix S_{ij}, S_{iy}
(Unter den Matrixelementen S_{iy} steht in Klammern der Korrelationskoeffizient r_{iy})

		x_1 I_{Cr}	x_2 I_{Fe}	x_3 I_{Ni}	x_4 I_{Cr}^2	x_5 I_{Fe}^2	x_6 I_{Ni}^2	x_7 I_{CrNi}	x_8 I_{CrFe}	y c [%]
x_1	I_{Cr}	0,9627	−0,5595	0,0430	1,9211	−1,1727	0,4313	0,8749	0,4612	20,1282 (0,991)
x_2	I_{Fe}		0,5321	−0,2789	−1,0946	1,0418	−0,7485	−0,8899	−0,0469	−12,5742 (−0,833)
x_3	I_{Ni}			2,2608	−0,0219	−0,4951	4,6664	2,8988	−0,4383	2,1488 (0,069)
x_4	I_{Cr}^2				3,8893	−2,2945	1,0413	1,8017	9151	40,4220 (0,990)
x_5	I_{Fe}^2					2,0679	−1,3380	−1,7468	−0,1811	−26,0705 (−0,876)
x_6	I_{Ni}^2						10,4779	6,5812	−0,5551	15,0782 (0,225)
x_7	I_{CrNi}							4,6670	−0,1029	22,0214 (0,492)
x_8	I_{CrFe}								0,4751	8,4992 (0,596)
y	c [%]									428,570 (1,0)

$I_{Cr} I_{Fe}$ bzw. $I_{Cr} I_{Fe}$ lassen sich die Kovarianzen S_{ij} und S_{iy} gemäß Gl. (5-17) als Koeffizienten des linearen Gleichungssystems (5-16) berechnen. Sie sind in Tabelle 5-9 zusammengestellt.

Durch eine »Normierung« von S_{ij} bzw. S_{iy} mit den Standardabweichungen $\sqrt{S_{ii}}$ und $\sqrt{S_{jj}}$ bzw. $\sqrt{S_{yy}}$ erhält man den empirischen *Korrelationskoeffizienten*. Er bestimmt die Korrelation der Intensitätswerte untereinander (r_{ij}) und die Korrelation zwischen den Intensitäten und der Konzentration (r_{iy}) gemäß

$$r_{ij} = \frac{S_{ij}}{\sqrt{S_{ii} S_{jj}}} \quad \text{bzw.} \quad r_{iy} = \frac{S_{iy}}{\sqrt{S_{ii} S_{yy}}} \quad -1 \leq r \leq 1 \tag{5-24}$$

und ist ein Maß für die Stärke und Richtung des linearen Zusammenhanges der beteiligten Größen. Aus einer positiven Korrelation folgt, daß sich die Größen gleichsinnig bezüglich des Vorzeichens ändern. Bei negativem Vorzeichen ist das nicht der Fall. Man entnimmt der Tabelle 5-9 beispielsweise, daß eine sehr strenge Korrelation (+0,99) zwischen der Intensität I_{Cr} und der zugehörigen Konzentration c_{Cr} auftritt, wie man das er-

Tabelle 5-10
Regressionskoeffizienten und Testgrößen bei der schrittweisen Optimierung der Modellgleichung

	a_0	I_{Cr} a_1	I_{Fe} a_2	I_{Ni} a_3	I_{Cr}^2 a_4	I_{Fe}^2 a_5	I_{Ni}^2 a_6	I_{CrNi} a_7	I_{CrFe} a_8	$\bar{s}$ [%]
1. Ansatz	−60,095	75,554	72,335	−0,285	−10,507	−22,663	1,959	−3,451	−35,529	0,267
Testgröße $\hat{F}$	3,445	4,198	5,174	0,003	1,398	5,500	5,002	0,620	4,278	
	Tafelwert $F_{1,3;\,0,95}$ = 10,1 Koeffizient a_3 wird eliminiert									
2. Ansatz	−60,543	76,365	71,832	−	−10,733	−22,322	1,974	−3,684	−35,569	0,218
Testgröße $\hat{F}$	5,619	7,634	8,262	−	2,762	12,597	8,523	7,470	6,472	
	Tafelwert $F_{1,4;\,0,95}$ = 7,7 Koeffizient a_4 wird eliminiert									
3. Ansatz	−18,643	30,666	31,922	−	−	−13,225	1,251	−1,941	−12,773	0,294
Testgröße $\hat{F}$	13,067	81,735	12,432	−	−	10,195	3,178	2,863	13,606	
	Tafelwert $F_{1,5;\,0,95}$ = 6,6 Koeffizient a_7 wird eliminiert									
4. Ansatz	−19,687	32,215	29,032	−	−	−10,171	0,083	−	−14,340	0,345
Testgröße $\hat{F}$	10,755	70,780	7,756	−	−	5,414	0,310	−	13,437	
	Tafelwert $F_{1,6;\,0,95}$ = 6,0 Koeffizient a_6 wird eliminiert									
5. Ansatz	−21,401	33,482	31,729	−	−	−10,988	−	−	−15,714	0,325
Testgröße $\hat{F}$	19,782	136,15	13,482	−	−	8,08	−	−	30,965	
	Tafelwert $F_{1,7;\,0,95}$ = 5,6 alle Koeffizienten signifikant ($\hat{F}$ > Tafelwert F)									

5.3. Rechnerische Möglichkeiten ohne spezielle Probenvorbereitung

wartet. Auch der Matrixeinfluß vom Eisen, dargestellt durch den Korrelationskoeffizienten zwischen der Intensität I_{Fe} und der Konzentration c_{Cr}, erweist sich als sehr wesentlich, ($-0,83$). Dagegen ist eine Korrelation zwischen der Intensität I_{Ni} und der zu ermittelnden Cr-Konzentration nicht gegeben. Wie man erkennt, eignen sich die Korrelationskoeffizienten gut zur qualitativen Beurteilung der Intensitäts-Konzentrations-Zusammenhänge.

Im nächsten Schritt wird die numerische Bestimmung der Regressionskoeffizienten und der zugehörigen Testgrößen F für die Beurteilung der Signifikanz eines jeden Koeffizienten ausgeführt. Die Ergebnisse sind in Tabelle 5-10 zusammengestellt.
Man entnimmt der Tabelle, 1. Zeile, daß der Regressionsansatz, von dem man in Gl. (5-23) ausgegangen ist, zu einer Anpassung mit der Streuung $\bar{s} = 0,27\%$ führt ($\bar{s}$-Quadratwurzel aus der Reststreuung $\bar{s}^2$). Bei der Optimierung der Anzahl der Regressionskoeffizienten wird nun jeweils der Term eliminiert, dessen Regressionskoeffizient die kleinste Testgröße $\hat{F}$ besitzt. Das erfolgt so lange, bis alle Testgrößen größer als der Tafelwert der F-Verteilung sind. Im ersten Schritt handelt es sich um den Term $a_3 I_{Ni}$, danach werden $a_4 I_{Cr}^2$, $a_7 I_{Cr} I_{Ni}$ und $a_6 I_{Ni}^2$ in dieser Reihenfolge gestrichen. Trotz der Reduzierung des Ansatzes vergrößert sich der Zahlenwert der Reststreuung $\bar{s}$ nur unwesentlich zum ursprünglichen Ansatz ($\bar{s} = 0,33\%$). Dieser Wert wird bestimmt durch die

- impulsstatistischen Schwankungen bei der Intensitätsmessung,
- Fehler in der chemischen Analyse der Eichproben,
- Abweichungen in der Reproduzierbarkeit der Probenzuführung,
- Intensitätsinstabilitäten.

Er kann bei der Routineanalyse von Cr in diesen Stahlproben mit dem gewählten Gerätesystem und unter diesen Meßbedingungen nicht unterboten werden.
Als optimale Intensitäts-Konzentrations-Beziehung erhält man für die Bestimmung der Cr-Konzentrationen

$$c_{Cr} = a_0 + a_1 I_{Cr} + a_2 I_{Fe} + a_5 I_{Fe}^2 + a_8 I_{Cr} I_{Fe}$$

wobei offensichtlich nur noch die relativen Intensitäten der Elemente Cr und Fe benötigt werden. Alle Koeffizienten sind für die Intensitäts-Konzentrations-Beziehung wesentlich ($\hat{F} > F_{1,7;\,0,95} = 5,6$).

5.3.5. Konzentrations-Korrektur-Modelle

Auch andere Modelle finden zur Beschreibung der Intensitäts-Konzentrations-Beziehung für die quantitative RFA Anwendung. Wenn sie die Elementkonzentrationen als Größen zur Beschreibung der Matrixeffekte nutzen, spricht man von Konzentrations-Korrektur-Modellen.
Grundlage dafür ist die Gl. (2-42), die die Fluoreszenzintensität einer Spektrallinie des zu bestimmenden Elementes in der Probe bei polychromatischer Anregung beschreibt. Dieser mathematische Ausdruck wird stark vereinfacht und führt so auf eine allgemeine Modellgleichung, die verschieden modifiziert angewendet wird und dann meist nur noch em-

pirischen Charakter hat. Die Vereinfachung besteht in folgendem: Man setzt eine monochromatische Anregung voraus und führt dazu eine effektive Wellenlänge $\bar{\lambda}$ des Primärspektrums ein[1]. Dann ergibt sich die Fluoreszenzintensität I_i des zu bestimmenden Elementes, i mit der Konzentration c_i zu

$$I_{ik} = K Q_{iK} c_i \frac{I_0(\bar{\lambda})\,(\tau/\varrho)_i}{\dfrac{(\mu/\varrho)}{\sin\varphi} + \dfrac{(\mu/\varrho)_{ik\alpha}}{\sin\psi}} \qquad (5\text{-}25)$$

Die Massenschwächungskoeffizienten (μ/ϱ) und $(\mu/\varrho)_{ik\alpha}$ im Nenner von Gl. (5-25) setzen sich gemäß Gl. (2-24) aus dem Massenschwächungskoeffizienten der Probenelemente zusammen, wobei die Anteile durch die Konzentration c_j bestimmt werden. Man kann deshalb für den Nenner die Kurzschreibweise

$$\frac{(\mu/\varrho)}{\sin\varphi} + \frac{(\mu/\varrho)_{ik\alpha}}{\sin\psi} = \sum_{j=1}^{m} c_j \overline{(\mu/\varrho)}_j \qquad (5\text{-}26)$$

einführen, wobei $\overline{(\mu/\varrho)}_j$ die Summe der Massenschwächungskoeffizienten (unter Berücksichtigung der $\sin\varphi$ und $\sin\psi$), des Probenelementes j für die anregende Röntgenstrahlung und die Fluoreszenzstrahlung vom zu analysierenden Element beschreibt. Die Probe enthält m Elemente.

Bezieht man die Intensität aus Gl. (5-25) auf diejenige des reinen Elementes, so folgt in der Kurzschreibweise

$$\frac{I_i}{I_i^{100}} = \frac{c_i \overline{(\mu/\varrho)}_i}{\sum\limits_{j=1}^{m} c_j \overline{(\mu/\varrho)}_j} \qquad (5\text{-}27)$$

Diese Beziehung ist der Ausgangspunkt für eine Reihe von Konzentrations-Korrektur-Modellen.

Formt man Gl. (5-27) für die Konzentrationsbestimmung um zu

$$c_i \left(\frac{I_i^{100} - I_i}{I_i} \right) - \sum_{\substack{j=1 \\ j \neq i}}^{m} c_j \frac{\overline{(\mu/\varrho)}_j}{\overline{(\mu/\varrho)}_i} = 0 \qquad (5\text{-}28)$$

und stellt diese Beziehung für alle m Elemente der Probe dar, so hat man ein homogenes Gleichungssystem zur Bestimmung der Konzentrationen, wie es BEATTY und BRISSEY [5.33] bereits 1954 vorgeschlagen haben. Allerdings gelingt es nicht, die Quotienten $\overline{(\mu/\varrho)}_j / \overline{(\mu/\varrho)}_i$ der Massenschwächungskoeffizienten bereitzustellen, weil die angenommene effektive Wellenlänge des anregenden Spektrums nicht bekannt ist. So faßt man die Quotienten als Regressionskoeffizienten auf und bestimmt sie mit Hilfe von Eichproben.

Mit der Gl. (5-22) läßt sich auch sofort der Ansatz interpretieren, den MARTI [5.34] zur Konzentrationsbestimmung vorgeschlagen hat und der zuweilen für die quantitative Analyse Verwendung findet. Nach seiner Darstellung gilt

---

[1] Mit dem Problem, eine effektive Wellenlänge aus dem tatsächlich für die Anregung wirksamen Bremsspektrum und charakteristischen Spektrum aufzusuchen, beschäftigen sich z. B. MENCIK [5.31] und TERTIAN [5.32].

5.3. Rechnerische Möglichkeiten ohne spezielle Probenvorbereitung

$$I_i^{korrigiert} = I_i \sum_{j=1}^{m} c_j \frac{\overline{(\mu/\varrho)_j}}{\overline{(\mu/\varrho)_i}} \qquad (5-29)$$

was auch einer einfachen Umformung von Gl. (5-27) entspricht, wenn man

$$I_i^{korrigiert} = c_i I_i^{100}$$

setzt. Die korrigierte Intensität $I_i^{korrigiert}$ entspricht demnach einer Fluoreszenzintensität, die man erhalten würde, wenn zwischen der Konzentration c_i und der Intensität I_i strenge Proportionalität bestünde. Es ist das Ziel des Ansatzes nach MARTI, diese auf den Matrixeinfluß korrigierten Intensitäten zu bestimmen, um dann eine lineare Eichkurve für die Konzentrationsermittlung heranziehen zu können. Die Quotienten $\overline{(\mu/\varrho)_j}/\overline{(\mu/\varrho)_i}$ sind wieder als Regressionskoeffizienten zu verstehen und werden mit Hilfe von Eichproben bestimmt. Ein Nachteil beider Modelle ist, daß sie solche Matrixeffekte, die durch die Interelementanregung hervorgerufen werden, nicht enthalten. Deshalb hat man an den Konzentrations-Korrektur-Modellen weitere empirische Erweiterungen angebracht, die eine entsprechende Anpassung an die tatsächliche Intensitäts-Konzentrations-Beziehung ermöglichen. Wegen der für diese Modelle üblich gewordenen Bezeichnung der Regressionskoeffizienten mit griechischen Buchstaben wird dafür auch in der Literatur der Begriff *»Alpha-Korrektur-Modell«* gebraucht.

In Tabelle 5-11 sind die gebräuchlichen Konzentrations-Korrektur-Modelle zusammengestellt. In ihnen beschreiben die Regressionskoeffizienten α_{ij} wie in den früheren Modellen die Schwächung von Primär- und Fluoreszenzstrahlung durch das Element j. Dagegen sind die Koeffizienten β_{ij} im wesentlichen zur Erfassung der Sekundäranregung gedacht. Daher sollten nur solche Elemente j berücksichtigt werden, die zur Sekundäranregung des zu bestimmenden Elementes fähig sind. Aus diesem Grund ist auch der Summationsumfang in Tabelle 5-11 nicht explizit angeschrieben.

Tabelle 5-11
Empirische Konzentrations-Korrektur-Modelle
(Q_i relative Nettointensität vom zu bestimmenden Element i;
α_{i0}, α_{ij}, β_{ij}, β_{ijg} Regressionskoeffizienten)

Mathematischer Ansatz	Autoren
$(c_i/Q_i) = \alpha_{i0} + \sum_{j \ne i} \alpha_{ij} c_j$	BURNHAM, HOWER, JONES [5.35] LACHANCE, TRAILL [5.36] CRISS, BIRKS [5.37] THIELE [5.38]
$(c_i/Q_i) = \alpha_{i0} + \sum_{j \ne i} \alpha_{ij} c_j + \sum_{j \ne i} \sum_{g \ne i} \beta_{ijg} c_j c_g$	TERTIAN [5.39]
$(c_i/Q_i) = \alpha_{i0} + \sum_{j \ne i} \alpha_{ij} c_j + \sum_{j \ne i} \beta_{ij} c_j^2$	CLAISSE, QUINTIN [5.40]
$(c_i/Q_i) = \alpha_{i0} + \sum_{j \ne i} \alpha_{ij} c_j + \sum_{j \ne i} \beta_{ij} \frac{c_j}{1 + c_i}$	RASBERRY, HEINRICH [5.41]

Alle erwähnten Modelle haben ihre Brauchbarkeit bei der Lösung spezieller Analysenaufgaben bewiesen. Ein wesentlicher Nachteil aller Konzentrations-Korrektur-Modelle besteht aber ersichtlich darin, daß in den Eichproben die Konzentrationen sämtlicher Elemente bekannt sein müssen. Ebenso müssen im Grunde genommen jedes Mal sämtliche Elemente in den Analysenproben bestimmt werden.
Einen zusammenfassenden Überblick über die Modelle geben die Arbeiten [5.42; 5.43].
Die praktische Handhabung dieser Konzentrations-Korrektur-Modelle gleicht der für die Intensitäts-Korrektur-Modelle: An Eichproben werden die relativen Intensitäten Q_i gemessen. Anschließend werden mittels linearer Regression die Koeffizienten bestimmt, wobei der Formalismus aus Abschnitt 5.3.3. einschließlich des Signifikanztestes vollständig übertragen werden kann.
Die routinemäßige Anwendung der Modellgleichungen für die Analyse an unbekannten Proben ist allerdings komplizierter, weil die Gleichungen auf beiden Seiten Konzentrationen enthalten. Man ist auf die schrittweise Lösung *(Iteration)* angewiesen, wobei die errechneten Konzentrationen so lange erneut in die Gleichungen eingesetzt werden, bis mathematische Konvergenz erreicht ist. Die erste Näherung entnimmt man zweckmäßigerweise einer ungefähr gültigen linearen Intensitäts-Konzentrations-Beziehung.
Bei den meisten Röntgenfluoreszenzgeräten sind heute auch Konzentrations-Korrektur-Modelle Bestandteil der angebotenen Gerätesoftware.
Ob jedoch für die quantitative RFA Intensitäts-Korrektur-Verfahren oder Konzentrations-Korrektur-Verfahren eingesetzt werden, überläßt der Gerätehersteller meist dem Anwender. Ein zwingendes Rezept dafür gibt es nicht. In der Regel sammelt man für die konkrete Analysenaufgabe Erfahrungen hinsichtlich der Analysengenauigkeit mit verschiedenen Auswerteverfahren und entscheidet sich dann für das günstigste.

5.3.6. Fundamentalparameter-Modell

Der mit Gl. (2-42) beschriebene Zusammenhang zwischen Fluoreszenzintensität und Konzentration kann ebenfalls zur Konzentrationsbestimmung genutzt werden. Man spricht vom physikalischen Modell oder Fundamentalparameter-Modell, weil physikalische Größen unmittelbar benutzt werden und will so den Unterschied zu Modellen mit empirischen Regressionskoeffizienten verdeutlichen.
Beim Auftreten von Interelementanregung wird die Fluoreszenzintensität des zu bestimmenden Elementes zusätzlich noch durch die Anregung über die Begleitelemente in der Probe vergrößert. Dann ist auch das Fundamentalparameter-Modell um den Beitrag der Sekundäranregung nach Gl. (5-2) zu erweitern.
Eine explizite Auflösung nach der gesuchten Konzentration erlauben die Gln. (2-42) und (5-2) jedoch nicht. Deshalb muß man sie auf iterativem Wege lösen. Man gewinnt zunächst eine erste Näherung, indem man von der Proportionalität zwischen Intensität und Konzentration ausgeht:

$$c_i = c^{\text{Standard}} \frac{I_i}{I_i^{\text{Standard}}} \qquad (5\text{-}30)$$

Diese Konzentration c_i wird zur Berechnung der Intensität im Fundamentalparameter-

5.3. Rechnerische Möglichkeiten ohne spezielle Probenvorbereitung

Modell eingesetzt, die naturgemäß von der gemessenen Intensität abweicht. Die Differenz zwischen berechneten und gemessenen Intensitäten wird im nächsten Iterationsschritt zur Berechnung eines verbesserten Konzentrationswertes benutzt. Mit diesem geht man wieder in das Fundamentalparameter-Modell ein, bestimmt die neue Intensität usw. Meist genügen fünf Iterationsschritte zur Konzentrationsbestimmung.

Die Anwendung der Gln. (2-42) und (5-2) erfordert jedoch die Kenntnis einer Reihe physikalischer Parameter. Im einzelnen geht es um die Bereitstellung folgender Größen:

- der spektralen und räumlichen Verteilung des anregenden Spektrums (I_B, I_C) aus der Röntgenröhre (vgl. Abschn. 2.3.3. [5.44 und 5.45]),
- der Massenschwächungs- (μ/ϱ) und Massenabsorptionskoeffizienten (τ/ϱ) aller Elemente der Probe für den Spektralbereich der anregenden Primärstrahlung und die Fluoreszenzstrahlung des zu bestimmenden Elementes sowie der sekundär anregend wirksamen Begleitelemente (vgl. Abschn. 2.4.4., [5.46]),
- der Absorptionssprünge S in den Massenschwächungskoeffizienten (vgl. auch Abschn. 2.4.2., [5.46]),
- der Fluoreszenzausbeuten ω (vgl. Abschn. 2.4.3., [5.47]),
- der relativen Fluoreszenzintensitäten (Übergangswahrscheinlichkeiten u) für die Spektrallinie der sekundär anregenden Elemente (vgl. Abschn. 2.3.2., [5.48]),
- der Geometrie der Probenkammer im Spektrometer (Winkel φ und ψ) (vgl. auch Abschn. 2.2.)

Die Bestimmung der Verteilung des anregenden Spektrums aus der Röntgenröhre erfordert separate Messungen, die nicht im Röntgenfluoreszenzspektrometer abgewickelt werden können (vgl. auch [5.44; 5.45]). Die Primärspektren unterscheiden sich infolge des unterschiedlichen inneren Aufbaus der Röntgenröhren und der verschiedenen Dicken des Strahlenaustrittsfensters. Infolgedessen ergeben sich zwischen Röntgenröhren unterschiedlichen Typs Abweichungen in den Intensitätsverteilungen. Für jeden Röhrentyp genügt aber im Grunde genommen eine einmalige Bestimmung der Spektralverteilung. Besonders wichtig ist die Ermittlung der Intensität der charakteristischen Linien des Anodenmaterials, weil sie im Vergleich zum Bremsspektrum der Röntgenröhre meist den dominierenden Anteil an Fluoreszenzintensität erzeugen. Es ist auch erforderlich, daß der Anteil an Intensität, den spektrale Verunreinigungen (Auftreten charakteristischer Spektrallinien, die nicht vom Anodenmaterial stammen) erzeugen, im Modell erfaßt wird.

Die Anwendung des Fundamentalparameter-Modells erfordert, Nettointensitäten zu messen, da auch nur solche vom Modell berechnet werden. Anwendungsfälle, den Streuuntergrund einzurechnen, sind nicht üblich geworden. Die gemessenen Intensitäten müssen auf die Totzeit der Nachweiselektronik korrigiert sein.

Das Modell hat den Vorteil, daß es große Konzentrationsbereiche zu erfassen gestattet. Zu seiner Anwendung sind meist nur wenige Eichproben erforderlich.

Es ist zweckmäßig, mit relativen (Netto-) Intensitäten zu arbeiten. Das bringt den Vorteil, daß die Apparatekonstante K (vgl. Gl. (2-42)) nicht ermittelt zu werden braucht. Weiterhin hat es zur Folge, daß die Fluoreszenzausbeute ω, die Übergangswahrscheinlichkeit u und der Absorptionssprung S für das zu bestimmende Element nicht bereitgestellt werden müssen. Alle diese Größen kürzen sich durch die Relativmessung heraus. Die zuletzt genannten Größen werden aber für die Begleitelemente benötigt, insofern diese Interelementanregung hervorrufen.

Das Fundamentalparameter-Modell hat aber auch Nachteile.

Weil die gesamte Probe von der Zusammensetzung her bekannt sein muß, ist es kaum möglich, chemisch aufgeschlossene Proben oder mit Bindemittel gepreßte (Pulver-) Proben zu analysieren. Insbesondere gelingt es mit dem Modell auf der Basis der Gln. (2-42) und (5-2) nicht, den Probenzustand heterogener Proben zu beschreiben.

Die ersten erfolgreichen Anwendungen des Fundamentalparameter-Modells gelangen CRISS und BIRKS [5.49], BUDESINSKY [5.50] und DE JONGH [5.51] bei der Analyse von Stählen. Nach [5.49] ergeben sich bei der Analyse von Cr-Ni-Stahl sogar nur halb so große Standardabweichungen bei Auswertung mit dem Fundamentalparameter-Modell, als bei der Anwendung empirischer Modelle.

Da jedoch viele der in der Rechnung eingesetzten physikalischen Parameter noch nicht präzise bestimmt sind, liefern im allgemeinen die Fundamentalparameter-Verfahren Genauigkeiten in der Größenordnung 10 % rel.

Inzwischen sind eine Reihe weiterer Applikationen des Fundamentalparameter-Modells durch SHIRAIWA [5.52], SPARKS [5.53], BETIN [5.54], ROUSSEAU [5.55] und VREBOS [5.56] erfolgt.

In Form von Algorithmen zur Programmierung bzw. als komplette Rechenprogramme haben PAWLINSKI [5.57], LAGUITTON (Programm LAMA) [5.58] und CRISS (Programm XRF 11) [5.59] Varianten dieses Modells bekanntgemacht.

Speziell zugeschnitten auf die energiedispersive RFA sind die Programme FPT von GEDCKE [5.60], QUANT von SHEN [5.61 und 5.62] und EXACT von VANE [5.63].

GARDNER [5.64 und 5.65] simulierte den Fundamentalparameteransatz mit Hilfe von Monte-Carlo-Rechnungen.

Zu den in den Abschnitten 5.3.2.; 5.3.5. und 5.3.6. beschriebenen empirischen oder physikalischen Modellen für die Konzentrationsauswertung sind nun in den letzten Jahren eine Reihe weiterer gekommen, die sich in dieser Gliederung nicht unmittelbar einordnen lassen. Dazu gehören in erster Linie Ansätze mit sogenannten »theoretischen Alphas«. Darunter sind Ansätze gemäß Tabelle 5-11 zu verstehen, in denen die Koeffizienten α, β rechnerisch ermittelt werden. Dazu berechnet man zunächst mit Hilfe des Fundamentalparameter-Modells für die vorgegebenen Konzentrationen die Fluoreszenzintensitäten und daran anschließend mit einer größeren Zahl solcher Wertepaare (c_i; I_i) die Regressionskoeffizienten.

Beispiele dafür findet man in der Literatur [5.66 bis 5.73]. Die Modelle werden, wie schon erwähnt, vor allem bei solchen Analysenvorhaben angewandt, wo nur wenige Eichproben vorhanden sind.

Schließlich existieren noch viele *hybride Verfahren* [5.74], die eine Kombination zwischen empirischen und theoretischen Korrekturmethoden darstellen. So wird bei TERTIAN [5.75] z. B. nur ein Teil der Koeffizienten des Modells mit Fundamentalparametern ermittelt, die restlichen mit an Eichproben gewonnenen experimentellen Daten (Verfahren mit sog. crossed (»gekreuzten«) Koeffizienten).

Versucht man die Vielzahl der bislang publizierten Auswerteverfahren zu beurteilen, so muß man beachten, daß die Erprobung meist an speziellen Analysenbeispielen erfolgt,

5.3.7. Beispiel für die Konzentrationsbestimmung von Nickel in Hartperm

Als Beispiel für die Anwendung eines Konzentrations-Korrektur-Modells, wird die Ni-Bestimmung in Hartperm erläutert.
Unter Hartperm versteht man magnetische Spezialwerkstoffe, die aus etwa 10 Elementen bestehen. Ni und Fe bilden die Hauptkomponenten der Legierung. Da ihre Konzentrationen im Bereich einiger Prozent schwanken, muß mit beträchtlichen Matrixeffekten ge-

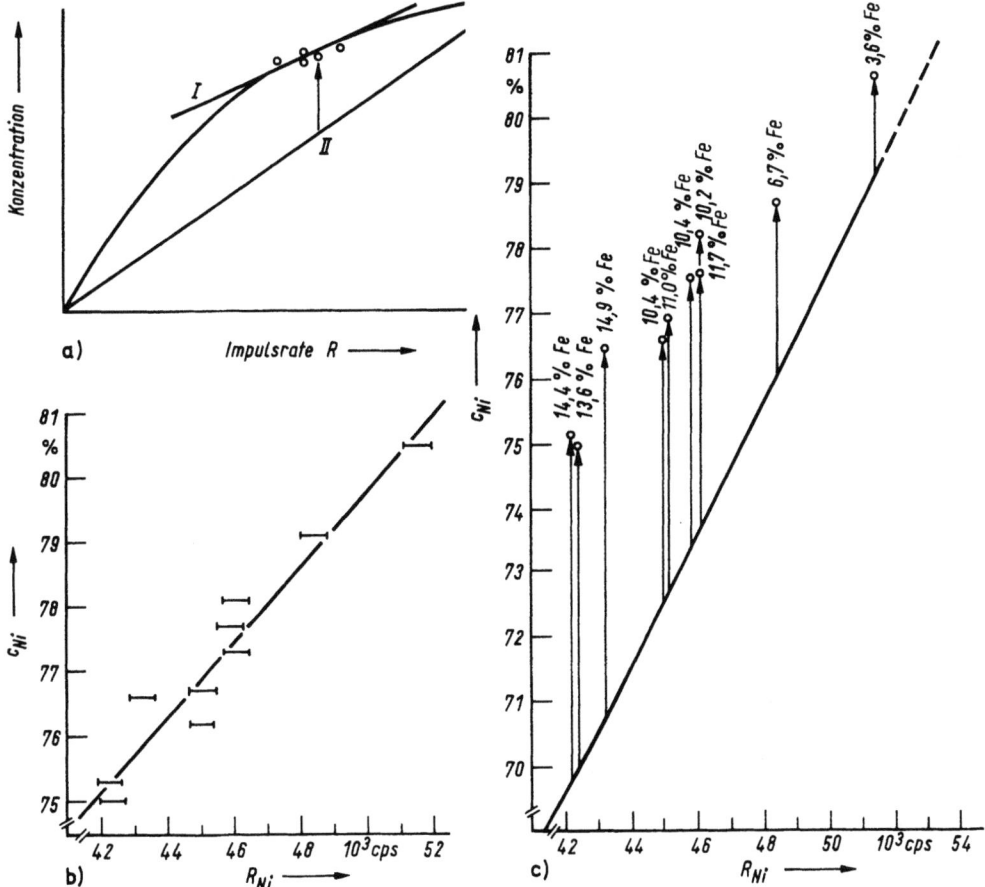

Bild 5-10
a) Schema zur Veranschaulichung der Intensitäts-Konzentrations-Beziehung
b) Intensitäts-Konzentrations-Beziehung für Ni im Probensystem Hartperm ($\vdash\dashv = R_{Ni} \pm 2 R_{Ni}$)
c) Matrixkorrektur gemäß Gl. (5-32)

5. Konzentrationsbestimmung mittels RFA

rechnet werden. Für die Ni-Bestimmung verdeutlicht dies Bild 5-10a, in dem die Konzentrationen c_{Ni} als Funktion der gemessenen Nickelintensität dargestellt sind. Die eingezeichnete Gerade entspricht einer linearen Intensitäts-Konzentrations-Beziehung. In Tabelle 5-12 sind die Konzentrationen sämtlicher Komponenten des Eichprobensatzes, der aus 10 Proben besteht, zusammengestellt.

Tabelle 5-12
Konzentrationen (in %) des Eichprobensatzes Hartperm und Impulsraten $R_{NiK\alpha}$

Probe-Nr.	c_{Ti}	c_{Cr}	c_{Mn}	c_{Fe}	c_{Co}	c_{Cu}	c_{Nb}	c_{Mo}	c_{Ni}	R_{Ni} [cps]
1	1,9	0,5	0,6	11,0	0,5	4,0	1,8	3,1	76,7	45 105
2	1,8	0,1	1,0	10,2	0,1	4,5	2,5	2,5	77,3	46 042
3	2,3	0,1	0,4	11,7	(0,02)	1,5	2,5	3,5	78,9	46 052
4	2,9	0,3	1,2	6,7	(0,04)	3,0	2,8	3,9	79,1	48 383
5	3,4	(0,01)	0,1	3,6	0,3	4,9	3,5	3,5	80,5	51 479
6	1,6	0,2	1,3	14,4	(0,02)	2,7	2,1	2,2	75,3	42 242
7	2,3	0,2	0,6	10,4	0,1	4,2	2,9	3,2	76,2	45 012
8	1,4	0,4	0,5	14,9	0,1	2,2	1,8	2,1	76,6	43 281
9	2,1	(0,03)	0,7	10,4	(0,04)	3,9	1,8	3,2	77,7	45 896
10	2,6	(0,05)	1,0	13,6	(0,03)	3,7	1,5	2,5	75,0	42 377

Die experimentelle Bestimmung der Nettoimpulsrate R_{Ni} erfolgte mittels Sequenzspektrometer VRA 30 unter folgenden Meßbedingungen:
Röntgenröhre FS W 75/40ö, 45 kV, LiF-Kristall (200), Kollimator 0,15°, Abschwächerfolie ca 200 µm Al, DZ und SZ in Tandemanordnung. Für die Konzentrationsberechnung wurde der Ansatz nach RASBERRY und HEINRICH [5.41] in modifizierter Form verwendet:

$$c_i = (A I_i + B) \left[1 + \sum_{j+k} \alpha_{ij} c_j + \sum_{k+j} \beta_{ik} \frac{c_k}{1 + c_i} \right] \qquad (5\text{-}31)$$

    c Konzentration
    A, B Regressionskoeffizienten zur Erfassung des Schwächungsanteils bzw. der Sekundäranregung der Matrixelemente
    i Index zur Kennzeichnung des Analysenelementes
    j, k Indices zur Kennzeichnung der Matrixelemente

Der Zusammenhang zwischen Intensität (Impulsrate) und Konzentration wird von den spektrometrischen Parametern und dem Matrixeffekt bestimmt.
Gl. (5-31) besteht aus 2 Termen, die durch die Klammern repräsentiert werden. Der Vorteil dieses Ansatzes besteht darin, daß man mit diesen zwei Termen apparative und matrixabhängige Einflüsse getrennt behandeln kann. Der spektrometerabhängige Term (runde Klammer) ist eine lineare Beziehung, in der die Regressionskoeffizienten A und B zu bestimmen sind. Nichtlineare Geräteeinflüsse, wie z.B. die Totzeit, die die Intensität verändern, müssen noch vor den Konzentrationsberechnungen korrigiert werden. Der Regressionskoeffizient A bestimmt die Empfindlichkeit in der Intensitäts-Konzentrations-

5.3. Rechnerische Möglichkeiten ohne spezielle Probenvorbereitung

Beziehung. Das Absolutglied B erlaubt die Verwendung von Bruttointensitäten. Der 2. Term in Gl. (5-31) (eckige Klammer) drückt den Einfluß des Matrixeffektes auf die Fluoreszenzintensität des zu bestimmenden Elementes aus. Ihr Wert gibt an, wie stark die Abweichungen der i-ten Konzentration von der Geraden sind. In Bild 5-10b wird die Bedeutung der beiden Terme zunächst schematisch dargestellt. Versteht man den Eichprobensatz Hartperm in Näherung als Zweikomponentensystem Ni-Fe, so erhält man, wie schon in Bild 5-1 gezeigt, eine hyperbolische Intensitäts-Konzentrations-Beziehung für Ni. Die Abweichung der Meßpunkte von der Geraden II verursacht das Matrixelement Fe. Der erste Term in Gl. (5-31) beschreibt diese Gerade, die Wirkung des zweiten Terms ist durch den senkrechten Pfeil symbolisiert. Würde man jedoch einzig und allein nur mit einer linearen Intensitäts-Konzentrations-Beziehung arbeiten, käme Gerade II zustande, die einen völlig anderen Anstieg und damit wenig Beziehung zum physikalischen Modell hat.

Die Vorteile des Ansatzes gemäß Gl. (5-31) reichen aber weiter. Nur bei Neueichung sind alle Regressionskoeffizienten A, B α, β zu bestimmen. Verändern sich hingegen nur die apparativen Bedingungen, dann sind nur A und B neu zu ermitteln, während die Koeffizienten α und β im Matrixterm ihre Gültigkeit behalten. Man darf ja voraussetzen, daß der im 2. Term (eckige Klammer) genannte Matrixeffekt nur von der Probenzusammensetzung abhängt, und damit für den betrachteten Eichprobensatz zeitlich konstant ist.

Den Regressionskoeffizienten α und β wird auch eine physikalische Bedeutung zugewiesen. Die Koeffizienten α stehen nur für die Matrixelemente, die schwächend auf die Intensität des zu bestimmenden Elementes wirken. Aus diesem Grunde schließt die Summation j über alle Matrixelemente die Elemente k aus, die nicht allein intensitätsschwächend wirken. Die Koeffizienten β stehen für alle Elemente der Matrix, die Sekundäranregung verursachen. Deshalb lautet hier die Summation $k + j$. Vom Analytiker ist demnach leicht zu entscheiden, wie die Probenelemente im Matrixterm zu verteilen sind. Der physikalischen Wirkung nach muß stets gelten $\alpha > 0$, $\beta < 0$. Im Falle der Schwächung durch das Matrixelement j wird die Intensität des zu bestimmenden Elementes verringert, was mit dem α-Term kompensiert werden soll. Im Falle der Sekundäranregung ist es umgekehrt. Dem Regressionskoeffizienten α_{ij} sind im Probensystem Hartperm im Falle der Ni-Bestimmung die Elemente Ti, Cr, Mn, Fe und Co zuzuordnen, während Sekundäranregung prinzipiell Cu, Nb und Mo für NiK_α auslösen können. Es bleibt aber die Frage zu beantworten, ab welcher Konzentration dieser Elemente der Matrixeinfluß signifikant ist. Diese Frage läßt sich mit Hilfe des physikalischen Modells entscheiden. Anhand der Gl. (2-42) (Primärintensität) und Gl. (5-2) (Sekundärintensität) berechnet man für die Konzentrationen des Eichprobensatzes die Intensität des zu bestimmenden Elementes. Für das Beispiel Hartperm sind die Ergebnisse in Tabelle 5-13 zusammengestellt. Es zeigt sich, daß alle Sekundäranregungsbeiträge der Elemente Cu, Nb, Mo auf Grund ihrer geringen Konzentration weniger als 2% an der Impulsrate R_{NiK_α} ausmachen. Genauso ist es bezüglich der Schwächung durch Ti, Cr und Mn. Wesentlichen Einfluß auf die Impulsrate R_{NiK_α} übt lediglich das Matrixelement Fe aus. Demzufolge ergibt sich aus Gl. (5-31) bei Anwendung auf den Eichprobensatz Hartperm für die Ni-Bestimmung:

$$c_{Ni} = (A I_{Ni} + B) [1 + \alpha_{NiFe} C_{Fe}] \tag{5-32}$$

Tabelle 5-13
Anteil der Sekundäranregung des j-ten Matrixelements zur i-ten Gesamtintensität [%]
(Konzentrationsbereiche siehe Tabelle 5-12)

j									
i	Ti	Cr	Mn	Fe	Co	Ni	Cu	Nb	Mo
Ti	×	<0,2	<1,3	3,4–16,4	<0,5	42,0–57,0	1,0–3,6	<0,7	<1,0
Cr		×	<1,13	3,5–16,4	<0,5	42,0–57,0	1,0–3,6	<0,7	<1,0
Mn			×	0,4–2,4	<0,6	50,0–59,0	1,1–3,7	<0,8	<1,0
Fe				×	<0,07	14,7–18,9	1,2–3,9	<0,8	0,7–1,0
Co					×	19,0–14,8	2,7–9,4	1,0–1,8	1,3–2,3
Ni						×	0,4–1,3	2,0–3,3	**2,8–4,5**
Cu							×	2,0–3,2	2,7–4,4
Nb								×	1,3–2,3
Mo									×

halbfett gedruckte Werte bedeuten, entsprechende j-te Elemente in Matrixkorrektur für i-tes Element einbezogen

Zur Verdeutlichung soll noch einmal auf den Unterschied zu Abschnitt 5.3.4. bei der Festlegung der Matrixelemente, die in den Ansatz einzubeziehen sind, hingewiesen werden. Während im Abschnitt 5.3.4. die Signifikanz der Regressionskoeffizienten über statistische Tests erfolgt, werden hier die Festlegungen über die Berechnung des Intensitätsanteils des Matrixelementes an der Gesamtintensität des zu bestimmenden Elementes mittels der Fundamentalparametermethode vorgenommen.
Die Bestimmung der Koeffizienten A, B, α, β in Gl. (5-31) stellt ein nichtlineares Regressionsproblem dar. Als Kriterium für die bestmögliche Näherung der errechneten Konzentrationen c_{Ni} an die chemisch bestimmten gilt auch in diesem nichtlinearen Fall die Restquadratsumme, die zum Minimum zu machen ist. Lösungsvorschriften werden in [5.76] diskutiert.
Für den Eichprobensatz Hartperm gemäß Tabelle 5-12 wurden die Koeffizienten zu

$A = (0{,}101\,240 \cdot 10^{-4} \pm 0{,}365\,208 \cdot 10^{-6})$ 1/cps
$B = (0{,}269\,108 \pm 0{,}195\,672 \cdot 10^{-1})$
$\alpha_{NiFe} = (0{,}541\,872 \pm 0{,}987\,685 \cdot 10^{-1})$

Tabelle 5-14
Vergleich der Konzentrationen c_{Ni} [%]

naßchemisch	Regressionsmodell Gl. (5.32)	naßchemisch	Regressionsmodell Gl. (5.32)
76,7	76,9 ± 0,2	75,3	75,1 ± 0,3
77,3	77,6 ± 0,2	76,2	76,6 ± 0,2
78,1	78,2 ± 0,2	76,6	76,4 ± 0,3
79,1	78,6 ± 0,3	77,7	77,5 ± 0,2
80,5	80,6 ± 0,5	75,0	75,0 ± 0,3

für die Bestimmung der Ni-Konzentration ermittelt. In Tabelle 5-14 werden die nach nichtlinearer Regression mit Gl. (5-32) ermittelten Konzentrationen c_{Ni} verglichen mit den chemisch bestimmten Werten der Eichproben. Man erkennt, daß das Modell der Gl. (5-32) den Matrixeffekt sehr gut erfaßt, die maximale Abweichung beträgt <0,4%, der Korrelationskoeffizient zwischen beiden Konzentrationen sogar 0,989. Bild 5-10c veranschaulicht diese Ergebnisse, indem die beiden Terme der Gl. (5-32) für den Hartperm-Probensatz dargestellt sind.

5.4. Experimentelle Möglichkeiten

5.4.1. Übersicht

Neben den rechnerischen Möglichkeiten zur Korrektur von Matrixeinflüssen bei der Konzentrationsbestimmung gibt es experimentelle Verfahren, die größtenteils eine spezielle Probenbehandlung erfordern. Waren diese Verfahren vor der Anwendung integrierter Rechner die einzige Möglichkeit zur Korrektur von Einflüssen auf das Analysenergebnis, so verlieren sie gegenwärtig ihre Bedeutung durch die Entwicklung mathematischer und physikalischer Korrekturansätze. Von dieser Tendenz ausgenommen ist die Ausnutzung der Streustrahlung als Quelle von Zusatzinformationen zum Fluoreszenzspektrum. In Tabelle 5-15 sind die experimentellen Verfahren im Überblick dargestellt.
Keines der experimentellen Verfahren ist allein in der Lage, alle vorkommenden Einflüsse auszuschalten. In der Praxis kombiniert man meist mehrere dieser Verfahren mit-

Tabelle 5-15
Experimentelle Verfahren zur Verminderung oder vollständigen Korrektur von Matrix-, Korngrößen-/Oberflächeneinflüssen und Intensitätsdrift

Verfahren	Einflüsse			
	Absorption	sekundäre Anregung	Korngröße, Oberfläche	Intensitätsdrift
Äußerer Standard	x	x	x	x
Innerer Standard:				
Additionsmethode	x	x		x
Fremdelementzusatz	x	x		x
Streustrahlung:				
Linienspektrum	x			x
Bremsspektrum	x			x
Verdünnungsverfahren:				
Absorberzusatz	x	x		
Lösungen	x	x	x	
Verdünnung	x	x		

einander, um optimale Ergebnisse zu erhalten (z. B. Lösung/Verdünnung mit dem Zusatz eines inneren Standards).

5.4.2. Anwendung von äußeren und inneren Standards

5.4.2.1. Äußerer Standard

Äußere Standards sind Proben, die in ihrer Zusammensetzung, in der Korngrößen- und Oberflächenbeschaffenheit und in der Struktur den zu analysierenden Proben gleichen und bei der Eichung und der Analyse als Bezugsprobe dienen.
Wenn die Gehaltsbereiche nicht sehr groß sind und wenn man Intensitäts-Konzentrations-Proportionalität voraussetzt, können Matrixeinflüsse durch den Vergleich der gemessenen Intensitäten mit denen der Standardproben in ihrer Wirkung auf das Analysenergebnis ausgeschaltet werden. Dabei muß der Gehalt des Analyten in der als äußerer Standard verwendeten Probe hinreichend genau bekannt sein. Aus diesem Gehalt c_S und den gemessenen Fluoreszenzintensitäten I_P und I_S von Probe und äußerem Standard ergibt sich die gesuchte Konzentration c_P des Analyten in der unbekannten Probe zu

$$c_P = c_S \frac{I_P}{I_S}$$

Bedeutung für die Korrektur gerätebedingter Einflüsse, wie *Drift der Primärintensität* beispielsweise, besitzt das Verfahren der Verwendung einer Referenz- oder Standardprobe. Dabei bezieht man die Impulsraten oder Zählzeiten der Eich- oder Analysenprobe auf diejenigen der verwendeten Standardprobe:

$$Q = \frac{I_{Probe}}{I_{Standard}}$$

Dieser Quotient wird als Funktion der Konzentration dargestellt. Hier ist die Kenntnis der Analytkonzentration in der als Standard verwendeten Probe nicht erforderlich.
Die Meßstrategie, d. h. die Häufigkeit der Messung der Standardprobe in einer Eich- bzw. Analysenserie, hängt von der vom Analysenergebnis geforderten Präzision und vom Stabilitätsverhalten des verfügbaren Spektrometers ab.
Gegenüber der Absolutmessung vergrößert sich bei diesem Verfahren mit Referenzprobe jedoch der zufällige Fehler infolge der zusätzlichen Intensitätsmessung und anschließender Quotientenbildung (siehe dazu Abschn. 7.6.).

5.4.2.2. Innerer Standard

Die Methode des inneren Standards besteht in der Zugabe des zu bestimmenden oder eines fremden Elementes zum Probenmaterial. Sie ist in ihrer Anwendung auf pulverförmige, flüssige oder durch Schmelzaufschluß hergestellte Proben beschränkt.
Bei der *Additionsmethode*, auch *Standard-Zusatzmethode* genannt [5.77; 5.78], fügt man einem Teil des Probenmaterials eine definierte Menge des zu bestimmenden Elementes

5.4. Experimentelle Möglichkeiten

zu, homogenisiert und mißt die Fluoreszenzintensität der Proben mit und ohne Zusatz. Als Zusatz kann auch eine Standardprobe mit bekanntem Analytgehalt verwendet werden [5.79].
Setzt man voraus, daß sich die Zusammensetzung der Probe und damit der Massenschwächungskoeffizient durch den Zusatz nur wenig ändert, können mit dieser Methode sowohl Einflüsse durch Absorption als auch durch sekundäre Anregung korrigiert werden. Zusätze führen außerdem durch den in Gl. (5-33) und Bild 5-11 dargestellten Zusammenhang zu quantitativen Analysenergebnissen. Danach wird der gesuchte Gehalt c_0 errech-

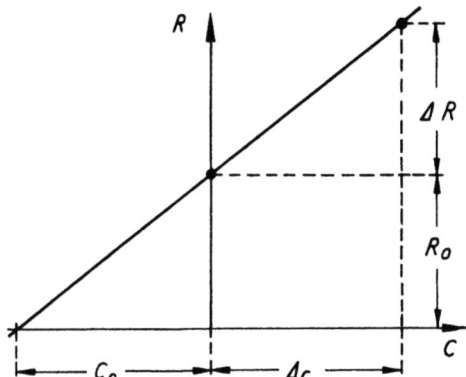

Bild 5-11
Additionsmethode

net durch Multiplikation der Impulsrate R_0 von Probe ohne Analytzusatz mit dem Quotienten aus Zusatzmenge Δc und der Impulsrate ΔR von Probe plus Zusatz:

$$c_0 = \frac{\Delta c}{\Delta R} R_0 \qquad (5\text{-}33)$$

Zum Erkennen von Fehldosierungen und Vermeiden von systematischen Fehlern ist es zweckmäßig, neben der unveränderten Probe zwei Proben mit verschieden großen Zusätzen zu präparieren. Dadurch vergrößert sich zwar der Arbeitsaufwand, andererseits erhöht sich aber auch die Sicherheit der Analyse.
Ferner ist die Verwendung von Nettointensitäten eine Voraussetzung für den Erhalt richtiger Ergebnisse mit dieser Methode. Dazu sind zusätzlich die Untergrundintensitäten von ungestörten Winkelpositionen des Spektrums nahe der Analysenlinie zu ermitteln.
Die Additionsmethode ist für Einzelelementbestimmungen in Proben komplizierter Zusammensetzung anwendbar bzw. dann, wenn für ein Produkt keine Eichproben zur Verfügung stehen. Um das Probenmaterial nicht wesentlich zu verändern, sollten nur kleine Zusatzmengen mit ggf. höherem Gehalt des zu bestimmenden Elementes verwendet werden. Dies hat zur Folge, daß mit dieser Methode vornehmlich kleine Gehalte ($<5\%$) bestimmt werden können. Ein weiterer Nachteil besteht bei der Untersuchung von pulverförmigem Material in der großen Anfälligkeit der Fluoreszenzintensität gegenüber Korngrößenunterschieden im Proben- und Zusatzmaterial bei Elementen mit einer Ordnungszahl <20. Außerdem erfordert die Additionsmethode, der notwendigen homogenen Verteilung des Standards im Probenmaterial wegen, große Sorgfalt bei der Probenpräpa-

ration. Das für die Additionsmethode Gesagte gilt prinzipiell auch für den Zusatz eines Fremdelementes als innerer Standard.
Die Anwendbarkeit dieser Variante setzt die völlige Abwesenheit des inneren Standardelementes im Probenmaterial oder seinen stets gleichbleibenden Gehalt voraus.
Bei der Wahl eines als innerer Standard geeigneten Elementes muß beachtet werden, daß sich die Wellenlängen der Fluoreszenzlinien von Analyt und Standardelement nur wenig unterscheiden. Außerdem muß man die Wellenlängen von Emissionslinien und Absorptionskanten der störenden Begleitkomponenten bei der Auswahl berücksichtigen. Ein innerer Standard ist nur unter folgenden Bedingungen wirksam:

a) Die Fluoreszenzlinien von Analyt A und Standardelement S müssen kurzwelliger sein als die Absorptionskante K_B der störenden Begleitkomponenten B (Bild 5-12). Beide Linien werden dann in gleichem Maße geschwächt, und ihr Intensitätsverhältnis ändert sich nur wenig.

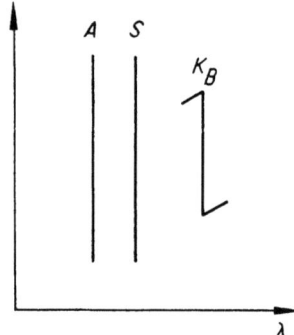

Bild 5-12
Einfluß durch Absorption

b) Die Absorptionskanten K_A und K_S und Analyt A und Standardelement S müssen langwelliger sein als eine starke Emissionslinie B des Begleitelementes B (Bild 5-13). Entsprechend dieser Forderung ist eine zusätzliche Anregung für Analyt und Standardelement annähernd gleich, und das Intensitätsverhältnis beider Linien ändert sich wiederum nicht.

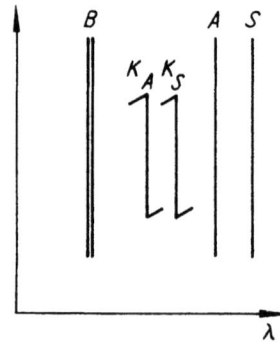

Bild 5-13
Einfluß durch sekundäre Anregung

Zur Vermeidung einer einseitigen Beeinflussung der Fluoreszenzintensität des Standardelementes durch den Analyten muß schließlich noch darauf geachtet werden, daß die Wellenlänge der Standardlinie größer ist als die der Absorptionskante des Analyten.

Um die vollständige Korrektur von Einflüssen durch Absorption und sekundäre Anregung durch den inneren Standard zu erreichen, müssen die Intensitäten der Fluoreszenzlinien von Analyt- und Standardelement möglichst gleich sein. Diese Forderung verlangt die annähernde Konzentrationsgleichheit von Analyt und innerem Standard in der präparierten Meßprobe, wenn analoge Linien verwendet werden. Als Beispiel für die richtige Auswahl eines inneren Standards sei die Eisenbestimmung in Gegenwart von Chrom angeführt. Dafür erfüllt Kobalt die unter a) genannte Voraussetzung als innerer Standard.

Die K_α-Linien von Eisen und Kobalt werden von Chrom in nahezu gleicher Weise durch zusätzliche Absorption beeinflußt, was aber durch die Quotientenbildung bei Eichung und Messung ausgeglichen wird. Bei bekanntem oder konstantem Kobaltgehalt c_{Co} und einem mit Hilfe von Eichproben ermittelten Proportionalitätsfaktor k kann der unbekannte Eisengehalt c_{Fe} aus diesem Intensitätsverhältnis errechnet werden:

$$\frac{I_{FeK\alpha}}{I_{CoK\alpha}} = k \cdot \frac{c_{Fe}}{c_{Co}}$$

Im Vergleich zu Kobalt ist Mangan als innerer Standard für die Eisenbestimmung in Gegenwart von Chrom als Störkomponente völlig ungeeignet, wie aus dem Vergleich der Wellenlängen mit der K-Absorptionskante für Chrom hervorgeht:

CoK_α	0,1791 nm
FeK_α	0,1937 nm
CrK-Kante	0,2070 nm
MnK_α	0,2103 nm

In der Praxis wird der Fremdelementzusatz zweckmäßigerweise mit der noch zu besprechenden Verdünnungstechnik kombiniert.
Mit einem Inertstoff wie Cellulose oder Borax mischt man den inneren Standard und setzt dieses Gemisch der Analysenprobe in definierter Menge zu.
Nachteile der Methode bestehen im Präparationsaufwand und in der Notwendigkeit einer sehr sorgfältigen Arbeitsweise.
Schwierigkeiten bei der Auswahl geeigneter Standardelemente treten dann auf, wenn mehrere Elemente in der gleichen Probe bestimmt werden sollen. In günstigen Fällen kann ein Standardelement für zwei oder drei zu bestimmende Elemente gleichzeitig verwendet werden.

5.4.3. Anwendung von gestreuter Primärstrahlung

Zur Korrektur von Absorptionseinflüssen kann dieselbe Wirkung wie durch den Zusatz eines inneren Standards auch durch die Messung gestreuter Primärstrahlung erzielt werden.
Dazu wird entweder eine ausgewählte Wellenlänge aus dem Bremsspektrum der Röntgenanode in der Nähe der Analysenlinie oder die Compton-Strahlung des Anodenmaterials der Röntgenröhre benutzt.

150   5. Konzentrationsbestimmung mittels RFA

Die Intensität I_S der Streustrahlung ist den Massenschwächungskoeffizienten (μ_1, μ_2 usw.) der streuenden Matrix (M_1, M_2 usw.) umgekehrt proportional [5.80]:

$$I_{S,M1} = k_1 \frac{1}{\mu_{M1}}; \quad I_{S,M2} = k_2 \frac{1}{\mu_{M2}} \quad \text{usw.}$$

Daraus folgt:

$$\frac{I_{S,M1}}{I_{S,M2}} = k_3 \frac{\mu_{M2}}{\mu_{M1}}$$

Die Fluoreszenzintensitäten I_F eines Elementes in beiden Probenqualitäten verhalten sich analog:

$$\frac{I_{F,M1}}{I_{F,M2}} = k_4 \frac{\mu_{M2}}{\mu_{M1}}$$

Daraus ergibt sich:

$$\frac{I_{F,M1}}{I_{F,M2}} \sim \frac{I_{S,M1}}{I_{S,M2}} \quad \text{oder} \quad \frac{I_{F,M1}}{I_{S,M1}} \sim \frac{I_{F,M2}}{I_{S,M2}}$$

Demzufolge ist das Verhältnis von I_F und I_S für einen gegebenen Analyten bei unterschiedlicher Matrix in einer Probe konstant und somit unabhängig von der Matrix. Wie Untersuchungen ergaben, gilt dies strenggenommen nur für den inkohärenten Streuanteil.

Mit abnehmender Ordnungszahl der in der Probe enthaltenen Elemente vergrößert sich die Intensität der Compton-Streuung, so daß die Methode besonders gut für die Bestimmung von Elementen in leichter Matrix (Lösungen, Borataufschlüsse) geeignet ist. Außerdem besitzt die Streustrahlmethode besondere Bedeutung für kompakte Proben, bei denen Zusätze nicht möglich sind.

ANDERMANN und KEMP [5.80] wandten das Prinzip der Streustrahlung zur Korrektur von Matrixeinflüssen 1958 erstmalig an. Seitdem fand dieses Verfahren zur Lösung analytischer Probleme vielfach Anwendung. Es besitzt anderen experimentellen Möglichkeiten gegenüber den Vorteil, daß keine zusätzlichen präparativen Operationen erforderlich sind. Gleichzeitig kompensiert die Streustrahlungsmethode auch Intensitätsdriften weitgehend.

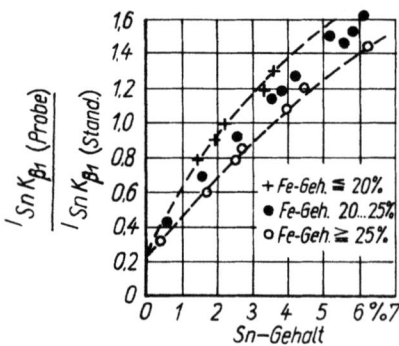

Bild 5-14
Eichkurven zur Bestimmung von Zinn in Zinnschlacken nach dem Verfahren mit äußerem Standard

Das folgende Beispiel (Bilder 5-14 bis 5-16) zeigt die Wirksamkeit der Untergrundstrahlung als innerer Standard bei der Zinnbestimmung in Schlacken mit dem Element Eisen als Störkomponente [5.81].

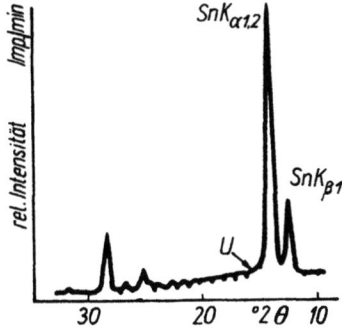

Bild 5-15
Röntgenspektrum für eine
Zinnschlackenprobe

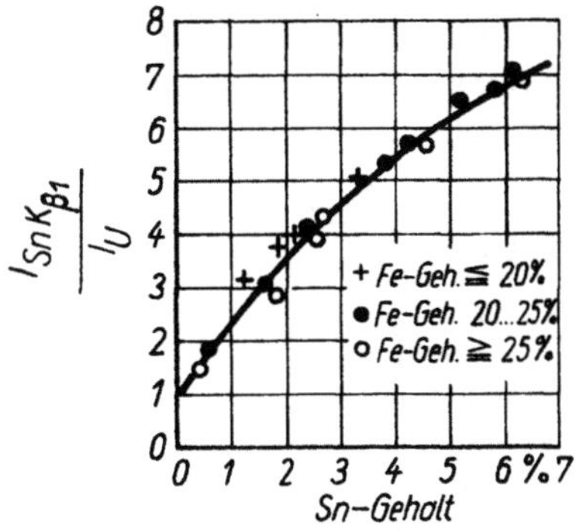

Bild 5-16
Eichkurve zur Bestimmung von Zinn in
Zinnschlacken mit dem Untergrund als
innerer Standard

5.4.4. Verdünnungsmethoden

Verdünnungsmethoden wendet man in der Röntgenspektralanalyse in folgenden Varianten an:

- Zugabe einer großen Menge eines schwachen Absorbers zur Probe,
- Zugabe einer geringen Menge eines starken Absorbers,
- Verdünnung des Probematerials mit der analytfreien Matrix oder einem Inertstoff.

Zur ersten Variante gehören z. B. die Verwendung von Cellulose, Stärke, Wachs u. a. als Bindemittel für die Herstellung haltbarer Tabletten pulverförmigen Probenmaterials. Ferner zählen dazu die Aufschlußverfahren mit Säuren oder festen Aufschlußmitteln. Bei ausreichend großer Verdünnung reduzieren sich die Einflüsse der Matrix auf das Analysenergebnis soweit, daß sie in der Größenordnung der zufälligen Fehler der Analyse liegen, und für den Analyten werden lineare Intensitäts-Konzentrations-Beziehungen erhalten. Dabei besteht außerdem die Möglichkeit, dem Binde- oder Aufschlußmittel einen inneren Standard homogen verteilt zuzusetzen, so daß zur Verminderung von Matrixeinflüssen durch die Verdünnung noch deren Korrektur mit Hilfe des inneren Standards hinzukommt.
Substanzen, die sich in der Matrixzusammensetzung stark voneinander unterscheiden, können geringe Mengen eines starken Absorbers wie Bariumsulfat, Lanthan-, Wolframoxid o. a. zugesetzt werden [5.82]. Damit vereinheitlicht man die Proben in ihrem Absorptionsverhalten und erreicht, daß die Fluoreszenzintensitäten des zu bestimmenden Elementes konzentrationsproportional sind.

Quantitative Verdünnungsmethoden beschrieben PLESCH, TERTIAN u. a. in Übersichtsarbeiten [5.79; 5.83; 5.84].

Bei der eigentlichen Verdünnungsmethode werden einer unbekannten Probe und einer Probe mit bekanntem Gehalt des Analyten je eine bestimmte Menge der analytfreien Matrix oder eines Inertstoffes zugesetzt. Aus den insgesamt vier präparierten Proben und acht Intensitätsmessungen (wenn Nettointensitäten verwendet werden) erhält man den Gehalt eines Analyten in einer unbekannten Probe nach Gl. (5-34):

$$c = \frac{c_S \, M_S \, m \, R_{N1} \, R_{N2} \, (R_{N4} - R_{N3})}{M \, m_S \, R_{N3} \, R_{N4} \, (R_{N2} - R_{N1})} \tag{5-34}$$

c gesuchter Gehalt
c_S Gehalt der Standardprobe
M Gewicht der unbekannten Probe
M_S Gewicht der Standardprobe
m Gewicht der analytfreien Matrix als Zusatz zur unbekannten Probe
m_S Gewicht der analytfreien Matrix als Zusatz zur Standardprobe
R_{N1} Nettoimpulsrate der unbekannten Probe
R_{N2} Nettoimpulsrate von Probe plus analytfreie Matrix
R_{N3} Nettoimpulsrate der Standardprobe
R_{N4} Nettoimpulsrate von Standardprobe plus analytfreie Matrix

Das besondere Problem besteht bei der Anwendung der Verdünnungsmethode in der Bereitstellung analytfreier Matrix, so daß in den meisten Fällen der Inertstoff-(Bindemittel-)Zusatz benutzt wird. Die Anwendung dieser Methoden bietet sich bei der Analyse wäßriger Lösungen und von sehr kompliziert zusammengesetzten Proben an, bei denen innere Standards nicht einsetzbar sind (z. B. Analyse von geologischem Material). Ferner ist die Untersuchung von Einzelproben mit Hilfe dieser Methoden möglich. Und wenn von bestimmten Stoffen nicht genügend Eichproben vorhanden sind, kann man dieses Material mit der Verdünnungstechnik quantitativ analysieren.

6. Präparationstechnik in der RFA

GERHARD DÜMECKE und KLAUS HÖPPNER

Für die Durchführung einer quantitativen Analyse muß das Untersuchungsmaterial als homogene Meßprobe mit einer ebenen Oberfläche vorliegen. Deshalb ist fast ausnahmslos eine Probenvorbereitung erforderlich. Sie ist im allgemeinen auf die zu analysierende Probenart zugeschnitten und muß für exakte quantitative Untersuchungen streng reproduzierbar durchgeführt werden.

Da die Meßsignale wellenlängenabhängig aus Bereichen unterschiedlicher Tiefe stammen, bestimmen insbesondere die Probenstruktur und die Oberflächenrauhigkeit der Meßprobe das Analysenergebnis (s. a. Abschn. 5.1.2.). Aufgrund der von der Wellenlänge abhängigen Absorption muß man bei der Analyse von Elementen mit langwelliger Fluoreszenzstrahlung der Probenvorbereitung weit mehr Aufmerksamkeit schenken, als dieses bei der Erfassung von Elementen mit kurzwelliger Eigenstrahlung notwendig ist. Die kritische Wellenlängengrenze liegt bei $\approx 0{,}3$ nm (TiK_α, CaK_α).

Einen Überblick über gebräuchliche Präparationstechniken gibt Tabelle 6-1. In diesem Abschnitt sollen allgemeine Richtlinien für die Präparation gegeben und spezielle Techniken besprochen werden.

Meßprobenform und -größe. Die Probengröße ist gerätespezifisch; in allen kommerziellen Spektrometern werden Probenhalter (Küvetten) für zylindrische Proben verwendet. Die Probenmeßfläche liegt meist über $7\,cm^2$ d. h., der Durchmesser des Prüfkörpers beträgt mehr als 3 cm.

Üblich sind Probendurchmesser von 1¼ Zoll oder von 4 Zentimetern. Durch Abdeckungen lassen sich auch kleinere Meßflächen untersuchen, jedoch müssen dann Intensitätsverluste und zusätzliche Störsignale in Kauf genommen werden.

Die *Meßprobendicke* spielt keine Rolle, wenn sie größer ist als die Austrittstiefe der kürzestwelligen zu untersuchenden Fluoreszenzstrahlung. Im allgemeinen reichen Probendicken von einigen Millimetern aus (s. Abschn. 5.1.2.1.). Die maximale Probendicke wird durch die vom Gerät vorgegebene Küvettenhöhe von etwa 5 cm begrenzt.

Probenmeßfläche. Eine ebene Probenoberfläche wird bei kompakten Proben meist durch eine zusätzliche Oberflächenbearbeitung mit Schleif- und Poliermitteln erzeugt. Dabei muß das Einschleppen von störenden Elementen in die Untersuchungsfläche weitestgehend vermieden werden. Die Oberflächenbehandlung der Proben verfolgt darüber hinaus den Zweck, verzunderte, oxidierte, entmischte oder in bezug auf leicht verdampfende Elemente verarmte Oberflächenbereiche abzutrennen, da sie nicht typisch für das eigentlich zu analysierende Kernmaterial sind (wenn man von der Aufgabe einer speziellen Oberflächenanalyse absieht).

Homogenität der Meßproben. Selbst Kompaktmaterial darf nicht in jedem Fall als homogen über das gesamte Probevolumen angesehen werden. Neben geometrischen Fehlern (Poren, Bruchzonen, Welligkeit) können im mikroskopischen Bereich Fest-Fest-Phasengrenzen oder (bei Gläsern) Schlieren vorliegen. Analoge Fehlermöglichkeiten können bei Meßproben aus pulverförmigen Analysengütern auftreten, bei denen die Korngröße und ihre Verteilung sowie die Packungsdichte meist nur schlecht zu reproduzieren sind und bei denen Mehrmineralsysteme die Verhältnisse noch weiter komplizieren können.

Dauerhaftigkeit der Meßproben. Die Verwendbarkeit der Meßproben wird eingeschränkt durch chemische Reaktionen des Analysengutes (z. B. mit Luftsauerstoff oder -kohlendioxid oder Hilfsmitteln), durch Absorption von Gasen und Dämpfen, durch Verschmutzen, durch Radiolyse sowie durch das Entweichen flüchtiger Bestandteile infolge der Vakuumbelastung.

Die Auswirkungen von Fehlern bei der Meßprobenherstellung werden von BERTIN [6.85] detailliert beschrieben.

Tabelle 6-1
Überblick über die gebräuchlichsten Präparationstechniken in der RFA

Allgemeine Anforderungen an das zu analysierende Material:
Die Probe muß in ihrer Zusammensetzung repräsentativ für das zu analysierende Material sein. Die daraus gefertigten Probekörper müssen diese Repräsentanz des Analysengutes bewahren.

Eine *Formgebung der Meßprobe* erfolgt im allgemeinen durch

1.	2.	3.	4.	5.
Mechanische Bearbeitung, wie Bohren, Fräsen, Schneiden, Kantenbrechen	Gießen einer flüssigen Schmelze in Kokillen verschiedener Formen nach einem Schmelz- oder auch Umschmelzprozeß zur Vermeidung von Inhomogenitäten	Herstellen von Meßproben durch Tablettierung der feinaufgemahlenen Probe mit oder ohne Bindemittel	Aufschmelzen des Analysengutes mit Alkaliboraten (Phosphaten) und Gießen von Glasproben oder Herstellung eines feinkörnigen Glaspulvers zur Weiterpräparation nach Methode 3	Überführen des Analysengutes in die flüssige Form

Angewendet werden diese Techniken für

Kompakte Metalle, Legierungen, Gläser	Stahl- und Eisenproben, Buntmetalllegierungen, Edelmetalle	Rohstoffe, Zwischenprodukte, Gläser, Schlacken, Erze, geologische Proben, industrielle Produkte	Anorganische Rohstoffe, Zwischenprodukte, Schlacken, Erze, geologische Proben, industrielle Produkte	Edelmetalle oder Edelmetallegierungen, galvanische Bäder und Elektrolyte

Tabelle 6-1 (Fortsetzung)

Eine *Bearbeitung der Meßfläche* des hergestellten Prüflings erfolgt durch
1.   2.   3.   4.

1.	2.	3.	4.
Oberflächenanschliff mit definierter Rauhigkeit	Abtrennen nicht repräsentativer Oberflächenbereiche und Oberflächenanschliff mit definierter Rauhigkeit	Keine weitere Bearbeitung der gepreßten Oberfläche	Manchmal Oberflächenanschliffe; meist keine weitere Bearbeitung der gegossenen Prüffläche

Probleme und Anmerkungen zu den Techniken

Einfache und schnelle Vorbereitung der Meßprobe. Verunreinigung der Meßfläche durch Schleifmittelablagerungen ist möglich.	Es sind zeitaufwendige spezielle Techniken für das Umschmelzen, den Schleuderguß, das Abtrennen und Schleifen notwendig. Homogenitätsprobleme können auftreten.	Die Feinmahlung des Materials zu Pulver mit definiertem Kornspektrum ist zeitaufwendig und erfordert spezielle Mühlen, falls das Material nicht bereits ausreichend fein vorliegt. Korngrößeneinflüsse können die Analyse erschweren.	Die Technik erfordert eine dem Material angepaßte Schmelztechnik. Das Analysengut wird verdünnt. Homogenitätsprobleme oder Korngrößenprobleme (bei erneutem Aufmahlen des hergestellten Glases) können auftreten.	Die Messung der Lösungen kann apparative Schwierigkeiten mit sich bringen. Die Erfassungsgrenze wird erhöht.

6.1. Kompaktes Analysenmaterial (Metalle, Legierungen, Gläser)

Die RFA ist eine zerstörungsfreie Analysenmethode. Aus einigen Analysenmaterialien lassen sich Meßtabletten durch mechanische Bearbeitung herstellen. Manchmal müssen derartige Proben durch Aufschmelzen in eine andere Form überführt (z.B. wenn ihre Abmessungen zu klein sind), und der Gußkörper muß mechanisch bearbeitet werden.

6.1.1. Metallische Analysenproben

Kompakte Meßproben werden entweder aus dem Schmelzprozeß durch Abgießen oder aus vorliegendem Fertigmaterial durch mechanische Bearbeitung hergestellt.
Flüssige Metallproben werden in eine dem Durchmesser des Probehalters angepaßte Kokille gegossen und erstarren zu *Kegel-* oder *Talerproben* (Bild 6-1). »*Disk-Pin*«-*Proben* (Bild 6-2) werden auf ähnliche Weise hergestellt.
Danach werden je nach Art des Materials wenigstens 2 bis 20 mm vom Fuß der Proben

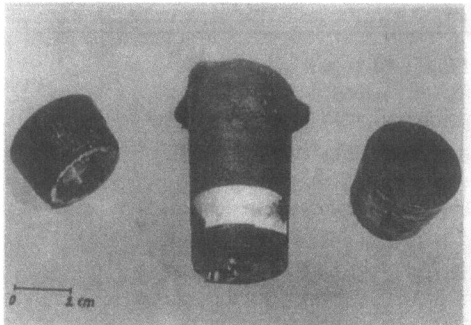 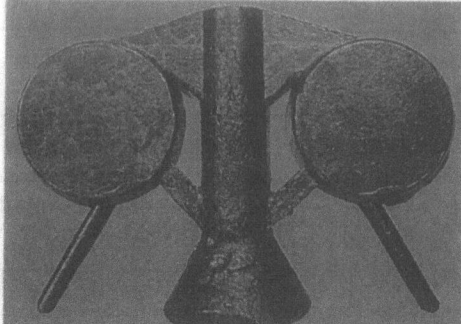

Bild 6-1a
Kegelproben

Bild 6-1b
Talerproben

abgetrennt und die Analysenflächen mit einer Schleifscheibe grob behandelt. Anschließend werden die Meßflächen mit Schleifpapier geeigneter Körnung fein überschliffen.
Mit dem Abtrennen größerer Probenteile bzw. dem groben Überschleifen von Guß- oder Trennflächen bis zur Tiefe von einigen Millimetern wird das eigentliche Kernmaterial freigelegt und die zu analysierende Fläche von Oxidschichten und Diffusionszonen befreit; außerdem werden bei der Bearbeitung Oberflächenrisse und -strukturen abgetragen. Die erforderliche Abtragtiefe muß durch Vorversuche ermittelt werden. Die endgültige Meßprobenfläche sollte keine sichtbaren Risse, Gasblasen, Poren, Schlackenbereiche und andere Anomalien aufweisen, da dadurch das Analysenergebnis stark verfälscht wird. Es muß besonders darauf geachtet werden, daß sich das feine Schleifmittel nicht in Rissen absetzt oder in das eventuell weichere Material gedrückt wird und so die Zusammensetzung der Prüffläche verändert.

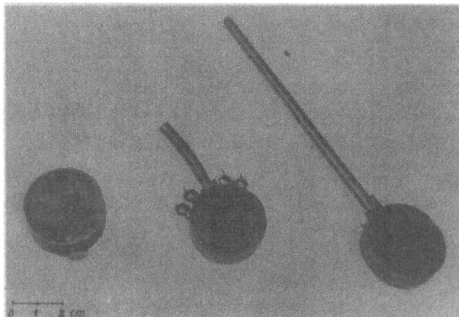

Bild 6-2
Disk-Pin-Proben

Die *Rauhigkeit* der durch den Anschliff erzeugten Meßoberfläche wirkt sich sowohl auf die absolute Intensität der aus der Oberfläche austretenden Fluoreszenzstrahlung als auch auf die Streuung der Meßwerte aus. Außerdem spielt die vorliegende Oberflächengeometrie, insbesondere die Orientierung der beim Anschliff erzeugten Furchen zur einfallenden und austretenden Strahlung, eine wichtige Rolle (s. Abschn. 5.1.2.3.).

6.1. Kompaktes Analysenmaterial

Der Einfluß einer nicht zu starken Oberflächenrauhigkeit kann durch das Drehen der Meßfläche während der Messung weitgehend abgeschwächt werden. Auf jeden Fall muß die Präparation von Eich- und Analysenproben unter reproduzierbar gleichen Bedingungen vorgenommen werden.

Polierte Meßflächen werden wegen der zeitraubenden Probenvorbereitung trotz einiger Vorteile seltener eingesetzt. Nicht in jedem Fall bringt eine derartige Politur Vorteile; es sei darauf hingewiesen, daß der Polierprozeß ein recht komplizierter Vorgang ist, der nicht vorwiegend auf der Abtragung von Material beruht. Manchmal können auch Oberflächenunebenheiten mit Poliermitteln zugeschmiert werden.

Bei der Auswahl des Schleifmittels für eine Metallprobe muß neben der Korngröße auch das Verhalten des Schleifkorns beim Schleifprozeß beachtet werden. Ein schlecht eingebundenes Schleifkorn bewirkt beispielsweise bei der Flächenbearbeitung sog. »weicher« Stähle nichtreproduzierbare Untergrundveränderungen für die Meßsignale. Deshalb ist es unbedingt notwendig, den Einfluß des Schleifmittels experimentell zu überprüfen und das günstigste Material auszuwählen. Korundpulver als Schleifmittel ist ungünstig, wenn anschließend Aluminium bestimmt werden soll. Ähnliches gilt für die Verwendung von Siliciumkarbid als Schleifmittel bei der Analyse von Silicium.

In manchen Stählen neigen bestimmte Elemente oder deren Verbindungen (z. B. Blei, Titan) bei der mechanischen Bearbeitung zum Verschmieren der Oberfläche. Aus diesem Grund sollten beispielsweise die hitzebeständigen Stähle mit Diamantpaste naß geschliffen werden.

Beispiele für die Analyse kompakter Proben sind in der Tabelle 6-2 enthalten. Sie beziehen sich auf Stahl- und Eisenproben sowie Bunt- und Edelmetallegierungen.

Tabelle 6-2
Beispiele der Präparation metallischer Meßproben

Literatur	Metall- oder Legierungstyp	Bemerkungen zu Störeinflüssen oder Umarbeitungsverfahren
[6.1.; 6.5]	Eisenlegierungen	Umschmelzen
[6.2]	Eisenlegierungen	Struktureinflüsse
[6.3]	Eisenlegierungen	Einflüsse der Abkühlgeschwindigkeit
[6.4]	Eisenlegierungen	Umschmelzen und Pulverisieren
[6.6]	Kupferlegierungen	Umschmelzen
[6.7]	Nickellegierungen	Umschmelzen
[6.8]	Zinnlegierungen	Probenalterung
[6.9]	Zinnlegierungen	Anmerkungen zur Oberflächenrauhigkeit
[6.10]	Antimon-Blei-Legierungen	Struktureinflüsse
[6.11]	Blei-Legierungen	
[6.12 bis 6.14]	Silber- und Edelmetallegierungen	Vergleich von fünf Präparationsarten

Bei der Untersuchung von Bunt- und Edelmetallegierungen reichen die bisher genannten Probenbearbeitungsarten häufig nicht aus, um systematische Analysenfehler zu vermeiden. Mehrphasensysteme ergeben trotz entsprechender Oberflächenbearbeitung stark streuende Fluoreszenzintensitäten. Sie müssen aus diesem Grund vor der Messung umgearbeitet werden. Zu den üblichen Umarbeitungsverfahren zählen

- das Zerspanen oder Mahlen und anschließendes Verpressen zu Tabletten (s. Abschn. 6.2.),
- das Umschmelzen unter Schutzgasatmosphäre mit einem anschließenden Schleuderguß oder Abschrecken der Probe,
- das Aufschmelzen zu einem Glas (s. Abschn. 6.4.),
- das Auflösen und die Verwendung einer Lösung (s. Abschn. 6.3.).

Wegen der Vielfalt der bei der Meßprobenvorbereitung zu beachtenden Parameter sei auch auf den Teil II dieses Buches hingewiesen.

6.1.2. Gläser und Schmelzaufschlüsse

Für die Analyse kompakter Gläser gelten die für metallische Proben gegebenen Hinweise sinngemäß. Ein Umschmelzen von Glas ist jedoch i. allg. nicht zulässig, da sich bei den hierzu erforderlichen Temperaturen durch selektive Verdampfung von Glasbestandteilen die Zusammensetzung der Probe sehr stark ändern kann.

Um zahlreiche probenbedingte Einflußfaktoren auszuschließen, wurde durch CLAISSE [6.33] die Schmelzpräparation eingeführt. Durch diese Präparationstechnik zur Herstellung glasiger Meßtabletten durch Aufschmelzen oxidischer Analysenproben mit einem Schmelzmittel bei relativ niedrigen Temperaturen werden vor allem Korngrößeneinflüsse und Störeffekte aufgrund wechselnder Mineralzusammensetzungen vermieden. Bei einer geeignet gewählten Verdünnung oder entsprechenden Zusätzen zum Aufschlußgemisch kann man damit auch die durch unterschiedliche Elementgehalte bedingten Absorptionseinflüsse (Matrixeffekte) abschwächen und so Analysen über weite Konzentrationsbereiche mit einheitlichen und linearen Intensitäts-Konzentrations-Beziehungen durchführen. Die Schmelztechnik gestattet darüber hinaus, auf einfache Weise synthetische Vergleichsproben mit gewünschten Konzentrationen herzustellen.

Beim Schmelzaufschluß schließt man das feingemahlene Analysengut mit Alkaliboraten und nötigenfalls weiteren Zusätzen auf und erhält daraus im allgemeinen ein Glas. Außer Boraten werden auch Alkaliphosphate, -carbonate und -sulfate eingesetzt und mit ihnen stabile Meßprobekörper erschmolzen.

Meist gelingt es, homogene Glaskörper zu präparieren. In diesem Fall kann die Tablette direkt als Meßprobe verwendet werden. Kristallin erstarrende Schmelzen oder inhomogene Glastabletten sind nicht, nur mit Einschränkung oder erst nach Wiederaufmahlung und Verpressen verwendbar.

Nachteilig wirkt sich die Verdünnung des Probenmaterials durch die Schmelzmittel und Zusätze auf die Bestimmungsgrenzen aus, insbesondere von Elementen mit niedriger Ordnungszahl ($Z \leq 17$).

6.1. Kompaktes Analysenmaterial

Das dem Analysenproblem angepaßte Verdünnungsverhältnis von Probe zu Schmelzmittel muß durch Vorversuche ermittelt und bei quantitativen Analysen exakt eingehalten werden.
Eine starke Verdünnung des Analysenmaterials (im Extremfall bis 1:100) erleichtert den Aufschluß, verkürzt die Schmelzdauer, führt im allgemeinen schnell zu homogenen, blasenfreien Glasschmelzen und schwächt den Einfluß wechselnder Zusammensetzungen auf das Analysenergebnis wesentlich ab.
Kleine Mengen Schmelzmittel (z.B. Verdünnungsverhältnis 1:1) haben Vorteile in bezug auf die erreichbaren Bestimmungsgrenzen, bringen jedoch im allgemeinen größere Homogenisierungsprobleme beim Aufschmelzen des Probe-Schmelzmittel-Gemisches mit sich und verlängern die Aufschlußdauer.
Grundsätzlich werden drei wesentliche Anforderungen an die Schmelze gestellt: Die Schmelze muß

- homogen sein,
- blasenfrei sein,
- beim Erstarren ein stabiles Glas bilden, d.h., sie darf dabei nicht kristallisieren.

Eine Verletzung der beiden ersten Forderungen zwingt in den meisten Fällen zur nachträglichen Homogenisierung (Aufmahlung) des Gußkörpers und führt damit letztlich zur Preßtechnik zurück. Es werden zwar die mit der Anwesenheit unterschiedlicher Minerale im Analysengut zusammenhängenden Einflüsse beseitigt, aber die Auswirkung von Einschlüssen, Konzentrationsgradienten und Poren u.U. nur ungenügend unterdrückt.
Wird die dritte Forderung nicht eingehalten, so ist der Zweck des gesamten Schmelzaufschlusses in Frage gestellt, weil wiederum mehrere Phasen in unterschiedlichen Größen und Formen auskristallisieren können.
Die Bildung unterschiedlicher Phasen hängt weitgehend von der Zusammensetzung der Schmelze, dem Abkühlregime und von Keimbildungsprozessen ab. Da der letztgenannte Effekt wesentlich durch sog. »Keimbildner« (Spurenanteile bestimmter Elemente oder Verbindungen) beeinflußt wird, kann der Phasenbildungs- und Erstarrungsprozeß nicht reproduzierbar ablaufen und so zu hohen Streubreiten der Analysenwerte führen.
Die drei genannten Bedingungen für die Glastablettenherstellung machen es notwendig, daß in Abhängigkeit vom aufzuschließenden Material oft unterschiedliche Zusätze zu den Schmelzmitteln verwendet werden. Diese Zusätze sollen entweder entsprechend der ersten Forderung die Homogenisierung der Schmelze erleichtern (z.B. ihre Viskosität vermindern), sie gemäß der zweiten Bedingung läutern und blasenfrei machen oder aber, wie unter dem dritten Punkt gefordert, die Entglasung beim Erstarren vermeiden. Es sei an dieser Stelle darauf hingewiesen, daß eine vierte Art von Zusätzen (schwere Absorber) nicht unmittelbar mit dem erwünschten Prozeß der Glasbildung und der Vermeidung von Kristallisation zusammenhängt, sondern auf die Verringerung des Einflusses wechselnder chemischer Zusammensetzung der Analysenproben (Matrixeffekt) bei der eigentlichen Analyse abzielt. Derartige Zugaben zur Rezeptur des Aufschlußmittels haben den Zweck, die Einflüsse unterschiedlicher Massenschwächungskoeffizienten wechselnder Matrices in bestimmten Grenzen zu halten (s. Abschn. 5.4.4.). Es ist klar, daß solche Absorber die Bestimmungsgrenzen der zu analysierenden Elemente zusätzlich verschlechtern.
Da beim Schmelzen in Abhängigkeit von dem eingesetzten Gemenge, der Schmelzat-

mosphäre, der Schmelzdauer und der Temperatur Prozesse ablaufen, welche die Zusammensetzung der entstehenden Schmelze beeinflussen, müssen diese Faktoren beim Präparationsprozeß konstant gehalten werden.
Es sei besonders auf folgende kritische Einflußgrößen hingewiesen:

a) Die Verdampfung leichtflüchtiger Bestandteile verändert die chemische Zusammensetzung der Schmelze. Es ist deshalb zweckmäßig – häufig sogar notwendig –, den Verdampfungsverlust quantitativ zu erfassen und in die Analysenberechnung einzubeziehen. Verdampfungsverluste können sowohl aus der Probe als auch aus dem Schmelzmittel stammen.

b) Oxydations- oder Reduktionsvorgänge führen beim Aufschluß zur unterschiedlichen Berechnung von Elementkonzentrationen im Glas. Deshalb sollten in derartigen Fällen Oxydationsmittel als Zusätze verwendet werden.

c) Das im Analysenmaterial unterschiedlich fest gebundene Wasser (ebenso Kohlendioxid und andere Bestandteile) kann nicht reproduzierbar verdampfen, durch Reaktion mit anderen Bestandteilen entfernt werden oder auch teilweise in der Schmelze verbleiben. Es ist deshalb zweckmäßig, die Untersuchungsprobe vor dem Aufschluß zu entwässern. Dabei muß auch die selektive Verbindung bestimmter Elemente (z. B. Kohlendioxid, Alkalien) vermieden und auf eventuelle Reaktionen (z. B. Oxydationsstufenwechsel) geachtet werden.

Als Schmelzmittel werden bei Borataufschlüssen bevorzugt Meta- oder Tetraborate für saure (hoher SiO_2-Gehalt) bzw. für basische (hoher Alkali- und Erdalkaligehalt) Analysengüter verwendet. Als besonders vorteilhaft erwiesen sich die entsprechenden Lithiumverbindungen. Wegen seiner niedrigen Ordnungszahl absorbiert dieses Element auch langwellige Strahlung nur wenig und hat deshalb Vorteile hinsichtlich der erreichbaren Bestimmungsgrenzen.
Die Zustandsdiagramme für die Systeme B_2O_3-SiO_2 und SiO_2-Li_2O sowie Hinweise zum Aufschlußmechanismus sind bei AFONIN [6.86] zu finden.
Selbstverständlich können auch die entsprechenden Natriumborate zum Aufschluß verwendet werden. Sie sind jedoch stärker hygroskopisch und deshalb nicht so gut handhabbar. Außerdem absorbieren sie die Röntgenstrahlung entsprechend ihren höheren Massenabsorptionskoeffizienten stärker als Lithiumborate und machen auch die oft notwendige Bestimmung des Natriumanteils in der eigentlichen Probensubstanz unmöglich.[1] Andere Alkaliboratverbindungen (z. B. Kaliumborate) werden seltener für Schmelzaufschlüsse eingesetzt, da bei ihnen die Nachteile der Natriumborate noch stärker ins Gewicht fallen.
Da die Metaborate niedrigere Schmelzpunkte als die Tetraborate haben und wegen ihrer stärker alkalischen Wirkung auch feuerfeste Materialien aufschließen, sollte man sie bevorzugt als Schmelzmittel nutzen [6.45]. Zum Vergleich seien die Schmelzpunkte der drei wichtigsten Borat-Schmelzmittel angeführt:

Lithiumtetraborat   925 °C
Natriumtetraborat   741 °C
Lithiummetaborat   850 °C

---

[1] Für die Alkaliphosphate gelten analoge Einschätzungen.

Als Zusätze zur Homogenisierung der Schmelze und zur Entfernung von Gasblasen werden häufig Natriumfluorid als Läutermittel und Lithiumfluorid zur Erniedrigung der Viskosität von Boratschmelzen eingesetzt.
Als Oxydationsmittel haben sich Natrium- und Bariumnitrat sowie Bariumperoxid bewährt.
Da das Probegut mit den Alkaliboraten in bestimmten Konzentrationsbereichen kein Glas bildet oder eine klare Schmelze beim Erstarren zur Kristallisation neigen kann, ist man manchmal gezwungen, der Aufschlußmenge einen Glasbildner (Netzwerkbildner) zuzusetzen. Besonders vorteilhaft kann dazu Siliciumdioxid (SiO_2) in Form von reinem Quarz oder Kieselglas verwendet werden. Oft genügen bereits kleine Anteile dieses Materials (<5%), um eine Glasbildung zu ermöglichen und die Kristallisation zu verhindern. Auch andere Glasbildner sind zu diesem Zweck nutzbar, meist müssen sie jedoch in größeren Mengen zugesetzt werden, absorbieren stärker und sind deshalb weniger gut geeignet (Verbindungen von P, Ge, Ba und Pb).
Eine Zusammenstellung von Substanzen für die Durchführung von Schmelzaufschlüssen mit zahlreichen Literaturhinweisen ist in der Tabelle 6-3 enthalten. Weitere Beispiele und Einsatzgebiete siehe [6.82].
Vor dem Aufschluß muß das Analysengut sehr sorgfältig mit dem Schmelzmittel vermischt werden. Wie beim technischen Glasschmelzprozeß spielen für die Homogenität der Schmelze die Körnigkeit und die gleichmäßige Durchmischung der Gemengeanteile eine wichtige Rolle. Ein hoher Feinkornanteil forciert zwar den Reaktionsablauf, verstärkt jedoch die Gasblasenbildung in der Schmelze und verhindert damit oft das erwünschte Klarschmelzen. Grobkornanteile verzögern den Aufschluß und bewirken eventuell sogar aus Resten unaufgeschlossenen Ausgangsmaterials eine Steinchenbildung im Glas. Es ist zweckmäßig, die Schmelze zur *Homogenisierung* und Entgasung regelmäßig umzuschwenken oder besser noch zu rühren.
Als *Tiegelmaterial* zur Ausführung derartiger Kleinschmelzen eignen sich Platin, Platin-Gold- oder Platin-Rhodium-Legierungen. Eingesetzt werden PtAu 5- oder PtRh 5-10-Legierungen. Tiegel aus diesem Material werden von den Schmelzen nur wenig benetzt. Sie können deshalb fast vollständig ausgegossen werden; damit wird das zeitaufwendige Reinigen abgekürzt.
Alkalibromid und -jodid in Mengen von weniger als 1 Masse-% wirken ebenfalls der Benetzung der Tiegel entgegen [6.82].
Auf die Möglichkeit der Schädigung von Edelmetallgeräten durch Sulfide, Metalle, Kohlenstoff u. a. kann hier nur hingewiesen werden.
Graphittiegel haben dagegen zahlreiche Nachteile. Der Schmelzaufschluß erfolgt in einer reduzierenden Atmosphäre. Die Schmelze überzieht sich darüber hinaus häufig mit einer Graphitschicht und kann deshalb nicht beobachtet werden. Die Tiegel verbrennen leicht und müssen dann durch neue ersetzt werden. Sie können nur bedingt in Induktionsöfen verwendet werden.
Der eigentliche Aufschluß kann im Muffelofen, in der Induktionsspule eines Hochfrequenzsenders oder Niederfrequenzaggregates oder auch mit einer geeigneten Brennerkombination durchgeführt werden. Die Schmelztemperaturen müssen den Schmelzmitteln angepaßt sein; sie liegen entsprechend den Schmelztemperaturen der verwendeten reinen Schmelzmittel oder Schmelzmittelgemische zwischen 500 und 1 300 °C.

Tabelle 6-3
Substanzen für Schmelzaufschlüsse

Literatur	Schmelzmittel *) **)	Glasbildende Zusätze	Absorberzusätze	Analysenmaterial
[6.45]	$LiBO_2$	–	–	Silicate
[6.46]	$LiBO_2$ [1])	SiO_2	–	Geologische Materialien
[6.47; 6.49; 6.50]	$Li_2B_4O_7$	–	La_2O_3	
[6.48]	$Li_2B_4O_7$ [5])	SiO_2	–	
[6.76]	$Li_2B_4O_7$ [2]) [6])	–	–	Feuerfestmaterialien
[6.77]	$Li_2B_4O_7$	–	–	Schlacken
[6.51]	$Li_2B_4O_7 + Li_2CO_3$	–	La_2O_3	Silicatgestein
[6.52]	$Li_2B_4O_7 + Li_2CO_3$	SiO_2, GeO_2	–	
[6.72]	$Li_2B_4O_7 + Li_2CO_3$ [3])	–	La_2O_3	Geologische Materialien
[6.53]	$Li_2B_4O_7 + H_3BO_3$	–	La_2O_3	
[6.54]	$Li_2B_4O_7 + LiBO_2$	–	–	Aluminiumoxid
[6.79]	$3\,Li_2O \cdot 2\,B_2O_3$	evtl. SiO_2	–	Geologische Materialien
[6.55]	$Li_2B_4O_7 + Na_3PO_4$ [4]) $Na_2B_4O_7 + Na_3PO_4$	–	–	Eisenhaltige Produkte
[6.57]	$Li_2CO_3 + B_2O_3$	–	–	
[6.58]	$Na_2B_4O_7 + H_3BO_3$ [5])	–	–	
[6.56]	$Na_2B_4O_7$ [7])	–	–	Keramische Materialien
[6.59]	$Na_2B_4O_7 + Li_2B_4O_7$ [2])[8])	–	BaO_2	
[6.60; 6.71]	$Na_2B_4O_7$	–	BaO	Schlacken; Stahl
[6.41]	$Na_2B_4O_7$	–	La_2O_3	Hartmetalle
[6.61]	$Na_2B_4O_7$ [3])	–	–	
[6.62]	$Na_2B_4O_7$ [8])	–	La_2O_3	
[6.63]	$Na_2B_4O_7; K_2S_2O_7$ [2])	–	BaO_2	Kupfer
[6.64]	Na_2HPO_4	–	–	Eisenhaltige Produkte
[6.66]	Na_2HPO_4 [9])	–	–	Ca in Gesteinen
[6.65]	$NaPO_3$	–	–	
[6.76]	$NaPO_3$ [2])	–	–	Feuerfestmaterialien
[6.76]	$NaPO_3$ [2])	MgO	–	Feuerfestmaterialien
[6.70]	$(NH_4)_2HPO_4$	–	–	
[6.67; 6.78]	$K_2S_2O_7$	–	–	Niob und Tantal
[6.68]	$KNaCO_3$ [3])	B_2O_3	–	Ferro-Legierungen
[6.69]	$K_2CO_3 + Na_2CO_3$	MgO	–	Ferro-Legierungen

*) Als Oxydationsmittel werden verwendet: [1]) $(NH_4)_2[Ce(NO_3)_6]$, [2]) BaO_2, [3]) $NaNO_3$, [4]) $Ba(NO_3)_2$.

**) Als Flußmittel werden eingesetzt: [5]) LiOH, [6]) LiF, [7]) Li_2CO_3, [8]) Fe_2O_3, [9]) NaF.

Jede der genannten Heizquellen hat bestimmte Vor- und Nachteile. Der Analytiker muß in Abhängigkeit vom Zeitbedarf, der Genauigkeitsforderung und den Kosten die Art der Wärmezufuhr beim Aufschluß selbst entscheiden.

6.1. Kompaktes Analysenmaterial

Zweifellos ist die induktive Erwärmung des Probegutes in einem metallischen Tiegel das sauberste und auch für den Bearbeiter angenehmste Schmelzverfahren. Man kann dabei den Tiegel zur Homogenisierung der Schmelze leicht manuell umschwenken oder die Schmelze mit einem einfachen Rührwerk rühren. Das Temperaturregime läßt sich mühelos definiert einhalten und der Aufschluß rasch durchführen. Nachteilig ist, daß mit nur einem Aggregat meist auch nur ein Tiegel erwärmt werden kann. Auf die hohen Investitionskosten und den entsprechenden Platzbedarf für ein leistungsfähiges induktives Erwärmungsaggregat sei nur am Rande hingewiesen.

Billig und rationell arbeiten Gasbrenner-Kombinationen. Bei einer solchen Erwärmungsart können bequem mehrere Schmelzen parallel ausgeführt werden. Dem Vorteil dieser einfachen Technik[1)] steht der Nachteil gegenüber, daß die Wärmezufuhr nicht so definiert erfolgen kann wie im Induktionsofen. Kritisch sind dabei Schwankungen der Gaszufuhr und des Heizwertes sowie die Einhaltung eines bestimmten Abstandes zwischen Tiegel und heißester Brennerzone. Für den Laboranten stellt diese Schmelztechnik darüber hinaus eine hohe Wärmebelastung dar.

Häufig wird das Gemenge in einem Muffelofen aufgeschmolzen. Hierbei muß man damit rechnen, daß diese Laboröfen größere Temperaturgradienten über den nutzbaren Innenraum haben. Eine Metallauskleidung kann jedoch Abhilfe schaffen. In solchen Öfen können mehrere Proben parallel aufgeschmolzen werden; das notwendige Entfernen von Gasblasen und Umschwenken der Tiegel zur Homogenisierung der Schmelze zwingt jedoch dazu, die Tiegel mehrmals aus dem Ofen zu nehmen und wieder einzusetzen. Dazu sind Muffelöfen besonders gut geeignet, die man von oben beschicken kann. In diesem Fall kann die Schmelze auch durch motorgetriebene Rührer homogenisiert werden.

Nach dem Guß in eine Form kann das Borat- oder Phosphatglas entweder unmittelbar – z. B. als Scheibe – oder aber nach einer Aufmahlung und Tablettierung – als Preßling – zur eigentlichen Analyse verwendet werden. Das Vergießen der Schmelze zu fertigen Meßproben ist die heute vorherrschende Methode. Sie hat wesentliche zeitliche Vorteile, vermeidet Korngrößen- und Kornverteilungseinflüsse, ist von Preßbedingungen unabhängig und liefert für den mechanisch stabilen Gußkörper über einen mehr oder weniger langen Zeitraum konstante Fluoreszenzintensitäten [6.72].

Zunehmende Bedeutung erlangt eine Präparationstechnik, bei der die Schmelze in einem induktiv geheizten flachen Edelmetalltiegel erstarrt. Nach dem Abkühlen mit einem kalten Luftstrahl löst sich die Glastablette leicht vom Tiegelboden [6.81].

Aufgrund der manchmal ungenügenden Homogenität der Schmelze und der Oberflächenstruktur der fertigen Glastablette treten jedoch hin und wieder Probleme auf [6.73], die zur Aufmahlung des Glases und zur Anwendung der Preßtechnik zwingen. So kommt es vor, daß gegossene Scheiben zwar zeitlich stabile Meßdaten liefern, jedoch von Exemplar zu Exemplar signifikante Unterschiede zeigen. Es sei ergänzend darauf hingewiesen, daß die Oberflächenzusammensetzung eines solchen Gußkörpers nicht immer der des eigentlichen Kernglases entsprechen muß, weil die Verdampfung eine Verarmung an leichtflüchtigen und damit eine Anreicherung schwerflüchtiger Komponenten im Oberflächenbereich der Schmelze zur Folge haben kann. Auch Diffusionsprozesse senkrecht zur Oberfläche können eine Rolle spielen [6.76] und das Analysenergebnis verfälschen, weil

---

[1)] Meker-Brenner oder Druckluft-Gasbrenner

dann keine eindeutige Zuordnung von Fluoreszenzintensität und Konzentration gegeben ist.
Die mit der mechanischen Stabilität einer solchen Meßprobe zusammenhängenden Probleme werden im allgemeinen überschätzt. Die in einem Gußkörper verbleibenden kritischen Oberflächen-Restspannungen lassen sich durch ein experimentell zu ermittelndes Abkühlregime beim und nach dem Gießen so klein halten, daß sie vom Kernglas aufgenommen werden. Es ist zweckmäßig, möglichst dünne Scheiben zu fertigen, bei denen der Temperaturausgleich über die Scheibendicke rasch abläuft und keine großen Spannungen aufgebaut werden. Dickere Gußkörper (>3 mm) neigen dagegen häufiger zum Zerspringen, weil während der Abkühlung aufgebaute Zugspannungen beim Unterschreiten des Transformationsbereiches des Glases eingefroren werden. Solche Zugspannungen im Oberflächenbereich führen sehr leicht zum Zerplatzen der Meßproben.
Es gibt zahlreiche Arbeiten und Veröffentlichungen zum Thema »*Gießtechnik*«. Für das Herstellen dünner Glasplättchen hat sich die von HARVEY u. a. [6.74] veröffentlichte Methode bewährt. Dabei wird der heiße Schmelztropfen in eine dem Transformationsbereich des Glases angepaßt temperierte Graphitform gegossen und mit einem Aluminiumstempel breitgedrückt. Auf diese Weise gelingt es, mit relativ wenig Analysensubstanz haltbare und ebene Meßproben herzustellen. Als Meßfläche wird in der zitierten Arbeit die dem Preßstempel zugewandte Seite verwendet. Wegen der abgerundeten Grundflächenkante der eingesetzten Gießform ist der untere Rand des Gießkörpers abgerundet, wodurch das Ausschalen des Gußkörpers nach dem Abkühlen erleichtert wird.
Aber auch ohne das Glattpressen der ausgegossenen Schmelze gelingt es, haltbare Scheiben der gewünschten Größe herzustellen. Dazu ist allerdings meist wesentlich mehr Schmelzmaterial notwendig, damit die rasch erstarrende Schmelze die vorgegebene Form ausfüllt [6.75].
Sowohl bei der *Gieß-Preß-Technik* als auch der reinen Gießtechnik ist es notwendig, die verwendeten Formen, Platten oder Ringe zu temperieren. Klebt die Schmelze am Ring oder an der Platte an, so war die Temperatur der Schmelze oder die Temperatur der Gießform zu hoch; wird die Temperatur der Gießform zu niedrig gewählt, zerspringt die Tablette.
Als Material für die Formen eignen sich neben Graphit und Aluminium auch hier Platin und Platinlegierungen.
Wie bereits angeführt wurde, liefern so hergestellte Glastabletten i. allg. über längere Zeiträume (einige Wochen bei häufigem Gebrauch) stabile Meßwerte. Auftretende Verfärbungen beim Bestrahlen sind durch die Bildung von Farbzentren im Glas zu erklären; sie sind für die Röntgenfluoreszenzanalyse ohne Bedeutung und können z. B. durch Temperung der Tablette (Erwärmung bis oberhalb des Transformationsbereiches und entsprechende Abkühlung) entfernt werden. Geringfügige Verschmutzungen der Meßfläche werden zweckmäßigerweise mit einem sauberen Zellstofftuch entfernt. Das Abwischen der Meßfläche ist ein recht wirksames Mittel, Kontaminationen und durch Anfassen mit bloßen Fingern aufgebrachte Verunreinigungen (Alkalien, Erdalkalien) zu entfernen, ohne dabei Kratzer auf dem Prüfling zu verursachen.
Für die Aufbewahrung von Meßtabletten ist eine staubarme Lagerung in trockener Luft, evtl. im Exsikkator, zu empfehlen. Für erforderliche Zwischenlagen werden mineralstoffarme Papiere (aschearme Filter- und Seidenpapiere) verwendet.

6.2. Pulverförmige Proben

Im Gegensatz zu kompakten Proben bestehen pulverförmige Meßproben aus mindestens einer Feststoffphase und der zwischen den Körnern des Analysengutes eingelagerten Luft. Mit Bindemitteln gepreßte Pulverproben enthalten (mindestens) zwei Feststoff- und eine Gasphase.

Die Untersuchung von Meßproben aus pulverförmigen Materialien gehört deshalb nach wie vor zu den schwierigsten Aufgaben der RFA. Nur bei streng reproduzierbarer Einhaltung aller Bedingungen der Probenvorbereitung erhält man reproduzierbare Ergebnisse. Auch die Auswertung der Meßdaten muß der heterogenen Struktur der Meßproben Rechnung tragen, damit systematische Fehler vermieden werden können. Bei sorgfältiger Präparation sind relative Standardabweichungen (s. Abschn. 7.2.2.) von 1 bis 5% auch im Routinebetrieb zu erreichen.

Bisher lassen sich noch nicht alle die heterogene Struktur der Pulverprobe beschreibenden Parameter genau und schnell genug bestimmen und bei der Analysenberechnung berücksichtigen. Man bemüht sich deshalb, Analysen- und Eichproben in bezug auf ihren mineralogischen und morphologischen Aufbau einander möglichst ähnlich zu machen.

Bei der Vorbereitung von Pulverproben sind insbesondere die im Abschnitt 5.1.2. genannten Einflüsse der Korngröße, ihrer Verteilung und die Phasenzusammensetzung des Materials zu berücksichtigen. Schon beim Hantieren mit dem Analysenmaterial ist an die Möglichkeit einer Klassierung nach der Korngröße zu denken.

Die erforderliche Kornfeinheit für eine gute Analyse (relative Standardabweichung für die Streuung der Meßwerte: <1%) hängt stark von dem zu bestimmenden Element ab. Bei quantitativen Bestimmungen von Elementen mit Ordnungszahlen kleiner als 14 sind Kornfeinheiten unter 1 µm erforderlich [6.15], um korngrößenunabhängige Intensitäten messen zu können. Derartig feine Körnungen sind selbst bei Einsatz sehr effektiv arbeitender Scheibenschwingmühlen mit Mahlbechern aus Widiahartmetall oder von Stift-, Schlag-, Kegel- oder Kugelmühlen nicht ohne weiteres zu erreichen[1] [6.16; 6.76].

Die Feinmahlung auf eine konstante und reproduzierbare Korngröße erfordert häufig die Zugabe von *Mahlhilfsmitteln*. Dazu eignen sich hochmolekulare Alkohole, Triethanolamin, Essigsäure, Freon, Graphit und andere Substanzen [6.17]. Art und Menge des Zusatzes müssen experimentell ermittelt werden.

Wertvolle Erfahrungen über viele Techniken der Probenpräparation, insbesondere für Materialien der Zementindustrie, werden von VOGEL, SEEMANN und MEYER [6.80] mitgeteilt.

Grundsätzlich gibt es bei der Aufbereitung grobkörniger Stoffe zu einem pulverförmigen Gut mit festgelegtem Kornspektrum zahlreiche Schwierigkeiten. Im einfachsten Fall besteht das kristalline oder amorphe Ausgangsmaterial nur aus einer Phase. Die durch das Aufmahlen erzielbare Kornfeinheit und -verteilung hängt dann von der Ausgangskorngröße, der Härte, Sprödigkeit und Spaltbarkeit ab.

Enthält dagegen das zu zerkleinernde Material mehrere Phasen unterschiedlicher Mahl-

---

[1] Für die Zerkleinerung eines pulverförmigen Gutes soll man sehr effektiv sog. »Düsenmühlen« einsetzen können, bei denen die Körner mit etwa doppelter Schallgeschwindigkeit aufeinanderprallen.

barkeit, so resultiert daraus ein von den Ausgangskorngrößen der einzelnen Phasenanteile und deren Mahlbarkeit abhängiges Kornspektrum. Deshalb läßt sich selbst bei Verwendung des gleichen Gerätes[1] und genauer Einhaltung der Aufmahldauer und der Substanzmenge kaum eine gleichbleibende Kornverteilung erreichen. Man kann jedoch die obere Korngröße durch Absieben und Nachzerkleinern begrenzen und muß für eine gute Durchmischung des Analysenpulvers sorgen.

Die Auswahl des Zerkleinerungsgerätes kann nur im Zusammenhang mit Kenntnissen über die möglichen Kontaminationen durch den Abrieb aus Mühle und Sieb getroffen werden. Da die Abriebmenge probenspezifisch und abhängig vom Mahlaggregat ist, sind eigene Untersuchungen vorzunehmen. In diesem Zusammenhang sei darauf hingewiesen, daß beim Mahlprozeß auch unerwünschte Reaktionen auftreten können. Solche Reaktionen sind vor allem Oxydationsvorgänge und die Kohlendioxid- und Wasseraufnahme aus der Luft. Sie können durch vorbeugende Maßnahmen (Mahlen im Vakuum oder unter Inertgas-Atmosphäre) unterdrückt werden. Das Trocknen des Analysengutes ist fast immer erforderlich.

Diese kurzen Bemerkungen zur Feinmahlung des Analysengutes sollen andeuten, daß die Eignung des Mahlaggregates, die Festlegung einer bestimmten Probenmenge und das Einhalten einer einheitlichen Mahldauer notwendige Voraussetzungen für die gute Reproduzierbarkeit des Kornspektrums sind.

Darüber hinaus sind zur Optimierung und exakten Einhaltung des Mahlregimes umfassende Kenntnisse über die Phasenzusammensetzung, die Vorgeschichte (z. B. Brech-, Mahl- und Lagerungsbedingungen vor Eingang der Probe in das Analysenlabor) und das Reaktionsverhalten des Materials bei der mechanischen Bearbeitung und der Lagerung unerläßlich.

6.2.1. Untersuchung von Pulvern als Schüttgut

In manchen Fällen kann eine ausreichend feine Analysenprobe direkt als Schüttgut in einer offenen oder folienbedeckten Küvette[2] untersucht werden [6.18; 6.19]. Obgleich die Schütttechnik einfach und auch im Vakuumbereich zur Erfassung der langwelligen Fluoreszenzstrahlung anwendbar ist, eignet sich diese Arbeitsweise nur in Ausnahmefällen für quantitative Analysen. Schwierigkeiten resultieren aus der nichtreproduzierbaren Schüttrohdichte der Meßprobe und den Problemen der Probenabdeckung gegenüber dem Spektrometerteil des Gerätes.

Die Schüttpulvertechnik wird im allgemeinen nur angewendet, wenn eine große Anzahl von Proben ohne Zusatz von Standardelementen, Verdünnungsmitteln oder Absorbern mit relativ geringen Anforderungen an die Richtigkeit und die Reproduzierbarkeit des Analysenergebnisses untersucht werden müssen (z. B. geochemische Prospektion). Im Spurenelementbereich sind mit einer losen Schüttung relative Standardabweichungen von 10 bis 15 % für Elemente im mittleren Ordnungszahlbereich die Regel. Wenn das Schüttgut durch manuelles Andrücken mit einem Metallstempel zusätzlich verdichtet

---

[1] Schon das Verschleißen der Mahlbecher kann im Laufe der Zeit zu beträchtlichen Analysenfehlern führen [6.76].

[2] In einigen Fällen wurden Cellophan- und Polyethenbeutel eingesetzt [6.83].

6.2. Pulverförmige Proben

wird, erreicht man für diese Elemente Werte zwischen 3 und 8 %. Die Fluoreszenzintensität ist bei loser und verdichteter Schüttung niedriger als die eines Preßlings. So liegt z. B. bei Gesteinspulvern die Intensität der FeK_α-Strahlung im ersten Fall etwa 12 % und im zweiten etwa 3 % unter der eines Preßlings.

Bei der Untersuchung von Schüttgütern muß auf eine ausreichende Schichtdicke der Meßprobe geachtet werden (s. Abschn. 5.1.2.1.).

SCHINDLER (priv. Mitteilung) gibt beispielsweise für diese Abhängigkeit die Zahlenwerte nach Tabelle 6-4 für die SnK_α-Strahlung eines Gesteinspulvers (Hornfels) aus Probehal-

Tabelle 6-4
Abhängigkeit der scheinbaren, aus der Eichkurve ermittelten Sn-Konzentration von der Meßmenge (Korngröße des Hornfelses $\leq$ 63 μm)

Meßprobenmenge [g]	Konzentration [%]
0,25	0,09
0,50	0,17
1,00	0,27
1,50	0,31
2,00	0,33
3,00	0,345
4,00	0,35

tern von 8 cm² Grundfläche mit 4,9 m² Meßfläche an. Erst bei Füllmengen von mehr als 2 Gramm ist hier die Intensität unabhängig von der Schichtdicke.

6.2.2. Preßproben ohne Bindemittelzusatz

Bestimmte Substanzgruppen lassen sich bereits ohne Zusatz eines Bindemittels zu einem mechanisch belastbaren Preßling formen [6.20]. Für die Preßbarkeit des Materials sind auch seine Härte, seine Korngröße und das Kornspektrum wichtig.

Es ist jedoch häufig notwendig, zur Erhöhung der mechanischen Stabilität des Preßlings Hilfsmittel, wie Folien, Deckel oder Ringe, zu verwenden [6.21; 6.22].

Die *Preßwerkzeuge* sind im allgemeinen aus gehärtetem Stahl gefertigt und den benutzten Küvetten in der Form angepaßt. Beim Gebrauch ist darauf zu achten, daß die polierten Innenflächen stets sauber und glatt bleiben, um ein Festfressen des Preßstempels zu vermeiden und ebene Meßflächen zu erzielen (Bild 6-3).

Da die Fluoreszenzintensitäten von der Korngröße des Analysengutes sowie von der Oberflächenstruktur, der Dichte und der Porosität der gepreßten Tablette abhängen, ist das durch Vorversuche ermittelte *Preßregime* stets einzuhalten. Folgende Parameter sollten zur Stabilisierung der Packungsdichte beachtet werden:

- Verwendung einer konstanten Probenmenge,
- gleichmäßige Füllung des Preßgesenkes,
- Beachtung einer guten Entlüftung,
- reproduzierbarer Druckanstieg bis zum Maximaldruck,
- Einhaltung des Maximaldrucks über ausreichende, stets gleiche Zeiten,
- reproduzierbare Entlastung des Prüflings.

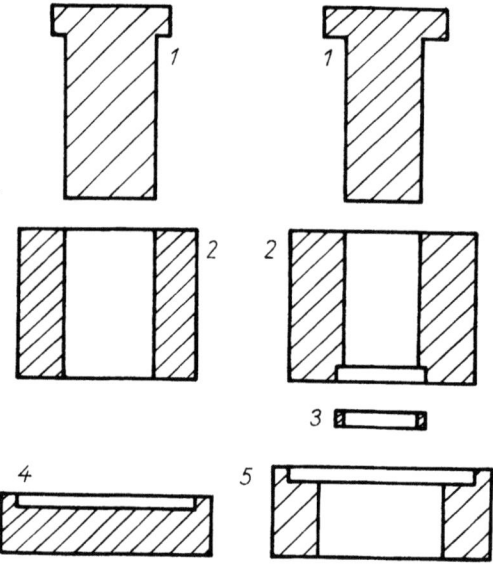

Bild 6-3
Preßmatrizen
1 Stempel
2 Zylinder
3 Plaste- oder Metallring
4 Grundplatte
5 Ring zum Ausstoßen der Tablette

Die Schnelligkeit des Druckanstiegs und insbesondere die Höhe des Maximaldrucks müssen durch Vorversuche ermittelt werden. Meist erhält man für den Zusammenhang zwischen Preßdruck und Fluoreszenzintensität den im Bild 6-4 dargestellten typischen Verlauf.
Üblicherweise wird in einem Druckbereich von etwa 100 bis 500 MPa (1 000 bis 5 000 kp/cm^2) gearbeitet. Die Druckabhängigkeit ist für Elemente mit niedriger Ordnungszahl wesentlich stärker als für Elemente mit höherer.

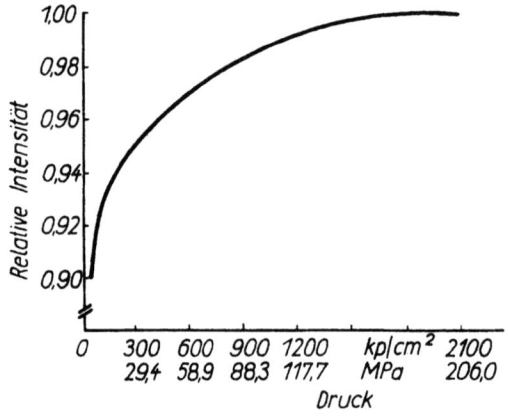

Bild 6-4
Abhängigkeit der Fluoreszenzintensität vom Preßdruck (Feldspat-Cellulose-Gemisch 2 + 1; SiK$_\alpha$-Strahlung)

Im Routinebetrieb ist es zweckmäßig, automatisch arbeitende Pressen einzusetzen, welche die einmal festgelegten Preßparameter gut reproduzieren.
Es sei darauf hingewiesen, daß es unter ungünstigen Bedingungen beim Preßvorgang zu

Verpuffungen kommen kann. Dazu führen z. B. solche Stoffe, die bei Erwärmung unter Druck reagieren oder Reste brennbarer Lösungsmittel enthalten.
Ohne Bindemittel hergestellte Pulverpreßlinge neigen zum Aufrauhen, Aufschiefern und Abblättern. Sie geben unter der Einwirkung der Gerätewärme, der Röntgenstrahlung und des Vakuums die eingeschlossene Luft diskontinuierlich ab. Derartiges Entgasen verändert die Oberflächenstruktur der Prüfkörper merklich. Auf diese Weise führen häufige Messungen am selben Preßling zu einer rauhen, rissigen Oberfläche und damit zu unbrauchbaren Prüfkörpern.
Mit dem Einfluß der Bestrahlungsdauer auf die Verwendbarkeit gepreßter Proben befaßt sich die Veröffentlichung [6.87].
Bei ständiger Verwendung von instabilen Preßtabletten muß man auch mit Verschmutzungen im Spektrometer rechnen. Außerdem verlängert die Gasabgabe die Zeit für die Evakuierung.
Beim Arbeiten ohne Bindemittel wird das Analysengut nicht verdünnt. Durch die Verwendung von Hilfsmitteln, wie Folien, Ringen und ähnlichen Halterungen, gelingt es, viele Materialtypen zu haltbaren Meßtabletten zu formen. Die Probenvorbereitung beschränkt sich auf das Mahlen und Verpressen des Gutes und bietet damit zeitliche Vorteile gegenüber Preßproben mit Bindemittelzusatz.

6.2.3. Preßproben mit Bindemittelzusatz

Durch die Verwendung von Bindemittelzusätzen kann grundsätzlich jedes pulverförmige Untersuchungsmaterial zu einer mechanisch stabilen Meßtablette verarbeitet werden. Das Bindemittel soll

– eine gewisse Plastizität aufweisen, damit unter Druck und der damit verbundenen Erwärmung ein Fließen oder ein starkes Anhaften eintritt (dadurch werden die Probenpartikeln in der Tablette fest eingebunden, wobei außerdem der Porenanteil sinkt),
– aus Absorptionsgründen nur aus Elementen mit Ordnungszahlen kleiner als 9 bestehen, d. h. möglichst eine organische Verbindung sein,
– die zu bestimmenden Elemente des Analysengutes nicht oder nur in nicht störenden Konzentrationen enthalten,
– nicht mit dem Analysenmaterial reagieren, z. B. explosionsartig verpuffen,
– keine die Korrosion des Preßwerkzeuges und des Analysengerätes fördernden Eigenschaften besitzen,
– möglichst nicht hygroskopisch reagieren.

Außerdem sollte der Anteil des Bindemittels so gering wie möglich gehalten werden und im genauen Mengenverhältnis mit der Probe homogen vermischt werden (am besten durch eine gemeinsame Nachmahlung). In Tabelle 6-5 sind Beispiele für bewährte *Bindemittel* aufgeführt. *Wachs-* und *Cellulosepulver* sind für diesen Verwendungszweck gut geeignet [6.20; 6.23; 6.31].
Das Bindemittel läßt sich entweder von Hand untermischen oder wird in einer Mühle mit der Probe homogenisiert. Bei einer gemeinsamen Mahlung von Probe und Bindemittel

Tabelle 6-5
Bindemittel zur Herstellung von Preßtabletten

Literatur	Bindemittel	Analysenmaterial
[6.26]	Kunststoff »STAN-2«	Sr-Ca-Bi-Titanate
[6.27]	MOWIOL	Glas und Silikate
[6.28]	Borsäure	Zn, Zr, U in ThO_2
[6.29]	Carnauba-Wachs	Ce
[6.20]	Hoechstwachs C	Erze
[6.84]	Wachs + Styren-Acrylnitril-Copolymer	Metalle, Roh- und Werkstoffe
[6.30]	Paraffin, Bleistearat, Stearinsäure, Polyethen	Spuren in Ilmenit
[6.87]	Graphit, Stärke, Cellulose	Hochofen-Sinter
[6.23]	Wachs	Si- und Ca-Legierungen
[6.31]	Cellulose	Eisenerz, Sintermaterial, Schlacke
[6.24]	Polystyren in Toluol	sandig-tonige Gesteine
[6.25]	selbsthärtende Harze	Öle, Pulver

kann es vor allem bei PVC- und PVA-Pulvern infolge der Wärmeentwicklung an den Gefäßwänden zum Ankleben des Gemisches kommen. Dieses Ankleben des Gemisches am Gefäß kann unter Umständen durch Zusätze wie Isopropanol oder Triethanolamin verhindert werden.

Neben pulverförmigen werden auch gelöste Bindemittel und selbstaushärtende Harze in der Preßtechnik angewendet [6.24; 6.25].

Gelöste Bindemittel werden der gepulverten Analysenprobe in definierter Menge zugesetzt und gut untergemischt (z.B. mit einem Spatel). Das Lösungsmittel entfernt man am besten durch Trocknen im Trockenschrank. Diese Arbeitsweise ist nicht unproblematisch, da manche Produkte das zugesetzte Lösungsmittel nur unvollständig oder undefiniert abgeben und sich deshalb nicht verpressen lassen bzw. stark streuende Meßwerte ergeben. Man hat darauf zu achten, daß sich die Lösung nach dem Durchmischen nicht über dem Probebrei absetzt, damit nach dem Abdampfen keine unerwünschte Bindemittelschicht auf dem zu verpressenden Material entsteht [6.24]. Wird zuviel Lösung verwendet, besteht außerdem die Gefahr einer Korngrößenfraktionierung durch Sedimentation.

Eine Abwandlung der Bindemittellösungstechnik ist das Arbeiten mit selbständig aushärtenden Harzen [6.25], wobei das Verpressen des Materials zu einer Tablette entfällt.

6.2.4. Tablettierung geringer Probemengen

Reicht die Probenmenge zur Herstellung einer mechanisch stabilen Tablette nicht aus, so kann die Analysensubstanz auf eine Trägertablette aufgepreßt werden. Dabei wird die Untersuchungsprobe in eine in das Bindemittelpulver gedrückte Mulde eingepreßt. Mit Hilfe einer speziellen Preßform ist es auch möglich, eines der genannten Bindemittel auf die leicht angedrückte Pulverprobe aufzufüllen und dann zu pressen. Die Probe ist in diesem Fall, bis auf die Meßfläche, vollständig in das Preßhilfsmittel eingebettet. Diese Technik wird z. B. in [6.32] beschrieben. In Abhängigkeit von der Ordnungszahl des Elements kann eine zu geringe Schichtdicke zu Analysenfehlern führen (siehe auch Abschnitt 5.1.2.1.).

6.3. Flüssige Proben

Wäßrige Lösungen, wie galvanische Bäder, Elektrolyte, physiologische Flüssigkeiten oder auch organische Substanzen (z. B. Erdöl), werden häufig direkt untersucht. Man verwendet aber nicht nur bereits flüssig vorliegende oder wasserlösliche Produkte, sondern überführt auch viele feste Substanzen (Legierungen, Erze, Stähle u. a.) durch Lösen in Säuren oder auch durch einen Schmelzaufschluß und anschließendes Auflösen in die flüssige Phase und analysiert diese dann röntgenspektrometrisch.
Beim Arbeiten mit flüssigen Meßproben treten im Vergleich zu den pulverförmigen und kompakten Proben einige Vorteile, Nachteile und Besonderheiten auf.

Zu den Vorteilen gehören:
- Die Herstellung synthetischer Vergleichsproben ist in nahezu jeder gewünschten Element- und Konzentrationskombination möglich.
- Durch Verdünnung kann man die Matrixeffekte stark vermindern und lineare Intensitäts-Konzentrations-Beziehungen erhalten; die optimale Verdünnung läßt sich berechnen [6.34] (eine Konzentration um 0,5 g/l ist in grober Näherung optimal).
- Korngrößen- und Oberflächeneffekte existieren nicht.
- Eine einfache und vielseitige Anwendung innerer Standards ist möglich.
- Produkte ähnlicher Zusammensetzung können über eine gemeinsame Eichung analysiert werden.

Zu den Nachteilen zählen:
- Durch die Verdünnung verschlechtern sich die Bestimmungsgrenzen für kleine Gehalte.
- Die Präparationszeit kann lang sein. Ein chemisches Laboratorium wird benötigt.
- Die Untersuchung von Elementen mit Ordnungszahlen kleiner als 20 ist apparativ aufwendiger, da die Analyse dieser Elemente unter Vakuum oder Inertgas (Helium) ausgeführt werden muß.

Als Besonderheiten sind zu nennen:
- Die Verwendung der Untergrundstrahlung als Korrekturgröße im Sinne eines inneren Standards [6.35; 6.36] ist möglich.
- Wegen der geringen Massenabsorption von Lösungen muß man auf eine konstante Schichtdicke (Volumen) und reproduzierbare Lage der Probenküvette achten.
- Für die Probenküvette und das Küvettenfenster ist ein Material zu wählen, das gegen die eingesetzten Lösungen und die Röntgenstrahlung beständig ist; PVC wird durch die Bestrahlung unter Chlorwasserstoffabgabe spröde und rissig.
- Es treten Abscheidungen auf dem Folienmaterial des Küvettenfensters auf, die durch den Fotoeffekt hervorgerufen werden (verstärkt bei Edelmetallösungen [6.40]).

– Das Arbeiten unter Vakuum zählt wegen gerätetechnischer Schwierigkeiten zu den Besonderheiten. Bei Verwendung dünner Folien besteht die Gefahr des Platzens; wird das Stützgerüst zu engmaschig, so vermindert sich die Meßfläche, und es verringert sich – wie bei der Benutzung dicker Folien – die Empfindlichkeit für die leichten Elemente. In [6.37] wird über eine vakuumsichere Küvette und in [6.38] über das Arbeiten unter nur leicht vermindertem Druck berichtet.
– Problematisch ist auch der Einsatz einer He-Spülung zur Umgehung des Vakuums; das Helium diffundiert durch das Fenster des Proportional-Durchflußzählrohres und kann so Impulshöhenverschiebungen hervorrufen.

Die Überführung fester Analysenproben in Lösung wird insbesondere in der Metallurgie angewendet. Sehr umfangreich sind die Literaturhinweise, die das Lösen von Metallen [6.39], Hartmetallen [6.41; 6.42] und NE-Legierungen [6.35; 6.43; 6.44] mit anschließender Intensitätsmessung der flüssigen Proben beschreiben. Üblich ist auch die Analyse von Edelmetallösungen (galvanische Bäder und Elektrolyte [6.28; 6.40; 6.44]). Über die Leistungsfähigkeit der Analysenmethoden für flüssige Proben im Vergleich zu anderen Präparationstechniken berichten u. a. [6.39; 6.41].

7. Fehlerquellen in der RFA, Bewertung der Analysenverfahren und Auswahl optimaler Zählbedingungen

BERTOLD LUFT und HELMUT EHRHARDT

7.1. Systematische und zufällige Fehler in der RFA

In der Analytik unterscheidet man zwischen *Richtigkeit* der Ergebnisse und *Präzision* (Genauigkeit) oder *Reproduzierbarkeit* der ermittelten Werte. Systematische, d. h. einseitig auftretende Fehler verfälschen das Analysenergebnis und beeinflussen seine Richtigkeit. Zufällige, d. h. unregelmäßig wirkende Fehler machen das Ergebnis unsicher [5.29] und verschlechtern die Reproduzierbarkeit. Folgende Faktoren verursachen in der RFA *systematische Abweichungen* von den wahren Werten:

- Fehler der chemisch ermittelten Gehalte der Eichproben,
- Unterschiede in Korngröße und Oberflächenbeschaffenheit zwischen Eich- und Analysenproben,
- Einflüsse durch Matrixunterschiede.

Daneben wirken sich Unterschiede in der mineralogischen Zusammensetzung der Proben, Linienkoinzidenzen sowie die Drift der Röntgenröhren-Intensität verfälschend auf das Analysenergebnis aus.
Mit einigem experimentellen oder rechnerischen Aufwand lassen sich diese Fehlerursachen verkleinern oder vollständig beseitigen (s. a. Abschn. 4., 5., 6.).
Die folgenden Ausführungen beinhalten die Beschreibung zufälliger Abweichungen röntgenspektrometrischer Ergebnisse und ihrer zahlenmäßigen Erfassung. Folgende Faktoren verursachen *zufällige Fehler:*

- Impulsstatistik,
- Instabilität von Primärintensität, Spektrometer und Nachweiselektronik,
- Unregelmäßigkeiten bei der Probenahme, der Probenvorbereitung sowie unzureichende Homogenität der Proben,
- Unsicherheiten bei der grafischen Auswertung der Intensitätsmessungen.

Im Gegensatz zu den systematischen Abweichungen lassen sich die zufälligen Fehler nicht vollständig eliminieren. Man kann sie jedoch für jedes Analysenproblem minimieren. Außerdem lassen sie sich mit Hilfe statistischer Methoden zahlenmäßig erfassen. Der Gesamtfehler eines Analysenverfahrens ergibt sich als Summe von systematischen und zufälligen Fehlern.
Eine Aufgabe des Analytikers bei der Erarbeitung röntgenspektrometrischer Verfahren

besteht demzufolge darin, systematische Fehler möglichst auszuschalten und durch Wahl optimaler apparativer Bedingungen die zufälligen Fehler so klein wie für den Anwendungsfall erforderlich zu machen und für Vergleichszwecke zu berechnen.

7.2. Statistische Parameter für die Erfassung zufälliger Fehler

7.2.1. Einführung

Die Ermittlung der zufälligen Fehler analytischer Verfahren sowie die Beurteilung von Analysenergebnissen sind mit Methoden der mathematischen Statistik möglich [5.29].
Die folgenden Darlegungen dienen dazu, wesentliche Begriffe für die Bewertung der Analysenverfahren und für die Beurteilung von Analysenwerten zu definieren, dafür eine einheitliche Symbolik zu verwenden sowie Begriffe und Symbolik anhand von Beispielen zu erläutern.
Die Menge aller möglichen Meßwerte, z. B. die Zählraten für die Bestimmung eines Elementes in einer Probe, bezeichnet man als Grundgesamtheit.
Werden zur Bestimmung der Konzentration des Elementes n Parallelbestimmungen durchgeführt, so handelt es sich im statistischen Sinne um eine Stichprobe vom Umfang n. Jede Einzelbestimmung ist eine Realisierung der Stichprobe. Ist der Umfang der Stichprobe genügend groß, so lassen sich die Meßwerte entsprechend der Häufigkeit ihres Auftretens in Gruppen einordnen. Man erhält eine *Häufigkeitsverteilung*, die durch eine Dichtefunktion beschrieben werden kann. Für unendlich viele Meßwerte ergibt sich eine Verteilungsfunktion der Grundgesamtheit. Im Fall einer *Normalverteilung* (auch Gauss-Verteilung genannt) gilt die Dichtefunktion

$$y = \frac{1}{\sigma\sqrt{2\pi}} \exp\left(-\frac{1}{2}\left(\frac{x-\mu}{\sigma}\right)^2\right) \tag{7-1}$$

Sie wird durch die Parameter μ und σ bestimmt. Die Größe μ entspricht hierbei dem wahren Wert, die Größe σ wird als wahre Standardabweichung bezeichnet. Das Maximum der Verteilungsfunktion befindet sich an der Stelle $x = \mu$. Die Wendepunkte der Funktion sind durch die Abstände $\mu + \sigma$ bzw. $\mu - \sigma$ festgelegt. Eine Normalverteilung der Meßwerte kann für viele analytische Probleme zunächst angenommen werden.
Bei zählenden Verfahren, zu denen auch die RFA gehört, gilt als Dichtefunktion die sog. *Poisson-Verteilung*

$$y = \frac{\mu^x \cdot e^{-\mu}}{x!} \tag{7-2}$$

Sie wird durch den wahren Wert μ allein charakterisiert. Die wahre Standardabweichung σ ergibt sich dann aus

$$\sigma = \sqrt{\mu} \tag{7-3}$$

Mit steigendem μ ($\mu > 15$) geht die Poisson-Verteilung in eine Normalverteilung über.
Während die Poisson-Verteilung bei der Ermittlung des impulsstatistischen Fehlers

7.2. Parameter für die Erfassung zufälliger Fehler

(Abschn. 7.6.) vorausgesetzt wird, kann bei der Bestimmung der Standardabweichung von Analysenverfahren sowie der Reproduzierbarkeit von ermittelten Analysenwerten eine Normalverteilung der Meß- bzw. Konzentrationswerte angenommen werden.
Entsprechend Abschnitt 7.1. ergibt sich die Standardabweichung bei röntgenspektrometrischen Bestimmungen $\sigma_{ges.}$ aus den einzelnen Anteilen nach Gl. (7-4)

$$\sigma_{ges.}^2 = \sigma_{P.}^2 + \sigma_{Präp.}^2 + \sigma_{App.}^2 + \sigma_{Z.}^2 \tag{7-4}$$

$\sigma_{P.}$ Fehler bei der Probenahme
$\sigma_{Präp.}$ Fehler bei der Probenvorbereitung
$\sigma_{App.}$ apparativer Fehler
$\sigma_{Z.}$ zählstatistischer Fehler

In der Praxis verwendet man die entsprechenden Schätzwerte, so daß man für Gl. (7-4) schreiben kann:

$$s_{ges.}^2 = s_{P.}^2 + s_{Präp.}^2 + s_{App.}^2 + \sigma_{Z.}^2 \tag{7-5}$$

Für den zählstatistischen Fehler kann die Bezeichnung $\sigma_{Z.}$ beibehalten werden, da N im allgemeinen eine große Zahl ist. Bezüglich der Schätzwerte siehe Abschn. 7.2.2.

7.2.2. Reproduzierbarkeit von Analysenverfahren

Die Parameter der Normalverteilung μ und σ lassen sich durch eine Stichprobe vom Umfang n näherungsweise schätzen. Die Schätzwerte werden als *Mittelwert* $\bar{x}$ (für Parameter μ) und *Standardabweichung s* (für Parameter σ) bezeichnet.

$$\bar{x} = \frac{\sum_{i=1}^{n} x_i}{n} \tag{7-6}$$

$$s = \sqrt{\frac{\sum_{i=1}^{n} (x_i - \bar{x})^2}{n-1}} \tag{7-7}$$

Die Parameter μ und σ setzen gegenüber den Schätzwerten $\bar{x}$ und s eine unendliche Zahl von Parallelbestimmungen voraus.
Bezieht man die Standardabweichung s auf den Mittelwert $\bar{x}$, so erhält man die *relative Standardabweichung* s_r:

$$s_r = \frac{s}{\bar{x}} \tag{7-8}$$

Die Zahlenwerte der Standardabweichung s oder der relativen Standardabweichung s_r charakterisieren den Zufallsfehler des Verfahrens. Das Quadrat der Standardabweichung s bezeichnet man als *Varianz* oder Streuung. Die Standardabweichung s wird stets nach dem Betrag angegeben. Da man in der Analytik Konzentrationen häufig in Prozent angibt, besteht die Möglichkeit von Mißverständnissen bei der Mitteilung von Werten der relativen Standardabweichung in Prozent. Deshalb wird empfohlen, daß die relative Standardabweichung als Dezimalbruch angegeben wird.

Da dem Analytiker in der Praxis die Durchführung vieler Parallelbestimmungen an einer Probe meist nicht möglich ist, läßt sich die Standardabweichung s auch aus einer Reihe ähnlich zusammengesetzter Proben, an denen jeweils nur wenige Parallelbestimmungen erfolgten, berechnen:

$$s = \sqrt{\frac{\sum_{j=1}^{m} \sum_{i=1}^{n_j} (x_{ji} - \bar{x}_j)^2}{n - m}} \qquad (7\text{-}9)$$

m Zahl der Proben
n Zahl der insgesamt durchgeführten Bestimmungen
$\bar{x}_j$ Mittelwert der Probe j
x_{ji} i-te Bestimmung der j-ten Probe

7.2.3. Reproduzierbarkeit von Meßwerten

Die Angabe des Zufallsfehlers für einen Einzelwert erfordert eine Vereinbarung über die *Wahrscheinlichkeit P* (auch *statistische Sicherheit* genannt). Der Analytiker möchte mit der Angabe des Zufallsfehlers zeigen, innerhalb welchen Bereiches wiederholt ermittelte Einzel- oder Mittelwerte streuen können. Als Wahrscheinlichkeit P hat sich in der Praxis ein Wert von 0,95 ($\triangleq 95\%$) als ausreichend erwiesen. In begründeten Fällen wird für P auch 0,99 gewählt.

Die *Vertrauensbereiche* Δx (für Einzelwerte) bzw. $\Delta \bar{x}$ (für Mittelwerte) ergeben sich bei bekannter Standardabweichung s nach folgenden Gleichungen:

$$\Delta x = s\, t(P; f) \qquad (7\text{-}10)$$

$$\Delta \bar{x} = \frac{s\, t(P; f)}{\sqrt{n}} \qquad (7\text{-}11)$$

$t(P;f)$ Tabellenwert der Student-Verteilung (abhängig von der gewählten Wahrscheinlichkeit P und der Zahl der Freiheitsgrade f, die zur Ermittlung von s vorlagen)
n Zahl der Parallelbestimmungen zur Ermittlung von $\bar{x}$

	$P = 0{,}50$	0,90	0,95	0,99
$f = 1$	1,000	6,31	12,70	63,70
2	0,816	2,92	4,30	9,92
3	0,765	2,35	3,18	5,84
5	0,727	2,01	2,57	4,03
10	0,700	1,81	2,23	3,17
15	0,691	1,75	2,13	2,95
30	0,683	1,70	2,04	2,75
∞	0,674	1,64	1,96	2,58
$\bar{P} = 0{,}75$	0,95	0,975	0,995

Tabelle 7-1
Integralgrenzen der Student-Verteilung in Abhängigkeit von der Wahrscheinlichkeit P (zweiseitige Fragestellung) bzw. $\bar{P}$ (einseitige Fragestellung) und dem Freiheitsgrad f

Die Zahl der Freiheitsgrade f wird in Gl. (7-9) durch den Ausdruck im Nenner ($f = n - m$) angegeben.
Tabelle 7-1 enthält einige Werte für die Integralgrenzen der Student-Verteilung in Abhängigkeit von der gewählten Wahrscheinlichkeit P und den Freiheitsgraden f.

B *Beispiel 7-1*

Aus 15 Parallelbestimmungen eines Probematerials wurden nach Gln. (7-6) und (7-7) ein Mittelwert $\bar{x} = 1{,}50\,\%$ und eine Standardabweichung $s = 0{,}025\,\%$ ermittelt. Die relative Standardabweichung beträgt nach Gl. (7-8) $s_r = 0{,}0167$.
Die Ermittlung des Vertrauensbereiches nach Gl. (7-10) bzw. (7-11) ist exakt nur für den Mittelwert $\bar{x}$ möglich. Hierbei ergibt sich mit $t\,(0{,}95;\,14) = 2{,}14$

$$\Delta\bar{x} = \frac{0{,}025\,\% \cdot 2{,}14}{\sqrt{15}} = 0{,}014\,\%$$

Das Ergebnis der Messung lautet demnach $\bar{x} \pm \Delta\bar{x} = (1{,}50 \pm 0{,}014)\,\%$

Die weitere Verwendung der einmal ermittelten Standardabweichung s zur Abschätzung von Vertrauensbereichen für Meßwerte aus gleichen oder ähnlichen Proben ist immer mit einem Risiko durch eventuell vorhandene systematische Fehler verbunden und sollte deshalb nur unter Berücksichtigung der erforderlichen statistischen Voraussetzungen erfolgen [5.29].

7.3. Zufällige Fehler durch Probenvorbereitung und Auswertung

Neben der Zählstatistik und den Instabilitäten des Spektrometers tragen die Probenvorbereitung und mit Einschränkung auch die Art der Auswertung der Messungen zur Erhöhung des zufälligen Gesamtfehlers eines röntgenspektrometrischen Verfahrens bei. Zur Vermeidung systematischer Fehler, die in der Probenvorbereitung begründet liegen, muß grundsätzlich auf die exakt gleiche Vorbehandlung von Eich- und Analysenproben geachtet werden. Den Anteil der Probenvorbehandlung am zufälligen Gesamtfehler ermittelt man aus den relativen Standardabweichungen, die man durch ständig wiederholte Intensitätsmessungen einer einzigen Probe unter extremer Konstanthaltung aller Einflußgrößen einerseits *(Gerätestandardabweichung)* und andererseits durch die wiederholte Messung einer Serie von Proben gleichen Materials, aber unabhängig voneinander präpariert, erhält *(Applikationsstandardabweichung [7.1])*. Erfolgt die Ergebnisermittlung röntgenspektrometrischer Analysen aus Impulsmessungen über grafisch dargestellte Eichgeraden oder -kurven, so vergrößert sich der zufällige Gesamtfehler um den Teil, den die Unsicherheit der Ablesung verursacht. Dieser Anteil erreicht bei Vorhandensein einer 45°-Eichgeraden sein Minimum und steigt bei Abweichungen in beiden Richtungen. Die rechnerische Konzentrationsermittlung durch optimierte Intensitäts- oder Konzentrationskorrekturgleichungen führt andererseits auf Grund der fehlerbehafteten Koeffizienten und der Gesetze über die Fehlerfortpflanzung zu Gesamtfehlern, deren Ermittlung mit einem erheblichen Rechenaufwand verbunden ist. Anhaltspunkte über Tendenzen einer Verbesserung oder Verschlechterung der Genauigkeit des Analysenverfahrens vermittelt der Zahlenwert der Reststreuung der Eichung (Gl. (5-18)).

7.4. Ermittlung der Meßwertstabilität von Röntgenspektrometern

Angaben der Gerätehersteller über das Leistungsvermögen von Röntgenspektrometern erschöpfen sich meist in der Nennung des bestimmbaren Element- und Gehaltsbereiches und apparativer Parameter. Mitgeteilte Daten über die Stabilität von Strom und Spannung bei der Anregung oder über die Reproduzierbarkeit der Winkelpositionierung von Spektrometern lassen jedoch keinen direkten Rückschluß auf die tatsächliche Leistungsfähigkeit und die Stabilität des Gerätesystems für eine analytische Aufgabenstellung zu. Diese Aussage ist erst dann möglich, wenn über einen längeren Zeitraum mit einem für die Praxis interessanten Analysenproblem gearbeitet wird.
Solche Leistungs- und Funktionstests (s. a. Abschn. 3.6.) sind notwendig, um Funktionsstörungen erkennen zu können und um neue Gerätesysteme kennenzulernen. Sie richten sich auf die zahlenmäßige Erfassung des Anteils am zufälligen Gesamtfehler, der durch Instabilität von Strom und Spannung an der Röntgenröhre, durch thermische Einflüsse auf Spektrometer und Nachweiselektronik sowie durch Drift der Primärintensität hervorgerufen wird.
Durch die wiederholte Messung einer Vergleichsprobe unter gleichen Bedingungen wird der impulsstatistische Fehler konstant gehalten und der Fehler der Probenvorbereitung ausgeschaltet. Die verwendete Probe muß außerdem mechanisch und chemisch stabil sein.

Gerätetest-Meßstrategie. Voraussetzungen für die Durchführung eines Gerätetestes sind die Auswahl praxisnaher Meßbedingungen (z. B. der Zählzeiten) und das Vorhandensein einer ausreichenden Zahl von Eichproben einer Probenqualität, die den bereits erwähnten Anforderungen gerecht werden.
Nach der unter optimierten experimentellen Bedingungen durchgeführten Eichung wird so verfahren, als sei ständig, stündlich, aller sechs Stunden oder täglich eine Probe dieser Probenqualität zu analysieren, wobei stets dieselbe Probe zur Analyse gelangt und alle Messungen auf die zu Beginn des Gerätetestes durchgeführte Eichung bezogen werden.
Es hat sich bewährt, folgende Meßreihen mit je 25 Analysenwerten zu belegen:

— ununterbrochen wiederholte Analysen der Testprobe,
— stündlich wiederholte Analysen dieser Probe (24-Stunden-Test),
— im Abstand von sechs Stunden wiederholte Analysen (6-Tage-Test).

Dabei kann die zwischen den Messungen verbleibende Zeit für die Anfertigung von Betriebsanalysen genutzt werden.
Die an 25 Tagen hintereinander unter gleichen Bedingungen durchgeführten Messungen derselben Probe könnten sich als vierte Meßreihe anschließen. Selbstverständlich darf das Gerätesystem im Verlauf des Gesamttestes nicht abgeschaltet werden. Gemäß Gl. (7-8)

werden für jede Meßreihe und jedes Element die relativen Standardabweichungen aus den ermittelten Gehalten errechnet. Bei Beurteilung müssen die in der Testprobe erfaßten Elemente und ihre Gehalte berücksichtigt werden. Für Hauptbestandteile (Gehalte >5 %) und Elemente mit einer Ordnungszahl >20 (Ca) sollte bei modernen Geräten die relative Standardabweichung in allen drei Meßreihen einen Wert von 0,005 nicht übersteigen.

Das *Einfahrverhalten* des zu testenden Spektrometersystems untersucht man getrennt von den Meßreihen in einem Vorversuch. Dazu beginnt man sofort nach dem Anschalten des Gerätes mit der ständig wiederholten Analyse der Meßprobe und setzt dies etwa 5 bis 6 Stunden fort, wobei man sich auf eine Eichung vom Vortage bezieht.

Aus der Drift der Ergebnisse folgt der Zeitpunkt, von dem an das Stabilitätsverhalten des Spektrometersystems optimal ist. Im allgemeinen wird dieser Zustand bei modernen Geräten nach 2 bis 3 Stunden erreicht. Deshalb sollte auch der eigentliche Gerätetest erst 3 Stunden nach dem Einschalten des Spektrometers beginnen.

7.5. Bewertungsgrößen für Verfahren der RFA

Die folgenden Ausführungen beziehen sich auf die Angaben von Bewertungsgrößen, die durch Messung bzw. durch Auswertung von Messungen erhalten werden können. Es sind dies die Werte der Standardabweichung, der Reststreuung und der Bestimmungsgrenze sowie Angaben zum Zeitbedarf und Arbeitsaufwand für ein röntgenspektrometrisches Verfahren. Außerdem ist der Zahlenwert für die Empfindlichkeit $\Delta R/\Delta c$ als Bewertungsgröße geeignet (s. Abschn. 7.5.3.).

Weiter ins Detail gehende verbale Bewertungen werden oft durch das jeweilige analytische Problem geprägt. Sie sind als allgemeine Angaben zum Verfahren erwünscht, für Verfahrensvergleiche aber nur bedingt verwendbar.

7.5.1. Reststreuung der Eichung

Zwischen der Konzentration c und der Intensität I besteht ein Zusammenhang der Form $c = f(I)$.

In der Praxis wird derart vorgegangen, daß zuerst mit Proben bekannter Zusammensetzung die Funktion $f(I)$ bestimmt wird (Eichung des Verfahrens) und danach aus gemessenen Intensitäten über diese Funktion eine Berechnung von Konzentrationswerten an unbekannten Proben erfolgt.

Die Standardabweichung des Verfahrens muß daher die zufälligen Fehler sowohl der Eichung als auch der Bestimmung von Konzentrationswerten unbekannter Proben enthalten. Eine ausführliche Darstellung der hierbei bestehenden statistischen Probleme würde jedoch im Rahmen dieses Buches zu weit führen. Aus Gründen der einfachen Handhabung wird deshalb vorgeschlagen, die Standardabweichung $\bar{s}$ des Verfahrens allein aus der Reststreuung $\bar{s}^2$ zu ermitteln. Die Reststreuung wird nach Gl. (5-18) berechnet.

Durch die Reststreuung $\bar{s}^2$ werden neben zufälligen auch systematische Fehler wie beispielsweise unkorrigierte Matrixeinflüsse erfaßt.

Um Angaben von Reststreuungen vergleichbar machen zu können, ist die Kenntnis der verwendeten Auswertefunktion (Zahl und Art der Koeffizienten) und die Zahl der für die Eichung zur Verfügung stehenden Eichproben erforderlich.

In der Praxis ist es üblich, die Quadratwurzel der Reststreuung, die der Standardabweichung s entspricht, anzugeben. Dieser Wert gilt (ebenso wie der Zahlenwert der Reststreuung selbst) für den durch Eichproben und -funktion festgelegten Gehaltsbereich.

B *Beispiel 7-2*

Die Messung der Intensität I eines Elementes in 10 Eichproben erbrachte folgende Werte:

Konzentration c %	Intensität I Imp/s	Konzentration c %	Intensität I Imp/s
0,57	404	1,58	939
1,15	735	5,00	2 748
0,35	241	0,89	494
0,16	124	0,51	370
0,89	579	0,31	199

Als Eichfunktion dient der lineare Ansatz $c_i = a_{i0} + a_{i1} I_i$. Nach Gl. (5-7) ergibt die lineare Regression folgende Werte:

$$a_{i1} = \frac{n \sum_{k=1}^{n} (I_{ik} c_{ik}) - \sum_{k=1}^{n} I_{ik} \sum_{k=1}^{n} c_{ik}}{n \sum_{k=1}^{n} I_{ik}^2 - \left(\sum_{k=1}^{n} I_{ik}\right)^2}$$

$$= \frac{10 \cdot 17\,608,7 - 6\,833 \cdot 11,41}{10 \cdot 9\,965\,901 - 46\,689\,889} = 1,85 \cdot 10^{-3}$$

$$a_{i0} = \sum_{k=1}^{n} c_{ik} - a_{i1} \sum_{k=1}^{n} I_{ik}$$

$$= \frac{11,41 - 1,85 \cdot 10^{-3} \cdot 6\,833}{10} = -0,12$$

$$\bar{s}^2 = \frac{\sum_{k=1}^{n} c_{ik}^2 - a_{i0} \sum_{k=1}^{n} c_{ik} - a_{i1} \sum_{k=1}^{n} I_{ik} c_{ik}}{n - 2}$$

$$= \frac{31,23 + 0,12 \cdot 11,41 - 1,85 \cdot 10^{-3} \cdot 17\,608,7}{10 - 2} = 0,0254$$

$$\bar{s} = 0,16$$

Die Quadratwurzel der Reststreuung $\bar{s}$ des Verfahrens wird mit 0,16 ermittelt.

7.5.2. Bestimmungsgrenze

Im Bereich niedriger Konzentrationen wird es zunehmend schwieriger, die Intensität eines Elementes von der Untergrundintensität zu unterscheiden. Die Bestimmungsgrenze eines Verfahrens ist nach GOTTSCHALK [7.2; 7.3] u. a. durch die kleinste, nach einer gegebenen Arbeitsvorschrift bestimmbare Konzentration festgelegt, die sich noch signifikant von Null unterscheiden läßt. Die Bestimmungsgrenze wird oft fälschlicherweise der Nachweisgrenze gleichgesetzt. Ebenso gibt es in der Fachliteratur sehr unterschiedlich ermittelte Angaben für die untere Konzentrationsgrenze von Analysenverfahren. Geräteprospekte enthalten i. allg. nur Angaben zur Nachweisgrenze, die das jeweilige Analysengerät unter Idealbedingungen liefert, keinesfalls jedoch zur Bestimmungsgrenze des Analysenverfahrens.

Aus diesem Grund wird folgende Verfahrensweise bei der Ermittlung der Bestimmungsgrenze vorgeschlagen. Dabei gilt eine lineare Regressionsfunktion im Bereich niedriger Konzentrationen als Voraussetzung. Als Bedingung für einen signifikanten Unterschied zwischen einem Probenmeßwert I und dem Untergrundmeßwert I_U gilt in Anlehnung an PLESCH [7.4]:

$$I - I_U > t_1(\bar{P};f) s_I + t_2(\bar{P};f) s_U \qquad (7\text{-}12)$$

s_I Standardabweichung des Probenmeßwertes an der Bestimmungsgrenze
s_U Standardabweichung des Untergrundmeßwertes
$t_1(\bar{P};f), t_2(\bar{P};f)$ Tabellenwerte der Student-Verteilung (abhängig von der gewählten Wahrscheinlichkeit $\bar{P}$ mit einseitiger Fragestellung und der Zahl der Freiheitsgrade f, die zur Ermittlung von s_I bzw. s_U vorlagen)

Ausgehend von Gl. (7-12), erhält man die Bestimmungsgrenze durch Multiplikation mit der Empfindlichkeit a_1 der Regressionsgeraden. Für $a_1 s_I$ und $a_1 s_U$ kann näherungsweise $\bar{s}$ nach Gl. (5-18) verwendet werden. Setzt man außerdem voraus, daß bei gleicher Wahl der Wahrscheinlichkeit $\bar{P}$ die Werte $t_1(\bar{P};f)$ und $t_2(\bar{P};f)$ gleichgesetzt werden können, so läßt sich für eine Abschätzung der Bestimmungsgrenze c_B folgende Gleichung angeben:

$$c_B = 2\, t(\bar{P};f)\, \bar{s} \qquad (7\text{-}13)$$

Gl. (7-13) erfordert keine zusätzliche Untergrundmessung, da in $\bar{s}$ die Meßstrategie eingeht.

Die Ermittlung der Bestimmungsgrenze setzt eine Mindestzahl an Eichproben voraus, da der Wert $t(\bar{P};f)$ mit fallender Probenzahl und damit kleinerem Freiheitsgrad immer stärker ansteigt (s. Tabelle 7-1).

Andererseits läßt sich die Bestimmungsgrenze für ein Element auch aus einer Anzahl von Blindproben gemäß Gl. (7-14) ermitteln:

$$c_B = a_0 + a_1(\bar{Q}_B + 3\, s_{QB}) \qquad (7\text{-}14)$$

c_B Bestimmungsgrenze
a_0, a_1 Regressionskoeffizienten der Eichfunktion
$\bar{Q}_B$ Intensitäts- bzw. Quotientenmittelwert der Blindproben
s_{QB} Standardabweichung der Blindwerte Q_B

Stehen zur Ermittlung von s_{QB} keine Blindproben zur Verfügung, kann für die Berechnung von s_{QB} auch die Eichprobe mit dem geringsten Gehalt verwendet werden. Den Wert von Q_B erhält man aus der linearen Eichfunktion (Gl. (5-6)) durch Nullsetzen der Konzentration.

B *Beispiel 7-3*

Ausgehend von Beispiel 7-2 sind gegeben:
$\bar{s} = 0{,}16\,\%$
$f = 8$
$t(\overline{P}; f) = t(\overline{0{,}95}; 8) = 1{,}86$
Es ergibt sich nach Gl. (7-13) als Bestimmungsgrenze des Verfahrens
$c_B = 2 \cdot 1{,}86 \cdot 0{,}16\,\% = 0{,}60\,\%$

7.5.3. Empfindlichkeit

Unter dem Begriff »Empfindlichkeit« versteht man den Anstieg der Eichgeraden für ein Element in einer bestimmten Probenqualität, wobei unter der Eichgeraden sowohl die Funktion $I = f(c)$ als auch die Funktion $c = f(I)$ oder $c = f(R)$ verstanden werden kann. Als Maßzahl für die Empfindlichkeit gilt die Änderung der Nettoimpulsrate ΔR je Prozent Konzentrationsänderung Δc. Ihre Dimension ist Impulse je Prozent und Sekunde. Dieser Zahlenwert ermöglicht bei Angabe von Anregungsart und -leistung sowie der anderen apparativen und experimentellen Bedingungen wie Linie, Kristall, Zählzeit, Kollimator und Detektor für ein Element in einer spezifischen Matrix einen direkten Vergleich mit anderen Spektrometersystemen.

7.5.4. Zeitbedarf und Arbeitsaufwand

Die Schnelligkeit, mit der analytische Daten nach Anlieferung des Probenmaterials bereitgestellt werden können, und der dafür erforderliche Arbeitsaufwand sind mitentscheidend für den Nutzen analytischer Verfahren. Die RFA zählt unter diesem Gesichtspunkt zu den effektiven Methoden und kann deshalb mit viel Erfolg zur Produktionssteuerung eingesetzt werden.
Bei der Entwicklung neuer oder bei der Übernahme bekannter Verfahren wird man aus zeitökonomischen Gründen oftmals Kompromisse zwischen hoher Reproduzierbarkeit und großer Schnelligkeit (niedrige Meßzeit) schließen müssen.
Angaben über benötigte Meßzeit je Probe sollten bei jeder Verfahrensbeschreibung gemacht werden. Sie sind problembezogen zu beurteilen.
Wesentlichen Anteil an der Analysendauer und am investierten Arbeitsaufwand hat die Probenvorbereitung. Oftmals übertrifft der dafür erforderliche Zeitaufwand die Gerätemeßzeit. Zur Bewertung und Beurteilung der röntgenspektrometrischen Analysenverfahren gehören daher in jede Arbeitsvorschrift Angaben über

- Zeitdauer je Analyse (Probe), unterteilt in Probenvorbereitung und Meßzeit, und
- Arbeitsaufwand je Analyse (Probe).

7.6. Impulsstatistischer Fehler und Auswahl optimaler Zählbedingungen

7.6.1. Meßstrategie

Die Betrachtungen dieses Abschnittes beziehen sich nur auf die Impulsstatistik. Kurz- oder Langzeit-Intensitätsschwankungen, Probeninhomogenitäten oder andere Einflüsse bleiben an dieser Stelle unberücksichtigt. Grundlage für die Berechnung der Standardabweichung nach Gl. (7-3) ist eine Poisson-Verteilung der Meßwerte gemäß Gl. (7-2).

Messungen mit Zeitvorwahl. Bei der Messung mit Zeitvorwahl werden die in der Zeit t ankommenden Impulse gezählt. Die Impulszahl N dient der weiteren Auswertung. Oft wird bei Berücksichtigung der Meßzeit t mit der Impulsrate R gearbeitet.

$$R = \frac{N}{t} \qquad [R] = \text{Imp/s} \tag{7-15}$$

Messungen mit Impulsvorwahl. Bei der Messung mit Impulsvorwahl werden solange Impulse gezählt, bis die vorgewählte Impulszahl N erreicht ist. Die für die Zählung notwendige Zeit t und die Impulszahl N dienen der weiteren Auswertung.

$$T = \frac{t}{N} \qquad [T] = \text{s/Imp} \tag{7-16}$$

Tabelle 7-2 enthält die in der RFA benutzten Meßgrößen und die sich aus der Impulsstatistik ergebenden Standardabweichungen für Bruttointensitäten.

Vorwahlart	Meßgröße	Standardabweichung	
		s	s_r
Zeitvorwahl	Impulszahl N	$s_N = \sqrt{N}$	$1/\sqrt{N}$
	Impulsrate R	$s_R = \sqrt{N}/t$	$1/\sqrt{N}$
Impulsvorwahl	Meßzeit t für N Impulse	$s_T = T/\sqrt{N}$	$1/\sqrt{N}$

Tabelle 7-2
Vorwahlarten, Meßgrößen und Standardabweichungen

B *Beispiel 7-4*

Eine Messung liefert in einer Meßzeit $t = 10$ s eine Impulszahl $N = 4\,000$ Imp. Setzt man in Gl. (7-3) $\mu = N = 4\,000$, so ist anstelle von σ mit einer Standardabweichung s_N für die Impulszahl N von $s_N = \sqrt{4\,000} = 63$ Imp zu rechnen.
Es ergibt sich eine Impulsrate von $R = 400$ Imp/s.
Die Standardabweichung für die Impulsrate berechnet sich zu

$$s_R = \frac{\sqrt{4\,000}}{10} = 6{,}3 \text{ Imp/s}$$

Hätte man die Impulszahl 4000 vorgegeben und die Meßzeit t ermittelt, so erhält man einen Wert für die je Impuls notwendige Zählzeit von

$$T = \frac{10}{4\,000} = 0,0025 \text{ s/Imp}$$

Die Standardabweichung dieser Größe beträgt

$$s_T = \frac{0,0025}{\sqrt{4\,000}} = 3,95 \cdot 10^{-5} \text{ s/Imp}$$

Die relativen Standardabweichungen betragen übereinstimmend 0,0158.

10000 Impulse genügen beispielsweise, um eine relative Standardabweichung von 0,01 zu erreichen, und die weitere Erhöhung der Impulszahl N führt zu immer kleineren Werten der relativen Standardabweichung.
Es hat jedoch i. allg. keine praktische Bedeutung, zu versuchen, die impulsstatistisch bedingte relative Standardabweichung durch Verlängerung der Zählzeit immer weiter zu verringern, da diese von zufälligen Fehleranteilen der Probenpräparation, des Gerätes und der Eichproben überlagert wird. Im konkreten Fall muß man abschätzen, ob eine extreme Verringerung des impulsstatistischen Fehlers sinnvoll ist.

7.6.2. Nettointensitäten

Die Verwendung von Nettointensitäten erfolgt i. allg. dort, wo sich Untergrundintensitäten bereits störend auf das Analysenergebnis auswirken. In diesen Fällen wird die gemessene Bruttointensität um den Betrag der Untergrundintensität vermindert.
Für die folgenden Ausführungen wird vorausgesetzt, daß die Untergrundintensität durch *eine* Messung ermittelt wird.
Die Gleichungen zur Beschreibung der absoluten und relativen Standardabweichung und des Meßzeitverhältnisses werden unter Verwendung der Impulsrate R erläutert. Für die anderen Meßgrößen N und T gilt Analoges.
Für die Intensitätsdifferenz ergibt sich nach dem Fehlerfortpflanzungsgesetz [5.29] als Standardabweichung:

$$s_R = \sqrt{\frac{R_B}{t_B} + \frac{R_U}{t_U}} \qquad (7\text{-}17)$$

R_B Bruttoimpulsrate
R_U Untergrundimpulsrate
t_B Zählzeit für Bruttoimpulse
t_U Zählzeit für Untergrundimpulse

Die relative Standardabweichung beträgt

$$s_{r(R)} = \frac{\sqrt{\frac{R_B}{t_B} + \frac{R_U}{t_U}}}{R_B - R_U} \qquad (7\text{-}18)$$

7.6. Impulsstatistischer Fehler und Auswahl optimaler Zählbedingungen

Eine Minimierung des impulsstatistischen Fehlers erfolgt, wenn die Zählzeiten t_B und t_U im Verhältnis

$$\frac{t_B}{t_U} = \sqrt{\frac{R_B}{R_U}} \qquad (7\text{-}19)$$

gewählt werden (optimales Zählzeitverhältnis) [7.5].
Da die Untergrundintensität i. allg. klein gegenüber der Bruttointensität ist, ergibt sich bei Messungen mit Zeitvorwahl, bei gleicher Meßzeit für Brutto- und Untergrundintensität, ein größerer impulsstatistischer Fehler als beim optimalen Zählzeitenverhältnis.
Die Messung mit Impulsvorwahl ist bezüglich der Standardabweichung nicht optimal, da die Bruttointensität über eine kürzere, die Untergrundintensität über eine längere Zeit gemessen wird. Nach [7.5] gilt für die Standardabweichungen

$s_{R,\,op} < s_{R,\,t} < s_{R,\,Imp}$

$s_{R,\,op}$ Standardabweichung für die Impulsrate bei optimalem Zählzeitverhältnis
$s_{R,\,t}$ Standardabweichung für die Impulsrate bei Messung mit Zeitvorwahl
$s_{R,\,Imp}$ Standardabweichung für die Impulsrate bei Messung mit Impulsvorwahl

Dies wird mit Beispiel 7-5 demonstriert.

B *Beispiel 7-5*

Eine RFA-Messung ergab folgende Werte:
R_B = 500 Imp/s
R_U = 10 Imp/s
t_B = 10 s
t_U = 10 s

Das optimale Zählzeitverhältnis beträgt nach Gl. (7-19)

$$\frac{t_B}{t_U} = \sqrt{\frac{500}{10}} = 7{,}07$$

Daraus ergeben sich bei einer Gesamtmeßzeit von 20 s für t_B = 17,52 s und für t_U = 2,48 s.
Die Standardabweichungen betragen für

a) Optimales Zählzeitverhältnis

$$s_{R,\,op} = \sqrt{\frac{500}{17{,}52} + \frac{10}{2{,}48}} = 5{,}71 \text{ Imp/s}$$

b) Messung mit Zeitvorwahl

$$s_{R,\,t} = \sqrt{\frac{500}{10} + \frac{10}{10}} = 7{,}14 \text{ Imp/s}$$

c) Messung mit Impulsvorwahl ($N_B = N_U$)
Die Berechnung der Zählzeiten erfolgt über $R_B t_B = R_U t_U$
$t_B = 0{,}39$ s
$t_U = 19{,}61$ s

$$s_{R,\text{Imp}} = \sqrt{\frac{500}{0{,}39} + \frac{10}{19{,}61}} = 35{,}81 \text{ Imp/s}$$

7.6.3. Intensitätsverhältnisse

Die Auswertung über eine Quotientenbildung gestattet, systematische Fehler und zufällige Fehler zu verringern. Dabei werden Brutto- oder Nettointensitäten des zu bestimmenden Elementes und eines Bezugselementes in der gleichen Probe oder eines Elementes einer Bezugsprobe gemessen. Die Standardabweichung des Quotienten aus den Bruttointensitäten beträgt nach dem Fehlerfortpflanzungsgesetz [5.29]

$$s_R = \sqrt{\frac{R_1}{R_2^2 t_1} + \frac{R_1^2}{R_2^3 t_2}} \qquad (7.20)$$

R_1 Bruttointensitätsrate des zu bestimmenden Elementes
t_1 Zählzeit des zu bestimmenden Elementes
R_2 Bruttointensitätsrate des Bezugselementes
t_2 Zählzeit des Bezugselementes

Die relative Standardabweichung beträgt

$$s_{r(R)} = \sqrt{\frac{1}{R_1 t_1} + \frac{1}{R_2 t_2}} \qquad (7\text{-}21)$$

Eine Minimierung des impulsstatistischen Fehlers erfolgt, wenn die Zählzeiten t_1 und t_2 im Verhältnis

$$\frac{t_1}{t_2} = \sqrt{\frac{R_2}{R_1}} \qquad (7\text{-}22)$$

gewählt werden (optimales Zählzeitenverhältnis) [7.6].
Beim Messen mit Zeitvorwahl (beide Intensitäten über die gleiche Zeit gemessen) wird die kleinere Intensität ungenauer bestimmt. Der impulsstatistische Fehler ist größer als bei Einhaltung eines optimalen Meßzeitenverhältnisses. Beim Messen mit Impulsvorwahl erfolgt eine prinzipiell richtige Aufteilung der Zählzeit, jedoch fällt der Wert des Quotienten zu hoch aus, so daß der resultierende impulsstatistische Fehler wiederum größer ist als der bei optimaler Aufteilung der Meßzeiten. Beide Methoden liefern höhere Werte gegenüber einer optimalen Aufteilung der Meßzeiten. Es läßt sich zeigen, daß bei der Verhältnismessung

$$s_{R,\text{op}} < s_{R,t} = s_{R,\text{Imp}}$$

ist [7.5].

7.6. Impulsstatistischer Fehler und Auswahl optimaler Zählbedingungen

Handelt es sich bei den Impulsraten R_1, R_2 um Nettoimpulsraten, so treten durch die Differenzmessungen (z. B. $R_1 = R_{B1} - R_{U1}$) die für diese Messungen gültigen Betrachtungen hinzu, d. h., die Ermittlung optimaler Zählzeiten ist sowohl bei beiden Differenzmessungen als auch bei der Quotientenbestimmung durchzuführen, wenn der impulsstatistische Fehler minimiert werden soll. Die jeweils günstigste Meßmethode ist grundsätzlich bei Einhaltung des optimalen Meßzeitenverhältnisses gegeben.

B *Beispiel 7-6*

Eine RFA-Messung ergab folgende Werte:
$R_1 = 500$ Imp/s
$R_2 = 10$ Imp/s
$t_1 = 10$ s
$t_2 = 10$ s

Das optimale Zählzeitverhältnis beträgt nach Gl. (7-22)

$$\frac{t_1}{t_2} = \sqrt{\frac{10}{500}} = 0,14$$

Daraus ergeben sich bei einer Gesamtmeßzeit von 20 s für $t_1 = 2,46$ s und für $t_2 = 17,54$ s.
Die Standardabweichungen betragen für

a) Optimales Zählzeitverhältnis

$$s_{R,op} = \sqrt{\frac{500}{10^2 \cdot 2,46} + \frac{500^2}{10^3 \cdot 17,54}} = 4,04 \text{ Imp/s}$$

b) Messung mit Zeitvorwahl

$$s_{R,t} = \sqrt{\frac{500}{10^2 \cdot 10} + \frac{500^2}{10^3 \cdot 10}} = 5,05 \text{ Imp/s}$$

c) Messung mit Impulsvorwahl ($N_1 = N_2$)

$$s_{R,Imp} = \sqrt{\frac{500}{10^2 \cdot 0,39} + \frac{500^2}{10^3 \cdot 19,61}} = 5,06 \text{ Imp/s}$$

Die Berechnung der Zählzeiten erfolgte über $R_1 t_1 = R_2 t_2$. Hierbei ergaben sich für $t_1 = 0,30$ s und für $t_2 = 19,61$ s. Die Ergebnisse bestätigen wiederum die Aussage:

$s_{R,op} < s_{R,t} = s_{R,Imp}$

In der Praxis wählt man gerundete Meßzeiten entsprechend den Einstellmöglichkeiten am Spektrometer. Da bei unbekannten Proben die Intensitäten der einzelnen Elemente meist nicht bekannt sind, ergeben sich folgende prinzipielle Auswahlregeln für die Meßmethode:

- Messungen mit anschließender Differenzbildung erfolgen günstiger mit Zeitvorwahl, da $s_{R,t} < s_{R,\text{Imp}}$ ist.
- Messungen mit anschließender Verhältnisbildung können sowohl mit Zeit- als auch mit Impulsvorwahl erfolgen, da hierbei $s_{R,t} < s_{R,\text{Imp}}$ ist.

Bei Routinemessungen bekannter Proben mit ähnlichen und über einen längeren Zeitraum gleichbleibenden Intensitäten sollte man zur Optimierung der Zählbedingungen immer eine Aufteilung der Meßzeiten entsprechend Gln. (7-19) bzw. (7-22) vornehmen.

Verfahren der Röntgenfluoreszenzanalyse

8.	Anwendung der RFA in der Schwarzmetallurgie	*191*
9.	Anwendung der RFA in der Buntmetallurgie	*207*
10.	Anwendung der RFA in der Silikatindustrie	*232*
11.	Anwendung der RFA in der Geologie	*249*
12.	RFA minimaler Probemassen	*267*

Der zweite Teil des Buches enthält ausgewählte Verfahren der RFA, die von den Autoren in ihren analytischen Laboratorien erprobt wurden.
Neben einer allgemeinen Beschreibung der Verfahren mit Übersichten der experimentellen Bedingungen werden nur jene Besonderheiten zur Probenpräparation, Eichung oder Korrektur von Matrix- und Koinzidenzeinflüssen mitgeteilt, die im ersten Teil des Buches nicht berücksichtigt wurden. Beim Leser muß also die Kenntnis dieser Abschnitte vorausgesetzt werden.
Der Anwender kann die beschriebenen Verfahren seiner Spezifik entsprechend auf andere Stoffe übertragen und gegebenenfalls abwandeln.
Die unter den Meß- und Auswerteparametern nach den Elementsymbolen oder Komponentenbezeichnungen mitgeteilten Daten sind in der angegebenen Reihenfolge wie folgt zu lesen:

Gehaltsbereich; Analysenlinie, Analysatorkristall, Kollimator, Detektor(en), Zählzeit; verwendete Korrekturglieder; relative Standardabweichung s_r[1] – Anzahl n der Meßwerte[2] – Konzentrationsmittelwert $\bar{c}$[3].

Ist die untere Gehaltsgrenze mit einem Stern (*) versehen, stellt sie die für das mitgeteilte Analysenverfahren ermittelte Bestimmungsgrenze für das Element bzw. die Komponente dar.
Für die beschriebenen Verfahren gilt als Voraussetzung, daß das Probematerial in analysengerechter Form, d. h. bei Kompaktproben spektrometerspezifische Abmessungen und bei Pulverproben lufttrockenes Material mit Korngrößen < 100 µm, im Röntgenspektrallabor angeliefert wird. Die Probenahme, die für die Richtigkeit der ermittelten Stoffdaten ebenso wichtig ist wie die nachfolgende Probenvorbereitung und die röntgenspektrometrische Analyse, wird bei den Verfahrensbeschreibungen nicht berücksichtigt.

---

[1] Wird anstelle der relativen Standardabweichung s_r die Quadratwurzel der Reststreuung $\bar{s}$ zur Bewertung verwendet, ist dieser Zahlenwert mit einem hochgestellten »+« versehen.
[2] Anzahl n der Meßwerte, die zur Bestimmung der Standardabweichung s gemäß Gl. (7-7) vorlagen.
[3] Konzentrationsmittelwert $\bar{c}$, der zusammen mit dem Wert für s gemäß Gl. (7-8) die relative Standardabweichung s_r ergibt.

8. Anwendung der RFA in der Schwarzmetallurgie

JERZY JURCZYK und HANS-JOACHIM BERG

Die RFA ist in der Schwarzmetallurgie für die Analyse von Eisenerz, Sinter, Schlacken, Feuerfestmaterialien, Stählen und Legierungen zur Ermittlung der Elementkonzentrationen im Konzentrationsbereich von etwa 0,01 bis 100 % geeignet. Die im Zusammenhang mit dem metallurgischen Prozeß zu lösenden analytischen Aufgaben liegen überwiegend in diesem Bereich.

8.1. Analyse von Eisenerz, Eisensinter und Eisenerzkonzentraten

In der Praxis werden bei Anwendung der RFA zur Analyse von Erzen und Sinter prinzipiell folgende drei Präparationsverfahren für die Herstellung meßfähiger Proben eingesetzt:

- Verfahren mit Schmelzaufschluß und Herstellung einer glasartigen Meßprobe,
- Verfahren mit aus Pulvern hergestellten Tabletten mit und ohne Bindemittelzusatz (Pulverpreßtechnik),
- Verfahren mit »Sinteraufschluß« und Verarbeitung zu Tabletten.

Beim Verfahren mit Schmelzaufschluß und Abguß einer glasartigen Meßprobe sind Mischungsverhältnisse von 1 + 10 bis 1 + 50 von Analysenprobe und Aufschlußmittel – vorzugsweise wasserfreier Borax – üblich. Durch die auf diese Weise vereinheitlichte Matrix werden für die Auswertung überwiegend lineare Eichfunktionen erhalten. Auch die Anwendung synthetischer Eichproben wird möglich. Die mit dem Schmelzaufschluß erreichbaren Analysenwerte können hinsichtlich ihrer Richtigkeit den Werten aus chemischen Schiedsanalysen gleichgesetzt werden.

Die Pulverpreßtechnik ist besonders zur technologischen Kontrolle des Materialflusses, beispielsweise einer Sinteranlage oder eines Hochofens geeignet. Sie wird bei pulverförmigem Probenmaterial eingesetzt und liefert Ergebnisse mit durchaus befriedigender Reproduzierbarkeit.

Bei Anwendung des »Sinteraufschlusses« und Herstellung von Tabletten wird durch eine vollständige oder teilweise Beseitigung des *Struktureffektes* durch den Sintervorgang, bei dem das Schmelzmittel im Verhältnis 1 + 1 bis 1 + 3 zur Analysenprobe gemischt zugegeben wird, der innere Aufbau der Analysenprobe vereinheitlicht. Dadurch werden befriedigende Analysenwerte erhalten.

8.1.1. Verfahren mit Lithiumtetraborataufschluß

Meß- und Auswerteparameter: Sequenzspektrometer, Au-Anode: 20 kV/10 mA-Fe; 25 kV/16 mA-Ti; 30 kV/20 mA-Ca; 40 kV/30 mA-V; 50 kV/40 mA-Mn, Al, Si, Mg; Direktmessung, I_B, Konzentrationskorrektur.

Fe:	20–65%; K_α, LiF-200, DZ, 10 s; a_0, Fe, Ti, Ca, Si, TiCa, TiSi, CaSi; 0,002 – 5 – 45%
TiO₂:	1–20%; K_α, LiF-200, DZ, 10 s; a_0, Ti, Fe, Ca, Si, Al, FeCa, FeSi, FeAl, CuSi, CuAl, SiAl, 0,0019 – 5 – 10%
CaO:	0,5–8%; K_α, LiF-200, DZ, 10 s; a_0, Ca, Fe, Ti, Si, Al, FeSi, FeTi, FeAl, TiSi, TiAl, SiAl; 0,005 – 5 – 3%
Al₂O₃:	2–28%; K_α, PET, DZ, 40 s; a_0, Al, Fe, Ti, Si, Mg, FeTi, FeSi, FeMg, TiSi, TiMg, SiMg; 0,010 – 5 – 9,69%
SiO₂:	1–40%; K_α, PET, DZ, 40 s; a_0, Si, Fe, Ti, Ca, Al, FeTi, FeCa, FeAl, FeMg, TiCa, TiAl, TiMg; 0,005 – 5 – 13,85%
MgO:	0,5–8%; K_α, ADP, DZ, 100 s; a_0, Mg, Fe, Ti, Si, Al, FeSi, FeTi, FeAl, TiSi, TiAl, SiAl; 0,012 – 5 – 2,53%
MnO:	0,1*–0,5%; K_α, LiF-220, DZ + SZ, 10 s; a_0, Mn, Fe, Ti, FeTi, FeSi, TiSi; 0,005 – 5 – 0,26%
V:	0,01*–0,45%; K_α, LiF-220, DZ, 10 s; a_0, V, Fe, Ca, Si, Ti, FeSi, FeCa, SiCa; 0,005 – 5 – 0,20%

Präparation: 0,700 g der bei 800 bis 900 °C geglühten Analysenprobe (Korngröße < 150 µm) werden mit 6,5 g Aufschlußmittel in einem Platin-Gold-Tiegel gemischt. Der Schmelzaufschluß wird bei etwa 1150 °C 20 min gehalten, 2- bis 3mal geschwenkt und in eine Platin-Gold-Schale, die auf einem Schamotte-Sockel (Bilder 8-1 und 8-2) steht, abgegossen. Die glasartige Meßprobe wird nach 10 min aus der Schale entnommen.

Aufschlußmittel: $Li_2B_4O_7$ (wasserfrei), LiO_2, $LiCO_3$ (trocken) im Verhältnis 9 + 3 + 1, bei etwa 1100 °C geschmolzen, 15 min gehalten, zur Analyse pulverisiert.

Eichung: Herstellung synthetischer Eichproben oder Verwendung von Proben mit bekannter chemischer Zusammensetzung (z. B. Normalproben). Bei Herstellung synthetischer Eichproben werden die Substanzen bei 105 °C getrocknet (Fe_2O_3, Mn_3O_4, $CaCo_3$, TiO_2) oder bei etwa 1050 °C geglüht (Al_2O_3, SiO_2, MgO).
Zur Verringerung des Wägefehlereinflusses sollten Vorschmelzen mit einem Gehalt von 1 bis 5% der einzelnen Komponenten im Aufschlußmittel hergestellt werden. Diese Vorschmelzen werden anschließend pulverisiert.

8.1. Analyse von Eisenerz, -sinter und -erzkonzentraten

Konzentrations-Korrekturprogramme wählen teilweise die Korrekturkoeffizienten nach Methoden der mathematischen Statistik selbständig aus (z. B. Programme nach MITCHELL-HOPPER [8.4] oder RASBERRY-HEINRICH [5.41]).

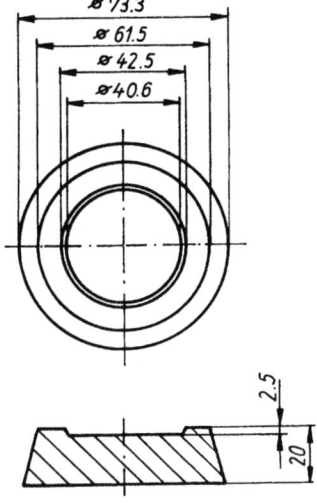

Bild 8-1
Schamottesockel zur Aufnahme einer Platin-Gold-Schale (s. a. Bild 8-2)

Besonderheiten: Die Anwendung dieser Methode ist nicht nur für die Analyse »klassischer« Eisenerze, sondern auch für Titanmagnetiterze und deren Konzentrate und Zwischenprodukte möglich. Die statistischen Parameter (z. B. relative Standardabweichung) wurden in Zusammenhang mit dem Modellansatz nach MITCHELL-HOPPER [8.4] angegeben. Weiterhin wurden die Modellansätze nach LUCAS-TOOTH [5.24] und PYNE [8.6], DE JONGH [5.51] und RASBERRY-HEINRICH [5.41] überprüft. Dabei ergaben sich keine signifikanten Unterschiede in der Größenordnung der statistischen Parameter.

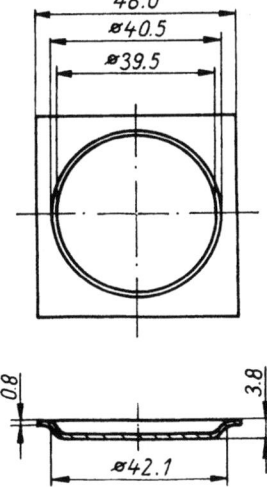

Bild 8-2
Platin-Gold-Schale

Optimal ist die Cr-Anode für die Elemente Ti, Ca, Si, Al und Mg, für die Elemente V, Mn und Fe dagegen eine »schwere« Anode (Au, W). Bei Anwendung der Cr-Anode sind Koinzidenzen der Linien von Cr mit Mn und V vorhanden. Die Au-Anode erhöht die Intensität der VK_α-, und MnK_α-Linie um das 2- bis 3fache und schwächt die Intensität der TiK_β-Linie, die in der Nähe der VK_α-Linie liegt und zu einer teilweisen Koinzidenz führt (TiK_β: 0,2514 nm, VK_α: 0,2505 nm). Die Intensitäten der »leichten« Elemente sind bei Anwendung der Au-Anode schwächer, doch für die Analyse als noch ausreichend anzusehen. Bei sehr hohen Ti-Konzentrationen muß die Beeinflussung der VK_α-Linie durch die TiK_β-Linie berücksichtigt werden. Dabei ist ein Koeffizient wie folgt zu berechnen:

$$I_N^{VK_\alpha} = I_B^{VK_\alpha} - K I_B^{TiK_\beta} \quad (K = I_{B/100\%\,Ti}^{VK_\alpha} / I_{B/100\%\,Ti}^{TiK_\beta} = 0,11) \tag{8-1}$$

8.1.2. Verfahren mit Tabletten und Bindemittelzusatz

Meß- und Auswerteparameter: Sequenzspektrometer, Au-Anode: 20 kV/10 mA-Fe, 25 kV/16 mA-Ti, 30 kV/20 mA-Ca, 40 kV/30 mA-V, 50 kV/40 mA-Mn, 50 kV/40 mA-Al, Si, Mg, Direktmessung, I_B, Konzentrationskorrektur

Fe: 20–65 %; K_α, LiF-200, DZ, 10 s; a_0, Fe, Ti, Ca, Si, Al, TiCa, TiSi, CaSi; 0,0031 – 10 – 43,24 %

TiO₂: 1–20 %; K_α, LiF-200, DZ, 10 s; a_0, Ti, Fe, Ca, Si, Al, FeCa, FeSi, FeAl, CaSi, CaAl, SiAl; 0,003 – 10 – 9,90 %

CaO: 0,5–8 %; K_α, LiF-200, DZ, 10 s; a_0, Ca, Fe, Ti, Si, Al, FeTi, FeSi, FeAl, TiSi, TiAl, SiAl; 0,006 – 10 – 3 %

Al₂O₃: 2–28 %; K_α, PET, DZ, 40 s; a_0, Al, Fe, Ti, Si, Mg, FeTi, FeSi, FeMg, TiSi, TiMg, SiMg; 0,010 – 10 – 9,69 %

SiO₂: 1–40 %; K_α, PET, DZ, 40 s; a_0, Si, Fe, Ti, Ca, Al, Mg, TiCa, TiAl, TiMg; 0,015 – 10 – 2,53 %

MgO: 0,5–8 %; K_α, ADP, DZ, 100 s; a_0, Mg, Ti, Si, Al, FeTi, FeSi, FeAl, TiSi, TiAl, SiAl; 0,010 – 10 – 2,53 %

MnO: 0,1–0,5 %; K_α, LiF-220, DZ + SZ; 10 s; a_0, Mn, Fe, Ti, FeTi, FeSi, TiSi; 0,006 – 10 – 0,26 %

V: 0,01–0,45 %; K_α, LiF-220, DZ, 10 s; a_0, V, Fe, Ca, Si, Ti, FeSi, FeCa, SiCa; 0,005 – 10 – 0,20 %

Präparation: 4 g Analysenprobe (Korngröße < 0,15 µm) werden mit 2 g Cellulose in einer Kugelmühle ($V \sim 85$ ml) 10 min gemischt. Anschließend wird die Probe unter einem Druck von 1 000 MPa zu einer Tablette gepreßt. Es wird empfohlen, den Preßvorgang in einem Metallring vorzunehmen.

Eichung: Zur Eichung werden Eichproben (Normalproben, nach Erztypen hinsichtlich der chemischen Zusammensetzung unterteilt) mit bekannter chemischer Zusammensetzung verwendet.
Die Konzentrationsbestimmung erfolgt auf der Basis der im Abschn. 8.1.1. beschriebenen Korrekturprogramme.

Besonderheiten: siehe Abschn. 8.1.1.

8.1.3. Verfahren über einen Sinteraufschluß mit Natriumtetraborat

Meß- und Auswerteparameter: Simultanspektrometer, Rh-Anode: 25 kV/80 mA-Fe, SiO_2, Al_2O_3, CaO, MgO, Direktmessung, I_B, Konzentrationskorrektur

Fe:	35–70 %; K_α, LiF-200, SZ, 30 s; Korrekturglieder siehe Abschn. 8.1.2.; 0,005 – 11 – 54,3 %
SiO$_2$:	0,1*–20 %; K_α, EDDT, PZ, 30 s; Korrekturglieder siehe Abschn. 8.1.2.
Al$_2$O$_3$:	0,2*–6 %; K_α, EDDT, PZ, 30 s; Korrekturglieder siehe Abschn. 8.1.2.; 0,03 – 11 – 0,2 %
CaO:	0,1*–4 %; K_α, LiF-200, SZ, 30 s; Korrekturglieder siehe Abschn. 8.1.2.; 0,05 – 11 – 0,2 %
MgO:	0,1*–4 %; K_α, ADP, PZ, 30 s; Korrekturglieder siehe Abschn. 8.1.2.; 0,17 – 11 – 0,3 %

Präparation: 1 g der Analysenprobe (Korngröße <0,1 mm) wird mit 2 g $Na_2B_4O_7$ gemischt und in einem Graphittiegel 5 min bei etwa 1 250 °C gesintert. Nach der Abkühlung wird der Tiegel mit PVC-Pulver auf eine Gesamtmasse von 10 g aufgefüllt und in einer Scheibenschwingmühle 1 min gemahlen. Anschließend wird die so vorbereitete Analysenprobe unter einem Druck von 120 MPa zu einer Tablette gepreßt (Haltezeit 5 s).

Eichung: siehe Abschn. 8.1.2.

Besonderheiten: Nach diesem Präparationsverfahren wird die mineralogische Zusammensetzung der Analysenprobe verändert. Dadurch ist es möglich, für verschiedene Erztypen eine Eichprobenreihe zu verwenden.

8.2. Analyse von Schlacken

Zur Analyse von *Hochofen*- und *Stahlwerksschlacken* werden zwei häufig verwendete Verfahren beschrieben. Das Verfahren mit Schmelzaufschluß wird bei anspruchsvolleren Forderungen (sehr gute Reproduzierbarkeit der Analysenwerte) und das Verfahren mit gepreßten Tabletten als Schnellverfahren im Routinebetrieb eingesetzt.

Überwiegend liegen die Konzentrationen in folgenden Bereichen:

Hochofenschlacke: Fe 0,5–5%, SiO_2 30–48%, Al_2O_3 7–14%, MnO 0,5–3%, CaO 30–48%, MgO 0,8–12%

Stahlwerksschlacke: Fe 10–25%, SiO_2 10–25%, Al_2O_3 2,5–7%, MnO 4–12%, CaO 25–55%, MgO 5–14%.

8.2.1. Verfahren mit Boraxaufschluß

Meß- und Auswerteparameter: Simultanspektrometer, Rh-Anode: 50 kV/40 mA – Fe-SiO_2, Al_2O_3, MnO, CaO, MgO, P, S. Direktmessung, I_B, Konzentrationskorrektur

Fe: 0,5–25%; K_α, LiF-200, SZ, 100 s; a_0, Fe, Ca, Al, Si, 0,01 – 10 – 5%; 0,015 – 10 – 20%

SiO_2: 10–55%; K_α, EDDT, PZ, 100 s; a_0, Si, Ca, Al, Fe, 0,01 – 10 – 15%; 0,015 – 10 – 48%

Al_2O_3: 2,5–14%; K_α, EDDT, PZ, 100 s; a_0, Al, Ca, Si, Fe, Mg, 0,032 – 10 – 2,5%; 0,007 – 10 – 14%

MnO: 0,3–12%; K_α, LiF-200, SZ, 100 s; a_0, Mu, Ca, Al, Si, 0,028 – 10 – 3%; 0,006 – 10 – 13%

CaO: 25–55%; K_α, LiF-200, SZ, 100 s; a_0, Ca, Si, Fe, Al, 0,0067 – 10 – 30%; 0,008 – 10 – 50%

MgO: 1–14%; K_α, ADP, PZ, 100 s; a_0, Mg, Ca, Si, Fe, Mg, 0,020 – 10 – 15%; 0,015 – 10 – 10%.

Präparation: 0,500 g Analysenprobe (Korngröße < 0,1 mm) werden in einen mit 7,0 g $Na_2B_4O_7$ und 0,50 g KNO_3 gefüllten Platin-Gold-Tiegel eingewogen und nach inniger Durchmischung bei etwa 1 200 °C in einem Muffelofen 10 bis 15 min geschmolzen. Der Abguß der Schmelze erfolgt, wie in Abschn. 8.1.1. näher beschrieben, zu einer glasartigen Meßprobe.
Die heiße Schmelze kann auch auf einer fein polierten Metallplatte (z. B. Aluminium) ausgegossen, nach dem Erstarren gemahlen und unter einem Druck von 200 MPa zu einer Tablette gepreßt werden.

Eichung: Die Eichung ist möglich auf der Grundlage von synthetischen Eichproben oder von Normalproben mit bekannter chemischer Zusammensetzung (siehe auch Abschn. 8.1.1.).
Die Konzentrationsbestimmung erfolgt auf der Basis von Konzentrations-Korrekturprogrammen (siehe Abschn. 8.1.1.).

Besonderheiten: Die metallurgischen Schlacken sind sehr unterschiedlich hinsichtlich ihrer Homogenität zu bewerten. So können *Siemens-Martin-Schlacken* beispielsweise heterogen sein, und eine Prüfung auf Anwesenheit von *metallischen Bestandteilen* ist vor dem Feinmahlen der Analysenprobe zu empfehlen. Diese metallischen Bestandteile sind gegebenenfalls vor dem Mahlprozeß zu entfernen.
Stehen nur geringe Probenmengen zur Verfügung, wird eine Einbettung des Schmelzaufschlusses nach dem Zermahlen in eine Borsäureschicht unter einem Druck von 200 MPa empfohlen.

8.2.2. Verfahren mit Tabletten unter Bindemittelzusatz

Meß- und Auswerteparameter: Siehe Abschn. 8.2.1.

Präparation: 10 g der Analysenprobe (Körnung < 0,1 mm) werden bei Hochofenschlacke mit 5 g KNO_3 (Körnung < 0,04 mm) in einer Scheibenschwingmühle oder kleinen Kugelmühle (V = 85 ml) etwa 2 min homogenisiert. Bei der Analyse von Stahlwerksschlacken werden 8 g Analysenprobe mit 2 g KNO_3 gemischt und homogenisiert. Die aufbereitete Analysenprobe wird unter einem Druck von 600 MPa zu einer Tablette gepreßt (Haltezeit etwa 30 s).

Eichung: Siehe Abschn. 8.2.1.
Synthetische Eichproben können nicht verwendet werden (»Struktureffekt«).

Besonderheiten: Das Pressen der Analysenprobe kann in Aluminiumkapseln oder Metallringen erfolgen. Als Bindemittel sind Cellulose, PVC-Pulver u. a. ebenfalls geeignet. Die Verwendung von KNO_3 ist aus Gründen der hohen mechanischen Stabilität der Meßprobe und der Verringerung der Matrixeffekte von Vorteil.

8.3. Analyse von Roh- und Gußeisen

Folgende Präparationsverfahren sind prinzipiell anwendbar:

– Abguß der schmelzflüssigen Probe in geeignete Kokillen,
– naßchemischer Voraufschluß durch Lösen in Säuren und Präparation einer glasartigen Meßprobe nach einem Schmelzaufschluß oder die Herstellung einer Tablette nach dem Mahlen unter Verwendung eines Bindemittels,
– Anwendung eines Umschmelzverfahrens.

In der Praxis hat sich der Abguß von sog. *Talerproben* (s. Abschnitt 6.1.) bewährt, die eine relativ gut reproduzierbare und für die Spektralanalyse generell geeignete Struktur aufweisen (u. a. *Weißerstarrung*).
In Fällen, in denen eine Probenahme von flüssigem Eisen nicht möglich ist, wird die Probe entweder durch einen naßchemischen Voraufschluß gemäß Abschnitt 8.5.1. in Säu-

ren gelöst, eingedampft und über einen Schmelzaufschluß zu einer glasartigen Meßprobe verarbeitet oder in gepulverter Form mit einem Bindemittel versehen zu einer Tablette verpreßt. Bei letztgenannter Verfahrensweise fallen die ermittelten Analysenwerte nicht immer zufriedenstellend aus. Liegt das Material nicht weißerstarrt oder in Stückform vor, werden *Umschmelzverfahren* eingesetzt (s. a. Abschnitt 6.1.). Bei der Anwendung des Umschmelzverfahrens beispielsweise im Argon-Induktionsofen werden grundsätzlich gute Analysenwerte erhalten. Die geschmolzene Eisenprobe wird meist im *Schleudergußverfahren* ausgegossen und erstarrt zu einer »Pilzform«. Die Anwendung dieser Technologie erfordert jedoch hohe Investitionskosten.

8.3.1. Verfahren mit kompakten Roheisenproben

Meß- und Auswerteparameter: Simultanspektrometer, Rh-Anode: 50 kV/40 mA – Si, Mn, P, S, Direktmessung, I_B, ohne Korrektur.

Si: 0,05–5%; K_α, EDDT, PZ, 40 s; 0,015 – 10 – 1%

Mn: 0,01–2%; K_α, LiF-200, SZ, 40 s; 0,025 – 10 – 2%

P: 0,04–1,1%; K_α, Ge, PZ, 40 s; 0,04 – 10 – 0,20%

S: 0,005–0,15%; K_α, NaCl, PZ, 40 s; 0,10 – 10 – 0,05%.

Präparation: Die Roheisenprobe wird in eine Kokille als sog. Blatt- oder Talerprobe (z. B. nach Bild 6-1) abgegossen, zur Entfernung der Oxidschicht abgeschmirgelt und anschließend zur Entfernung der Diffusionszone 0,3 bis 0,5 mm abgeschliffen.

Eichung: Die Eichfunktionen zur Ermittlung der Elementkonzentrationen werden auf der Grundlage von Roheisen-Eichproben bzw. Gußeisen-Eichproben mit bekannter chemischer Zusammensetzung ermittelt.

Besonderheiten: In der Literatur werden verschiedene Kokillen beschrieben. Dabei zeigt sich ein Trend zu dünnen Proben (etwa 2 bis 3 mm), die frei von Graphitausscheidungen auf der Oberfläche sind. Als Eichproben sind sog. Zwillingsproben (s. Bild 6-1) von Vorteil. Die Konzentrationen der interessierenden Elemente werden nach dem Pulverisieren an einer der beiden Talerproben naßchemisch ermittelt. Die an der anderen Probe gemessenen Intensitäten der Elemente werden den chemisch bestimmten Konzentrationen zugeordnet und zur Aufstellung der linearen Eichfunktionen herangezogen.

8.3.2. Verfahren für Eisenpulver in Tablettenform mit Bindemittel

Meß- und Auswerteparameter: Siehe Abschn. 8.3.1.

Si:: 0,03 – 10 – 1 %

Mn: 0,025 – 10 – 1,2 %

P: 0,05 – 10 – 0,26 %

S: 0,15 – 10 – 0,06 %

Präparation: 16 g feingemahlene Analysenprobe (Korngröße < 0,15 mm) werden mit 4 g Cellulose in einer Kugelmühle ($V \sim 85$ ml) 10 min homogenisiert und in einem Metallring unter einem Druck von 250 MPa 30 s zu einer Tablette gepreßt.

Eichung: Siehe Abschn. 8.3.1.

Besonderheiten: Von einer Analysenprobe empfiehlt sich die Herstellung und Messung von mindestens zwei Tabletten.

8.3.3. Verfahren mit kompakten Roheisenproben unter Anwendung des Umschmelzens

Meß- und Auswerteparameter: Siehe Abschn. 8.3.1.

Präparation: Etwa 35 g Analysenprobe werden in einen keramischen Tiegel eingewogen und in einem Umschmelzofen unter einem Argonstrom etwa 55 bis 60 s geschmolzen. Anschließend wird die Schmelze in einer Kupferkokille geschleudert und auf eine Temperatur unter 50 °C abgekühlt. Die zur Analyse vorgesehene Probenoberfläche wird angeschliffen.

Eichung: Siehe Abschn. 8.3.1.

Besonderheiten: Eine Abkühlzeit der Kokille von etwa 10 bis 15 min ist erforderlich, um ein Zerspringen der Meßprobe zu vermeiden. Während des Umschmelzens können durch verschiedene Reaktionen Verluste an Kohlenstoff, Silicium, Mangan, Phosphor und Schwefel auftreten. Die Technologie der Probenpräparation ist daher der Technologie der Eichprobenherstellung völlig analog zu gestalten.

8.4. Analyse von Stahl

Von erstrangiger Bedeutung für die Analyse von Stählen ist die Probenvorbereitung (s. a. Abschn. 6.1.). Dabei wird ein hohes Maß an Reproduzierbarkeit und Schnelligkeit gefordert. Außerdem muß die Analysenprobe für ein großes Produktionsvolumen repräsentativ sein. Folgende Präparationsverfahren sind für Stahlproben prinzipiell geeignet:

- Abguß der schmelzflüssigen Stahlprobe in eine Kokille,
- Umschmelzen in einem geeigneten Ofen,
- Naßchemischer Aufschluß, d. h. das Lösen in Säuren.

Wie schon in Abschn. 8.3. dargestellt, wird der Stahl bei der Chargenkontrolle, d. h. während und nach dem Schmelzprozeß, zur Analyse ausschließlich in entsprechende Kokillen gegossen oder aus der Schmelze mit Kokillen (z. B. Tauchkokillen) entnommen und als kompakte Analysenprobe für die spektrometrische Bestimmung vorbereitet. In den Fällen, wo keine schmelzflüssige Probe zur Verfügung steht, z. B. bei Spanproben (Probenahme von Halbzeugen bzw. von Fertigmaterial, bei denen Spanproben aus Gründen der Repräsentanz oder der Lokalanalyse wegen vorgeschrieben sind), wird vorwiegend das Umschmelzen unter einer Argonatmosphäre mit Erstarrung der ausgeschleuderten Analysenprobe in einer Kupferkokille (s. a. Abschn. 8.3.3.) praktiziert.
Seltener wird die Lösungsanalyse für Stähle angewendet. In diesen Fällen können synthetische Eichlösungen zur Aufstellung der Eichfunktionen hergestellt werden. Die Anwendung dieses Verfahrens beschränkt sich aber besonders auf mittel- und hochlegierte Stähle. Die Stahlspäne werden nach dem Lösen entweder in entsprechenden Küvetten im RFA-Gerät gemessen, oder die Lösung wird eingedampft und der Rückstand mittels Schmelzaufschlusses zur glasartigen Meßprobe präpariert. Aus Gründen ihrer Bedeutung für die Praxis werden im folgenden Teil nur die beiden erstgenannten Präparationsverfahren ausführlich beschrieben.

8.4.1. Verfahren mit kompakten Stahlproben

Meß- und Auswerteparameter: Simultanspektrometer, Rh-Anode: 50 kV/40 mA – Cr, Mn, Ni, Co, Mo, V, Cu, Si, W, P, Direktmessung, I_B, Konzentrationskorrektur

C: 0,10–1,5 %; K_α, DZ, 30 s; a_0, in Kohlenstoffstählen ohne Korrektur; 0,005 – 10 – 0,60 %

Si: 0,05–4 %; K_α, PET, DZ, 30 s; a_0, Si, Fe, Cr, Ni, Co, Mo, W, SiFe, SiCr, SiNi, SiCo, FeCr, FeNi, FeCo, CrNi, CrCo; 0,005 – 10 – 1,2 %

Mn: 0,20–2,0 %; K_α, LiF-200, SZ, 30 s; a_0, Mn, Fe, W, Ni, Co, Cr, Mo, NiFe, MnW, MnCo, MnNi, FeW, FeNi; 0,0046 – 10 – 1,5 %

Cr: 0,05–30 %; K_α, LiF-200, SZ, 30 s; a_0, Cr, Fe, Ni, W, Co, Mo, CrFe, CrNi, CrW, CrCo, FeNi, FeCo, FeW; 0,0025 – 10 – 2,95 %; 0,0042 – 10 – 30 %

Ni: 0,05–20 %; K_α, LiF-200, SZ, 30 s; a_0, Ni, Fe, Cr, W, Co, Mo, NiFe, NiCr, NiW, FeCr, FeW, CrW; 0,0021 – 10 – 4,45 %; 0,0030 – 10 – 21 %

Cu: 0,01–0,65 %; K_α, LiF-200, SZ, 30 s; a_0, Cu, Fe, Cr, Mn, Ni, Mo, CuFe, CuCr, CuMn, CuNi, CuMo, FeCr, FeMn; 0,0045 – 10 – 0,66 %

Mo: 0,01–6 %; K_α, LiF-200, SZ, 30 s; a_0, Mo, W, Fe, Ni, Cr, MoW, MoFe, MoNi, MoCr, WFe, CrFe, NiFe, CrNi; 0,0060 – 10 – 1,31 %; 0,003 – 10 – 6,0 %

8.4. Analyse von Stahl

V: 0,05–2 %; K_α, LiF-200, SZ, 30 s; a_0, V, Fe, W, Cr, Ni, Co, Mo, VFe, VW, VCr, VNi, FeW, FeCr, FeNi, CrCo; 0,0061 – 10 – 0,65 %

W: 0,10–18 %; L_α, LiF-200, SZ, 30 s; a_0, W, Fe, Cr, Co, Ni, WFe, WCr, WCo, FeCr, CrCo; 0,0092 – 10 – 7 %

Co: 0,005–12 %; K_α, LiF-200, SZ, 30 s; a_0, Co, Cr, W, Ni, Fe, Mo, CoCr, CoW, CoNi, CoFe, CrFe, WFe; 0,006 – 10 – 7,8 %

P: 0,005–0,075 %; K_α, Ge, PZ, 30 s; a_0, P, Fe, Ni, Si, Cr, Mo, Mn, PFe, PNi, PSi, PMo, PCr, FeMo, FeNi, FeSi; 0,017 – 10 – 0,046 %.

Präparation: Die aus der Kokille entnommene Stahlprobe wird in einer Höhe von 15 bis 20 mm vom Blockfuß abgetrennt. Die Trennfläche der Analysenprobe wird grob- und anschließend feingeschliffen. Bei Verwendung der »Disk-Pin-Kokille« (Bild 6-2) wird der »Pin« zur Bestimmung von C, S, O und N abgetrennt und die »Disk«-Probenoberfläche plangeschliffen (z. B. an einer Pendelmagnetschleifmaschine). Der Anschliff erfolgt zur Entfernung der Zunder- und Diffusionsschicht.

Eichung: Zur Aufnahme der entsprechenden Eichfunktionen werden naßchemisch analysierte Stahlproben und Standards mit unterschiedlicher Zusammensetzung eingesetzt. Dabei ist es zweckmäßig, die Stähle in Gruppen mit ähnlicher Konzentration der Hauptelemente zusammenzufassen.

Gruppe 1: Unlegierte Stähle bzw. niedrig- und mikrolegierte Stähle (Baustähle)
Gruppe 2: Chrom-Stähle
Gruppe 3: Chrom-Nickel-Stähle (rost- und säurebeständige Stähle)
Gruppe 4: Wolfram-Stähle (Werkzeug- und Schnellarbeitsstähle)
Gruppe 5: Sonderstähle

Die im Abschnitt 5.3. beschriebenen Korrekturprogramme können zur Matrixkorrektur angewendet werden. Eine allgemeingültige Bewertung eines Korrekturverfahrens, z.B. auf Grund der Reststreuung der Werte einer Eichproben-Reihe, kann infolge der Vielzahl der Stahlsorten unterschiedlicher chemischer Zusammensetzung nicht angegeben werden. Die Korrekturglieder und statistischen Parameter (relative Standardabweichung) wurden nach dem Modellansatz nach MITCHELL-HOPPER [8.4] angegeben. Zum Modellansatz nach LUCAS-TOOTH und PYNE [8.6] konnten keine signifikanten Unterschiede der statistischen Parameter ermittelt werden.

Besonderheiten: Die Berücksichtigung von Matrixeffekten kann bei der Gruppe 1 (unlegierte bzw. niedriglegierte Stähle) häufig entfallen. Teilweise werden in die Korrekturprogramme die Massenschwächungskoeffizienten einbezogen. In diesem Fall werden die gemessenen Intensitäten durch iterativ ermittelte Massenschwächungskoeffizienten modifiziert. Unter anderem ist es auch möglich, mit Hilfe einer Standardprobe pro Element in einem größeren Konzentrationsbereich zu befriedigenden Ergebnissen zu gelangen

(nichtlineare Regression). Die Anwendung dieses Korrekturmodells setzt die Kenntnis der Nettointensitäten voraus.
Infolge der Vielzahl der im Stahl vorkommenden Elemente sind besonders die möglichen Linienkoinzidenzen zu beachten (Tabelle 8-1).

Zu bestimmendes Element, Linie	Wellenlänge [nm]	Überlagerndes Element, Linie	Wellenlänge [nm]
NbK_α	0,075	MoK_α	0,071
WL_α	0,148	NiK_β	0,150
CuK_α	0,154	NiK_β	0,150
NiK_α	0,166	CoK_β	0,162
FeK_α	0,194	MnK_β	0,191
MnK_α	0,210	CrK_β	0,209
VK_α	0,250	TiK_β	0,251
CrK_α	0,229	VK_β	0,229
SK_α	0,537	MoL_α	0,540
SiK_α	0,713	WM_α	0,699

Tabelle 8-1
Linienkoinzidenzen einiger Elemente

8.4.2. Verfahren mit umgeschmolzenen Stahlspänen

Meß- und Auswerteparameter: Siehe Abschn. 8.4.1.

Präparation: Späne von unlegierten bzw. niedriglegierten Stählen werden unter einem Druck von 500 MPa mit einer hydraulischen Presse zu einer Tablette gepreßt und anschließend in einem keramischen Tiegel etwa 65 bis 70 s im Umschmelzofen bei einem Argonstrom von 10 l/min geschmolzen (z. B. Philips, Typ 8910, Einsatzmenge: 35 g). Nach Beendigung des Schmelzprozesses und dem Ausschleudern erstarrt die Schmelze in einer Kupferkokille. Nach dem Abkühlen werden von der erhaltenen Analysenprobe an der Stirnseite etwa 0,2 mm abgeschliffen. Bei Vorhandensein von Rissen, Blasen oder nichtmetallischen Einschlüssen muß abgeschliffen werden, bis eine einwandfreie Oberfläche vorhanden ist.
Bei mittel- bis hochlegierten Stahlspänen erfolgt ein *Zusatz von Elektrolyteisen* (eventuell auch von billigerem Armcoeisen) zur Stahlprobe im Verhältnis 3 + 1 bis 30 + 1, wobei genaue Einwaagen des Elektrolyteisens erforderlich sind. Im weiteren wird wie bei niedriglegierten Stählen verfahren.
Die Schmelzdauer muß experimentell ermittelt werden.

Eichung: Siehe Abschn. 8.4.1.
Infolge der beim Umschmelzprozeß auftretenden Reaktionen (Reaktionsmöglichkeiten mit dem Tiegelmaterial, mit Sauerstoff u. a.) und dem Auftreten damit verbundener Konzentrationsänderungen ist es erforderlich, auch die Eichproben dem Umschmelzprozeß zu unterwerfen.

Besonderheiten: Die Ergebnisse der Schwefelbestimmung können nicht immer befriedigen. Zur Abbindung des Sauerstoffs (beispielsweise eingeschleppt durch die Verdünnung mit Armco-Eisen) sollte Aluminium der Analysenprobe zugesetzt werden. Damit wird in der erschmolzenen Analysenprobe eine Al-Konzentration von 0,05 bis 0,1 % erhalten.

8.5. Analyse von Ferrolegierungen

Die Ferrolegierungen Fe-Si, Fe-Mn und Fe-Si-Mn lassen sich direkt zu meßfähigen Tabletten verpressen. Die mit solchen Proben erhaltenen Analysenwerte können aber nicht befriedigen (Korngrößeneffekte). Die meisten »edlen« Ferrolegierungen lassen sich dagegen nicht pulverisieren. Befriedigende Analysenwerte werden für alle Legierungstypen durch folgende drei Präparationsvarianten erhalten:

- naßchemischer Voraufschluß durch Lösen in Säuren, Abdampfen, Glühen und Schmelzaufschluß (glasartige Meßprobe oder Tablettierung),
- direkter Schmelzaufschluß der Probe im Platin-Gold-Tiegel und Herstellung einer glasartigen Meßprobe,
- Umschmelzen der Probe unter Zusatz von Reineisen in einem Hochfrequenzofen und Ausschleudern der Schmelze in eine Kupferkokille (»Pilzprobe«).

8.5.1. Verfahren mit naßchemischem Voraufschluß und anschließendem Schmelzaufschluß

Meß- und Auswerteparamter: Sequenzspektrometer, Cr-Anode: 50 kV/40 mA – Mn, Si, Ta, Ti Al; 20 kV/10 mA – Cr; 40 kV/30 mA – Mo, Nb; Direktmessung, I_B, ohne Korrektur

■ **Fe-Mn:**
Mn: 50–80 %; K_α, LiF-200, DZ + SZ, 10 s; 0,0010 – 5 – 80 %
Si: 0,10*–2,2 %; K_α, PET, DZ, 100 s; 0,018 – 5 – 2,2 %

■ **Fe-Cr:**
Cr: 70–85 %; K_α, LiF-200, DZ, 10 s; 0,0025 – 5 – 70 %
Si: 0,05*–2,0 %; K_α, PET, DZ, 20 s; 0,01 – 5 – 2 %

■ **FeMo:**
Mo: 65–70 %; K_α, LiF-200, SZ, 10 s; 0,0017 – 5 – 70 %
Si: 0,2–2,5 %; K_α, PET, DZ, 100 s; 0,01 – 5 – 2,3 %

■ **FeNb:**
Nb: 50–65 %; K_α, LiF-200, SZ, 10 s; 0,002 – 5 – 50 %
Ta: 3,5–5 %; K_α, LiF-200, DZ, 40 s; 0,008 – 5 – 5 %
Ti: 0,2–8 %; K_α, LiF-200, DZ, 40 s; 0,0019 – 5 – 8 %
Al: 0,7–1,8 %; K_α, PET, DZ, 40 s; 0,009 – 5 – 1,1 %
Mn: 0,2–2,0 %; K_α, LiF-200, DZ + SZ, 40 s; 0,012 – 5 – 2,0 %

■ FeSi:
Si: 40–75 %; K_α, PET, DZ, 20 s; 0,0046 – 5 – 75 %
Al: 0,30–2,20 %; K_α, PET, DZ, 40 s; 0,0072 – 5 – 2,20 %
Mn: 0,10–1,00 %; K_α, LiF-220, DZ + SZ, 20 s; 0,01 – 5 – 1,0 %

■ FeSiMn:
Mn: 55–70 %; K_α, LiF-220, DZ + SZ, 20 s; 0,0007 – 5 – 70 %
Sn: 16–28 %; K_α, PET, DZ, 20 s; 0,0028 – 5 – 28 %

Präparation: 0,200 g FeCr oder FeMn werden in 10 ml HCl (ϱ = 1,19 m/cm^3), 0,500 g FeMo in 10 ml HNO$_3$ (1 + 3), 0,200 g FeNb oder FeV in 10 ml H$_2$F$_2$ gelöst und in einem Platin-Gold-Tiegel vorsichtig bis zur Trockne eingedampft (nicht rösten). Nach dem Abkühlen wird der Rückstand schichtweise in der Reihenfolge mit 3 g KNaCO$_3$, 0,5 g NaNO$_3$, 1,0 g BaO$_2$ und 5,0 g B$_2$O$_3$ bedeckt. Daran anschließend erfolgt das Vorschmelzen über einen Brenner etwa 10 min bei kleiner und 15 min bei großer Flamme. Danach wird die Schmelze etwa 15 bis 20 min in einem Muffelofen bei etwa 1 200 °C klar geschmolzen. Zur Homogenisierung nimmt man die Schmelze nach etwa 10 min kurzzeitig aus dem Ofen und schwenkt mehrmals um. Im weiteren wird gemäß Abschnitt 8.1.1. verfahren. Die glasige Meßprobe legt man so in das Spektrometer ein, daß die dem Boden der Abgußschale zugewandte Seite gemessen wird.

Eichung: Die linearen Eichbeziehungen werden mit Eichproben bekannter Elementkonzentrationen aufgenommen.
Sind keine entsprechenden Eichproben von Ferrolegierungen mit abgestuften Elementkonzentrationen der zu bestimmenden Elemente vorhanden, so kann man analog Absch. 8.1.1. die fehlenden Konzentrationsbereiche durch Mischen verschiedener Eichproben ergänzen.

8.5.2. Oxydierender Schmelzaufschluß im Platin-Gold-Tiegel

Meß- und Auswerteparameter: Sequenzspektrometer, Cr-Anode: 50 kV/40 mA–Si, Mn, Al, Ba; 40 kV/20 mA–Ca, Direktmessung, I_B, ohne Korrektur.

■ FeMnSi:
Mn: 55–70 %; siehe Abschn. 8.5.1.; 0,0011 – 5 – 65,59 %
Si: 16–26 %; siehe Abschn. 8.5.1.; 0,0082 – 5 – 19,3 %

■ FeSiBaCa:
Ba: 0,5–6 %; K_α, LiF-200, SZ, 10 s; 0,0126 – 5 – 5,38 %
Ca: 4–17,5 %; K_α, LiF-200, DZ, 10 s; 0,012 – 5 – 7,77 %
Si: 45–55 %; siehe Abschn. 8.5.1.; 0,0022 – 5 – 49,46 %
Al: 0,6–4 %; siehe Abschn. 8.5.1.; 0,010 – 5 – 2,44 %

8.5. Analyse von Ferrolegierungen

■ **FeAl-FeAlMn-FeSi:**
Si: 4–75 %; siehe Abschn. 8.5.1.; 0,0080 – 5 – 3,59 %, 0,0030 – 5 – 39,22 %
Al: 5–28 %; siehe Abschn. 8.5.1.; 0,009 – 5 – 9,05 % 0,0071 – 5 – 21,4 %
Mn: 25–53 %; siehe Abschn. 8.5.1.; 0,0032 – 5 – 26,99 %

■ **FeSiAlCa:**
Si: 30–55 %; siehe Abschn. 8.5.1.; 0,0023 – 5 – 52,47 %
Al: 7–40 %; siehe Abschn. 8.5.1.; 0,0030 – 5 – 39,4 %
Ca: 10–17 %; K_α, LiF-200, DZ, 10 s; 0,0079 – 5 – 11,29 %

Präparation: In einem Platin-Gold-Tiegel werden 1,5 g $CaCO_3$ (bei FeSiMn) oder 0,5 g MgO (für alle anderen Ferrolegierungen) eingewogen. In einer ovalen Vertiefung (Bild 8-3) wird die in einem zweiten Tiegel angesetzte Mischung von 1 g Na_2CO_3, 0,5 g $CaCO_3$ und 0,25 g Ferrolegierung (Korngröße < 0,2 mm) nach einer Homogenisierung von etwa 5 min eingebracht und der Kegel mit einem Pistill so gedrückt, daß die Analysenprobe die Tiegelwandung nicht berührt. Bei FeSiMn wird der Tiegelinhalt 5 min schwach über einem Brenner erwärmt und dann der bedeckte Tiegel 3 min über der starken Flamme erhitzt (vollständige Oxydation). Anschließend erfolgt eine weitere Erhitzung auf etwa 1150 °C über 20 min in einem Muffelofen.

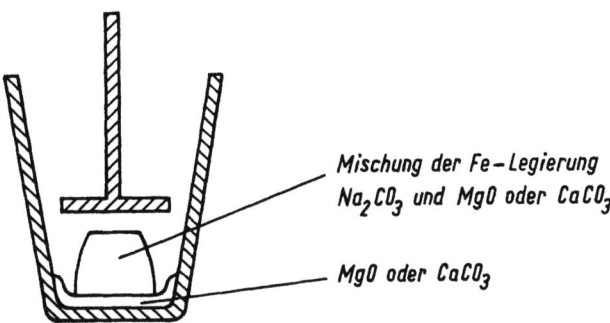

Bild 8-3
Art der Einbettung der Probe im Tiegel

Die übrigen Ferrolegierungen werden 20 min bei 1150 ± 50 °C in einem Muffelofen erhitzt. Anschließend werden zu der oxydierten Analysenprobe 6 g $Li_2B_4O_7$ (8 g für FeSiCaAl, 10 g für FeAl und FeAlMn) zugesetzt und 15 min bei etwa 1200 °C geschmolzen. Die gesamte Probe wird durch mehrmaliges Schwenken homogenisiert und weiter analog Abschnitt 8.1.1. bis zum Meßprobenabguß behandelt.

Eichung: Siehe Abschnitt 8.5.1.

Besonderheiten: Die Analysenprobe muß vor dem Schmelzen oxydiert sein, da ansonsten der Platin-Gold-Tiegel beschädigt werden kann. Die Oxydationszeit sollte experimentell ermittelt werden. Die starke Verdünnung der Analysenproben 1 + 36 bei FeSiMn, 1 + 32 bei FeSiCaBa, 1 + 40 bei FeSiCaAl und 1 + 48 bei FeAl und FeAlMn führt dazu, daß der Unterschied in den Massenschwächungskoeffizienten für die geschmolzenen Proben zwischen 7 bis 4 % relativ ($\Delta\mu/\varrho$) beträgt. Dadurch kann die Auswertung ohne Korrekturprogramme vorgenommen werden. Ohne Verdünnung müssen Störungen durch folgende Elemente in den Ferrolegierungen berücksichtigt werden:

FeSiCaBa: Ba-Bestimmung wird gestört durch Ca, Fe; die Si-Bestimmung durch Fe, Ca, Al, Ba
FeAl-FeAlMn-FeSi: Mn-Bestimmung wird gestört durch Si; die Si-Bestimmung durch Mn, Fe, Al
FeSiCaAl: Si-Bestimmung wird gestört durch Al, Fe

8.5.3. Umschmelzen unter Verdünnung in einem HF-Ofen

Meß- und Auswertetemperatur: siehe Abschn. 8.4.1.
Durch die Technologie der Verdünnungsschmelze werden die Ferrolegierungen der Verfahrensweise der Analyse von Stahl angepaßt, jedoch ohne Korrektur.

Präparation: In einen keramischen Tiegel werden 30 g Reineisen (Armco) in Form von gepreßten Spänen gegeben, mit etwa 5 g Reineisenspänen bedeckt und darauf etwa 2 g der Ferrolegierung geschüttet. Die Analysenprobe wird mit Reineisenspänen bis zu einer Gesamtmasse von etwa 40 g bedeckt. Die so vorbereitete Probe wird in einem Induktionsofen zunächst 10 s mit einem Argonstrom (15 l/min) gespült und anschließend geschmolzen (etwa 50 bis 75 s Schmelzdauer). Danach wird die Schmelze in eine Kupferkokille geschleudert und erstarrt darin. Folgende Temperaturen können für die Ferrolegierungen beim Ausschleudern der Schmelze angegeben werden: FeMn (niedriger C-Gehalt) etwa 1 450 °C, mit höherem C-Gehalt etwa 1 400 °C, FeMo etwa 1 600 °C, FeNb etwa 1 800 °C, FeSi etwa 1 550 °C. Zur Messung wird eine sog. Pilzprobe gemäß Abschn. 8.4.2. vorbereitet.

Eichung: Die Eichfunktionen zur Bestimmung der Elementkonzentrationen werden auf der Grundlage von Eichproben (Ferrolegierungen) mit bekannter chemischer Zusammensetzung ermittelt. Dabei können die Einwaagen der Ferrolegierungs-Eichproben unterschiedlich sein. In jedem Fall ist mit Reineisen auf eine Gesamtmasse von 40 g zu ergänzen.

Besonderheiten: Infolge der starken Verdünnung der Ferrolegierungen mit Reineisen von etwa 2 + 38 variiert die Konzentration des zu bestimmenden Elementes in den Eichproben zwischen 1 und 5%. Komplizierte Korrekturrechnungen können daher bei der Auswertung entfallen. Zu empfehlen ist die Herstellung von mindestens zwei Proben, an denen die Messungen vorgenommen werden.

9. Anwendung der RFA in der Buntmetallurgie

GÜNTER SANNER und HELMUT EHRHARDT

Die RFA findet in der Buntmetallurgie ein breites Anwendungsfeld und hat deshalb in den Betriebslaboratorien bereits viele aufwendige chemische Analysenverfahren ersetzt. Die nachfolgend beschriebenen Verfahren stellen eine Auswahl von Anwendungen der RFA in der Nichteisen-Metall-Industrie dar. Als Auswahlprinzip gelten folgende Kriterien: Das Verfahren muß für eine Stoffgruppe oder für eine bestimmte Präparationstechnik typisch und im Betriebslabor anwendbar sein. Außerdem muß es verallgemeinerungsfähige Besonderheiten besitzen. Weichen die verwendeten Techniken zur Präparation, Eichung, Aus- und Bewertung prinzipiell von den im Grundlagenteil beschriebenen ab, werden sie im Zusammenhang mit dem betreffenden Produkt ausführlich behandelt. Die in diesem Abschnitt mitgeteilten Bestimmungsgrenzen basieren auf Gl. (7.14). Die für die Reproduzierbarkeitsberechnung an n Proben durchgeführten Intensitätsmessungen erfolgten jeweils an einem Tage, was in Abhängigkeit von der Elementanzahl eine Meßzeit zwischen 2 und 6 Stunden erforderte.

9.1. Analyse von Rohstoffen

9.1.1. Kupferschiefer[1]

In Abhängigkeit von Aufgabenstellung und gerätetechnischer Ausrüstung können für die Analyse eines Produktes unterschiedliche Verfahren zur Anwendung kommen. Früher wurde die Analyse von Kupferschiefer [9.1] mit Ge als innerem Standard beschrieben, während nachfolgend die Anwendung des Intensitäts-Korrekturmodells, gekoppelt mit Nettoimpulsraten und Anoden-Compton-Strahlung, zur Auswertung vorgestellt wird.

Meß- und Auswerteparameter: Sequenzspektrometer, Au-Anode, 50 kV/40 mA, Driftkorrektur, I_B, I_N, Intensitätskorrektur, Compton-Strahlung als innerer Standard ($Q_{Cu} = I_{CuK_\beta}/I_{C\,(AuL_{\beta 1})}$)

Cu: 1–15%; K_β, LiF-220, 0,15°, SZ, 30 s; Q_{Cu}, Q_{Cu}^2, Fe^2, $Q_{Cu} \cdot Si$; 0,01 – 17 – 4,2%

Cu: 0,001*–2%; K_α, LiF-220, 0,15°, SZ + DZ, 30 s; a_0, Cu_N, $Cu_N \cdot Si$; 0,01 – 17 – 1,2%

---

[1] Die experimentellen Daten stellte H.-J. PETER (Mitarbeiter im Forschungsinstitut für Aufbereitung der Akademie der Wissenschaften der DDR, Freiberg) zur Verfügung.

Zn: 0,001*–2 %; K_α, LiF-220, 0,15°, SZ + DZ, 40 s; Zn_N, $Zn_N \cdot Ca$, $Zn_N \cdot Fe$; 0,006 – 17 – 0,7 %

Pb: 0,004*–1 %; $L_{\beta1}$, LiF-220, 0,4°, SZ, 40 s; Pb_N, Pb_N^2, $Fe \cdot Ca$; 0,0066 – 17 – 0,5 %

Ag: 0,002*–0,13 %; K_α, LiF-200, 0,4°, SZ, 60 s; Ag_N, Ag_N^2; 0,022 – 17 – 0,03 %

FeO: 2–5 %; K_β, LiF-200, 0,4°, DZ, 20 s; Fe, $Q_{Cu} \cdot Si$, $Fe \cdot Ca$; 0,0033 – 17 – 4,8 %

CaO: 4–19 %; K_β, LiF-200, 0,4°, DZ, 20 s; a_0, Ca, Q_{Cu}; 0,012 – 17 – 6,6 %

SiO$_2$: 25–50 %; K_α, PET, 0,7°, DZ, 60 s; a_0, Si, Si^2, Q_{Cu}; 0,005 – 17 – 30,5 %

Al$_2$O$_3$: 10–18 %; K_α, PET, 0,7°, DZ, 60 s; Al, $Al \cdot Si$, $Q_{Cu} \cdot Fe$; 0,0065 – 17 – 10,7 %

Compton- und Untergrundstrahlung:
Compton-Au$L_{\beta1}$: 31,90°, LiF-200, 0,4°, SZ + DZ, 30 s

U1 (CuK_α): 68,00°, LiF-200, 0,15°, SZ + DZ, 30 s

U2 (Zn): 62,00°, LiF-220, 0,15°, SZ + DZ, 40 s

U3 (Pb): 29,50°, LiF-200, 0,4°, SZ, 40 s

U4 (Ag): 15,00°, LiF-200, 0,4°, SZ, 60 s

U5 (Ag): 17,00°, LiF-200, 0,4°, SZ, 60 s

Präparation: Von der bei 105 °C getrockneten und analysenfein vorliegenden Probe werden 10,000 g mit 1,000 g vorher aufgemahlenem Polyethenwachs (Typ LE 114) in der Scheibenschwingmühle 1 min homogenisiert und unter einem Druck von 300 MPa zu einer Tablette von 40 mm Durchmesser verpreßt.

Eichung: Zur Eichung standen 21 chemisch analysierte Kupferschieferproben zur Verfügung. Die Auswahl der apparativen Bedingungen war auf hohe Impulsraten gerichtet. $5 \cdot 10^4$ Imp/s sollten jedoch zwecks Vermeidung von Totzeitverlusten nicht überschritten werden. Die Gerätesoftware gestattet eine Optimierung des Auswerteansatzes für jedes Element auf statistischem Wege. Für Cu, Zn, Pb und Ag wurden mehrere Varianten unter Verwendung von Brutto- und Nettointensitäten sowie der Anoden-Compton-Strahlung jeweils mit und ohne Matrixkorrektur untersucht. Als günstig erwiesen sich zur Eichung für FeO, CaO, SiO$_2$ und Al$_2$O$_3$ die Bruttointensitäten, gekoppelt mit Matrixkorrektur unter Einbeziehung der Koeffizienten für Cu, Fe, S, Si, Al und Ca. Als Eichfunktion wurde diejenige mit dem kleinsten $\bar{s}$-Wert, einer guten Reproduzierbarkeit der Meßwerte und einer möglichst geringen Anzahl von Koeffizienten je Element ausgewählt.

Besonderheiten: Im Kupferschiefer sind außer den bereits genannten Elementen noch größere Gehalte an Kohlenstoff und Hydratwasser vorhanden, die dazu beitragen, daß die Impulsraten von Brems-, Untergrund- und Compton-Strahlung eine große Streuung aufweisen. Zur Bestimmung kleiner Ag-, Pb-, Cu- und Zn-Gehalte ist deshalb das Arbeiten mit Nettoimpulsraten unumgänglich.

Die verwendete Au-Anode kann man ohne Beeinträchtigung der Ergebnisse durch die W-Anode ersetzen. Bei der Bestimmung von Ag ist der Einsatz von Rh-, Mo- und Ag-Anoden nicht möglich. Die Bestimmung der Wertmetalle Ag, Cu, Pb und Zn schließt die Verwendung der Cr-Anode aus, da diese im Vergleich zur Au-Anode für diese Elemente nur etwa 20% an Empfindlichkeit liefert.

Drei Koinzidenzfälle sind bei der Analyse von Kupferschiefer zu beachten: Unbekannte As-Gehalte erfordern die Benutzung der PbL$_{\beta1}$-Linie (Koinzidenz PbL$_\alpha$/AsK$_\alpha$). – Die Compton-Linie AuL$_\alpha$ ist durch ZnK$_\alpha$ gestört, weshalb man die L$_{\beta1}$-Compton-Strahlung von Au verwendet. – Um den Einfluß des Cu-Peaks bei hohen Cu-Gehalten auf die ZnK$_\alpha$-Linie bei geringen Zn-Gehalten zu mindern, ist das Arbeiten mit dem im Vergleich zum LiF-200-Kristall besser auflösenden LiF-220-Kristall notwendig.

Zur Ermittlung der Bestimmungsgrenzen wurden Eichgeraden ohne Matrixkorrektur in den Gehaltsbereichen $< 0{,}5\%$ verwendet.

9.1.2. Tantalitkonzentrat

Für die Produktion von *Hartmetallen* wird Ta_2O_5 benötigt. Die Gewinnung dieser Verbindung erfolgt aus Tantalit- oder Mikrolith-Konzentrat. Zur Kontrolle der dabei ablaufenden hydrometallurgischen Prozesse sind neben dem Ausgangsmaterial die Löserückstände, die Zwischenprodukte und das Ta-Nb-Oxidgemisch als Endprodukt analytisch zu überwachen und mehrere Elemente zu bestimmen. Alle genannten Stoffe können unter analogen Bedingungen wie Tantalit-Konzentrat analysiert werden.

Meß- und Auswerteparameter: Sequenzspektrometer, Ag-Anode, 50 kV/40 mA; I_B, Drift- und Intensitätskorrektur

Ta_2O_5: 20–90%; L$_\alpha$, LiF-200, 0,15°, DZ; 30 s; Ta, Ta^2, TaNb; 0,012 – 15 – 35%

Nb_2O_5: 10–60%; K$_{\beta1}$, LiF-220, 0,15°, SZ, 30 s; a_0, Nb, NbTa; 0,011 – 15 – 38%

Fe_2O_3: 0,02*–12,5%; K$_\alpha$, LiF-200, 0,15°, DZ, 30 s; a_0, Fe, Ta; 0,014 – 15 – 5%

Mn_3O_4: 0,03*–20%; K$_\alpha$, LiF-200, 0,15°, DZ, 30 s; a_0, Mn, Ta; 0,011 – 15 – 16%

TiO_2: 0,07*–7,5%; K$_\alpha$, LiF-200, 0,15°, DZ, 30 s; Ti, Ti^2, Ta; 0,014 – 15 – 0,9%

Präparation: Von der fein aufgeriebenen Probe werden 0,300 g mit 0,60 g LiF und 5,10 g $Na_2B_4O_7$ im Platintiegel mit einem Spatel gemischt und in der Induktionsspule eines HF-Generators bei etwa 1100 °C geschmolzen. Die Schmelzzeit beträgt zweimal 5 min. Die Homogenisierung der Schmelze erfolgt durch Schwenken des Tiegels mittels Zange von Hand. Danach gießt man den blasenfreien Tiegelinhalt in eine auf etwa 200 °C vorgewärmte Graphitkokille. Anschließend wird die zähflüssige Schmelze mit einem ebenfalls vorgewärmten Graphitstempel breitgedrückt. Die Abkühlung von Meßprobe und Kokille vollzieht sich innerhalb von 15 min an einem zugluftfreien Ort, und danach kann die Tablette ohne Anschliff zur Messung verwendet werden.

210   9. RFA in der Buntmetallurgie

Eichung: Die Eichung erfolgt mit 25 Proben, die aus den reinen Metalloxiden gemischt und wie oben beschrieben geschmolzen wurden. Mit der verfügbaren Geräte-Software berechnet man die Eichfunktionen auf der Basis eines Intensitäts-Korrektur-Modells. Die signifikanten Einflußglieder wählt das Gerätesystem nach statistischen Kenngrößen selbständig aus. Der Anwender kann dabei die Anzahl der zu berücksichtigenden Elemente vorgeben.

Bewertung und Besonderheiten: Da sich Ta_2O_5 in Boratschmelzen nur schwer löst, ist die Probenvorbereitung (aufreiben, mischen) sorgfältig durchzuführen. – Zur Ermittlung der Bestimmungsgrenzen wurden Eichgeraden bis 2,5 % Gehalt je Komponente ohne Berücksichtigung des Matrixeinflusses berechnet.
Die Verwendung der Ag-Anode bringt im Vergleich zur Cr- und W-Anode für Nb und Ta höhere Impulsraten. Dadurch läßt sich die Linienkoinzidenz NbK_α/YK_β durch Ausweichen auf die Linie NbK_β, die ausreichende Impulsraten liefert, umgehen. Um den Totzeiteinfluß bei der Ta-Bestimmung zu vermindern, ist die TaL_α-Intensität nur mit dem Durchflußzähler zu messen.
Das Verfahren läßt sich problemlos auf Nebenbestandteile des Tantalits (Y_2O_3 bis 15 %; ZrO_2, Bi_2O_3, U_3O_8, CaO, SiO_2 und Al_2O_3 mit Gehalten von je ≤ 5 %) erweitern.

9.1.3. Bauxit

Bauxit ist der wichtigste mineralische Rohstoff zur Erzeugung von Aluminium. Verarbeitet eine Aluminiumhütte Bauxite aus unterschiedlichen Lagerstätten, so ist die Pulverpreßtechnik als Probenpräparationsmethode für die RFA nicht geeignet. An deren Stelle tritt der Schmelzaufschluß. – Für *Rotschlamm*, einem Abprodukt der Bauxitverarbeitung, kann ein Verfahren in Analogie zum Bauxit unter Verwendung von $Li_2B_4O_7$ als Aufschlußmittel erarbeitet werden.

Meß- und Auswerteparameter: Sequenzspektrometer, Cr-Anode, 50 kV/40 mA; Drift- und Intensitätskorrektur

---

Al_2O_3: 40–85 %; K_α, PET, 0,7°, DZ, 90 s; a_0, Al; 0,005 – 15 – 60 %

SiO_2: 1,5–20 %; K_α, PET, 0,7°, DZ, 120 s; a_0, Si, Si^2; 0,015 – 15 – 10 %

Fe_2O_3: 1–33 %; K_α, LiF-200, 0,15°, DZ, 20 s; a_0, Fe, Fe^2; 0,004 – 15 – 24 %

TiO_2: 2–5 %; K_α, LiF-200, 0,15°, DZ, 20 s; a_0, Ti; 0,004 – 15 – 3 %

CaO: 0,05*–1,4 %; K_α, LiF-200, 0,4°, DZ, 20 s; a_0, Ca; 0,024 – 15 – 1 %

P_2O_5: 0,04*–0,5 %; K_α, PET, 0,7°, DZ, 120 s; a_0, P; 0,025 – 15 – 0,4 %

Präparation: Von der geglühten und fein aufgeriebenen Probe werden 0,600 g mit 4,80 g $Na_2B_4O_7$ und 0,60 g LiF gut gemischt und wie im Abschn. 9.1.2. beschrieben zu einer Meßtablette verarbeitet.

Eichung: Zur Ermittlung der Eichfunktionen standen 19 chemisch analysierte Proben aus verschiedenen Bauxitgruben zur Verfügung. Das quasibinäre System Al_2O_3/Fe_2O_3 – die Al_2O_3- und Fe_2O_3-Gehalte ändern sich gegenläufig – ist die Ursache für die einfachen Eichfunktionen.

Besonderheiten: Eine Labordurchlaufzeit von 5 Stunden zur Analyse einer Bauxitprobe ist für die Produktionssteuerung zu lang. In dieser Zeitdauer sind Probetrocknung, Glühverlustbestimmung (3 h) und röntgenspektrometrische Analyse einschließlich Schmelzaufschluß (1 h) enthalten. Die Durchlaufzeit kann unter folgenden Bedingungen auf etwa 2 Stunden gesenkt werden: Die Glühverlustbestimmung, verkürzt auf eine Stunde (was einen Wert von 98,5 % vom Gesamtglühverlust ergibt), und die RFA laufen parallel ab. Dabei wird die Meßtablette aus der ungeglühten, aber getrockneten Probe mit 0,70 g Einwaage präpariert. Während des Schmelzaufschlusses erleidet die Bauxitprobe den normalen Glühverlust von 10 bis 30 %.

Die Analyse der Tablette erfolgt aber nach der oben beschriebenen Eichung, bei der die Meßproben aus geglühter Substanz präpariert wurden. Durch die von 0,6 g auf 0,7 g Bauxit vergrößerte Einwaage wird ein Glühverlust von 14,3 % kompensiert. Liegen davon abweichende Werte für den tatsächlichen Glühverlust vor, so sind die nach der Analyse ausgewiesenen Gehalte nach Gl. (9-1) mit dem Faktor F zu multiplizieren. Man erhält damit die auf die geglühte Bauxitprobe bezogenen Analysenwerte.

$$F = \frac{100\,\% \cdot 0,6\,g}{(100\,\% - GV_k f_{GV100}) \cdot 0,7\,g} \quad (9\text{-}1)$$

GV_k Glühverlust nach einer Stunde Glühdauer [%]
f_{GV100} Faktor zur Umrechnung des Glühverlustes von einer Stunde (98,5 %) auf den nach drei Stunden Glühdauer (100 %) erhaltenen exakten Wert
$f_{GV100} = 1,015$

Das Verfahren läßt sich auf die Komponenten MgO und SO_3 erweitern. Bei der MgO-Eichung ist bei Verwendung des Kristalls RbAP die Koinzidenz MgK_α/CaK_α III zu beachten.

Die SO_3-Bestimmung ist mit der gleichen Präzision wie die P_2O_5-Bestimmung durchführbar. Dabei ist zu beachten, daß der in der geglühten Analysenprobe nach Korrektur des Glühverlustes ermittelte SO_3-Gehalt aufgrund von SO_3-Verdampfungsverlusten nicht mit dem der ungeglühten Ausgangsprobe übereinstimmen muß.

9.2. Analyse von Schlacken

9.2.1. Zinnhaltige Schlacken

Bei der pyrometallurgischen Verarbeitung zinnarmer Konzentrate fallen Schlacken an, die zur Optimierung des technischen Prozesses schnell analysiert werden müssen. Zur Bewertung der Zinnschlacke ist eine Sofortbestimmung von Sn notwendig, während die Ergebnisse der Vollanalyse etwas später benötigt werden.

Bei der Sn-Schnellbestimmung wird das pulverförmige Material als Schüttgut ohne Vakuum im Spektrometer gemessen und mit der Untergrundintensität als innerem Standard ausgewertet [5.81].

Die *Sn-Schnellbestimmung* ist auch mit Röntgenfluoreszenzanalysatoren mit Radionuklidanregung möglich, die nach dem *Kantenfilterdifferenzverfahren* arbeiten und bei denen ebenfalls die Schüttguttechnik angewendet wird [9.2].

Für die Vollanalyse muß eine Pulverpreßtablette mit inneren Standards als Meßprobe präpariert werden.

Meß- und Auswerteparameter: Sequenzspektrometer, W-Anode, 50 kV/30 mA, I_B, innerer Standard, äußerer Standard für die Si und Al-Intensitätsquotienten

Sn (Vollanalyse): 0,1–13 %; $K_{\beta 1}$, LiF-200, 0,3°, SZ, 60 s; a_0, I_{Sn}/I_{Te1}; 0,009 – 15 – 5,6 %

Sn (Schnellanalyse): 0,1–13 %; $K_{\beta 1}$, LiF-200, 0,3°, SZ, 60 s; a_0, I_{Sn}/I_U; 0,018 – 15 – 3,4 %

Sn (Schnellanalyse, Radionuklidanregung): 0,05*–10 %; 60 s; a_0, $I_{Sn(Ag)}/I_{Sn(Pd)}$; 0,028 – 20 – 0,19 % [9.2]

FeO: 10–30 %; $K_{\beta 1}$, LiF-200, 0,3°, SZ + DZ, 60 s; a_0, I_{Fe}/I_{Co}; 0,013 – 15 – 20 %

CaO: 0,1–13 %; K_α, PET, 0,3°, DZ, 60 s; a_0, I_{Ca}/I_{Te2}; 0,02 – 15 – 4,1 %

SiO$_2$: 23–55 %; K_α, PET, 0,6°, DZ, 150 s; a_0, Q_{Si}; 0,018 – 15 – 53 %

Al$_2$O$_3$: 8–22 %; K_α, PET, 0,6°, DZ, 300 s; a_0, Q_{Al}; 0,009 – 15 – 14 %

Innere Standards:
Te1: $K_{\beta 1}$, LiF-200, 0,3°, SZ, 60 s
Te2: L_α, PET, 0,3°, DZ, 60 s
U: 15,90°, LiF-200, 0,3°, SZ, 60 s
Co: K_α, LiF-200, 0,3°, SZ + DZ, 60 s

Präparation: Sn-Schnellbestimmung: Nach dem Mahlen der Schlacke in einer Scheibenschwingmühle auf eine Korngröße <60 µm (3 min Mahldauer) wird das Pulver in eine mit Mylarfolie verschlossene Küvette gefüllt und mit einem Stempel leicht angedrückt.

Vollanalyse: 3,00 g Standardbindemittel und 6,00 g Probe werden 3 min in einer Scheibenschwingmühle homogenisiert und anschließend unter einem Druck von 300 MPa verpreßt. Das Standardbindemittel ist ein in der Scheibenschwingmühle 15 min lang homogenisiertes Gemisch aus folgenden Verbindungen: 5,00 g TeO$_2$ + 5,00 g CoCO$_3$ + 50,00 g Cellulosepulver. CoCO$_3$ ist vor seiner Verwendung bei 105 °C zu trocknen. Das Standardgemisch muß vor Luftfeuchtigkeit geschützt aufbewahrt werden.

Eichung: Zur Eichung dienen chemisch analysierte Proben aus der Produktion. Die Auswertung erfolgt über Eichfunktionen, bei denen Intensitätsquotienten mit inneren oder äußeren Standards verwendet werden.

Bewertung und Besonderheiten: Die relativen Standardabweichungen für die Sn-Schnellbestimmung von 0,018 bzw. 0,028 entsprechen den betrieblichen Anforderungen.
Die Sn-Schnellbestimmung an einem Röntgenspektrometer ist ohne Anwendung des *Untergrundes* als Bezugsintensität *(innerer Standard)* nicht möglich, da die Sn-Intensität hauptsächlich durch unterschiedliche Fe-Gehalte (Bild 5-14) beeinflußt wird. Bild 5-16 zeigt die Eichkurve für Sn bei Verwendung des Untergrundes als Bezugsintensität. Die Verwendung eines echten inneren Standards würde den Präparations- und damit Zeitaufwand wesentlich erhöhen.
Die beschriebene Pulverschütt-Technik ist auch auf andere Anwendungsfälle übertragbar, wenn eine schlechtere Reproduzierbarkeit toleriert wird, Matrixeinflüsse nicht vorhanden sind bzw. durch den Untergrund korrigiert werden können und Korngrößeneinflüsse im Bereich < 60 µm keine merklichen Auswirkungen auf das Analysenergebnis haben.

9.2.2. Schlacke des Bleischachtofens

Bei der Verarbeitung bleihaltiger Erze und Schrotte im Schachtofen zu Hüttenblei erhält man bleihaltige Schlacke und bleihaltigen *Kupferstein*. Beide Materialien sind unter analogen Bedingungen nach produktspezifischer Eichung mit der RFA analysierbar.
In der Schlacke liegen die Elemente entweder als Oxide (Schlackenbildner: Fe, Ca, Si, Al) oder als Sulfide (Pb, Cu, Sn, Sb, Zn) vor.

Meß- und Auswerteparameter: Sequenzspektrometer, W-Anode, 50 kV/30 mA; I_B, Intensitätsquotienten mit äußerem Standard

---

Pb: 0,2–11 %; L_α, LiF-200, 0,3°, SZ + DZ, 30 s; a_0, Q_{Pb}, Q_{Pb}^2; 0,009 – 15 – 2,9 %

FeO: 10–55 %; $K_{\beta 1}$, LiF-200, 0,3°, DZ, 30 s; a_0, Q_{Fe}, Q_{Si}, Q_S; 0,01 – 15 – 32 %

CaO: 3–18 %; K_α, LiF-200, 0,3°, DZ, 30 s; a_0, Q_{Ca}; 0,022 – 15 – 5,5 %

SiO$_2$: 15–38 %; K_α, EDDT, 0,6°, DZ, 60 s; a_0, Q_{Pb}, Q_{Fe}, Q_{Ca}, Q_{Si}, Q_{Al}, Q_S; 0,016 – 15 – 33 %

Al$_2$O$_3$: 5–12 %; K_α, EDDT, 0,6°, DZ, 120 s; a_0, Q_{Al}; 0,045 – 15 – 8,8 %

S: 0,5–12 %; K_α, EDDT, 0,6°, DZ, 60 s; a_0, Q_S; 0,049 – 15 – 2,1 %

Cu: 0,2–4 %; K_α, LiF-200, 0,6°, SZ+DZ, 30 s; a_0, Q_{Cu}; 0,045 – 15 – 0,3 %

Zn: 0,3–7 %; K_α, LiF-200, 0,3°, SZ+DZ, 30 s; a_0, Q_{Zn}; 0,015 – 15 – 4,8 %

Sb: 0,1–1,5 %; K_α, LiF-200, 0,3°, SZ, 30 s; a_0, Q_{Sb}; 0,066 – 15 – 0,1 %

Sn: 0,1–1,5 %; K_α, LiF-200, 0,3°, SZ, 30 s; a_0, Q_{Sn}; 0,096 – 15 – 0,1 %

Präparation: 10,0 g Probe und 2,0 g Cellulosepulver werden auf ±0,1 g genau eingewogen, in der Scheibenschwingmühle homogenisiert und unter einem Druck von 300 MPa zu einer Tablette verpreßt.

Eichung: Chemisch analysierte Bleischlacken dienen als Eichproben. Die Auswertung der gemessenen Intensitäten erfolgt nach der Methode des äußeren Standards. Die Eichkurve für Pb ist leicht gekrümmt. Bei Fe und Si ist eine Matrixkorrektur (Intensitätskorrektur) notwendig. Für die restlichen Elemente erhält man Eichgeraden mit geringer Reststreuung.

Bewertung: Die großen Werte der relativen Standardabweichung für Cu, Sb und Sn haben ihre Ursache in der inhomogenen Verteilung dieser Elemente im Probematerial und nicht in der verminderten Einwaagegenauigkeit. Die Verwendung von Intensitätsquotienten mit äußerem Standard ermöglicht den Einsatz der erhaltenen Eichfunktionen über einen längeren Zeitraum ohne notwendige Neueichung.

9.2.3. Kupfer-Nickel-Schlacke

Bei der pyrometallurgischen Verarbeitung von Cu- und Ni-Erzen entsteht neben Stein und Speise (sulfidische bzw. arsenidische Schmelzphase) eine Cu-Ni-haltige Schlacke als Nebenprodukt. In Abhängigkeit von der Ofenfahrweise sind in dieser sehr unterschiedliche Mengen an Wertmetallen wie Cu, Ni und Co enthalten. Zur Erhöhung ihres Ausbringens ist deshalb die Kenntnis der Schlackenzusammensetzung notwendig.

Meß- und Auswerteparameter: Sequenzspektrometer, Cr-Anode mit 0,2 mm-Be-Fenster, 50 kV/40 mA; I_B, Driftkorrektur

Cu: 0,08*–2,4%; K_α, LiF-200, 0,15°, SZ + DZ, 20 s; a_0, Cu; 0,071 – 16 – 0,5%

Ni: 0,015*–4,7%; K_α, LiF-200, 0,4°, SZ + DZ, 20 s; a_0, Ni; 0,015 – 16 – 0,8%

Co: 0,014*–1,6%; K_α, LiF-200, 0,15°, SZ + DZ, 30 s; a_0, Co; 0,031 – 16 – 0,2%

Fe_2O_3: 10–40%; K_α, LiF-200, 0,15°, DZ, 10 s; a_0, Fe, Fe^2, Ca, Si; 0,0074 – 16 – 13,4%

CaO: 5–33%; K_α, LiF-200, 0,15°, DZ, 10 s; a_0, Ca, Ca^2; 0,0055 – 16 – 16,3%

SiO_2: 25–50%; K_α, PET, 0,7°, DZ, 30 s; a_0, Si, Si^2, Fe, Ca, Al; 0,0071 – 16 – 36,8%

Al_2O_3: 0,15*–20%; K_α, PET, 0,7°, DZ, 40 s; a_0, Al, Al^2; 0,0061 – 16 – 15,8%

MgO: 0,6*–10%; K_α, RbAP, 0,7°, DZ, 90 s; a_0, Mg, Fe, Ca, Si, MgCa; 0,23 – 16 – 1,1%

Präparation: Von der fein aufgeriebenen steinfreien Schlacke werden 1,500 g mit 0,500 g BaO_2, 1,00 g LiF und 12,00 g $Na_2B_4O_7$ gut gemischt, in einen Platintiegel gefüllt und 30 min im Muffelofen bei 1100 °C geschmolzen. Nach jeweils 15 min wird die Schmelze durch Schwenken des Tiegels homogenisiert. Der Abguß erfolgt in einen Stahlring, der sich auf einer auf 400 °C erwärmten Aluminiumplatte befindet. Die Meßfläche der erkalteten Schmelzprobe wird mit SiC-Schleifpapier (Körnung 12 ≙ 125 bis 160 µm, TGL 8005) naß angeschliffen, danach von anhaftenden Schleifresten gereinigt und abgetrocknet.

Eichung: Die Eichung erfolgt mit 27 synthetisch aus den Oxiden und dem Aufschlußmittel hergestellten Schmelzproben, ergänzt durch sieben chemisch analysierte Schlacken. Die Auswahl der für die Intensitätskorrektur notwendigen Korrekturglieder richtet sich nach dem mit diesen erzielten Wert der Reststreuung $\bar{s}$, was der Beurteilung durch den Anwender überlassen bleibt.

Besonderheiten: Die Zugabe von BaO_2 dient zur Oxydation geringer Sulfidanteile, die aus feinsten in der Schlacke vorhandenen Steinpartikeln stammen. Größere Sulfidmengen (bei hohem Steinanteil in der Schlacke) werden durch den Zusatz von 0,5 g BaO_2 nicht vollständig oxydiert, wodurch die Platintiegel angegriffen werden.
Die meisten Spektrometer besitzen einen merklichen *Cu-Blindpeak*, was die Ursache der schlechten Werte für die relative Standardabweichung und die Bestimmungsgrenze des Verfahrens ist.
Die Schmelzproben haben einen Durchmesser von 30 mm, und damit ist der Einsatz von Adapterringen notwendig. Diese Ringe dürfen die zu bestimmenden Elemente nicht enthalten. Die für einige Gerätesysteme angebotenen Cd-Adapter (Stahl mit Cd-Überzug) sind vor ihrer Anwendung auf Konstanz der Fe-Blindwerte zu prüfen. Der Einsatz von Pulverpreßtabletten für Cu-Ni-Schlacken ist unter der Voraussetzung möglich, daß Eich- und Analysenproben aus demselben und unter konstanten Bedingungen gefahrenen Schmelzaggregat entnommen werden.

9.3. Analyse von Stäuben und Schlämmen

9.3.1. Tonerde

Tonerde (Al_2O_3) fällt bei der Bauxit- und Tonverarbeitung als Endprodukt in Form eines feinkörnigen Pulvers an. Zur Probenvorbereitung kann aufgrund der geringen Gehalte in Verbindung mit den leichten Elementen (Si, Mg, Na) nur die Pulverpreßtechnik angewendet werden.

Meß- und Auswerteparameter: Sequenzspektrometer, Cr-Anode mit 0,2 mm-Be-Fenster, 50 kV/30 mA, I_B, Driftkorrektur

Fe_2O_3: 0,002*–0,5 %; K_α, LiF-200, 0,15°, DZ, 30 s; a_0, Fe; 0,067 – 15 – 0,1 %

TiO_2: 0,0005*–0,5 %; K_α, LiF-200, 0,4°, DZ, 60 s; a_0, Ti; 0,014 – 15 – 0,3 %

CaO: 0,0005*–1,2 %; K_α, LiF-200, 0,4°, DZ, 30 s; a_0, Ca; 0,013 – 15 – 0,7 %

K_2O: 0,0004*–0,4 %; K_α, LiF-200, 0,4°, DZ, 30 s; a_0, K; 0,164 – 15 – 0,03 %

SiO_2: 0,01*–0,8 %; K_α, PET, 0,7°, DZ, 120 s; a_0, Si; 0,220 – 15 – 0,3 %

MgO: 0,05*–0,7 %; K_α, RbAP, 0,7°, DZ, 180 s; a_0, Mg; 0,096 – 15 – 0,2 %

Na_2O: 0,1*–2,0 %; K_α, RbAP, 0,7°, DZ, 180 s; a_0, Na; 0,198 – 15 – 0,2 %

Präparation: 5,00 g Tonerde und 5,00 g Cellulosepulver werden im Hartmetallgefäß einer Scheibenschwingmühle 3 min homogenisiert und anschließend bei einem Druck von 300 MPa zu einer Tablette verpreßt.

Eichung: Zur Eichung werden 15 synthetische Proben aus hochreinem Al_2O_3 unter Zugabe der oxidischen Komponenten und anschließender schrittweiser Verdünnung mit Al_2O_3 hergestellt.
Jede Eichprobenstufe (80 g) wird von Hand 30 min lang in einem Achatmörser und danach 10 min in der Scheibenschwingmühle (Hartmetallgefäß) gemischt. Die Gehalte der einzelnen Komponenten ändern sich alle in gleicher Richtung. Eine Gehaltskontrolle mit chemischen Methoden ist erforderlich.

Bewertung und Besonderheiten: Zur Beurteilung der Verfahrensreproduzierbarkeit wurde eine Probe aus der Produktion 15fach präpariert und analysiert. Die erhaltenen Werte für die relative Standardabweichung von SiO_2 und Fe_2O_3 befriedigen nicht. Als mögliche Ursache wird für SiO_2 eine inhomogene Verteilung SiO_2-haltiger Partikeln in der Probe angenommen, da die relative Standardabweichung für MgO wesentlich kleiner und andererseits die Gerätereproduzierbarkeit für SiO_2 besser als die für MgO ist. Eine auf 10 min verlängerte Mahldauer verbessert die Präzison der SiO_2-Bestimmung. Das ungünstige Resultat für Fe_2O_3 im Vergleich zum TiO_2 ist durch die schlechtere Anregung der FeK_α-Strahlung mittels Cr-Anode erklärbar.
Eine Substitution des Bindemittels Cellulose durch *Polyethenpulver* bringt für das Verfahren folgende Vorteile:

– Erhöhung der Empfindlichkeit bzw. Verkürzung der Zählzeiten für Na, Mg und Si infolge einer geringeren Verdünnung (der notwendige Bindemittelanteil Polyethen in der Meßtablette beträgt 5 bis 10 %)
– Verkürzung der Evakuierungszeit für die Meßtablette (Cellulose adsorbiert Wassermoleküle, Polyethenpulver nicht)
– Ausschaltung herstellungsbedingt unterschiedlicher Na-Blindwerte der Cellulose.

Das Verfahren ist auf Komponenten wie V_2O_5, Cr_2O_3, NiO, CuO, ZnO, SO_3, Cl u. a. erweiterungsfähig.

9.3.2. Anodenschlamm der Bleielektrolyse

Im Anodenschlamm der Bleielektrolyse sind die Metalle Ag, Cu, Pb, Bi und Sb als Oxide, Oxidchloride oder Chloride enthalten und werden aus diesem Sekundärrohstoff gewonnen.
Die chemische Bestimmung der Elemente bereitet große Schwierigkeiten, so daß die RFA vorteilhaft anwendbar ist.

Meß- und Auswerteparameter: Sequenzspektrometer, W-Anode, 50 kV/30 mA, I_B, innerer Standard

9.3. Analyse von Stäuben und Schlämmen

Sb: 20–53 %; K_α, LiF-200, 0,15°, SZ, 40 s; a_0, I_{Sb}/I_{Ba}; 0,0052 – 15 – 36 %

Ag: 0,5–25 %; K_α, LiF-200, 0,15°, SZ, 40 s; a_0, I_{Ag}/I_{Cd}; 0,0052 – 15 – 6 %

Bi: 1–28 %; L_α, LiF-200, 0,15°, SZ + DZ, 40 s; a_0, I_{Bi}/I_{Zn}; 0,0092 – 15 – 12 %

Pb: 8–22 %; L_α, LiF-200, 0,15°, SZ + DZ, 40 s; a_0, I_{Pb}/I_{Zn}; 0,0084 – 15 – 16 %

Cu: 3–8 %; K_α, LiF-200, 0,15°, SZ + DZ, 40 s; a_0, I_{Cu}/I_{Zn}; 0,0082 – 15 – 4 %

Innere Standards:
Ba: K_α, LiF-200, 0,15°, SZ, 40 s

Cd: K_α, LiF-200, 0,15°, SZ, 40 s

Zn: K_α, LiF-200, 0,15°, SZ + DZ, 40 s

Präparation: 4,00 g des bei 105 °C getrockneten Anodenschlamms und 8,00 g Standardbindemittel homogenisiert man 3 min in der Scheibenschwingmühle und verpreßt das Gemisch unter 300 MPa zu einer Tablette. Das Standardbindemittelgemisch, bestehend aus 22,00 g $BaSO_4$ + 6,00 g $CdSO_4 \cdot H_2O$[1)] + 2,00 g ZnO + 50,00 g Cellulosepulver, wird 15 min in der Scheibenschwingmühle gemischt.

Eichung: Als Eichproben dienen chemisch analysierte Proben aus der Produktion, die für Bi und Cu durch Bi_2O_3- bzw. CuO-dotierte Proben ergänzt werden. Die Auswertung erfolgt über Eichfunktionen aus den Intensitätsquotienten.

Bewertung und Besonderheiten: Die relativen Standardabweichungen sind für alle Elemente <1 %. Der Aufwand an Arbeitszeit beträgt für eine Probe 35 min.
Die gleichzeitige Bestimmung von Sn, Au, Pt und Pd mit Gehalten <0,5 %, <0,2 %, <0,02 % bzw. <0,2 % ist wegen vorhandener Linienkoinzidenzen bzw. Unterschreitung der Bestimmungsgrenze nicht möglich. Neben der Korrektur der Matrixeinflüsse durch innere Standards wirkt die gewählte Probenpräparation infolge Verdünnung mit Cellulose und durch den Zusatz der Standardelemente im Sinne schwerer Absorber bereits matrixeffektvermindernd.
Bei der Wahl der inneren Standards kann man nicht immer die Forderungen gemäß Abschnitt 5.4.2. erfüllen, wonach die Absorptionskanten von Analysen- und innerem Standardelement auf der langwelligen Seite von Absorptionskante und Fluoreszenzlinie (Sekundäranregung) des bzw. der Matrixelemente liegen sollen. Aufgrund der Lage von Linien und Absorptionskanten (Bild 9-1) bewirkt die SbK_α-Strahlung eine Sekundäranregung des Ag, nicht aber gleichzeitig eine solche des Standardelementes Cd, so daß ein solcher Einfluß durch das Cd nicht korrigiert wird. Sollten sich unzulässig große systemati-

---

[1)] $CdSO_4 \cdot H_2O$ stellt man aus handelsüblichem, hygroskopischem $3 CdSO_4 \cdot 8 H_2O$ durch Trocknen bei 85 °C her. Das Produkt kann auch durch das beständige CdO ersetzt werden. Die Giftigkeit der Cd-Verbindungen ist zu beachten.

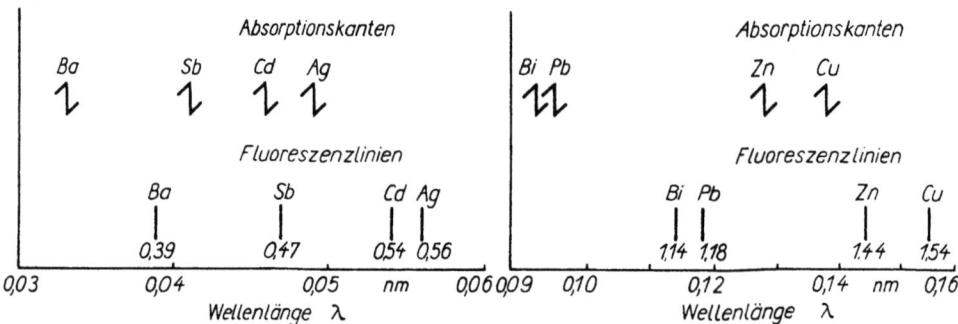

Bild 9-1
Lage von Linien und Absorptionskanten (L_{III} für Bi und Pb) für Analysenelemente und innere Standards im Anodenschlamm

sche Fehler durch die Sb-Sekundäranregung auf Ag bemerkbar machen, so ist der innere Standard Cd durch Mo oder Nb zu ersetzen. Die Edelmetalle Rh und Ru scheiden aus Preisgründen als innere Standards aus, Pd ist in den Proben enthalten.

Für die Korrektur von Absorptionseinflüssen durch Cu auf Bi und Pb ist Zn dann als innerer Standard wenig wirksam, wenn das Matrixelement Cu einen größeren Gehaltsbereich überstreicht als im beschriebenen Falle. Ursache dafür ist die Lage der Cu-Absorptionskante zwischen den Analysenlinien und der Linie des inneren Standards. Bei hohen Cu-Gehaltsschwankungen ist Ge für Bi und Pb als zusätzlicher innerer Standard einsetzbar.

9.3.3. Flugstaub des Bleischachtofens

Der aus dem Schachtofen stammende und in der Naßgasreinigung abgeschiedene Staub wird nach seiner Trocknung bei 105 °C mit Cellulose vermischt und zu zwei Meßtabletten unterschiedlicher Zusammensetzung verarbeitet. Für die Präparation beider Tabletten, die Gerätebedienung und die Auswertung benötigt man 60 min Arbeitszeit je Probe.

Meß- und Auswerteparameter: Sequenzspektrometer, W-Anode, 50 kV/30 mA, I_B, Driftkorrektur, Intensitätsquotienten

Pb: 32–68 %; L_α, LiF-200, 0,3°, SZ, 60 s; a_0, Q_{Pb}; 0,011 – 15 – 57 %

Sb: 0,3–5 %; K_α, LiF-200, 0,3°, SZ, 60 s; a_0, Q_{Sb}; 0,033 – 15 – 0,9 %

Sn: 0,3–5 %; K_α, LiF-200, 0,3°, SZ, 60 s; a_0, Q_{Sn}; 0,013 – 15 – 1,3 %

CaO: 0,5–17 %; K_α, LiF-200, 0,6°, DZ, 90 s; a_0, Q_{Ca}; 0,016 – 15 – 2,3 %

Cl: 3–14 %; K_α, PET, 0,6°, DZ, 90 s; a_0, Q_{Cl}; 0,014 – 15 – 7,1 %

S: 3–9 %; K_α, PET, 0,6°, DZ, 90 s; a_0, Q_S; 0,015 – 15 – 5,9 %

9.3. Analyse von Stäuben und Schlämmen

Präparation: Erste Meßprobe – 10,00 g Probematerial und 2,00 g Cellulose – homogenisiert man 3 min in der Scheibenschwingmühle und verpreßt bei 300 MPa. Zweite Meßprobe – 0,50 g Probematerial – vermischt man mit 3,00 g WO_3 und 8,00 g Cellulose, homogenisiert und verpreßt wie beschrieben.

Eichung: Die Eichung basiert auf chemisch analysierten Proben aus der Produktion, für Cl ergänzt durch Dotierungen. Mit der ersten Meßprobe erhält man für alle Elemente im genannten Eichbereich Geraden.
Für Pb ist die Streuung der Eichwerte um die Gerade sehr groß (Bild 9-2, ausgezogene Linie).

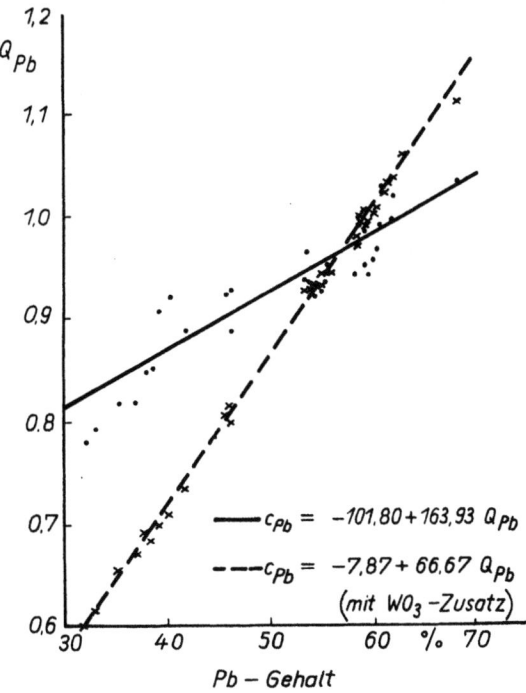

Bild 9-2
Blei-Eichgeraden für Flugstaub mit und ohne WO_3-Zusatz

Durch den Zusatz von WO_3 als Absorber und durch die Wahl einer größeren Verdünnung (zweite Meßprobe) erhält man für Pb eine Eichgerade mit einem größeren Anstieg und einer verminderten Streuung der Eichwerte um diese Gerade (im Bild 9-2 die gestrichelte Linie).
Verwendet man die zweite Meßprobe auch zur Bestimmung von Sb, Sn, Ca, Cl und S, verschlechtert sich die Reproduzierbarkeit der Ergebnisse im Vergleich mit der ersten Meßprobe. Durch die große Probenverdünnung und den Absorberzusatz in der zweiten Meßprobe können bei Verwendung der PbL_α-Linie As-Gehalte bis zu 2 % toleriert werden, ohne daß Pb-Überbefunde ausgewiesen werden (Linienkoinzidenz AsK_α/PbL_α).

9.4. Analyse von Buntmetallen und Buntmetallegierungen

Metalle und Legierungen sind ein bevorzugtes Anwendungsgebiet für die RFA, weil bei Vorliegen kompakter und homogener Proben die Präparation einfach ist. Sie besteht dann nur aus dem Abdrehen oder Abfräsen und/oder dem Anschliff der Meßfläche mit Schleifpapier.
Komplikationen treten dann auf, wenn durch Seigerungen die zu bestimmenden Elemente in der Probe inhomogen verteilt sind und die Probenmeßfläche nicht repräsentativ für die Gesamtprobe ist.
Unter den NE-Metallegierungen neigen besonders *Bronzen* zu *Seigerungen*. Für derartige Produkte ist die RFA nur dann erfolgreich anwendbar, wenn konstante Bedingungen für die Herstellung von Eich- und Analysenproben gegeben sind. Wichtig sind dabei die Temperatur von Schmelze und Kokille und die Abkühlgeschwindigkeit. Bei der Bearbeitung der Meßfläche sind darüber hinaus die abzutragende Probeschicht und die Art des Anschliffes konstant zu halten. Durch den Einsatz von Umschmelzanlagen mit Schleudergußeinrichtung kann man mit etwas mehr Arbeitsaufwand homogene Meßproben herstellen. Durch das *Umschmelzen* können Proben mit unregelmäßigen Oberflächen, wie Späne, Metallpulver, Draht, Metallbruch u. a., der RFA zugänglich gemacht werden.

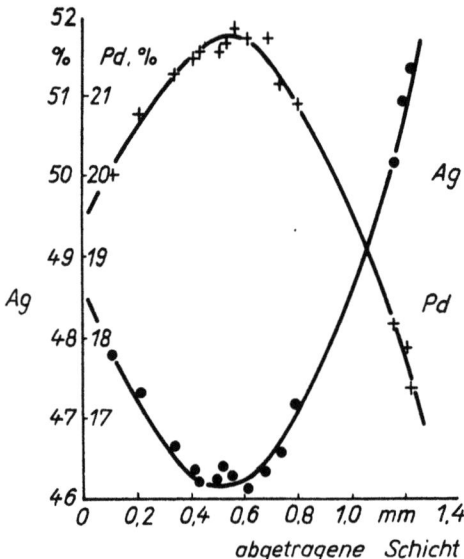

Bild 9-3
Gehaltsänderungen für Ag und Pd in Abhängigkeit von der abgetragenen Schicht

Bild 9-3 zeigt, wie groß die Analysenfehler aufgrund von *Inhomogenitäten* werden können: In einem gewalzten Edelmetallhalbzeug sind neben anderen Elementen Ag und Pd zu bestimmen. Der durch mehrmaliges Abschleifen und nachfolgende Intensitätsmessung durchgeführte Homogenitätstest liefert für Ag Werte zwischen 46,1 und 51,3 % und für Pd zwischen 17,3 und 21,9 %.

9.4. Analyse von Buntmetallen und -legierungen

9.4.1. Neusilber – Messing

Bei der Überwachung der Legierungsproduktion in Gießereien wird eine hohe Präzision der Analysenergebnisse gefordert, um an der unteren Toleranzgrenze bei Wertkomponenten legieren zu können. Für einige Legierungstypen sind diese Toleranzgrenzen sehr eng, und die legierungsspezifischen Eichungen für die RFA erfassen nur kleine Gehaltsbereiche. Dadurch vermindern sich Matrixeffekte in vielen Fällen so weit, daß man mit linearen Intensitäts-Konzentrations-Beziehungen arbeiten kann.

Das beschriebene Verfahren faßt die Legierungen Neusilber und Messing zu einem System zusammen, wodurch größere Gehaltsbereiche entstehen und lineare Beziehungen nicht existieren.

An diesem Beispiel werden die Leistungsgrenzen der Intensitäts-Korrektur-Methode auf Basis des quadratischen Potenzreihenansatzes in Abhängigkeit von der Art der Regressionsrechnung gezeigt.

Meß- und Auswerteparameter: Sequenzspektrometer, Ag-Anode, 50 kV/40 mA; I_B, Driftkorrektur, Intensitätskorrektur (Abbau des quadratischen Potenzreihenansatzes aus I_{Cu}, I_{Zn} und I_{Ni}); für Fe, Mn, Pb und Ni (kleine Gehalte) mit $Q_i = I_i/I_{U(i)}$

Cu: 52–72 %; K_β, LiF-220, 0,15°, SZ, 20 s; a_0, Cu, Cu², Cu·Ni, Ni·Zn; 0,0026 – 15 – 58,5 %

Zn: 13–32 %; K_α, LiF-220, 0,15°, SZ, 20 s; a_0, Zn, Zn², Zn·Ni, Cu·Ni; 0,0083 – 15 – 25,3 %

Ni(1): 10–26 %; K_β, LiF-220, 0,15°, SZ + DZ, 20 s; a_0, Ni, Ni², Ni·Cu, Ni·Zn; 0,011 – 15 – 13,2 %

Ni(2): 0,005*–0,1 %; K_α, LiF-200, 0,4°, SZ + DZ, 30 s; a_0, Q_{Ni}; 0,026 – 15 – 0,05 %

Fe: 0,005*–1 %; K_α, LiF-200, 0,4°, DZ, 30 s; a_0, Q_{Fe}, Q_{Fe}^2; 0,019 – 15 – 0,5 %

Mn: 0,01*–1 %; K_α, LiF-200, 0,4°, DZ, 30 s; a_0, Q_{Mn}, Q_{Mn}^2; 0,020 – 15 – 0,5 %

Pb: 0,03*–2 %; $L_{\beta 1}$, LiF-200, 0,4°, DZ, 30 s; a_0, Q_{Pb}, Q_{Pb}^2; 0,014 – 15 – 1,6 %

Innere Standards:

U_{Ni}: 50,56°, LiF-200, 0,4°, SZ + DZ, 30 s

U_{Fe}: 59,46°, LiF-200, 0,4°, DZ, 30 s

U_{Mn}: 64,90°, LiF-200, 0,4°, DZ, 30 s

U_{Pb}: 31,16°, LiF-200, 0,4°, SZ, 30 s

Präparation: Die Proben werden mit SiC-Schleifpapier der Körnung 5 ($\hat{=}$ 50–63 μm) naß angeschliffen.

9. RFA in der Buntmetallurgie

Eichung: Die apparativen Bedingungen werden für Eichung und Analyse so gewählt, daß eine möglichst hohe Impulsrate erhalten, aber die Grenze von 50 000 Imp/s nicht überschritten wird. Für Fe und Mn kann man mit der W-Anode arbeiten, und mit gleichem Erfolg ist diese auch für die anderen Elemente anwendbar. 19 Neusilber- und 10 Messingproben stellen einen Eichsatz dar. Nach der Intensitätsmessung dieses Eichsatzes werden für Cu, Zn und Ni(1) die Eichfunktionen mit einem vollquadratischen Potenzreihenansatz unter Berücksichtigung der Einflußgrößen I_{Cu}, I_{Zn} und I_{Ni} mittels linearer Mehrfachregression nach der abbauenden Variante (siehe Abschn. 5.3.3.) berechnet.
Für die Ermittlung der Eichfunktionen von Fe, Mn, Ni(2) und Pb wird nur der Intensitätsquotient des betreffenden Elementes verwendet. Berücksichtigt man bei der Fe- und Mn-Eichung die Pb-Intensität als Einflußgröße, so erhöht sich die Zahl der Korrekturglieder, und die $\bar{s}$-Werte werden geringfügig kleiner ohne nennenswerte Verbesserung der Reproduzierbarkeit.

Besonderheiten: Der Potenzreihenansatz (Intensitäts-Korrektur-Modell) ermöglicht die Korrektur von Matrixeinflüssen auf mathematisch-statistischem Wege (siehe auch Abschn. 5.3.2.).
Unter Verwendung desselben Eichprobensatzes erhält man mit einem anderen Spektrometer nicht dieselben Korrekturglieder, und ihre absoluten Beträge sind bereits bei einer Wiederholungseichung an demselben Gerät unterschiedlich.
Daß auch die Art der Regressionsrechnung unterschiedliche Eichfunktionen liefert, ist den Ergebnissen aus Tabelle 9-1 zu entnehmen: Mit den am gleichen Tage gemessenen Impulsraten für Cu, Zn und Ni wurden die Regressionsrechnungen einmal nach der abbauenden und zum anderen nach der aufbauenden Variante ausgeführt (siehe auch Abschn. 5.3.3.). Bei der abbauenden Variante treten mehr statistisch gesicherte Koeffizienten auf (a_0 wird nicht statistisch geprüft) als bei der aufbauenden. Für Cu unterscheiden sich die $\bar{s}$-Werte zwischen beiden Varianten beträchtlich, und für Zn und Ni sind sie

Tabelle 9-1
Eichfunktionen für das Neusilber-Messing-System; $\bar{s}$-, s- und $\bar{c}$-Werte in Prozent, erhalten mit der ab- und aufbauenden Variante der Regressionsrechnung für den Potenzreihenansatz

Element	Eichung				Reproduzierbarkeit		chemische Analyse der Eichprobe [%]
	abbauend Ansatz	$\bar{s}$	aufbauend Ansatz	$\bar{s}$	abbauend s / $\bar{c}$	aufbauend s / $\bar{c}$	
Cu	a_0, Cu, Cu², CuNi, ZnNi	0,49	a_0, Cu, NiZn	1,96	0,15 / 58,50	0,22 / 59,34	58,36
Zn	a_0, Zn, Zn², ZnNi, CuNi	0,24	Zn, ZnCu, ZnNi	0,46	0,21 / 25,32	0,23 / 25,33	25,31
Ni	a_0, Ni, Ni², NiCu, NiZn	0,29	Ni, NiCu, CuZn	0,50	0,14 / 13,19	0,12 / 12,85	13,17

noch deutlich verschieden. Dagegen sind die Reproduzierbarkeitswerte für beide Varianten nahezu gleich. Die Richtigkeit der Ergebnisse wird mit steigenden $\bar{s}$-Werten unzuverlässiger. Wie in der Tabelle 9-1 für Cu zu ersehen ist, weicht der $\bar{c}$-Wert bei der aufbauenden Variante sehr vom chemischen Wert der Eichprobe ab, was beim abbauenden Verfahren nicht der Fall ist. Diese Abweichungen von den vorgegebenen Eichwerten sind aber in dem betrachteten Gehaltsbereich nicht an jeder Stelle von gleicher Größe.
Mit den unter anderen experimentellen Bedingungen für Cu, Zn und Ni erhaltenen Impulsraten wurden die Regressionsrechnungen mit der ab- und aufbauenden Variante wiederholt. Dabei entsprachen die Ergebnisse für den zweiten Rechenzyklus denen des ersten, so daß die Unterschiede zwischen beiden Varianten als gesichert angesehen werden können. Die hier dargestellten Unterschiede bei den Ergebnissen in Abhängigkeit von der Berechnungsvariante können auch bei anderen Legierungssystemen auftreten.
Das von BÄCKERUD [9.1; 9.3] vorgeschlagene Verfahren für die Cu-Bestimmung in Cu-Zn-Legierungen wird in der Praxis sehr häufig angewendet. Mit den vorhandenen Impulsraten für das Neusilber-Messing-System erfolgte nach den Gleichungen aus [9.1] die Eichung für Cu und die Berechnung der Cu-Gehalte zur Reproduzierbarkeitsermittlung. Mit einem $\bar{s}$-Wert von 0,35 % ist die Eichung nach BÄCKERUD etwas günstiger als die nach der abbauenden Variante, während die Reproduzierbarkeit mit $s = 0,24$ % den Werten der Regression gemäß Tabelle 9-1 nahezu entspricht.

9.4.2. Hüttenaluminium

Das durch *Schmelzflußelektrolyse* gewonnene Aluminium wird als Hüttenaluminium bezeichnet. Die Gehalte der Verunreinigungen (Fe, Si, Cu u. a.) können in Summe bis 2 % betragen. Sie stammen aus der Tonerde, der Badauskleidung oder aus den Elektroden.

Meß- und Auswerteparameter: Sequenzspektrometer

■ **1. Cr-Anode** mit 0,2mm-Be-Fenster, 50 kV/40 mA; I_B, Driftkorrektur

Fe: 0,001*–1,2 %; K_α, LiF-200, 0,7°, DZ, 30 s; a_0, Fe; 0,01 – 15 – 0,25 %

Si: 0,003*–0,75 %; K_α, PET, 0,7°, DZ, 120 s; a_0, Si; 0,076 – 15 – 0,14 %

Cu: 0,003*–0,4 %; K_α, LiF-200, 0,4°, SZ + DZ, 40 s; a_0, Cu, Cu^2; 0,022 – 15 – 0,08 %

Zn: 0,001*–0,24 %; K_α, LiF-200, 0,4°, SZ + DZ, 40 s; a_0, Zn, Zn^2; 0,007 – 15 – 0,09 %

Ti: 0,002*–0,18 %; K_α, LiF-200, 0,7°, DZ, 20 s; a_0, Ti; 0,014 – 15 – 0,05 %

■ **2. W-Anode,** 60 kV/45 mA; I_B, Driftkorrektur

Mn: 0,001*–0,15 %; K_α, LiF-220, 0,7°, DZ, 60 s; a_0, Mn; 0,093 – 15 – 0,003 %

Cr: 0,002*–0,01 %; K_α, LiF-220, 0,7°, DZ, 90 s; a_0, Cr;

V: 0,002*–0,01 %; K_α, LiF-220, 0,7°, DZ, 90 s; a_0, V; 0,15 – 15 – 0,003 %

Präparation: Durch Abdrehen der Probe ist eine glatte Meßfläche herzustellen. Drehriefen können toleriert werden, wenn die Probe während der Messung rotiert. Um ein Einreißen und Verschmieren der abgedrehten Oberfläche zu verhindern, muß die Probe während der Bearbeitung gekühlt und geschmiert werden. Dazu wird mit einem Pinsel während des Abdrehens Ethanol an die zu bearbeitenden Teile gebracht.

Eine staubfreie Aufbewahrung von Eich- und Kontrollproben ist für die Si-Bestimmung von entscheidender Bedeutung. Dazu wird empfohlen, die Meßflächen von Standard- und Kontrollproben vor jeder Messung mit Ethanol zu säubern und in größeren Zeitabständen durch erneutes Abdrehen zu reinigen.

Eichung: Die Eichung basiert auf beglaubigten Normalproben und auf chemisch analysierten Proben aus der Produktion. Die bei der Eichung mit diesen Proben erhaltenen niedrigen Werte für die Reststreuung $\bar{s}$ sprechen für die gute Übereinstimmung beider Probenserien.

Um höhere Impulsraten für Si zu erhalten, wurde mit der Cr-Anode gearbeitet. Dies hat jedoch zur Folge, daß die Elemente Cr, Mn und V mit der W-Anode bestimmt werden müssen. Diese Aufteilung kann man durch die Verwendung einer Röntgenröhre mit Rh-Anode und 0,2mm-Be-Fenster vermeiden.

Besonderheiten: Trotz Verwendung des Analysatorkristalls LiF-220 mit einer besseren Linienauflösung lassen sich bei höheren Gehalten der Verunreinigungen folgende Linienkoinzidenzen nicht vollständig ausschalten: $MnK_\alpha/CrK_{\beta1}$, $CrK_\alpha/VK_{\beta1}$, $VK_\alpha/TiK_{\beta1}$.

9.4.3. Bestimmung von Edelmetallen in Blei (Dokimasie – Bleikönig)

Flüssiges Blei legiert sich in der Schmelze mit Edelmetallen. Dieser Vorgang wird bei der *Dokimasie* [9.4] ausgenutzt, um aus edelmetallhaltigen Primär- und Sekundärrohstoffen den Edelmetallanteil in das Blei zu überführen. Die im legierten Blei (auch *Bleikönig* genannt) angereicherten Edelmetalle können mittels RFA bestimmt werden.

Meß- und Auswerteparameter: Sequenzspektrometer, W-Anode, 50 kV/40 mA; I_B Driftkorrektur

Ag: 0,03*–5 %; K_α, LiF-200, 0,15°, SZ, 60 s; a_0, Ag, Ag^2; 0,009 – 15 – 2 %

Pd: 0,04*–5 %; K_α, LiF-200, 0,15°, SZ, 60 s; a_0, Pd; 0,008 – 15 – 2 %

Au: 0,15*–5 %; $L_{\beta1}$, LiF-200, 0,15°, SZ + DZ, 90 s; a_0, Au; 0,013 – 15 – 2 %

Präparation: Das zu analysierende Material wird mit zugesetztem Blei in einem Keramiktiegel geschmolzen. Die Metallschmelze gießt man schlackenfrei in eine dem Spektrometer angepaßte Kokille. Die zum Aufschmelzen notwendige Bleimenge richtet sich nach dem Durchmesser der Kokille. Zweckmäßig ist eine Probendicke von 5 bis 10 mm.

9.4. Analyse von Buntmetallen und -legierungen

Die einzuwägende Probemenge ist von den erwarteten Edelmetallgehalten abhängig. Die Einsatzmengen sind wegen der notwendigen Rückrechnung exakt zu ermitteln.
Von der Gußprobe wird an der unteren Zylinderfläche eine 2 mm dicke Schicht abgedreht, und anschließend wird mit Schleifpapier der Körnung 5 ($\triangleq$ 50 bis 63 µm) naß angeschliffen.

Eichung: Zur Eichung werden chemisch analysierte Proben verwendet, die aus der Produktion stammen oder die durch Einschmelzen von Edelmetallen erhalten wurden. Für Pd und Au erhält man lineare Eichfunktionen, während für Ag ein linear-quadratischer Ansatz gilt.

Besonderheiten: Bei Gehalten >5% an Ag und/oder Pd treten bei Verwendung des Kristalls LiF-200 bei beiden Elementen Linienkoinzidenzen in Erscheinung. Eine Begrenzung des Verfahrens auf Maximalgehalte von 5% Ag und Pd im Bleikönig ist auch auftretender Probeninhomogenitäten wegen zu empfehlen.

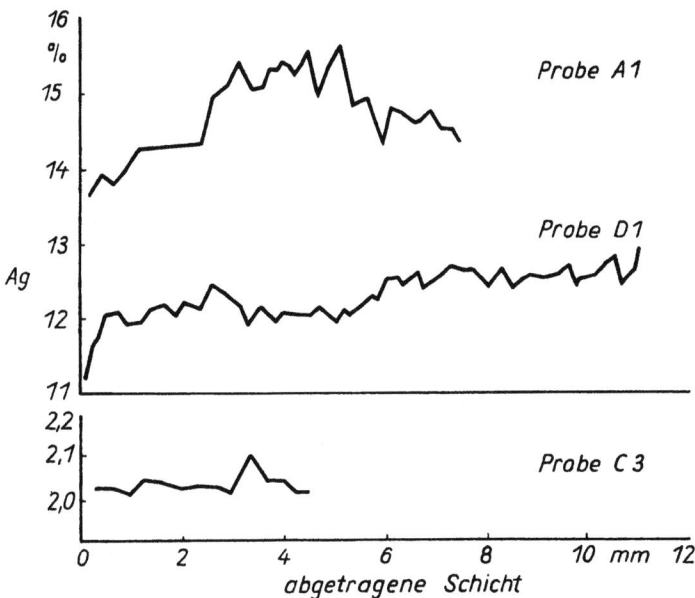

Bild 9-4
Ag-Gehalt in Abhängigkeit von der Dicke der abgetragenen Schicht
für Dokimasie-Blei

Bild 9-4 stellt den Ag-Gehalt in Abhängigkeit von der abgetragenen Schicht für drei Proben dar. Die Probe C 3 mit 2% Ag ist als homogen anzusehen, während die beiden Proben A 1 und D 1 mit größeren Ag-Gehalten eine tiefenabhängige Konzentrationsverteilung aufweisen.

9.4.4. Weißmetalle

Aus der umfangreichen Palette der Sn-Legierungen werden die beiden Weißmetalle SnSb7,65Cu4PbO,3 und SnSb8Cu6 in einem vereinheitlichten Analysenverfahren vorgestellt. Bei der Verfahrensentwicklung ist die Linienüberlagerung zwischen Sn und Sb zu beachten.

Meß- und Auswerteparameter: Sequenzspektrometer, Cr-Anode, 50 kV/40 mA (W-Anode ist ebenfalls anwendbar), I_B, Driftkorrektur.

Sb: 6–9 %; $K_\alpha II$, LiF-200, 0,15°, SZ, 30 s; a_0, Sb; 0,0065 – 20 – 7,8 %

Cu: 3–7 %; K_α, LiF-200, 0,15°, SZ + DZ, 20 s; a_0, Cu; 0,025 – 20 – 4,8 %

Pb: 0,02*–0,7 %; L_α, LiF-200, 0,15°, SZ + DZ, 30 s; a_0, Pb; 0,047 – 20 – 0,17 %

Sn: 85–89 %; $L_{\beta 1}$, LiF-200, 0,15°, DZ, 15 s; a_0, Sn, Cu, Sb; 0,0024 – 20 – 87,1 %

Präparation: Die Herstellung der Meßprobe erfolgt durch Abguß eines Anteils der Schmelze in eine Stahlkokille. Von der unteren Zylinderfläche dreht man 2 mm Material ab. Anschließend wird die Meßfläche mit Schleifpapier der Körnung 5 ($\triangleq$ 50 bis 63 µm) naß angeschliffen. Nach dem Abtrocknen ist die Probe meßbereit.

Eichung: Für die Ermittlung der Eichfunktionen über die engen Gehaltsbereiche genügen 7 Eichproben. Durch zweimaliges Messen der Eichproben stehen 14 Wertepaare für die Berechnung der Auswertefunktionen zur Verfügung.

Besonderheiten: Bedingt durch den hohen Sn-Gehalt, überlagert der SnK_α-Peak in Abhängigkeit von den Geräteparametern die SbK_α-Linie unterschiedlich stark. Als Meßgröße für die Trennung zweier Linien kann man die *relative Linienauflösung (RLA)* definieren:

$$RLA\ (\%) = (I_{N,L} - I_{N,Min}) \cdot 100\ \% / I_{N,L} \tag{9-2}$$

($I_{N,L}$ Nettoimpulsrate der gestörten Analysenlinie;

$I_{N,Min}$ Minimum der Nettoimpulsrate zwischen Analysen- und Stör-Koinzidenz-Linie)

Für *RLA*-Werte $\geq 70\ \%$ wird angenommen, daß die Intensität der Analysenlinie durch die benachbarte Linie nicht mehr beeinflußt wird.
Aufgrund der Linienkoinzidenz SbK_α / SnK_α wurden für Sb mehrere Linien bei verschiedenen apparativen Bedingungen untersucht. Unter Berücksichtigung der *RLA*-Werte, der Anpassung der Eichfunktion $(\bar{s})$, der Applikationsstandardabweichung (s_r) und der Empfindlichkeit (E) erwies sich die Linie $SbK_\alpha II$ für die Routineanalyse als günstigste Variante (Tab. 9-2). Die beiden anderen SbK-Kombinationen sind dieser nur bezüglich Reststreuung und relativer Standardabweichung gleichwertig. Anders verhalten sich die beiden SbL-Linien. Bei guten Werten für Linientrennung und Empfindlichkeit wird die Reststreuung der Eichgeraden wesentlich schlechter. Bezieht man die Intensitäten von Sn

Tabelle 9-2
Relative Linienauflösung (RLA), Quadratwurzel der Reststreuung ($\bar{s}$), relative Standardabweichung (s_r) und Empfindlichkeit (E) für Sb bei verschiedenen Linienkombinationen von Sb und Sn

Sb-Linie	SbK_α	$SbK_\alpha II$	SbK_α	$SbL_{\beta 1}$	SbL_α
Sn-Linie	SnK_α	$SnK_\alpha II$	SnK_α	$SnL_{\beta 2}$	$SnL_{\beta 1}$
Kristall	LiF-200	LiF-200	LiF-220	LiF-200	LiF-200
RLA [%] für Sb	6	67	50	75	77
ohne Matrixkorrektur					
$\bar{s}$ [%]	0,062	0,095	0,085	0,53	0,54
s_r	0,0062	0,0065	0,0073	0,0068	–
mit Matrixkorrektur					
Koeffizienten:	–	–	–	Sb, Cu, Sn($L_{\beta 1}$)	Sb, Cu, Sn($L_{\beta 1}$)
$\bar{s}$ [%]				0,29	0,31
s_r				0,0156	0,0152
E [Imp/s %]	990	270	640	1 260	2 300

und Cu in die Sb-Eichung mit ein, so verbessert sich der Wert für $\bar{s}$, erreicht aber nicht den der Eichung mit den SbK-Linien, und s_r steigt um den Faktor 2,4.
Sn läßt sich bei Verwendung der $SnL_{\beta 1}$-Linie und der Matrixkorrektur mit guter Reproduzierbarkeit bestimmen.

9.5. Analyse von Lösungen

Als allgemeine Methode zur Analyse von Lösungen verliert die RFA durch Anwendung spezifischer Methoden zur Lösungsanalyse, wie die Emissionsspektralanalyse mit induktiv gekoppeltem Plasma oder die Atomabsorptionsspektrometrie, zunehmend an Bedeutung. Für spezielle Einsatzfälle wird sie auch zukünftig im Betriebslabor zur Analyse gelöster Proben unentbehrlich sein.
Die bei metallurgischen Prozessen anfallenden Lösungen werden entweder direkt oder nach dem Verdünnen mit Wasser analysiert (vgl. Abschn. 6.3.). Inhomogenes, mehrphasiges Material, wie Krätzen, untersucht man nach erfolgtem Schmelzabschluß und anschließendem Lösen mit Mineralsäuren. Erfolgen die Intensitätsmessungen unter Vakuum, so ist beim routinemäßigen Arbeiten im Betriebslabor besondere Sorgfalt bei der Prüfung der Folien auf ihre Vakuumfestigkeit erforderlich [6.37]. Ein Prüfstand – bestehend aus Vakuumpumpe, Küvettenhalterung und Ventilen – übernimmt die Kontrolle und verhindert die mögliche Verunreinigung des Spektrometers durch Platzen der Folie. Eine auf diesem Wege geprüfte Folie kann man drei- bis fünfmal verwenden, ohne sie vorher erneut testen zu müssen.

9.5.1. Galvanische Bäder

Die Analyse galvanischer Bäder [6.40] zählt zu den einfach lösbaren Aufgaben der RFA. Die Proben verdünnt man mit Wasser, und die Untergrundstrahlung dient als innerer Standard. Die Eichlösungen stellt man durch Auflösen reiner Metalle oder aus Salzen der zu bestimmenden Elemente und der Matrixkomponenten her. Dabei ist zu beachten, daß edelmetallhaltige Lösungen instabil sind und die Küvettenfolie infolge der Edelmetallabscheidungen oft zu wechseln ist. Die Gehaltsermittlung erfolgt aus linearen Eichfunktionen.

9.5.2. Silberelektrolyt

Zur Analyse des Silberelektrolyten sind aufgrund der unterschiedlichen Konzentrationsverhältnisse von Ag und Pd und der dadurch hervorgerufenen Beeinflussungen zwei Meßproben zu präparieren [6.38]. In der ersten Lösung werden Ag, Bi, Pb, Cu und Fe bestimmt. Die K- und Pd-Gehalte ermittelt man nach Abtrennung des Ag in einer zweiten Lösung unter Verwendung einer Vakuumküvette.

Meß- und Auswerteparameter: Sequenzspektrometer, W-Anode, 40 kV/30 mA, ohne und mit Vakuum, I_B, innerer Standard

Ag: 10–60 g/l; K_α, LiF-200, 0,15°, SZ, 40 s; a_0, I_{Ag}/I_{U1}; 0,012 – 15 – 40 g/l

Pd: 0,02*–3 g/l; K_α, LiF-200, 0,15°, SZ, 120 s; a_0, I_{Pd}/I_{U1}; 0,015 – 15 – 2 g/l

Bi: 0,2*–10 g/l; $L_{\beta 1}$, LiF-200, 0,15°, SZ + DZ, 40 s; a_0, I_{Bi}/I_{U2}; 0,042 – 15 – 5 g/l

Pb: 0,2*–35 g/l; $L_{\beta 1}$, LiF-200, 0,15°, SZ + DZ, 40 s; a_0, I_{Pb}/I_{U2}; 0,014 – 15 – 20 g/l

Cu: 10–100 g/l; $K_{\beta 1}$, LiF-200, 0,15°, DZ, 40 s; a_0, I_{Cu}/I_{U3}; 0,016 – 15 – 40 g/l

Fe: 0,2*–10 g/l; K_α, LiF-200, 0,4°, DZ, 40 s; a_0, I_{Fe}/I_{U4}; 0,019 – 15 – 5 g/l

KNO$_3$: 10–100 g/l; K_α, LiF-200, 0,4°, DZ, 40 s; a_0, I_K/I_{Ca}; 0,012 – 15 – 40 g/l

Innere Standards

U1: 18,20°, LiF-200, 0,4°, SZ, 40 s

U2: 26,60°, LiF-200, 0,4°, SZ, 40 s

U3: 42,00°, LiF-200, 0,4°, DZ, 120 s

U4: 55,60°, LiF-200, 0,4°, DZ, 120 s

Ca: K_α, LiF-200, 0,4°, DZ, 40 s

Präparation: Meßlösung 1 stellt man durch Verdünnen des Elektrolyten mit destilliertem Wasser (1 + 9) her. Zur Herstellung der Meßlösung 2 werden 20 ml Elektrolyt mit 4 ml einer CaCl$_2$-Lösung versetzt. Den AgCl-Niederschlag trennt man mit einem Faltenfilter ab. Das Filtrat kommt unverdünnt in die Vakuumküvette.

CaCl$_2$-Lösung: 250 g CaCO$_3$ werden mit destilliertem Wasser aufgeschwemmt und mit der stöchiometrischen Menge HCl (152 ml, ϱ = 1,19) versetzt. Durch Kochen vertreibt man das CO$_2$, setzt weitere 50 ml HCl (1,19) zu und füllt mit Wasser auf 1 000 ml auf.

Eichung: Die Herstellung der Eichlösungen (je 100 ml), verteilt über die Gehaltsbereiche der Elemente und gegeneinander variiert, erfolgt aus den salpetersauren Stammlösungen (Gehalte in g/l: Ag 250, Pd 50, Cu 250, Bi 100, Fe 100, Pb 250, KNO$_3$ 200). Die Meßlösungen 2 für die Pd- und KNO$_3$-Eichung werden aus den Eichlösungen durch Abtrennen der Störelemente hergestellt. Ca dient als innerer Standard für die K-Bestimmung. Alle Eichfunktionen sind linear. Die Notwendigkeit, Ca als inneren Standard zu verwenden,

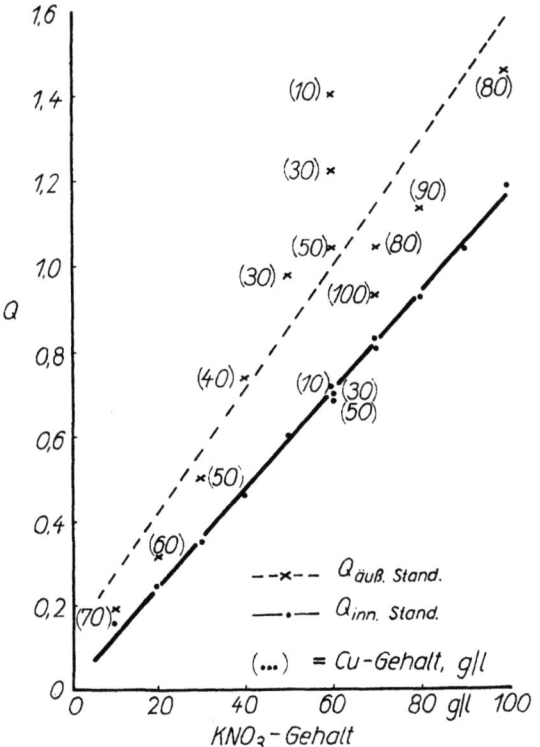

Bild 9-5
Kalium-Eichgeraden mit äußerem und mit innerem Standard

zeigt Bild 9-5. Beim Arbeiten mit dem äußeren Standard (gestrichelte Linie) macht die große Streuung der Eichwerte in ihrer Abhängigkeit vom Cu-Gehalt (Klammerwerte) eine exakte Analyse unmöglich. Die Anwendung des Untergrundes als inneren Standard verbessert die Situation nicht.

Die besten Ergebnisse erzielt man durch die Verwendung von Ca als inneren Standard (ausgezogene Gerade).

9.5.3. Zinnkrätze

Zinnkrätzen fallen bei der *Bleiraffination* an. Sie setzen sich aus oxidischen und inhomogen verteilten metallischen Anteilen zusammen. Aus diesem Material ist die Herstellung einer Pulverpreßtablette mit einer homogenen Verteilung beider Phasen nicht möglich. Auch der Borataufschluß im Platintiegel scheidet wegen des hohen Metallanteils in der Substanz als Präparationsmethode aus. Die günstigste Methode der Probenpräparation ist die Lösungsanalyse nach einem Schmelzaufschluß mit Na_2O_2. Diese Technik gestattet die Anwendung synthetischer Eichproben und ermöglicht die einfache Zugabe innerer Standards.

Meß- und Auswerteparameter: Sequenzspektrometer, W-Anode, 50 kV/30 mA, ohne Vakuum, I_B, innerer Standard, gekoppelt mit Intensitätskorrektur

---

Sb: 1–50%; K_α, LiF-200, 0,15°, SZ, 60 s; a_0, Sb·Pb, Pb, Pb^2, Sn, Sn·Pb; 0,024 – 15 – 10%

Sn: 1–50%; K_α, LiF-200, 0,15°, SZ, 60 s; a_0, Sn^2, Sn·Pb, Sn·Sb, Sb; 0,022 – 15 – 15%

Pb: 30–80%; L_α, LiF-200, 0,4°, SZ + DZ, 120 s; a_0, Pb, Pb^2, Pb·Sn, Sn·Sb; 0,012 – 15 – 60%

Mo (innerer Standard): K_α, LiF-200, 0,15°, SZ, 60 s

Die angegebenen Gehaltsbereiche beziehen sich auf unvorbehandelte Proben. Die Einflußgrößen zur Intensitätskorrektur sind Intensitätsquotienten mit der Mo-Intensität als Nenner.

Präparation: 2 g Probe und 10 g Na_2O_2 werden in einem Eisentiegel 15 min über einem Bunsenbrenner geschmolzen. Die noch heiße Schmelze wird mit etwa 80 ml Wasser aufgelöst, der Tiegel anschließend ausgespült und mit HCl ($\varrho = 1,19$) aufgefüllt. Nach 1 bis 2 min vereinigt man beide Lösungen und fügt soviel HCl (1,19) hinzu, daß das Gesamtvolumen 100 ml beträgt. Sollte ein Konzentrationsniederschlag auftreten, bringt man ihn unter Rühren mit weiteren 10 bis 20 ml Wasser wieder in Lösung. Die noch warme Lösung filtriert man in einen 250 ml-Meßkolben und füllt, um ein Auskristallisieren zu verhindern, unter Umschütteln sofort bis zur Marke auf. Die Meßlösung besteht aus 9 Teilen Aufschluß- und 1 Teil Mo-Standardlösung. Mo-Standard: 12,87 g Ammoniummolybdat (MG = 1235,06) in 100 ml HCl (1,19) lösen und mit Wasser auf 250 ml auffüllen.

Eichung: Synthetische Eichproben werden aus Sb_2O_3, SnO_2 und PbO_2 gemischt und dem vorstehend beschriebenen Aufschluß unterworfen. Durch die hohe Verdünnung des Probematerials und durch die Anwendung von Mo als inneren Standard werden die Matrixeinflüsse soweit vermindert, daß die Bestimmung von Sn und Pb mit der Geradengleichung $c = a + bQ$ möglich ist. Für Sb ist die Wirkung des inneren Standards jedoch unzureichend. $Q_{Sb} = I_{Sb}/I_{Mo}$ steigt mit zunehmendem Sn-Gehalt, d. h., die Mo-Strahlung wird aufgrund der Lage von Linien und Absorptionskanten durch Sn merklich stärker ab-

sorbiert als die des Sb. Zur Beseitigung dieses Einflusses wird die Intensitätskorrekturmethode mit der Methode des inneren Standards kombiniert (Verwendung der Quotienten I_{Sn}/I_{Mo}, I_{Sb}/I_{Mo}, I_{Pb}/I_{Mo}). Dadurch verbessern sich die Reststreuungen für die drei Elemente im Vergleich zur Anwendung der Geradengleichung.
Das Verfahren ist nur für Gehalte bis 2% As in Krätzen anwendbar.
Bei höheren As-Gehalten sind die Pb-Konzentrationen unter Benutzung der $AsK_{\beta 1}$-Intensitäten zu korrigieren. Ein Ausweichen auf die $PbL_{\beta 1}$-Linie ist aufgrund der unzureichenden Trennung von $PbL_{\beta 1}/SnK_{\alpha}II$ durch den Impulshöhenanalysator nicht möglich.

10. Anwendung der RFA in der Silikatindustrie

Gerhard Dümecke, Dieter Mudrack und Klaus Höppner

Die RFA wird in der Glas-, Zement- und Feuerfestmaterialien-Industrie insbesondere zur Bestimmung von Haupt- und Nebenbestandteilen für die Qualitätsüberwachung eingesetzt. Sie wird aber auch häufig zur Bestimmung von Spurengehalten in Rohstoffen, Zwischenprodukten und Fertigerzeugnissen genutzt. Im Falle einer Produktionsüberwachung oder -steuerung ist die Zahl der je Tag notwendigen Analysen groß. Dabei werden dem technologischen Prozeß entsprechende Anforderungen an die Präzision und an die Richtigkeit der Analysenergebnisse gestellt.

Nahezu alle Analysenproben (abgesehen z. B. vom Fertigerzeugnis Glas) sind Mehrphasensysteme mit oft stark wechselnder chemischer Zusammensetzung. Bei hohen Anforderungen an die Analysengenauigkeit wird das Untersuchungsmaterial deshalb entweder nach einem Schmelzaufschluß als glasige Meßprobe oder aber in sehr fein aufgemahlener Form und mit Bindemittel gemischt als gepreßte Pulverprobe untersucht (Abschn. 6.). In Verbindung mit geeigneten Auswerteverfahren (Abschn. 5.3.) lassen sich in vielen Fällen trotz wechselnder Matrix- und Korngrößeneinflüsse und der relativ geringen Fluoreszenzintensitäten leichter Elemente (Na!) ausreichend genaue Analysenergebnisse erzielen und der konventionellen chemischen Analytik entsprechende Richtigkeiten erreichen. Spurenelementgehalte $<5 \cdot 10^{-4}\%$ können allerdings nur in Ausnahmefällen direkt, d.h. ohne Anreicherung erfaßt werden.

In manchen Fällen, insbesondere wenn das Analysenergebnis bereits kurze Zeit nach der Probenanlieferung zur Verfügung stehen muß (z. B. bei der Rohmehlstabilisierung in der Zementindustrie), wird die Meßprobe ohne zusätzliches Aufmahlen aus dem Untersuchungsmaterial durch Verpressen ohne Bindemittel hergestellt. Wechselnde Kornfeinheit (aufgrund veränderter Aufmahlbedingungen) oder unterschiedliche Mineralanteile im Probengut (bedingt durch lokale Rohstoffschwankungen in der Lagerstätte) zwingen dann allerdings zur ständigen Überprüfung der probenspezifischen Eichgrundlagen (siehe Abschn. 5.2.). Bei der Erfassung von Spurengehalten muß wegen der methodisch bedingten mäßigen Nachweisempfindlichkeit das Untersuchungsmaterial möglichst unverdünnt zu einer Meßprobe geformt werden. Bei dieser Technik sind systematische Analysenfehler durch Korrekturverfahren zu eliminieren, wenn nicht nur halbquantitative Aussagen gefordert werden.

In den folgenden Abschnitten werden einige Beispiele für die Analyse von technischen Gläsern, von Kaolin, Ton, Feuerfestmaterialien, Zirkonkorundsteinen und Zement beschrieben. Im Zusammenhang mit der Analyse von Glaspulvern wird ein Korrekturvorschlag für den Einfluß der Korngröße und der Matrix unterbreitet (siehe Abschnitt 10.1.2.).

10.1. Analyse technischer Gläser

10.1.1. Analyse technischer Gläser als Kompaktglasproben

Exakte und rasch verfügbare Analysenergebnisse sind zur Steuerung technologischer Parameter der Glasherstellung (z. B. Viskosität der Schmelze) und zur Kontrolle des Endprodukts (z. B. seines Ausdehnungskoeffizienten) erforderlich. Wenn die Oxidgehalte nur geringfügig von einem Sollwert abweichen, kann die Konzentrationsberechnung schon mit Hilfe linearer Eichfunktionen erfolgen. Sollen in unterschiedlichen Glassorten größere Konzentrationsbereiche mit einheitlichen Eichfunktionen analysiert werden, so müssen mathematische Korrekturverfahren für den Matrixeinfluß herangezogen werden. Als Korrekturverfahren werden empirische Methoden (Intensitäts- oder Konzentrations-Korrekturmethoden), Absorptions-Korrekturverfahren und die Fundamentalparametermethode verwendet (s. Abschn. 5.3.). Auch Kombinationen, sog. *hybride Verfahren*, werden genutzt. CAIMANN und WINTER [10.1] beschreiben z. B. ein iterativ arbeitendes Korrekturverfahren für Kalk-Natron-Gläser, bei dem die Konzentrationen als unabhängige Größen der Rechnung dienen. Für das gleiche Glassystem schlagen AUSTIN u. Mitarb. [10.2] eine hybride Korrekturmethode vor.

Ausschlaggebend für die Wahl einer Methode sind die geforderten Fehlergrenzen für die zu bestimmenden Konzentrationswerte und die rechentechnischen Voraussetzungen des jeweiligen Labors. Die erreichbaren Fehlergrenzen hängen jedoch nicht nur vom Typ der gewählten Korrekturansätze ab. Eine wichtige Rolle spielt dabei die Verfügbarkeit einer ausreichenden Anzahl gut analysierter Eichproben (z. B. Standard- oder Normalproben).

Enthalten die zu untersuchenden Glassysteme mit der RFA nicht bestimmbare Elemente, so müssen diese bei manchen Korrekturansätzen mittels anderer Analysenmethoden bestimmt und berücksichtigt werden. Bei nur einem nicht bestimmbaren Element, z. B. Bor in Boratgläsern, kann zur Korrektur die Bedingung *»Analysensumme = 100 %«* herangezogen werden.

Über große Konzentrationsbereiche kann mit einheitlichen Eichfunktionen auf der Basis von Polynomansätzen gearbeitet werden, wenn man die Fluoreszenzintensitäten $I_i(\lambda_j)$ mit den »kombinierten Massenschwächungskoeffizienten« der Probe für die anregende Strahlung und die Fluoreszenzstrahlung nach Gl. (10-1) korrigiert.

$$I_i(\lambda_j)^* = I_i(\lambda_j) \left(\sin \psi \frac{\mu}{\varrho_P}(\lambda) + \sin \varphi \frac{\mu}{\varrho_P}(\lambda_j) \right) \tag{10-1}$$

$I_i(\lambda_j)^*$ korrigierte Fluoreszenzintensität für Element i und Analysenlinie j mit Wellenlänge λ_j
$I_i(\lambda_j)$ gemessene Fluoreszenzintensität
$\dfrac{\mu(\lambda)}{\varrho_P}$ Massenschwächungskoeffizient der Probe für anregende Strahlung mit Wellenlänge λ
$\dfrac{\mu(\lambda_j)}{\varrho_P}$ Massenschwächungskoeffizient der Probe für die Analysenlinie j mit der Wellenlänge λ_j
φ Glanzwinkel der einfallenden Strahlung
ψ Glanzwinkel der Fluoreszenzstrahlung
μ [cm^{-1}]
ϱ_P [g/cm^3]
$I_i(\lambda_j)$ [Imp/s]

10. RFA in der Silikatindustrie

Verwendet man zur Anregung eine Röntgenröhre mit Cr-Anode, so wählt man als anregende Strahlung die charakteristische CrK_α-Linie für diejenigen Analyten, deren Analysenlinien die energetische Anregungsbedingung erfüllen. Für alle übrigen Analysenlinien läßt sich als anregende Strahlung in guter Näherung die Wellenlänge des Maximums der Energieverteilung vom Bremskontinuum einsetzen.
Für die Analyse muß wegen der Berechnung von Massenschwächungskoeffizienten ein iterativ arbeitender Algorithmus angewendet werden.

Meß- und Auswerteparameter: Sequenzspektrometer, Cr-Anode 54 kV/32 mA, Totzeit- und Driftkorrektur, I_N, Intensitätskorrektur nach Gl. (10-1).

SiO$_2$: 19–100%; K_α, KAP, 0,18°, DZ, 100 s; a_0, Si, Pb, Ba, K; 0,66$^+$%

Al$_2$O$_3$: 0,3–18%; K_α, KAP, 0,55°, DZ, 200 s; a_0, Al, Ba, Ca; 0,26$^+$%

MgO: 0,3–6,3%; K_α, KAP, 0,55°, DZ, 120 s; a_0, Mg; 0,26$^+$%

Na$_2$O: 0,5–14,7%; K_α, KAP, 0,55°, DZ, 400 s; a_0, Na, Na^2; 0,31$^+$%

K$_2$O: 0,1–13,5%; K_α, EDDT, 0,18°, DZ, 100 s; a_0, K, K^2; 0,26$^+$%

CaO: 0,1–26,9%; K_α, EDDT, 0,18°, DZ, 100 s; a_0, Ca, Ca^2; 0,13$^+$%

ZrO$_2$: 0,3–18,6%; L_α, KAP, 0,55°, DZ, 100 s; a_0, Zr, Zr^2, Ba; 0,21$^+$%

BaO: 0,1–55,5%; L_α, LiF-200, 0,18°, DZ, 100 s; a_0, Ba; 0,32$^+$%

PbO: 0,1–71,2%; $L_{\beta 1}$, LiF-200, 0,18°, SZ, 60 s; a_0, Pb, Pb^2; 0,55$^+$%

Präparation: Da bei vielen Gläsern Elemente mit niedriger Ordnungszahl analysiert werden müssen, sollten die im Abschnitt 6. gegebenen Hinweise bezüglich der Homogenität des Ausgangsglases und der Oberflächenbeschaffenheit der herauspräparierten Meßproben sorgfältig beachtet werden.
Bei technischen Gläsern reicht es aus, die Oberfläche nach einem Grobanschliff zur Freilegung des Kernglases [10.3] mit Borcarbid- oder Siliciumcarbidpulver mit Körnungen ≤ 40 µm anzuschleifen. Bei besonders hohen Ansprüchen an die Analysengenauigkeit kann ein Anschliff mit feinerem Korn, eine Ätzung mit Flußsäure oder eine Oberflächenpolitur angewendet werden (siehe einschränkende Bemerkungen im Abschnitt 5.1.2.). Große Aufmerksamkeit ist der Reinhaltung der Meßflächen bei der Handhabung der Proben zu widmen.

Eichung: Zur Berechnung der Koeffizienten in den Korrekturansätzen benötigt man Standardproben, die den Konzentrationsbereich möglichst gleichmäßig überdecken. Ihre Zahl sollte zwei- bis dreimal größer sein als die maximale Zahl der in einem Ansatz zu bestimmenden Koeffizienten. Für die Auswahl und Berechnung der Störglieder wird ein Rechenprogramm eingesetzt, das die Korrekturglieder nach mathematisch-statistischen Kriterien auswählt [10.27].

Besonderheiten: Um exakte Analysenergebnisse zu erhalten, sollten Nettoimpulsraten verwendet werden. Deshalb ist der Untergrundfestlegung besondere Aufmerksamkeit zu widmen.
Zu beachten sind auch Linienüberlagerungen, zum Beispiel $MgK_\alpha/CaK_\alpha III$ und $TiK_\alpha/BaL_{\alpha 1}$.

10.1.2. Analyse von Glaspulvern

Obgleich Glas in kompakter Form (Abschn. 10.1.1.) analysiert werden kann, werden häufig aus dem ausgemahlenen und mit einem Bindemittel versetzten Glas hergestellte Pulverpreßtabletten untersucht. Diese Technik wird nicht nur bei geringen Probemengen angewendet, sondern auch dann, wenn schlierige Gläser oder inhomogene Schmelztabletten analysiert werden sollen. Die quantitative Analyse wird in diesem Fall sowohl durch Matrix- als auch durch Korngrößeneffekte erschwert; mineralogische Effekte treten dagegen nicht auf.
Eine exakte Bestimmung der Hauptbestandteile (Erfassung von Gehalten $\geq 5\%$ mit relativen Standardabweichungen $\leq 0,5\%$) ist nur dann möglich, wenn die Kornspektren der Analysen- und Eichglaspulver sehr ähnlich sind und die Matrixeffekte berücksichtigt werden. Wird eine Reproduzierbarkeit besser als $0,5\%$ relativer Standardabweichung gefordert, so reichen Feinstmahlungen des Glaspulvers nicht immer aus, um die notwendigen identischen Kornspektren herzustellen (Abschn. 5.1.2.2.). Selbst beim Einsatz effektiv arbeitender Scheibenschwingmühlen kann der Korngrößenmittelwert des Glaspulvers in einer vertretbaren Mahldauer nicht wesentlich unter 5 bis 15 µm gebracht und nur selten genau eingehalten werden. Kleine Unterschiede reichen aber bereits aus, die Intensitäten signifikant zu verändern; sie verursachen bei der Konzentrationsbestimmung leichter Elemente im Ordnungszahlbereich von 11 (Na) bis 20 (Ca) relative Standardabweichungen $> 5\%$. Im folgenden wird deshalb ein *empirisches Analysenverfahren* beschrieben, das ohne Kenntnis des Kornspektrums der Analysenprobe Analysen einer Glasqualität mit kleinem Fehler zuläßt. Bei Beachtung von Matrixeffekten ist es auch dann anwendbar, wenn die Glaszusammensetzung – zum Beispiel durch den Produktionsprozeß oder durch die Glastypen bedingt – in breiteren Grenzen von einem Sollwert abweicht. Die Analysenmethode wird am Beispiel eines typischen technischen *Kalk-Natron-Glases* (Torgauer Flachglas) erläutert. Eine Übertragung der genannten Arbeitsvorschriften auf andere Glastypen oder auf Rohstoffe mit Mineralphasen ähnlicher Massenschwächungskoeffizienten ist möglich.
Da bei allen bisher beschriebenen Analysenverfahren der Einfluß der Korngröße nicht beachtet, sondern die Korngröße als konstanter Parameter der Probenvorbereitung betrachtet wurde, sollen einige Bemerkungen zur mathematischen Beschreibung des Korngrößeneffektes gemacht werden (Symbolerklärung siehe Tabelle 10-1).
Wenn die Analysen- und Vergleichsproben keine übereinstimmenden Kornspektren aufweisen, können die mit den Intensitäts- und Konzentrationswerten der Eichproben ermittelten Analysenbeziehungen nicht zur Analyse benutzt werden. Man muß dann zunächst die für die Analysenproben gemessenen Intensitäten der interessierenden Elemente auf die der Korngröße der Eichproben normieren und danach mit den üblichen Auswertefor-

10. RFA in der Silikatindustrie

Tabelle 10-1
Symbolerläuterung für den Abschnitt 10.1.2.

Symbol [Einheit]	Bedeutung
j	Index für Element (Oxid)
i	Parameter für eine Glasprobe mit unbekannter Zusammensetzung und Korngröße
s	Parameter für eine Glasfraktion mit bekannter Zusammensetzung und Korngröße
k [µm]	Korngröße der Eichproben
p [µm]	Korngröße einer Analysenprobe
Δk [µm]	Korngrößendifferenz; $\Delta k = p - k$
$Q(s, k)_j$	relative Fluoreszenzintensität der Eichglasfraktion mit der Korngröße k für das Element j
$Q(i, p)_j$	relative Fluoreszenzintensität der Probe i mit der Korngröße p für das Element (Oxid) j
α_j [µm^{-1}]	Konstante zur Beschreibung des Korngrößeneinflusses für das Element (Oxid) j
$Q(i, s)_{0j}$; $Q(i, s)_{\infty j}$	Konstanten der Gl. (10-2)
$Q(s)_{\infty j}$	relative Intensität für sehr große Korngröße der Standard-Eichprobe
$Q(i)_{\infty j}$	relative Intensität für sehr große Korngröße der unbekannten Probe i
$Q(s)_{\infty j} + Q(s)_{0j}$	relative Intensität für sehr kleine Korngröße der Eichprobe
$Q(i)_{\infty j} + Q(i)_{0j}$	relative Intensität für sehr kleine Korngröße der Probe i
$GV(i)$ [%]	Glühverlust der Probe i
n	Zahl der Elemente (Oxide) in der Probe
a_{jr}; m_{jr}; b_{jr} [%]	Konstanten der Gl. (10-3)
r	Index für Begleitelemente (Oxide) oder Laufindex

malismen die Konzentrationen bestimmen. Die Lösung dieser Aufgabe ist ohne eine zusätzliche Messung der Korngröße des Analysenmaterials möglich, wenn folgende vier Zusammenhänge benutzt und zu einer Korrekturformel miteinander verknüpft werden:

a) Experimentelle Untersuchungen an Glaspulvern, deren Partikelgrößen (Kornspektren) nur in engen Grenzen variieren, haben gezeigt [5.15], daß die Fluoreszenzintensität einer Probe i in eindeutig beschreibbarer Weise (monotoner Kurvenverlauf) von der mittleren Korngröße p abhängt. Die experimentell gefundene Beziehung zwischen relativer Intensität und Korngröße wird mit recht guter Näherung durch Gl. (10-2) beschrieben:

$$Q(i,p)_j = Q(i)_{0j}\, e^{-\alpha_j \cdot p} + Q(i)_{\infty j} \tag{10-2}$$

Q relative Intensität
α_j [µm^{-1}]
p [µm]

Die für das Element (Oxid) j geltenden Größen α_j, $Q(i)_{ij}$ und $Q(i)_{\infty j}$ lassen sich für alle interessierenden Elemente (Oxide) durch Ausgleichsrechnungen über den Zusammenhang (10-2) bestimmen, wobei die Größe $Q(i)_{\infty j}$ solange variiert wird, bis eine optimale

10.1. Analyse technischer Gläser

Anpassung erreicht ist. Dazu sind in der Korngröße abgestufte Glaspulver einer Standardprobe (S) erforderlich.

b) Durch experimentelle Untersuchungen an mehreren Standardproben ($S_1 \ldots S_m$) derselben Korngröße k lassen sich Eichkurven in Form von Intensitäts-Korrektur-Beziehungen aufstellen (gl. (10-3)):

$$c_j = \sum_{r=0}^{2} a_{jr} Q_j^r + Q_j \sum_{\substack{r=1 \\ r \neq j}}^{n} m_{jr} Q_r + \sum_{\substack{r=1 \\ r \neq j}}^{n} b_{jr} Q_r \qquad (10\text{-}3)$$

c_j, a_{jr}, m_{jr} und b_{jr} [%]

Diese Gleichung entspricht dem allgemeinen Ansatz von LUCAS und TOOTH [5.24], der bereits im Abschn. 5.3.2. für homogene Proben erläutert wurde.

c) Es ist notwendig, die Gehalte aller in dem Analysenpulver enthaltenen Elemente (Oxide) entweder mit der RFA oder mit anderen Methoden zu bestimmen. Sollten in der Probe mit der RFA nicht erfaßbare Elemente (Oxide) vorliegen, so müssen diese mit anderen Verfahren analysiert und ihre Analysenwerte auf Oxide umgerechnet zu dem Wert des Glühverlustes GV addiert werden. Er repräsentiert dann die Summe von Glühverlust und der nicht mit der RFA erfaßbaren Oxide. Dieser Zusammenhang kann in der Form der Gl. (10-4) zusammengefaßt werden:

$$100 - GV = \sum_{j=1}^{n} c_j = \sum_{j=1}^{n} \sum_{r=0}^{2} a_{jr} Q_j^r + \sum_{j=1}^{n} Q_j \sum_{\substack{r=1 \\ r \neq j}}^{n} m_{jr} Q_r + \sum_{j=1}^{n} \sum_{\substack{r=1 \\ r \neq j}}^{n} b_{jr} Q_r \qquad (10\text{-}4)$$

Konstanten wie bei Gl. (10-3)
GV [%]

d) Es wird angenommen, daß das Verhältnis der Fluoreszenzintensitäten von zwei in der mittleren Korngröße p identischen, in der Zusammensetzung aber verschiedenen Proben (Parameter i und s) nur von den chemischen Zusammensetzungen der Proben i und s, nicht aber von der Größe der Körner abhängt. Diese Annahme läßt sich als Gl. (10-5) beschreiben:

$$\frac{Q(i,p)_j}{Q(s,p)_j} = \frac{Q(i)_{0j} e^{p\alpha_j} + Q(i)_{\infty j}}{Q(s)_{0j} e^{-p\alpha_j} + Q(s)_{\infty j}} = \text{konst.} (i,s) \qquad (10\text{-}5)$$

α_j [µm^{-1}]
p [µm]

Aus Gl. (10-5) folgt durch Differenzieren nach p und Nullsetzen der Ableitung

$$Q(i)_{\infty j} = \frac{Q(s)_{\infty j}}{Q(s)_{0j}} Q(i)_{0j} \qquad (10\text{-}5\text{a})$$

Auf der Grundlage dieser Zusammenhänge läßt sich die Korrekturformel für den Korngrößeneinfluß in Form der Gl. (10-6) zusammenfassen:

$$Q(i,k)_j = Q(i,p)_j e^{\Delta k \alpha_j} \frac{Q(s)_{0j} e^{-k\alpha_j} + Q(s)_{\infty j}}{Q(s)_{0j} e^{-k\alpha_j} + Q(s)_{\infty j} e^{\Delta k \alpha_j}} \qquad (10\text{-}6)$$

Δk und k [µm]
α_j [µm^{-1}]

Die Gl. (10-6) drückt aus, daß die relative Fluoreszenzintensität der Analysenprobe i mit der Korngröße p in die einer Korngröße k umrechenbar ist, wenn der Verlauf der Korngrößenabhängigkeit einer Standardprobe S bekannt ist (Kenntnis der Größen α_j, k, $Q(s)_{0j}$ und $Q(s)_{\infty j}$) und der Wert für k mit $\Delta k = p - k$ festgelegt wird. Die Bestimmung von Δk wird möglich, wenn für $Q(i,k)_j$ die rechte Seite der Gl. (10-6) in die Gl. (10-4) eingesetzt und durch systematisches, schrittweises Verändern von Δk derjenige Wert von Δk gesucht wird, der Gl. (10-4) in bestimmten Grenzen erfüllt. Mit diesem optimalen Δk ergeben sich dann die gesuchten Konzentrationen $c(i)_j$ aus Gl. (10-3). Sowohl für die Suche des besten Δk als auch für die Bestimmung der α_i, $Q(s)_{0j}$ und $Q(s)_{\infty j}$ sind Rechenprogramme erforderlich.

Meßparameter: Mehrkanal-Röntgenfluoreszenz-Spektrometer, Pd-Anode mit 0,2-mm-Be-Fenster, 24 kV/70 mA; Driftkorrektur: Relativmessung ohne Untergrundkorrektur; Bezugsprobe: feinste Fraktion der Eichprobe S (Korngröße $k = 2,3$ µm).
Zählzeit: 100 Sekunden für alle Elemente, Meßkanäle: s. Abschn. 10.1.1.

Probenvorbereitung: Zur Bestimmung der Konstanten Gl. (10-7) ($Q(s)_{0j}$, $Q(s)_{\infty j}$ und α_j) ist es notwendig, das Eichglas (S) in möglichst enge Kornfraktionen zu zerlegen und den jeweiligen Korngrößenmittelwert durch eine *Sedimentationsanalyse* zu ermitteln. Dazu ist es zweckmäßig, das gut analysierte Glaspulver mit Hilfe eines Windsichters (z.B. Typ Multi-Plex-Labor-Zick-Zack-Sichter, Fa. Alpine, Augsburg, BRD) in wenigstens sechs Kornfraktionen zu zerlegen. Die *Korngrößenverteilungen* werden am besten mit Hilfe eines automatischen Korngrößenanalysators (z.B. Sedigraph Typ 5000, Fa. Micro-Meritics, USA) bestimmt und die Korngrößenmittelwerte der Fraktionen aus den Summenhäufigkeitsdiagrammen als 50% Summenhäufigkeitswerte (Bild 10-1) entnommen.

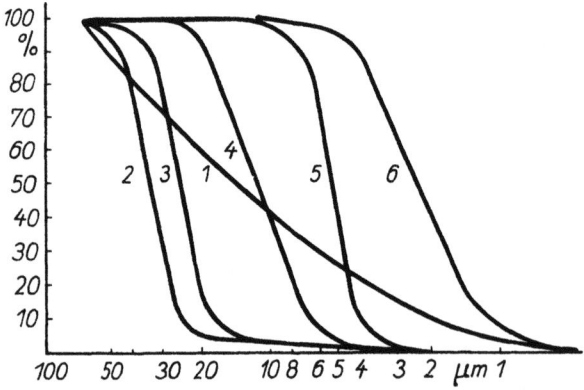

Bild 10-1
Sedigramme von Glasfraktionen und des Ausgangsmaterials
1 Ausgangsmaterial *4* Fraktion 11,8 µm
2 Fraktion 34 µm   *5* Fraktion 5,3 µm
3 Fraktion 25 µm   *6* Fraktion 2,3 µm

10.1. Analyse technischer Gläser

Die Vorbereitung der Meßtabletten (Standard-Fraktionen und unbekannte Glasproben) ist denkbar einfach und beschränkt sich auf

- Trocknen des Glaspulvers,
- Bestimmung des Glühverlustes,
- Einwägen und Vermischen mit einem Bindemittel,
- Verpressen zu einer Meßtablette.

Die Eichglasfraktionen und die Analysenproben werden im Verhältnis 1:1 mit Polyvinylalkohol vermischt und zu Tabletten verpreßt. Der Preßdruck beträgt 245 MPa.

Messung und Auswertung: Die Messung der Fluoreszenzintensitäten erfolgt unter den angegebenen Bedingungen an wenigstens zwei Meßtabletten derselben Kornfraktion oder

Tabelle 10-2
Relative Intensitäten von sechs Eich-Glaspulvern bekannter Zusammensetzung und unterschiedlicher Korngröße; Material des Typs »Torgau C«; chemische Analyse für die 1. Fraktion und das Glasmaterial des Typs »Torgau C«; Rechenergebnisse

Probe	Na 11	Mg 12	Al 13	Si 14	K 19	Ca 20	Ti 22	Fe 26	Glühverlust [%]
Fraktion (2,3 µm)	1,000	1,000	1,000	1,000	1,000	1,000	1,000	1,000	2,00
Fraktion (5,3 µm)	0,860	0,906	0,926	0,942	0,999	0,999	1,001	0,998	0,75
Fraktion (11,8 µm)	0,620	0,684	0,735	0,776	0,939	0,991	1,000	0,997	0,38
Fraktion (25 µm)	0,458	0,461	0,497	0,614	0,897	0,916	0,999	1,000	0,25
Fraktion (34 µm)	0,326	0,355	0,411	0,465	0,840	0,819	0,999	1,001	0,13
Fraktion (50 µm)	0,228	0,262	0,342	0,365	0,784	0,786	0,998	1,000	0,12
Glas »Torgau C«	0,838	0,668	0,749	0,703	1,002	0,994	1,189	1,478	0,31
Chemische Analyse der 1. Fraktion [%]	11,51	4,54	1,13	73,74	0,55	6,35	0,037	0,138	2,0
Chemische Analyse des »Torgau C« [%]	14,30	4,61	1,20	71,50	0,61	6,89	0,044	0,204	0,31
α_j [µm^{-1}]	0,046	0,048	0,057	0,032	0,008	0,006	0	0	
$Q(s)_{\infty j}$	0,135	0,180	0,294	0,180	0,300	0,003	0	0	
$Q(s)_{0j}$	0,928	0,920	0,841	0,893	0,717	1,036	1	1	

der gleichen Analysenprobe. Es können auch beide Flächen jeder Tablette gemessen werden. Als Bezugsprobe wählt man zweckmäßigerweise eine der Tabletten, die die feinste Kornfraktion des Eichglases enthält. Für das gewählte Beispiel werden die in der Tabelle 10-2 aufgelisteten relativen Meßwerte ermittelt. Durch Ausgleichsrechnungen über den Zusammenhang (10-2) in der Form (10-7)

$$p = \frac{\ln Q(s)_{0j}}{\alpha_j} - \frac{1}{\alpha_j} \ln [Q(s,p)_j - Q(s)_{\infty j}] \tag{10-7}$$

p [μm]
α_j [μm^{-1}]

mit p als abhängiger und $\ln [Q(s,p)_j - Q(s)_{\infty j}]$ als unabhängiger Variablen lassen sich durch eine Optimierung (über die Reststreuung des Ausgleichs) durch schrittweises Verändern von $Q(s)_{\infty j}$ optimale Werte für $Q(s)_{0j}$, $Q(s)_{\infty j}$ und α_j ermitteln. Dazu ist ein Rechenprogramm notwendig[1]).

Die in Tabelle 10-2 enthaltenen und mit diesem Programm errechneten Parameter beschreiben die Korngrößenabhängigkeit für die Standardprobe S eindeutig und zeigen, daß der Wert von α_j signifikant von der Ordnungszahl Z des analysierten Elements abhängt. Im vorliegenden Fall läßt sich diese Abhängigkeit im Ordnungszahlbereich von 11 bis 20 durch Gl. (10-8) beschreiben:

$$\alpha_j = 0{,}1122 - 0{,}0054 Z \tag{10-8}$$

Die Formel belegt, daß für die untersuchte Matrix der Korngrößeneinfluß auf die relative Fluoreszenzintensität des Elementes bei der Ordnungszahl $Z = 22$ (Ti) verschwindend klein wird. Oberhalb dieser Ordnungszahl brauchen keine Korngrößeneffekte beachtet zu werden, wenn man K_α-Linien zur Messung benutzt.

Für die Analyse einer in der Korngröße und Zusammensetzung unbekannten Glasprobe ist es notwendig, die Eichkonstanten der Gl. (10-3) für jedes Element (Oxid) festzulegen. Im einfachsten Fall (verschwindend kleiner Matrixeffekt; sehr niedrige Untergrundsignale im Vergleich zum Nutzsignal) ist nur der Wert von a_{j1} verschieden von Null. Im vorliegenden Beispiel kann man für die folgenden Oxide derartige einfache Eichgeraden verwenden:

Na$_2$O: $c_1 = 11{,}51$ Q_{Na}; $a_{11} = 11{,}51$
MgO: $c_2 = 4{,}54$ Q_{Mg}; $a_{21} = 4{,}54$
CaO: $c_3 = 6{,}35$ Q_{Ca}; $a_{31} = 6{,}35$
K$_2$O: $c_4 = 0{,}55$ Q_{K}; $a_{41} = 0{,}55$
Al$_2$O$_3$: $c_5 = 1{,}13$ Q_{Al}; $a_{51} = 1{,}13$
Fe$_2$O$_3$: $c_6 = 0{,}138$ Q_{Mg}; $a_{21} = 0{,}138$
TiO$_2$: $c_7 = 0{,}037$ Q_{Ti}; $a_{71} = 0{,}037$

c_j [%]

Die Werte von a_{j1} ergeben sich aus der Konzentration der feinsten Eichglasprobe und dem relativen Meßwert.
Die Bestimmung des SiO$_2$-Anteils der Glasprobe wird dagegen durch Matrixeffekte beeinflußt. Hier ist es zweckmäßig, den Einfluß wechselnder Mengen K$_2$O und CaO im Glas zu beachten. Durch Paralleluntersuchungen an Glasscheiben des gleichen Glassystems

---

[1]) Rechenprogramm OPTI-ALPHA, Zentralinstitut für anorganische Chemie der AdW; 1199 Berlin, Rudower Chaussee 5.

konnte für die SiO$_2$-Bestimmung folgende brauchbare Eichfunktion ermittelt werden:

SiO$_2$: $c_8 = 41{,}399 + 34{,}254 Q_{Si} - 1{,}687 Q_{Ca} - 0{,}269 Q_K$

Q_i relative Intensität
c_i [%]

Setzt man diese Zahlenwerte, die Korngrößenparameter $Q(s)_{0j}$, $Q(s)_{\infty j}$, α_j und die gemessenen relativen Fluoreszenzintensitäten $Q(i,p)$ der Analysenprobe i mit der unbekannten Korngröße p in ein Rechenprogramm[1]) zur Lösung der Gl. (10-4) und der Berechnung der Konzentration c_j nach Gl. (10-3) ein, so ergeben sich die gesuchten Konzentrationen. Ein Beispiel für eine Analysenprobe ist in der Tabelle 10-3 enthalten.
In dem Suchprogramm zur Bestimmung von Δk müssen die Schrittweite und die Fehlergrenzen angemessen festgelegt werden. Die Richtigkeit des Analysenverfahrens hängt von den Fehlergrößen ab, mit denen die Konstanten α_j, a_{jr}, m_{jr}, b_{jr}, $Q(s)_{0j}$, $Q(s)_{\infty j}$ bestimmt werden können. Deshalb ist zu empfehlen, die Korngrößenbestimmung in den Fraktionen und die Analyse der Eichprobe mit möglichst kleinen Fehlern durchzuführen.

Tabelle 10-3
Ergebnisse der Korrekturrechnung

Ausgangsmaterial:
$\Delta k = 11{,}1$ µm;
$p = 13{,}4$ µm

Oxid	Chemischer Wert [%]	Berechneter Wert [%]	$Q(i, p)$ gemessener relativer Intensitätswert	$Q(i, k)$ berechneter relativer Intensitätswert
Na$_2$O	14,30	14,71	0,838	1,288
MgO	4,61	4,59	0,668	1,011
Al$_2$O$_3$	1,20	1,27	0,749	1,127
SiO$_2$	71,50	71,52	0,703	0,939
K$_2$O	0,61	0,59	1,002	1,065
CaO	6,89	6,75	0,994	1,062
TiO$_2$	0,044	0,044	1,189	1,189
Fe$_2$O$_3$	0,204	0,204	1,478	1,478

10.2. Analyse silikatischer Roh- und Werkstoffe

10.2.1. Analyse von Tonen als Pulvermaterial

Tone erlangen wachsende Bedeutung für die Aluminiumoxid-Gewinnung und werden zu diesem Zweck mit Säuren extrahiert. In Abhängigkeit vom Extraktionsgrad verringert sich in den anfallenden Rückständen der Al-Gehalt, während die Si-Konzentration ent-

---

[1]) Rechenprogramm KOFLU, Zentralinstitut für anorganische Chemie der AdW; 1199 Berlin, Rudower Chaussee 5.

sprechend zunimmt. Tone und Rückstände können mittels RFA auf der Basis von Pulverpreßtabletten analysiert werden. Beim Arbeiten mit Preßtabletten ist auf eine produktspezifische Eichung zu achten, d. h., daß naßchemisch analysierte Proben aus dem gleichen Abbau verwendet werden. Die Notwendigkeit dieser Verfahrensweise liegt in den unterschiedlichen Phasen- und Korngrößenzusammensetzungen von Tonen aus verschiedenen Lagerstätten.

Meß- und Auswerteparameter: Sequenzspektrometer, Cr-Anode 60 kV/35 mA, Driftkorrektur, I_B, Intensitätskorrektur.

Fe_2O_3: 1,7–5,2 %; K_α, LiF-200, 0,15°, DZ, 15 s; a_0, Fe, Fe^2; $0,1^+$ %

TiO_2: 1,6–4,0 %; K_α, LiF-200, 0,15°, DZ, 15 s; a_0, Ti; $0,09^+$ %

CaO: 0,05–0,7 %; K_α, LiF-200, 0,15°, DZ 30 s; a_0, Ca; $0,03^+$ %

K_2O: 0,05–1,1 %; K_α, LiF-200, 0,15°, DZ, 30 s; a_0, K; $0,1^+$ %

SiO_2: 47,0–86,0 %; K_α, PET, 0,7°, DZ, 30 s; a_0, Si, Si^2, Al; $0,58^+$ %

Al_2O_3: 6,0–45,0 %; K_α, PET, 0,7°, DZ, 60 s; a_0, Al, Al^2, Si, Si^2; $0,48^+$ %

Präparation: Die Pulverpreßtabletten werden aus 5,000 g geglühter Probe und 5,000 g Cellulosepulver hergestellt. Das Gemisch wird in einer Scheibenschwingmühle 3 min homogenisiert und anschließend unter einem Druck von 300 MPa zu einer Tablette verpreßt. Der Präparationsaufwand je Analyse liegt bei etwa 15 min.

Eichung: Es werden natürliche und extrahierte Tone aus derselben Lagerstätte verwendet. Oxidgemische dürfen für die Eichung nicht eingesetzt werden.

10.2.2. Analyse von Kaolin, Ton und anderen silikatischen Roh- und Werkstoffen mit Schmelztabletten

Kaolin wird als natürlich gewonnener Rohkaolin oder als aufbereiteter Rohstoff *(Schlämmkaolin)* verwertet. Für den Einsatz in der Keramikindustrie ist vor allem die Bestimmung der Elemente Si, Al, Fe, Ti und K von Bedeutung. Aus dem Verhältnis Silicium zu Aluminium läßt sich der für die plastische Formgebung sowie für die Feuerfestigkeit entscheidende Gehalt an Tonmineralen abschätzen. Die Bestimmung des Kaliums dient zur Einschätzung des Gehalts an Feldspat und Wechsellagerungsmineralien, die für das Sinterverhalten von wesentlicher Bedeutung sind. Der Gehalt an Eisen und Titan ist ein Qualitätsmerkmal, das sich vorwiegend auf die Farbe der aus dem Kaolin hergestellten Erzeugnisse bezieht.
Aufgrund der in Kaolinvorkommen vorhandenen Begleitminerale, die in wechselnden Mengen auftreten können (z. B. Quarz), ist es zweckmäßig, die Schmelzaufschlußtechnik

10.2. Analyse silikatischer Roh- und Werkstoffe

anzuwenden. Die Auswertung der gemessenen Fluoreszenzintensitäten erfolgt am besten auf der Basis von Polynomansätzen. Dabei ist die RFA mit einheitlichen Eichfunktionen über einen großen Konzentrationsbereich möglich, wenn die Fluoreszenzintensitäten $I_i(\lambda_j)$ mit den Massenschwächungskoeffizienten der Probe für die Analysenlinien nach Gl. (10-9) korrigiert werden.

$$I_i(\lambda_j)^* = I_i(\lambda_j) \frac{\mu}{\varrho_P}(\lambda_j) \qquad (10\text{-}9)$$

μ [cm^{-1}]
ϱ_P [g/cm^3]
$I_i(\lambda_j)$ [Imp/s]
$I_i(\lambda_j)^*$ korrigierte Fluoreszenzintensität für das Element i und die Analysenlinie j mit der Wellenlänge λ_j
$I_i(\lambda_j)$ gemessene Fluoreszenzintensität
$\frac{\mu}{\varrho_P}(\lambda_j)$ Massenschwächungskoeffizient der Probe für die Analysenlinie j mit der Wellenlänge λ_j

Eine Berücksichtigung der Massenschwächungskoeffizienten für die anregende Strahlung, wie bei der RFA kompakter Gläser (siehe Abschn. 10.1.1., Gl. (10-1)), ist bei Schmelzaufschlußproben im allgemeinen nicht erforderlich.

Wie Kaoline können auch Tone und andere silikatische Roh- und Werkstoffe mit der RFA untersucht werden. Wird die Zusammensetzung der Eichproben entsprechend ausgewählt, kann mit einem einzigen System von Eichfunktionen eine breite Palette von Materialien analysiert werden.

Meß- und Auswerteparameter: Rechnergesteuertes Mehrkanal-Spektrometer, Pd-Anode 24 kV/70 mA, Totzeit- und Driftkorrektur, I_B, Intensitätskorrektur nach Gl. (10-9), Meßzeit: 100 s für alle Elemente.

SiO$_2$:   1–100 %; K$_\alpha$, EDDT, Soller[1], DZ; a_0, Si, Si^2; 0,33$^+$ %

Al$_2$O$_3$:   1–100 %; K$_\alpha$, KAP, Soller[1], DZ; a_0, Al, Al^2; 0,37$^+$ %

MgO: 1–17 %; K$_\alpha$, KAP, Soller[1], DZ; a_0, Mg, Mg^2; 0,18$^+$ %

K$_2$O: 0,2–5,5 %; K$_\alpha$, NaF, Soller[1], DZ; a_0, K, K^2; 0,1$^+$ %

CaO: 0,3–100 %; K$_\alpha$, LiF-200, Soller[1], DZ; a_0, Ca, Ca^2; 0,52$^+$ %

TiO$_2$:   0,05–3,5 %; K$_\alpha$, LiF-200, Soller[1], DZ; a_0, Ti, Ti^2; 0,06$^+$ %

Fe$_2$O$_3$:   0,05–25 %; K$_\alpha$, Quarz, Johann[1], SZ; a_0, Fe, Fe^2; 0,1$^+$ %

Präparation: Wegen des in einigen Materialien vorhandenen chemisch gebundenen Wassergehaltes ist es zweckmäßig, von geglühtem Probematerial auszugehen, um definierte Präparationsbedingungen zu schaffen. Das induktive Aufschmelzen von fünf Teilen Li-

---

[1] Spektrometertyp

thiumtetraborat oder Spectromelt®¹⁾ mit einem Teil Probe im Platintiegel bei Temperaturen um 1200 °C liefert homogene Schmelztabletten, wenn nach der von HARVEY [10.4] beschriebenen Methode verfahren wird.

Eichung: Als Eichproben, mit denen große Konzentrationsbereiche überdeckt werden können, verwendet man am besten geologische Standardproben (z. B. des Zentralen Geologischen Institutes der DDR, wie Basalt BM, Feldspatsand FK, Granit GM, Schwarzschiefer TS, Tonschiefer TB u. a.), aus reinen Oxiden hergestellte Mischungen und Mischungen aus Standardproben und Oxiden.
Zum Auffinden des optimalen Ansatztyps für die Konzentrationsbestimmung eines Oxids kann man als Kriterium die Reststreuung der Regression heranziehen. Günstiger ist es jedoch, ein Rechenprogramm zu nutzen, mit dem die Korrekturglieder nach mathematisch-statistischen Kriterien ausgewählt werden [10.27].

Besonderheiten: Für die Auswertung der gemessenen Fluoreszenzintensitäten einer unbekannten Probe muß ein iterativ arbeitendes Rechenverfahren eingesetzt werden, da eine Korrektur der Intensitäten mit den Massenschwächungskoeffizienten der Probe durchgeführt wird.
Aus dem gleichen Grunde müssen die Konzentrationen der mittels RFA nicht erfaßbaren Elemente vorher mit anderen Methoden bestimmt werden, sofern es sich nicht um geringe Mengen von Spurenelementen handelt.

10.2.3. Analyse von Zirkon-Korund-Feuerfestmaterial und von Zr-reichen Rohstoffen

Feuerfeste Zirkon-Korund-Steine werden als großformatige korrosionsfeste Wannensteine in der Glasindustrie eingesetzt. Das schmelzgegossene Steinmaterial besitzt einen mehrphasigen Gefügeaufbau. Die Phasenanteile unterscheiden sich in der Dichte und Härte beträchtlich. Das Korrosionsverhalten des Materials wird durch die Art der Glasphase und die Größe seiner Porosität bestimmt. Die Steinauflösung durch die benetzende Schmelze hängt daneben von der Menge der ZrO_2- und Al_2O_3-Anteile ab.
Für die Qualitätssicherung der Produktion von Wannensteinen, die Entwicklung neuer Steinmaterialien und die Untersuchung korrodierter Ausmauerungen (Klärung der Standfestigkeit der Steine) ist eine große Anzahl von quantitativen Analysen notwendig. Die Kontrolle erstreckt sich auch auf die für die Herstellung solcher Produkte notwendigen natürlichen oder angereicherten zirkoniumhaltigen Rohstoffe.
Wegen der recht unterschiedlichen chemischen Zusammensetzung und des heterogenen Gefügeaufbaus feuerfester Steinmaterialien wird für die Meßprobenpräparation die Schmelzaufschlußtechnik eingesetzt. Bezüglich der Eichung und Auswertung verfährt man am besten entsprechend der für die Analyse des Kaolins (s. Abschn. 10.2.2.) empfohlenen Arbeitsweise.

---

¹⁾ Spectromelt® (Massenteile, %): 51 di-Lithiumtetraborat; 27 Lithiumtetraborat; 12 Lanthanoxid; 10 Lithiumfluorid

Meß- und Auswerteparameter: Rechnergesteuertes Mehrkanalspektrometer, Pd-Anode 24 kV/70 mA, Totzeit- und Driftkorrektur, I_B, Intensitätskorrektur nach Gl. (10-9), Meßzeit: 100 s für alle Elemente.

ZrO$_2$: 25–90 %; $L_{\alpha 1}$, EDDT, Soller[1], DZ; a_0, Zr, Zr^2; 0,27$^+$ %

Al$_2$O$_3$: 3–66 %; K_α, KAP, Soller[1], DZ; a_0, Al, Al^2; 0,26$^+$ %

SiO$_2$: 1–30 %; K_α, EDDT, Soller[1], DZ; a_0, Si, Si^2; 0,19$^+$ %

K$_2$O: 0,2–1 %; K_α, NaF, Soller[1], DZ; a_0, K; 0,04$^+$ %

CaO: 0,2–1 %; K_α, LiF-200, Soller[1], DZ; a_0, Ca; 0,02$^+$ %

TiO$_2$: 0,1–1 %; K_α, LiF-200, Soller[1], DZ; a_0, Ti; 0,02$^+$ %

Fe$_2$O$_3$: 0,1–1 %; K_α, Quarz, Johann[1], DZ; a_0, Fe; 0,01$^+$ %

Präparation: Das Gefüge von Zirkon-Korund-Steinen ist örtlich sehr unterschiedlich aufgebaut, da sich die Phasen (Korund, Baddeleyit und Glas) grob- und feinkörnig und in Abhängigkeit von der Konzentration ausscheiden. Es ist deshalb unbedingt notwendig, repräsentative Probestücke mit einer Scheibenschwingmühle in einem Widia-Mahlbecher fein aufzumahlen. 1,000 g Mahlgut wird mit 7,000 g Li$_2$B$_4$O$_7$ in einem Platintiegel induktiv erwärmt (etwa 1 200 °C). Durch Rühren oder regelmäßiges Umschwenken erzielt man innerhalb von 10 min eine homogene Schmelze. Die heiße Schmelze wird dann in eine Graphitform gegossen und mit einem Preßstempel zu einer dünnen Tablette geformt [10.4]. Wenn die Gießform und der Preßstempel ebene Oberflächen besitzen, können beide Seiten des Glaspreßlings ohne Nachbearbeitung als Meßflächen benutzt werden.

Eichung: Die in der Tabelle 10-4 angegebenen 8 Eichproben, die aus Oxidmischungen hergestellt werden, ermöglichen die Durchführung von Analysen in den in der Tabelle 10-5 angegebenen Konzentrationsbereichen mit einer einzigen Eichfunktion, sofern mit nach Gl. (10-9) korrigierten Intensitäten gerechnet wird (Korrektur der gemessenen

Tabelle 10-4
Zusammensetzung der Eichproben für Zirkon-Korund-Steine und zirkoniumhaltige Rohstoffe [Masse-%]

Oxid	Nr. 1	Nr. 2	Nr. 3	Nr. 4	Nr. 5	Nr. 6	Nr. 7	Nr. 8
ZrO$_2$	37,0	41,0	45,0	60,0	75,0	90,0	25,0	40,0
Al$_2$O$_3$	43,0	45,5	48,0	3,0	6,5	8,0	66,0	60,0
SiO$_2$	13,0	10,0	7,0	30,0	15,0	2,0	9,0	0,0
K$_2$O	1,0	0,5	0,0	1,0	0,5	0,0	0,0	0,0
CaO	1,0	0,5	0,0	1,0	0,5	0,0	0,0	0,0
TiO$_2$	1,0	0,5	0,0	1,0	0,5	0,0	0,0	0,0
Fe$_2$O$_3$	1,0	0,5	0,0	1,0	0,5	0,0	0,0	0,0
Na$_2$O	2,0	1,0	0,0	2,0	1,0	0,0	0,0	0,0
MgO	1,0	0,5	0,0	1,0	0,5	0,0	0,0	0,0

[1] Spektrometertyp

Tabelle 10-5
Analysenbereiche für Feuerfestmaterialien und zirkoniumhaltige Rohstoffe
[Masse-%]

Probenart	ZrO_2	Al_2O_3	SiO_2	K_2O	CaO	TiO_2	Fe_2O_3
Schmelzflüssig gegossene Steine	25...45	45...60	7...16	0,02...0,3	0,02...1	0,02...1	0,02...1
Zirkonsiumsilikat (Zirkon)	60...65	1...5	30...35	0,02...1	0,02...0,3	0,02...1	0,02...1
Technische Produkte	70...90	5...25	2...10	0,02...1	0,02...1	0,02...1	0,02...1
Zirkoniumdioxid	95	0,1...1	0,5...5	0,02...1	0,02...1	0,02...1	0,01...1

Fluoreszenzintensitäten mit den Massenschwächungskoeffizienten der Probe für die Analysenlinien).
Als Oxide für die SiO_2- und Al_2O_3-Anteile eignen sich Kieselglas und reiner Korund. Auch das Zirkoniumdioxid sollte möglichst rein (hafniumarm) sein, da sonst der eingebrachte Hf-Anteil berücksichtigt werden muß. An die Reinheit der übrigen Oxide werden aufgrund ihrer geringen Gehalte in den Proben nur mäßige Anforderungen gestellt.

Besonderheiten: Die Analyse unbekannter Zirkonmaterialien muß mit einem iterativ arbeitenden Algorithmus erfolgen, da eine Korrektur der gemessenen Fluoreszenzintensitäten mit den Massenschwächungskoeffizienten der Proben durchgeführt wird.
Sind die Gehalte an K_2O, CaO, TiO_2 und Fe_2O_3 im unteren Konzentrationsbereich von besonderem Interesse, so ist es erforderlich, mit speziellen Eichproben gesonderte Eichfunktionen aufzustellen und die Bestimmungsgrenzen zu ermitteln.

10.2.4. Analyse von Zement

Zementklinker wird gegenwärtig mit Durchsätzen bis über 5 000 t je Tag und Brennaggregat produziert [10.5]. Die chemische Zusammensetzung eines aus dem Klinker gemahlenen Zementes muß wegen der Einhaltung der Qualitätsgarantien in engen Toleranzen liegen. Dazu überwacht man drei Moduli, die für die Eigenschaften der Zemente, insbesondere für die Festigkeitswerte der aus ihnen hergestellten Betone, verantwortlich sind. Sie lauten:

$$\text{Kalkstandard KS} = \frac{100 \, CaO}{2,8 \, SiO_2 + 1,2 \, Al_2O_3 + 0,7 \, Fe_2O_3}$$

$$\text{Silikatmodul SM} = \frac{SiO_2}{Al_2O_3 + Fe_2O_3}; \quad \text{Tonerdemodul TM} = \frac{Al_2O_3}{Fe_2O_3}$$

In den Formeln stehen die Oxidsymbole stellvertretend für die Masseprozente dieser Verbindungen.

Können mit den Hauptrohstoffen Kalkstein und Ton im Rohmehl die geforderten Werte der Moduli nicht erreicht werden, so müssen entsprechende Korrekturkomponenten (z. B. Quarzsand, Bauxit und Kiesabbrand) zugesetzt werden.

Für einige typische Rohmehle, Klinker und Zemente müssen die in der Tabelle 10-6 zusammengefaßten, sortimentsabhängigen Oxidgehalte bestimmt werden.

Tabelle 10-6
Schwankungsbreiten für typische Rohmehl-, Klinker- und Zementsorten
[Masse-%]

Oxid	Rohmehl	Klinker	Zement
SiO_2	13,0...14,0	19,5...21,0	18,0...21,0
Al_2O_3	3,5...4,0	5,0...6,0	5,0...6,0
Fe_2O_3	1,6...2,0	2,0...3,0	2,0...2,5
CaO	42,0...44,0	63,0...66,0	62,0...64,0
SO_3	0,1...0,4	0,3...0,6	3,0...4,0

Die exakte Einhaltung der chemischen Zusammensetzung und der Fahrweise der Anlage ist wegen der sehr hohen Durchsätze von großer volkswirtschaftlicher Bedeutung. Sie bringt eine Vielzahl notwendiger Analysen mit sich und erfordert sehr kleine Analysenfehler.

Meß- und Auswerteparameter: Sequenzspektrometer, Cr-Anode 56 kV/50 mA, Driftkorrektur, I_B, Intensitätskorrektur; Meßzeit: 40 s für alle Elemente.

SiO_2: 13–21 %; K_α, PET, 0,15°, DZ; a_0, Si; 0,08[1] – 15 – $\bar{c}$[2]

Al_2O_3: 3,5–6,0 %; K_α, PET, 0,15°, DZ; a_0, Al; 0,03[1] – 15 – $\bar{c}$[2]

Fe_2O_3: 1,6–3,0 %; K_α, LiF-200, 0,07°, DZ; a_0, Fe; 0,03[1] – 15 – $\bar{c}$[2]

CaO: 42–64 %; K_β, LiF-200, 0,07°, DZ; a_0, Ca; 0,08[1] – 15 – $\bar{c}$[2]

SO_3: 0,1–4,0 %; K_α, PET, 0,15°, DZ; a_0, S; 0,03[1] – 15 – $\bar{c}$[2]

Präparation: Die sehr große Analysenanzahl zwingt zum Verzicht auf aufwendige Vorbereitungsmethoden. Die pulverförmigen Analysenproben des Rohmehls und des Zementes werden deshalb ohne Vorbehandlung und ohne Bindemittelzusatz in Aluminiumschälchen von 40 mm ⌀ und 7 mm Höhe verpreßt (Zeitaufwand 2 bis 3 min). Klinkerproben werden vorher gebrochen, nach einem feststehenden Regime in der Scheibenschwingmühle gemahlen und anschließend auf gleiche Weise verpreßt (Zeitaufwand etwa 20 min).

---

[1] Standardabweichung
[2] Die angegebenen Standardabweichungen wurden mit gesonderten linearen Eichfunktionen für Rohmehl, Klinker und Zement und jeweils einer speziellen Probenqualität mittlerer Zusammensetzung $\bar{c}$ für das entsprechende Stoffsystem ermittelt.

Eichung: In den in der Tabelle 10-6 angegebenen kleinen Konzentrationsbereichen kann die Auswertung der gemessenen Fluoreszenzintensitäten mit stoffspezifischen linearen Eichbeziehungen für Rohmehl, Klinker und Zement durchgeführt werden. Diese Beziehungen sind an bestimmte Korngrößen und Korngrößenverteilungen gebunden, die routinemäßig durch Überprüfung der Sollwerte von Siebrückständen kontrolliert werden. Für Zement und Rohmehl dürfen die Rückstandsmengen auf den Sieben 0,09 mm und 0,063 mm ± 1,5 % der Sollwerte nicht über- bzw. unterschreiten.

Besonderheiten: Die aufgeführten niedrigen Standardabweichungen sind mit pulverförmigen Substanzen nur in besonderen Fällen zu erreichen. Die Reproduzierbarkeit der Kornverteilung der Produkte (Zement, Rohmehl und Klinker) macht in diesem Fall die Analyse mit kleineren Fehlern möglich. Wenn die Schwankungsbreite der Zusammensetzung von Rohmehlen, Klinkern und Zementsorten größer als die in der Tabelle 10-6 angegebene ist oder andere bzw. weitere Minerale oder ein anderer Kornaufbau auftreten, empfiehlt es sich, bei der Auswertung der Meßergebnisse Korrekturverfahren anzuwenden [10.6]. Sollen die Korngrößeneffekte und mineralogischen Einflüsse vollständig ausgeschlossen werden, so muß man mit Schmelzaufschlüssen arbeiten und das Untersuchungsmaterial mit Lithiumtetraborat – falls erforderlich, unter Zusatz von Lanthanoxid zur Angleichung der Matrices – aufschmelzen. Der Probenpräparationsaufwand steigt dabei beträchtlich an [10.6]. Die Verfügbarkeit geeigneter Eichproben (Laborstandards), die Reproduzierbarkeit des Schmelzaufschlusses und die verwendeten Korrekturverfahren bestimmen in diesem Fall, ob eine genügend kleine Reststreuung für das zur Eichung verwendete Probenkollektiv erreicht wird und damit bessere Analysen als mit Preßtabletten aus gepulvertem Ausgangsmaterial möglich sind.

11. Anwendung der RFA in der Geologie

ROLF SCHINDLER und ELMAR LECHMANN

Die RFA hat sich auf dem Gebiet der Geologie ein breites Anwendungsgebiet erschlossen und nimmt bei der Erfassung des Elementbestandes in geologischen Proben einen bedeutenden Platz unter den analytischen Verfahren ein. Das geologische Untersuchungsmaterial besteht vorwiegend aus Vielphasengemischen nur grob bekannter Zusammensetzung.

Die Hauptaufgabe der Geologie besteht in der Suche und Erkundung volkswirtschaftlich relevanter Rohstoffe und Energieträger. Je nach Kenntnisstand über die stoffliche Zusammensetzung des bearbeiteten Territoriums unterscheidet sich die analytische Aufgabenstellung.

In der ersten Phase der stofflichen Bestandsaufnahme (z. B. zur Erstellung metallogenetischer Karten) sind große Probenzahlen auf eine maximale Anzahl von Elementen zu untersuchen. Dabei hat die Vergleichbarkeit der analytischen Resultate (Langzeitstabilität) Vorrang vor der Richtigkeit. Bei der gezielten Suche und der Erkundung lagerstättenhöffiger Gebiete verringert sich die Zahl zu analysierender Proben, und das benötigte Elementspektrum setzt sich aus den Nutz- und Indikatorelementen zusammen. Richtigkeit und Präzision der RFA-Resultate sowie der Bestimmungsbereich von Haupt-, Nebenkomponenten und Spurenelementen erlangen größere Bedeutung.

Bei der Bewertung von Rohstoffen, die eine exakte Erfassung von Schadkomponenten einschließt, werden die höchsten Anforderungen an die Qualität der Analysenresultate gestellt.

Die in der Regel zu untersuchenden Vielphasengemische mit oftmals extrem wechselnder Zusammensetzung erfordern in hohem Maße die Vermeidung systematischer Fehler durch entsprechende Matrixkorrekturverfahren und Maßnahmen zur Eliminierung von Korngrößeneffekten.

In den geologischen Betriebslaboratorien haben sich wellenlängendispersive Sequenzspektrometer bewährt. Bei groß angelegten weiträumigen geologischen Landeserkundungen bieten allerdings wellenlängendispersive Vielkanalspektrometer infolge ihrer höheren Produktivität und elementanalytischen Selektivität Vorteile. In letzter Zeit werden ebenfalls energiedispersive Gerätesysteme mit Erfolg für die umfassende Elementanalyse geologischer Proben eingesetzt. Die geringe Empfindlichkeit im Bereich von $Z = 11$ (Na) bis 26 (Fe) bereitet dabei kaum Schwierigkeiten.

In den folgenden Abschnitten wird der Einsatz der Röntgenfluoreszenzanalyse zur Bestimmung von Haupt- und Nebenkomponenten in Gesteinen, Erzen und Anreicherungsprodukten sowie zur Bestimmung von Spurenelementen in Gesteinen behandelt.

11.1. Bestimmung von Haupt- und Nebenkomponenten in Gesteinen, Erzen und Anreicherungsprodukten

Der für die RFA günstige Untersuchungsbereich von 0,1 bis 100 % bietet gute Voraussetzungen zur quantitativen röntgenspektrometrischen Untersuchung der in diesem Bereich liegenden Konzentrationen von Haupt- und Nebenkomponenten in Gesteinen. Für viele geologische Aufgabenstellungen kann dadurch die aufwendige chemische Bestimmung durch die RFA ersetzt werden.

Bei der Vielzahl möglicher Gesteinstypen, die zur Untersuchung gelangen, ändern sich die *Massenschwächungskoeffizienten* der Proben für den langwelligen Analysenlinienbereich häufig um Größenordnungen, und Korngrößeneffekte (s. Abschn. 5.1.2.) beeinträchtigen die Qualität der Analysenergebnisse stark.

Bereits seit 1963 [11.1] wird daher die *Borat-Schmelzpräparation* (s. Abschn. 6.) zur Vermeidung von Korngrößeneffekten bei der Bestimmung der wichtigsten Haupt- und Nebenkomponenten in Gesteinen eingesetzt. Eine Ausnahme bilden dabei Na und P, deren Bestimmung aus Gründen des ungünstigen Nachweisvermögens für Natrium und der meist geringen Konzentration des Phosphors oft an pulverförmigem Gesteinsmaterial vorgenommen wird. Die Schmelzpräparation geologischer Proben hat sich zu einer einheitlichen Verfahrensweise entwickelt.

Meist werden Li-Borate mit hohem Li-Anteil zur Verringerung von Absorptionen der Fluoreszenzlinien von leichten Elementen und zur Vermeidung einer hohen Schmelzviskosität als Aufschlußmittel eingesetzt. Häufig finden auch Präparationszusätze von Alkalinitraten zur Oxydation z. B. von Sulfiden [11.2], schwere Absorber zur Vereinheitlichung des Absorptionsverhaltens der Aufschlußprobe, LiF als Viskositätserniedriger und GeO_2 bzw. SiO_2 als Glasbildner für Gesteine mit geringem SiO_2-Anteil Anwendung.

Eine Konzentrationsbestimmung bei der röntgenspektrometrischen Bestimmung der Hauptkomponenten schließt im allgemeinen die Matrixkorrektur bei der Umrechnung der Intensitäten in die entsprechenden Konzentrationen ein (s. Abschn. 5.3.).

Die empirischen Korrekturen gewährleisten eine gute Analysenqualität für nicht allzuweit gespannte Konzentrationsbereiche der Komponenten. Diese Voraussetzungen sind bei der Analyse geologischer Proben selten gegeben, so daß sich in letzter Zeit Fundamentalparameter-Modelle bzw. vereinfachte Formen dieser Modelle in der analytischen Praxis durchsetzen konnten [11.3]. Eine Erweiterung der Eichbereiche ist auf Grund des geringen Eichprobenbedarfs bei den Fundamentalparameter-Modellen gegeben (s. Abschnitt 5.3.6.).

Bei der Massenanalyse geologischer Proben haben sich Untersuchungsprogramme herausgebildet, die hinsichtlich der zu bestimmenden Elemente und ihrer Konzentrationsbereiche festgelegt sind. In diese Routineprogramme lassen sich Erzanalysen schlecht eingliedern. Korngrößeneffekte erfordern ebenfalls den Schmelzaufschluß zu ihrer Beseitigung, und unstetiges Absorptionsverhalten der Probenmatrix erschwert die Anwendung der bei der Spurenelementanalytik geologischer Proben üblichen Auswerteverfahren. Besonders die Vielzahl möglicher Erztypen und Linienüberlagerungen verursachen einen hohen Eichaufwand. Auch hier bieten die Fundamentalparameter-Modelle gute Voraussetzungen zur Konzentrationsberechnung der Erzkomponenten aus überlagerungsfreien Nettointensitäten.

Neben den mathematischen Auswerteverfahren haben die experimentellen Verfahren (s. Abschn. 5.4.) in der Praxis zur Untersuchung geologischer Proben in kleinen Probeserien und bei Sonderanalysen Berechtigung. Als Beispiel wird in Abschnitt 11.1.1. die Analyse von Lateritproben mit La_2O_3 als sog. »*schwerem Absorber*« dargelegt.

11.1.1. Bestimmung von Haupt- und Nebenkomponenten in Gesteinen

Das Analysenverfahren ist für die quantitative Bestimmung der Haupt- und Nebenkomponenten in Magmatiten, Metamorphiten und Sedimenten in den aufgeführten Bestimmungsbereichen anwendbar [11.4]. Zur Untersuchung von Gesteinen, bei denen die Konzentrationen der Komponenten die angegebenen Bestimmungsbereiche übersteigen, wird eine gesonderte Verfahrensweise der Untersuchung unter Anwendung von La_2O_3 als »schwerer Absorber« angewandt.
Die Bestimmung der Elemente Si, Al, Fe, Mg, K, Ca, S und Ti erfolgt an Schmelzaufschlußproben mit einem Li-Borat mit hohem Li_2O-Anteil.
Die Konzentrationsberechnung aus den röntgenspektrometrischen Meßwerten der schmelzaufgeschlossenen Proben schließt die Matrixkorrektur mit einem Konzentrations-Korrektur-Modell (s. Abschn. 5.3.5.) ein.
Für die quantitative Na- und P-Bestimmung werden die Konzentrationen aus den linearen Intensitäts-Konzentrationsbeziehungen berechnet, wobei für die P-Bestimmung die Überlagerung der PK_α-Strahlung durch $CaK_\beta II$ in die Berechnung einbezogen wird. Bedingt durch die vergleichsweise geringfügigen Änderung der Untergrundintensitäten beim Wechsel der Gesteinszusammensetzungen, dienen bei den Schmelzaufschlußproben die Bruttointensitäten als Meßwerte für die Elemente Si, Al, Fe, Ca, K und Ti. Bei den Elementen Mg, S, Na und P wird mit Nettointensitäten gearbeitet.

Meß- und Auswerteparameter: Sequenzspektrometer, Cr-Anode 50 kV/40 mA, Driftkorrektur, Konzentrationskorrektur

SiO_2:   15–75 %; K_α, PET, 0,15°, DZ, 30 s; $0,64^+$ % – 50 – 45 %

Al_2O_3: 1–30 %; K_α, PET, 0,15°, DZ, 100 s; $0,14^+$ % – 50 – 15 %

Fe_2O_3: 0,5–10 %; K_α, LiF-200, 0,15°, DZ, 30 s; $0,17^+$ % – 50 – 5 %

MgO: 0,5–10 %; K_α, ADP, 0,70°, DZ, 100 s; $0,23^+$ % – 50 – 5 %

CaO: 0,5–75 %; K_α, PET, 0,15°, DZ, 40 s; $0,84^+$ % – 50 – 35 %

K_2O: 0,2–5 %; K_α, LiF-200, 0,15°, DZ, 30 s; $0,32^+$ % – 50 – 3 %

SO_3:   0,5–50 %; K_α, PET, 0,15°, DZ, 50 s; $0,65^+$ % – 50 – 25 %

TiO_2:   0,1–1,5 %; K_α, LiF-200, 0,15°, DZ, 50 s; $0,08^+$ % – 50 – 0,8 %

Na_2O: 1–10 %; K_α, RbAP, 0,70°, DZ, 100 s; $0,35^+$ % – 50 – 5 %

P_2O_5: 0,05–1 %; K_α, PET, 0,15°, DZ, 100 s; $0,02^+$ % – 20 – 0,5 %

U_{Mg}:   133,0°, ADP, 0,7°, DZ, 100 s

U_S: 73,2°, PET, 0,15°, DZ, 50 s

U_{Na}:   57,0°, RbAP, 0,7°, DZ, 100 s

U_P: 87,0°, PET, 0,15°, DZ, 100 s

Präparation: Die Präparation der Schmelzaufschlußproben erfolgt nach der von EMMERMANN und OBI [11.5] vorgeschlagenen Verfahrensweise bei einer Probenverdünnung von 1 + 2. Als Aufschlußmittel findet ein Li-Borat der Zusammensetzung $2\,Li_2O \cdot 2\,B_2O_3$ Anwendung, das im Labor aus H_3BO_3 und Li_2CO_3 hergestellt wird. Dieses Borat gewährleistet neben geringem Absorptionsverhalten für Primär- und Fluoreszenzstrahlung vor allem eine geringe Viskosität der Schmelze. Dadurch ist die Bestimmung der Elemente mit niedriger Ordnungszahl, wie z. B. Mg, trotz seiner langwelligen Fluoreszenzstrahlung und auch die Analyse SiO_2-reicher Proben möglich. Letztere verursachen gewöhnlich eine hohe Schmelzviskosität, wodurch die Reproduzierbarkeit der Schmelzpräparation verringert wird.

Voraussetzung für die Bildung der als Meßpräparate eingesetzten glasförmigen Proben ist eine Mindestkonzentration an SiO_2 von etwa 10 % als Glasbildner.

Die Gesteinsproben < 63 µm werden vor der Präparation bei 110 °C getrocknet. Enthalten sie organische Anteile oder Sulfide, erfolgt ein Vorglühen der Proben bei 900 °C, wobei der Glühverlust zu bestimmen ist. Auch bei den nicht vorgeglühten Gesteinsproben ist der während des Aufschlusses entstehende Glühverlust zu bestimmen. Er wird bei der Korrekturrechnung als Restmatrix-Anteil berücksichtigt.

Für die Durchführung der Schmelzpräparation werden 2,00 g Gesteinsprobe in einem 40-ml-Pt-Au-Tiegel mit 4,00 g Aufschlußmittel innig vermischt und bei 1 000 °C aufgeschmolzen. Zur Homogenisierung und Bestimmung des Glühverlustes entnimmt man den Tiegel nach 15 min dem Muffelofen.

Nach einem weiteren 15minütigen Schmelzvorgang gießt man die Schmelzen in 250 °C vorgewärmte Graphitformen ab. Durch geringen Preßdruck mit einem ebenfalls vorgewärmten Graphitstempel wird der Glaskörper der Meßprobe geformt. Das Abkühlen der Gläser erfolgt in einem auf 280 °C aufgeheizten Hochtemperaturschrank im Verlauf von etwa 2 h.

In gleicher Weise verfährt man bei der Präparation von extrem zusammengesetzten Proben unter La_2O_3-Zusatz als schwerem Absorber.

Der Anteil an Gesteinsprobe im Verhältnis zum Aufschlußmittel beträgt hier jedoch 1 + 5, d. h., 1,00 g Gestein werden mit 5 g Aufschlußmittel verschmolzen, das wiederum 1,0 g La_2O_3 in der genannten Aufschlußmittelmenge enthält.

Eichung: Für die Ermittlung der zur empirischen Matrixkorrektur benötigten Korrekturgrößen dienen natürliche Standardgesteine bzw. Mischungen dieser Gesteine. Aus den attestierten Gehalten und ihren Intensitäten erfolgt die Berechnung der Korrekturgrößen durch multiple Regression.

Als Matrixkorrekturmodell für die Analyse schmelzaufgeschlossener Gesteinsproben wird

11.1. Bestimmung von Gesteinen, Erzen und Anreicherungsprodukten

ein von JENKINS [11.6] vorgeschlagenes Konzentrationsmodell angewandt (s. Abschn. 5.3.5.):

$$c_i = Q_i c_{is} \left[1 + \sum_{\substack{j=1 \\ j \neq i}}^{n} a_{i,j} (c_{js} - c_j) \right] \qquad (11\text{-}1)$$

c_i Konzentration des Analyten i
Q_i Intensitätsverhältnis des Analyten i in der Analysenprobe und der äußeren Standardprobe
c_{is} Konzentration des Analyten i in der äußeren Standardprobe
a_{ij} Korrekturfaktoren der Beeinflussung der Analyten i durch die Konzentrationen der Begleitkomponenten c_j
n Anzahl der Begleitkomponenten j
c_{js} Konzentration der Begleitkomponenten j im äußeren Standard

In die Konzentrationskorrektur werden alle Begleitkomponenten einschließlich Glühverlustausgleich einbezogen. Für MgO erfolgt keine Korrektur.
Bei der Bestimmung der Hauptkomponenten werden in einem ersten Schritt die Konzentrationen von probenspezifischen Standardgesteinen mit dem Korrekturansatz (11-1) bestimmt und diese berechneten Konzentrationen in Abhängigkeit von den attestierten Gehalten dieser Gesteine nach folgender Beziehung ausgeglichen:

$$c_{i,\text{attest.}} = a_{i,0} + b_i c_{i,\text{ber.}} \qquad (11\text{-}2)$$

$a_{i,0}$ absolutes Glied des funktionellen Zusammenhangs von vorgegebener und berechneter Analytkonzentration i in Vergleichsproben
b_i Anstieg dieses Zusammenhanges

Die durch lineare Regression ermittelten Größen $a_{i,0}$ und b_i dienen dann als Korrekturgrößen für die berechneten Konzentrationen der übrigen Proben der Serie nach folgendem Schema:

$$c_i = a_{i,0} + b_i c_{\text{ber.}} \qquad (11\text{-}3)$$

c_i korrigierte Konzentration des Analyten i

Die Eichung zur Bestimmung von Na und P in pulverförmigen Proben erfolgt mittels linearer Regression. Bei der P-Bestimmung wird der Überlagerungseinfluß der CaK_β II-Linie berücksichtigt. Die Analysenfunktion erhält folgende Form:

$$c_i = a_{i,0} + b_i Q_i + k I_{CaK_{\beta}1} \qquad (11\text{-}4)$$

c_i Konzentration des P
$a_{i,0} b_i, k$ Korrekturgrößen, mittels linearer, multipler Regression bestimmt
$I_{CaK_{\beta}1}$ Gesamtintensität der $CaK_{\beta}1$-Linie

Bewertung und Besonderheiten: Bei der Routineuntersuchung größerer Probenserien ist es technologisch günstiger, Messung und Matrixkorrektur nach einheitlichem Modus durchzuführen. Weite Konzentrationsbereiche verursachen aber gerade bei den empirischen Korrekturverfahren systematische Abweichungen der Werte durch ungenügende Korrektur der Matrixeinflüsse. Ein Teil dieser Abweichungen kann mittels der oben dargelegten Eichanpassung korrigiert werden, indem die den Probenserien entsprechenden Standardproben zur Anpassung verwandt werden.

Kleine Gehalte von Komponenten bestimmt man besser aus den einfachen linearen Intensitäts-Konzentrations-Beziehungen. Ebenso lassen sich kleine Na_2O- und MgO-Gehalte mittels Flammenfotometrie und AAS aus den sauren Lösungen der zerkleinerten Schmelzproben bestimmen.

Zur Einschätzung der Reproduzierbarkeit des Präparations- und Meßvorganges während eines ununterbrochenen Spektrometerbetriebes von 5 Tagen sind die relativen Standardabweichungen der Komponenten der Standardprobe Tonschiefer in Tabelle 11-1 aufgeführt. Die Konzentrationen der TB-Komponenten verkörpern etwa den durchschnittlichen Untersuchungsbereich.

Tabelle 11-1
Konzentrationsmittelwerte und relative Standardabweichungen für Tonschiefer TB (Schmelzaufschluß $1 + 2$); $n = 10$

Komponente	$\bar{c}$ [%]	s_r
SiO_2	60,2	0,0085
Al_2O_3	20,6	0,0073
Fe_2O_3	6,9	0,0087
MgO	1,9	0,026
CaO	0,31	0,061
K_2O	3,9	0,0077
TiO_2	0,97	0,01

Proben extremer Zusammensetzung können, wie eingangs bereits erwähnt, mit La_2O_3-Zusatz zur Vereinheitlichung der Probenmatrix analysiert werden.

Als Beispiel soll die Analyse von Laterit-Proben mit deren hohen Fe_2O_3- und Al_2O_3-Gehalten dienen. Wie die $\bar{s}$-Werte der Tabelle 11-2 zeigen, lassen sich bei der Probenverdünnung von $1 + 5$ und einem La_2O_3-Anteil von 16,7 % mittels linearer Auswertung über weite Konzentrationsbereiche durchaus befriedigende Analysenresultate erzielen.

Tabelle 11-2
Bestimmungsbereiche und Reststreuungswerte der Untersuchung von Laterit-Proben bei Zusatz von La_2O_3 als schwerer Absorber

Komponente	c [%]	$\bar{s}$	n
SiO_2	30 ...60	0,48	12
Al_2O_3	10 ...40	0,44	12
Fe_2O_3[1])	7 ...45	0,38	10
MgO	1 ... 8	0,15	11
CaO	0,2... 7	0,04	12
K_2O	0,2... 4	0,002	8
TiO_2	0,7... 3	0,08	10

[1]) Durch vorherige Probenverdünnung im Verhältnis $1 + 1$ mit La_2O_3-freiem Aufschlußmittel ist eine Erweiterung des Eichbereiches auf 60 % Fe_2O_3 gegeben.

11.1.2. Verfahren zur Analyse von Erzen und Anreicherungsprodukten

Bei der Analyse von Erzen und Anreicherungsprodukten ist die Variation der chemischen Zusammensetzung mannigfaltiger als bei der Hauptkomponenten-Analyse silikatischer Proben. Für die Praxis der Eichung und Matrixkorrektur wird daher empfohlen, Verfah-

11.1. Bestimmung von Gesteinen, Erzen und Anreicherungsprodukten

ren anzuwenden, die einen geringen Eichaufwand erfordern. Dafür bieten vereinfachte Fundamentalparameter-Modelle, die nur die Absorptionseffekte der Probe berücksichtigen, bereits gute Eich- und Matrixkorrekturmöglichkeiten. Die in die Korrektur einbezogenen Intensitäten müssen frei von Überlagerungen durch Begleitkomponenten sein und keine gerätebedingten bzw. aus dem Probenzustand (Korngrößen) herrührenden Meßsignal-Verfälschungen aufweisen. Daher wird zur Präparation der Erze und Anreicherungsprodukte die bei der Silikatanalyse angewandte Aufschlußtechnik herangezogen.

Als Beispiel der routinemäßigen Untersuchung von Erzen soll die Analyse der Komponenten TiO_2 und Fe_2O_3 in Ilmenit und Nb_2O_5 und Ta_2O_5 in Columbit bzw. Mikrolith dienen. Für ein Beispiel der Analyse von Anreicherungen wird die Analyse der Komponenten der Ce-Untergruppenelemente La_2O_3, CeO_2, Pr_2O_3 und Nd_2O_3 gewählt.

Meß- und Auswerteparameter: Sequenzspektrometer, Rh-Anode 60 kV/30 mA für Ti, Fe, Nb, Ta und W-Anode 60 kV/30 mA für La, Ce, Pr, Nd. Driftkorrektur, Absorptionskorrektur

TiO_2: 0,5–60,0 %; K_α, LiF-200, 0,15°, DZ, 30 s; 0,27$^+$% − 7 − 30%

Fe_2O_3: 0,2–50,0 %; K_α, LiF-220, 0,15°, DZ, 30 s; 0,30$^+$% − 11 − 25%

Nb_2O_5: 0,5–70,0 %; K_α, LiF-220, 0,15°, SZ, 30 s; 0,33$^+$% − 18 − 35%

Ta_2O_5: 0,5–70,0 %; $L_{\alpha1}$, LiF-220, 0,15°, DZ, 30 s; 0,50$^+$% − 18 − 35%

La_2O_3: 10,0–40,0 %; $L_{\alpha1}$, LiF-220, 0,15°, DZ, 40 s; 0,39$^+$% − 6 − 25%

CeO_2: 30,0–75,0 %; $L_{\alpha1}$, LiF-200, 0,15°, DZ, 40 s; 0,22$^+$% − 6 − 52%

Pr_2O_3: 2,0–10,0 %; $L_{\beta1,4}$, LiF-200, 0,15°, DZ, 40 s; 0,22$^+$% − 6 − 6%

Nd_2O_3: 10,0–25,0 %; $L_{\beta1,4}$, LiF-200, 0,15°, DZ, 40 s; 0,07$^+$% − 6 − 17%

U_{Ti}: 89,5° LiF-200, 0,15°, DZ, 30 s

U_{Fe}: 87,0° LiF-220, 0,15°, DZ, 30 s

U_{Nb}: 35,0° LiF-220, 0,15°, SZ, 30 s

U_{Ta}: 59,5° LiF-220, 0,15°, DZ, 30 s

U_{La}: 135,0° LiF-220, 0,15°, DZ, 40 s

U_{Pr}: 67,6° LiF-200, 0,15°, DZ, 40 s

U_{Nd}: 67,6° LiF-200, 0,15°, DZ, 40 s

Präparation: Der Schmelzaufschluß der Ilmenit-Erzproben und der SE-Anreicherungsprodukte erfolgt mit einem Aufschlußmittel, bestehend aus einer Mischung gleicher Teile Na- und Li-Tetraborat, dem zur Viskositätserniedrigung 10 % NaF zugesetzt werden. Dieses System erstarrt nach dem Schmelzvorgang für sich und mit Probe zu einem glasförmigen Produkt.

Für die Präparation der Columbit- und Mikrolithproben wird als Aufschlußmittel $3\,Li_2O \cdot 2\,B_2O_3$ eingesetzt, dem zur Glasbildung 8% SiO_2 und zur Erzielung eines günstigen Viskositäts-Temperaturverhaltens (sog. »*langes Glas*«) 8% MgO zugesetzt werden. Wesentlich für die Messungen in »*unendlichen Schichtdicken*« ist die Herstellung ausreichend dicker, homogener Glaskörper. Besonders für die Bestimmung des Niobs sind hierzu größere Aufschlußmittelmengen notwendig.

Zur Präparation werden $600 \pm 0{,}1$ mg analysenfeine Probe eingewogen und mit der Hälfte des Aufschlußmittels (Gesamtmasse 11,4 g) vermischt. Der andere Teil des Aufschlußmittels befindet sich in einem Pt-Au-Tiegel und wird mit der Mischung überschichtet. Nach 30minütigem Aufschmelzen in einem Muffelofen bei 1 000 °C wird der durch den Schmelzvorgang verursachte Masseverlust durch Aufschlußmittel ergänzt und nach weiterem 30minütigem Aufschmelzen bei 1 000 °C die Schmelze in 250 °C vorgewärmte Graphitformen abgegossen und geringfügig gepreßt. Diese Formen enthalten Ausbohrungen von 1 cm Tiefe und 31 mm Durchmesser, entsprechend den Probenhalterabmessungen. Der Abkühlvorgang verläuft ebenso, wie bereits im Abschnitt 11.1.1. beschrieben.

Eichung: Bei der Konzentrationsberechnung und Matrixkorrektur geht man von überlagerungsfreien Nettointensitäten der Analyten aus. Die Absorptionseffekte der Begleitkomponenten in der Probenmatrix werden durch Absorptionskorrektur berücksichtigt. Ausgehend von einem stark vereinfachten Fundamentalparametermodell (siehe Abschn. 5.3.6.) erfolgt die Berechnung der Absorption der Primär- und Fluoreszenzstrahlung nach folgender Beziehung:

$$\bar{\mu}/\varrho_{j\,(\lambda_{i,e})} = \frac{\mu/\varrho_{j\,(\lambda_i)}}{\sin \psi} + \frac{\mu/\varrho_{j\,(\lambda_e)}}{\sin \varphi} \qquad (11\text{-}5)$$

Die Primärstrahlenverteilung wird durch eine monochromatische Ersatzstrahlung (λ_e) genähert. In Anlehnung an STEPHENSON [11.7] dient hier als λ_e die Wellenlänge der kurzwelligen Seite der Absorptionskante des Analyten. In die Berechnung der Absorptionskorrektur sind alle Komponenten nach folgender Gleichung einzubeziehen:

$$\bar{\mu}^*/\varrho_{(\lambda_{i,e})} = \sum_{j=1}^{n} c_j\, \bar{\mu}/\varrho_{j\,(\lambda_{i,e})} \qquad (10\text{-}6)$$

Mit dieser Absorptions-Korrekturgröße $\bar{\mu}^*_{(\lambda_{i,e})}$ für die Probe und Vergleichsprobe erhält die lineare Analysenfunktion folgende Form:

$$c_i = a_{i,0} + b_i\, Q_i\, \frac{\bar{\mu}^*/\varrho_{(\lambda_{i,e})\,\text{Probe}}}{\bar{\mu}^*/\varrho_{(\lambda_{i,e})\,\text{Vergleichsprobe}}} \qquad (11\text{-}7)$$

Von Eingangsschätzungen der analytischen Konzentrationen ausgehend, werden die Korrekturgrößen schrittweise durch Iteration verbessert, bis die Konzentrationen der Analysen innerhalb bestimmter Grenzen konstant bleiben. Sie bilden dann das Analysenergebnis.

Die Regressionsgrößen $a_{i,0}$ und b_i lassen sich aus Eichproben (≥ 3 Proben) berechnen. Für ihre Herstellung werden bei 900 °C vorgeglühte, spektralreine Oxide mittels Borats

11.1. Bestimmung von Gesteinen, Erzen und Anreicherungsprodukten

aufgeschlossen und in gleicher Weise zu glasförmigen Meßkörpern präpariert wie für die Herstellung der natürlichen Erzproben.

Bewertung und Besonderheiten: Die Analysenqualität hängt bei diesem Auswertemodus wesentlich von der Möglichkeit einer Einbeziehung aller am Absorptionsvorgang beteiligten Komponenten in die Korrekturrechnung ab. Vorteilhaft wird deshalb diese Auswertung dort eingesetzt, wo hochkonzentrierte Erze oder Anreicherungsprodukte untersucht werden bzw. wo eine Bestimmung der Restmatrix möglich ist.

Zur Bestimmung der Komponenten Ta_2O_5 und Nb_2O_5 in Columbit-Erzen müssen die Begleitkomponenten Fe_2O_3, Mn_3O_4 und Y_2O_3 in die μ-Berechnung einbezogen werden. Bei den Mikrolith-Erzen ist die Anwesenheit von Bi_2O_3, CaO, TiO_2 und SnO_2 zu berücksichtigen. Einen Überblick über die Analysenqualität der beschriebenen Verfahrensweise vermitteln die folgenden Tabellen der Gegenüberstellung chemisch und röntgenspektrometrisch bestimmter Nutzkomponenten-Konzentrationen in Ilmenit-, Columbit- und Mikrolith-Proben (Tabellen 11-3 und 11-4).

Tabelle 11-3
Vergleich röntgenspektrometrisch und chemisch bestimmter Konzentrationen von TiO_2 und Fe_2O_3 in Ilmenit-Proben

Proben-bezeichnung	TiO_2 [%]		Fe_2O_3 [%]	
	chem. Wert	RFA-Wert	chem. Wert	RFA-Wert
Ilmenit 1	49,2	49,6	53,0	52,2
2	56,5	56,5	43,0	43,2
3	55,1	54,5	48,1	47,2
4	53,1	53,6	49,7	49,6
5	54,2	54,2	51,0	50,0
Ilmenit-Magnetit	7,1	7,7	45,0	44,8

Tabelle 11-4
Vergleich röntgenspektrometrisch und chemisch bestimmter Konzentrationen von Nb_2O_5 und Ta_2O_5 in Columbit- und Mikrolith-Proben

Proben-bezeichnung	Nb_2O_5 [%]		Ta_2O_5 [%]	
	chemischer Wert	RFA-Wert	chemischer Wert	RFA-Wert
Columbit 1	63,8	64,5	11,8	12,4
2	31,0	30,4	8,8	7,3
3	22,8	21,9	51,8	52,1
4	45,8	46,0	31,0	29,7
Mikrolith 1	3,3	3,4	64,7	64,3
2	7,8	7,6	65,0	64,6
3	3,6	3,7	55,2	54,8
4	4,5	5,0	69,0	69,8

11.2. Bestimmung von Spurenelementen in Gesteinen

Das Hauptanwendungsgebiet der RFA in der Geologie besteht nach wie vor in der Untersuchung pulverförmiger Substanzen auf Spurenelementgehalte vorwiegend im Bereich 10^{-1} bis 10^{-4}%. Für eine begrenzte Elementauswahl lassen sich Gehalte ab 2 bis 5 ppm nachweisen.

11.2.1. Verfahren zur Bestimmung von Spurenelementen auf der Basis der Rh-Compton-Matrixkorrektur

Das Verfahren gestattet die Bestimmung von Spurenelementen wie Ba, Nb, Zr, Y, Sr, Rb, As, Zn, W, Mn, Ti u. a. in Gesteinen. Für die Anwendung der Matrixkorrektur müssen Nettointensitäten der zu bestimmenden Elemente vorliegen. Im Bereich der Bremsstrahlung erfolgt an störfreien Meßstellen vor und hinter einer Linie bzw. einem Linienkomplex eine lineare Interpolation des zur Linie zugehörigen Untergrundes. Bei konstantem Untergrundverlauf, d. h. ab Zn bis Ti, wird jeweils eine überlagerungsfreie Stelle in Liniennähe gemessen.

Die Matrixkorrektur für BaK_α, dessen Wellenlänge kleiner ist als diejenige von Rh_C, erfolgt durch eine Verhältnisbildung zum Ba-Untergrund. Die Grundlage für die Matrixkorrektur der übrigen Elemente ist eine Verhältnisbildung der jeweiligen Nettointensitäten der Analysenelemente zur gemessenen Rh_C-Intensität innerhalb der gleichen Probe. Die Verfahrensweise hat Gültigkeit ab Rh_C ($\approx \lambda = 0{,}0645$ nm) mit zunehmender Wellenlänge bis zur Absorptionskante des ersten Hauptelementes, in Gesteinen das Fe ($\lambda = 0{,}174$ nm). Für die Spurenelemente Mn und Ti, die außerhalb des vorgenannten Bereiches liegen, werden unter Einbeziehung der FeK_α-Intensität in die Eichung empirische Korrekturen vorgenommen.

Meß- und Auswerteparameter: Sequenzspektrometer, Rh-Anode 60 kV/30 mA, $I_{N,i}/I_{C(Rh)}$, Intensitätskorrektur.

Ba: 0,01*–0,3%; K_α, LiF-220, 0,15°, SZ, 2 × 50 s; a_0, Ba[1], Ba/U, 1/U; 0,02 – 23 – 0,08%

Nb: 0,001*–0,03%; K_α, LiF-200, 0,15°, SZ, 2 × 10 s; a_0, Nb, Y, Rb; 0,08 – 23 – 0,002%

Zr: 0,002*–0,5%; K_α, LiF-200, 0,15°, SZ, 2 × 10 s; a_0, Zr, Sr; 0,02 – 23 – 0,02%

Y: 0,001*–0,03%; K_α, LiF-200, 0,15°, SZ, 2 × 10 s; a_0, Y, Rb; 0,04 – 23 – 0,004%

Sr: 0,002*–0,5%; K_α, LiF-200, 0,15°, SZ, 2 × 10 s; a_0, Sr, Sr/Rh_C; 0,02 – 23 – 0,02%

Rb: 0,0025*–0,2%; K_α, LiF-200, 0,15°, SZ, 2 × 10 s; a_0, Rb; 0,02 – 23 – 0,02%

---

[1]) Nur im Fall des Bariums bedeutet Ba die reine Nettointensität ohne Matrixkorrektur.

As: 0,001*–0,03 %; K_α, LiF-200, 0,15°, SZ, 2 × 40 s; a_0, As, Pb, 1/Rh$_C$; 0,10 – 23 – 0,001 %

Zn: 0,003*–0,25 %; K_α, LiF-200, 0,15°, SZ + DZ, 2 × 15 s; a_0, Zn; 0,03 – 23 – 0,01 %

W: 0,0015*–0,1 %; L_α, LiF-200, 0,15°, SZ + DZ, 2 × 60 s; a_0, W, Zn, Cu; 0,20 – 23 – 0,003 %

Mn: 0,01*–0,4 %; K_α, LiF-200, 0,15°, DZ, 2 × 15 s; a_0, Mn, Mn · Fe; 0,03 – 23 – 0,04 %

Ti: 0,02*–1,0 %; K_α, LiF-200, 0,15°, DZ, 2 × 15 s; a_0, Ti, Ti · Fe; 0,02 – 23 – 0,6 %

Rh: $K_{\alpha C}$, LiF-200, 0,15°, SZ, 2 × 15 s

Cu: K_α, LiF-200, 0,15°, SZ + DZ, 2 × 15 s

Fe: K_α, LiF-200, 0,15°, SZ, 2 × 10 s

U_{Ba}: LiF-220, 0,15°, 2 × 25 s; Summe aus U-Werten bei 2 ϑ = 12,00° und 21,00°

$U_{Nb, Y, Zr, Sr, Rb}$: LiF-200, 0,15°, SZ, 2 × 10 s, lineare Interpolation des zur jeweiligen Linie gehörigen U zwischen 2 ϑ = 15,00° und 29,50°

U_{As}: LiF-200, 0,15°, SZ, 2 × 20 s, Summe aus U-Werten bei 2 ϑ = 29,50° und 39,60°

U_{Zn}: 39,60°; LiF-200, 0,15°, SZ + DZ, 2 × 15 s

U_W: 44,10°; LiF-200, 0,15°, SZ + DZ, 2 × 60 s

U_{Mn}: 64,50°; LiF-200, 0,15°, DZ, 2 × 15 s

U_{Ti}: 89,50°; LiF-200, 0,15°, DZ, 2 × 15 s

Alle Linien- sowie Untergrundmeßstellen werden zur Ausschaltung unkontrollierbarer Kurzzeitschwankungen doppelt gemessen. Überschreitet dabei die Differenz zwischen den beiden Impulszahlen I_1 und I_2 eine vorgegebene Toleranz von $5\sqrt{I_1 + I_2}$, erfolgen bis zur genügenden Übereinstimmung automatisch Wiederholungsmessungen.

Präparation: Die Spurenelementanalyse wird an Pulver-Preßtabletten durchgeführt. Zur Herstellung dieser Tabletten werden 3 g Gesteinspulver (<63 µm) mit 1 g Polyvinylalkohol versetzt und bei einem Druck von 250 MPa in einem Preßgesenk von 28 mm Durchmesser verpreßt.

Eichung: Zur Eichung des Verfahrens dienen Präparate von Eichproben und internationalen Standardgesteinen. Neben Eichabstufungen auf Gesteinsbasis werden für geringe Konzentrationen von Spurenelementen auch Abstufungen auf der Basis »synthetischer Gesteine«, d.h. Mischungen von SiO_2, Al_2O_3, Fe_2O_3 und CaO etwa im Verhältnis der natürlichen Gesteine verwandt. Die Konzentrationsberechnung wird unter Verwendung der untergrund- und matrixkorrigierten Intensitäten der Elemente durchgeführt. Die Ermittlung der erforderlichen Eichkoeffizienten und ihre Optimierung erfolgt mit einem durch Konzentrationswichtung modifizierten multiplen Regressionsprogramm auf der Basis des Potenzreihenansatzes.

Besonderheiten: Bei Anwendung der RhK$_\alpha$-Comptonstrahlung ist zu beachten, daß Interferenzen dieser Strahlung mit ThL$_\gamma$ und NbK$_\beta$ möglich sind. Sofern höhere Konzentrationen dieser Elemente auftreten, müssen gegebenenfalls entsprechende Korrekturen vorgenommen werden. In Gesteinen ist dies im allgemeinen jedoch nicht der Fall. HARVEY und ATKIN [11.8], die grundsätzliche Untersuchungen der Beziehung zwischen Rh$_C$-Intensität und Massenschwächungskoeffizienten durchführten, ermittelten ferner, daß bis zu einem Gehalt von 1 % Mo und Zr keine Störungen der RhK$_\alpha$-Comptonlinie verursacht werden.

Für eine rationelle Verfahrensweise ist ein sogenannter Online-Betrieb zu empfehlen, der über ein EDV-Programm das Spektrometer steuert und während der Meßzeit die Rechenprozesse einschließlich Konzentrationsermittlung und Datenausdruck realisiert. Unter diesen Bedingungen beträgt bei einem Sequenzgerät der Zeitaufwand für die Analyse der vorgenannten Elemente etwa 20 min.

Die Richtigkeit der erzielten Ergebnisse wird anhand von Standardgesteinen kontrolliert.

11.2.2. Bestimmung von Spurenelementen mit innerem Standard

Die Analyse unter Anwendung von inneren Standardelementen (s. auch Abschn. 5.4.2.) gehört zu den konventionellen Methoden. Wenn auch die Verfahren auf Basis der Compton-Matrixkorrektur häufig angewendet werden, sind Verfahren, die auf der inneren Standardmethode beruhen, nach wie vor bei der Untersuchung geologischer Proben von Bedeutung [11.9]. Sie stellen außerdem eine Alternativlösung dar, wenn für die Analyse keine Röhrentypen mit Anodenmaterialien mittlerer Z (Ag, Rh, Mo) zur Verfügung stehen oder Elemente aus der Probe die Comptonstrahlung stören und damit die Matrixkorrektur erschweren bzw. nicht gestatten.

Als Beispiel wird ein Verfahren zur Bestimmung von Sr, Zr, Rb, Zn und Mn an Pulverpreßlingen mit Mo und Co als innere Standards beschrieben.

Meß- und Auswerteparameter: Sequenzspektrometer, W-Anode 60 kV/32 mA, I_N, Intensitätskorrektur, innere Standards

Sr: 0,001–0,5 %; K$_\alpha$, LiF-200, 0,15°, SZ, 100 s; a_0, Sr/Mo; 0,035 – 10 – 0,013 %

Zr: 0,002–0,5 %; K$_\alpha$, LiF-200, 0,15°, SZ, 100 s; a_0, Zr/Mo, Sr/Mo; 0,05 – 10 – 0,015 %

Rb: 0,001–0,1 %; K$_\alpha$, LiF-200, 0,15°, SZ, 100 s; a_0, Rb/Mo; 0,03 – 10 – 0,025 %

Zn: 0,002–0,5 %; K$_\alpha$, LiF-200, 0,15°, SZ + DZ, 100 s; a_0, Zn/Co$_{K\beta}$; 0,09 – 10 – 0,004 %

Mn: 0,003–0,5 %; K$_\alpha$, LiF-200, 0,15°, DZ, 100 s; a_0, Mn/Co$_{K\alpha}$; 0,06 – 10 – 0,035 %

Mo: K$_\beta$, LiF-200, 0,15°, SZ, 40 s

Co: K$_\beta$, LiF-200, 0,15°, SZ + DZ, 40 s

Co: K$_\alpha$, Topas, 0,15°, DZ, 40 s

$U_{Sr, Zr, Rb}$: 29,00°, LiF-200, 0,15°, 100 s

U_{Zn}: 39,80°, LiF-200, 0,15°, SZ + DZ, 100 s

U_{Mn}: 64,50°, LiF-200, 0,15°, DZ, 100 s

Für die Elemente Zn und Mn wird in Liniennähe je eine Untergrundmessung vorgenommen. In Abhängigkeit von der geforderten Analysenqualität und der Bestimmungsgrenze ist der Aufwand zur Bestimmung der Untergrundintensitäten für die im Anstieg des Bremsspektrums liegenden Elemente Zr, Sr und Rb festzulegen. Im einfachsten Fall und für den Nachweis von Gehalten >30 ppm genügt die Messung des Untergrundes an einer Position (29,00°), zumal zahlreiche Störungen die Festlegung von Meßstellen erschweren. Die Ermittlung einer benötigten Untergrundintensität kann auch durch Interpolation erfolgen (s. Abschn. 11.2.1.).

Präparation: Das auf eine Korngröße <63 µm zerkleinerte geologische Material wird mit 20% Polyvinylalkohol (PVA) versetzt. Zweckmäßig ist die Zugabe der Standardelemente zum Bindemittel. Im beschriebenen Verfahren werden dem PVA-Pulver 0,4% MoO_3 und 1,5% Co_2O_3 zugesetzt. Nach dem Homogenisieren von Probe und Bindemittel verpreßt man die pulverförmige Substanz bei einem Druck von 250 MPa zu einer Tablette.

Eichung: Die Eichung kann sowohl mittels Elementabstufungen in natürlichen Gesteinen als auch mit synthetischen Eichproben, die der Durchschnittsmatrix des Untersuchungsmaterials entsprechen, vorgenommen werden. Zur Überprüfung der Eichung und der Analysenergebnisse sind internationale Standardgesteine sowie Mischungen derselben geeignet.

Besonderheiten: Das Verfahren kann unter Verwendung der vorgenannten inneren Standards auf die Bestimmung der Elemente Nb, Zr, Y, Cu, Ni und Ti erweitert werden. Prinzipiell eignen sich weiterhin Te, Cd, Br, Se und Ge aufgrund ihrer generell niedrigen Konzentrationen in Gesteinen als Standardelemente. So haben sich beispielsweise für die Bestimmung von Pb sowie As Germanium, für die Bestimmung von Sn Tellur und Cadmium als innere Standardelemente bewährt.
Für die Messung der CoK_α-Strahlung ist wegen der benachbarten FeK_β-Linie ein Analysatorkristall mit hohem Auflösungsvermögen und hinreichender Intensitätsausbeute zu verwenden. Außer Topas ist auch LiF-220 geeignet.

11.2.3. Verfahren zur Bestimmung von Spurenelementgehalten im CLARKE-Bereich

Mit einem Laborröntgenanalysator vom Typ ARF (Burewestnik, Leningrad) mit fokussierendem Strahlengang (*Cauchois-Prinzip*, s. Abschn. 3.3.) lassen sich ausgewählte Elemente im Konzentrationsbereich 3 bis 20 ppm bestimmen. Der Analysator arbeitet im Wellenlängenbereich von 0,04 bis 0,18 nm [11.10]. Das Analysenverfahren wird anhand der Bestimmung von Nb, U und Th erläutert. Die nachzuweisenden Elementgehalte betragen im Durchschnitt in ppm:

Gestein	Nb	Th	U
Granite	20	18	3,5
Schiefer	20	30	10
Lithosphäre	20	3,3	2,3

Zur Matrixkorrektur und Untergrundbestimmung werden die Comptonlinien des Anodenmaterials (Ag, Mo) der Röntgenspektroskopieröhren benutzt. Die Ermittlung der Untergrundintensität unter der Analysenlinie erfolgt rechnerisch anhand von Koeffizienten einer linearen Regression, die aus einer gesonderten Meßreihe gewonnen werden. Dazu werden hochreine Oxide, z.B. Fe_2O_3, CaO, TiO_2, SiO_2, MgO usw., sowie synthetische Gesteinsmatrices verwendet. Die bei der Wellenlänge der Analysenelemente gemessenen Intensitäten (und Untergrundintensitäten) werden in Korrelation zu den an diesen Präparaten gemessenen Intensitäten der Comptonlinien gesetzt, z.B.

$$I_{U, Nb} = a_M + b_M I_{C(Ag)} \tag{11-8}$$

Die an den Analysenproben gemessene Compton-Intensität wird daher über die Beziehung (11-7) zur Berechnung von I_N und zur Matrixkorrektur genutzt.

$$I_{korr.} = \frac{I_B - I_U}{I_C} \tag{11-9}$$

$I_{korr.}$ matrixkorrigierte Nettointensität des Analysenelementes

Meß- und Auswerteparameter: Sequenzlaborröntgenanalysator ARF-6, Mo-Anode (U, Th) oder Ag-Anode (Nb) 45 kV/60 mA, gebogene Quarzlamelle (1011/0,3 mm dick) als Analysatorkristall, $I_{N,i}/I_{C(Mo)}$ bzw. $I_{N,i}/I_{C(Ag)}$.

U: 3*–300 ppm; $L_{\alpha 1}$, SZ, 200 s; a_0, U/Mo_C; 0,25 – 29 – 5 ppm

Th: 4*–300 ppm; $L_{\alpha 1}$, SZ, 200 s; a_0, Th/Mo_C; 0,09 – 29 – 15 ppm

Mo: $K_{\alpha C}$, SZ, 100 s

Nb: 5*–300 ppm; K_α, SZ, 100 s; a_0, Nb/Ag_C; 0,05 – 100 – 21 ppm

Ag: $K_{\alpha C}$, SZ, 100 s

Präparation: Das Probenpulver, ≤ 63 µm Korngröße, wird unter Zusatz von 25% Polyvinylalkohol (3 g Probe + 1 g PVA) bei einem Druck von 250 MPa zu Tabletten mit 28 mm Durchmesser gepreßt.

Eichung: Zur Eichung werden aus reinen Oxiden hergestellte Eichproben mit granit- und tonschieferähnlicher Matrix eingesetzt. Die Matrices entsprechen in ihren Massenschwächungskoeffizienten für die Analysenelemente den ZGI-Standardgesteinen GM und TB. Die Konzentrationsabstufungen betragen jeweils 1, 3, 6, 10, 30, 60, 100, 300 ppm. Weiterhin werden geeignete Gesteins- und Erzstandardproben verwendet. Die Bestimmungsgrenzen wurden aus der Reststreuung nach Gl. (7-13) und nach JENKINS [5.16] ermittelt. Aus der Beziehung

$$I_{\text{korr.}} = b_E C + a_E \tag{11-10}$$

ergibt sich unter Berücksichtigung von Gln. (11-8) und (11-9) die Berechnung der Konzentration zu

$$C = \frac{\frac{I_{B, EL} - a_M}{I_C} - b_M - a_E}{b_E} \tag{11-11}$$

Besonderheiten: Die Auswahl der zu messenden Analysenlinien erfolgt beim ARF-6 durch ein bewegliches Schlitzblendensystem. Dadurch ist der bei einer konkreten Stellung des Analysatorkristalles erfaßbare Wellenlängenbereich festgelegt und kann während der Messung nicht variiert werden. Linienkoinzidenzen, die bei vererzten Proben auftreten können, lassen sich nur dann korrigieren (Messung der Korrekturlinie im Analysengang), wenn die zu messende Wellenlänge im Arbeitsbereich des Meßspaltes liegt, z. B. $BiL_{\alpha 1}$ zur Korrektur der Koinzidenz $BiL_{\beta 1, 2}$ für $ThL_{\alpha 1}$. Die Störung Mo_C durch $NbK_{\alpha 1, 2}$ kann nur durch externe Nb-Bestimmung korrigiert werden. Bei geochemischen Untersuchungen im CLARKE-Bereich ist das i. allg. nicht erforderlich. Weitere Linienkoinzidenzen und Störgrenzkonzentrationen für vererzte Proben:

Mo_C — $YK_{\beta 1, 3} > 500$ ppm; $UL_{\beta 1, 4, 5} > 1\%$
$UL_{\alpha 1}$ — $RbK_{\alpha 1}$ und $SrK_{\alpha 2} > 1\%$
$ThL_{\alpha 1}$ — $PbL_{\beta 5, 7} > 1\%$
$NbK_{\alpha 1}$ — $YK_{\beta 1, 3}$ und $UL_{\beta 2, 4} > 500$ ppm

Mit dem »ARF-6« können bei Anwendung der Mo-Röhre neben U und Th auch die Elemente Pb, Rb, Sr, As sowie mit der Ag-Röhre außer Nb auch Zr, Y, Mo und U (L_α und L_β) bestimmt werden.

11.3. Analyse geologischen Materials mit energiedispersiven Gerätesystemen [11.12]

Energiedispersive Röntgenfluoreszenzanalysatoren werden mit Erfolg in der Geologie für die Prospektion bestimmter Lagerstättentypen und für die Bestimmung der Elemente Cu, Pb, Zn im Feldeinsatz angewendet. Bewährt haben sich tragbare bzw. transportable Geräte, die als Strahlungsquellen radioaktive Isotope oder luftgekühlte Kleinleistungsröntgenröhren nutzen und zur Energieselektion z. B. das Differenzfilterverfahren verwenden (s. Abschn. 3.5.1.). Sinnvoll ist der Einsatz solcher Geräte zur Lösung von geologischen

Such- und Erkundungsaufgaben nur dann, wenn Basislaboratorien weit entfernt sind und bereits vor Ort Kriterien zur Höffigkeitseinschätzung gewonnen werden können. Damit soll eine bedeutende Reduzierung der Probenzahlen, die in das Basis- bzw. Zentrallabor transportiert werden müssen, erreicht sowie eine schnellere Entscheidungsfindung ermöglicht werden.

Das nachfolgend beschriebene Verfahren eignet sich für die komplette Analyse geologischen Materials. Es können neben Hauptkomponenten wahlweise bis zu 40 weitere Elemente (Nebenkomponenten und Spurenelemente) in mehreren Meßregimen als Elementgruppen bestimmt werden. Für eine derartig umfangreiche Analyse ist nach MARGOLIN, KOMYAK u. a. [11.12] das energiedispersive Röntgenfluoreszenzspektrometer MECA-10-44 geeignet. Es soll eine Vollanalyse mit einer Summe von 99,99 ± 1,5 % für alle Elemente >10 ppm in 20 bis 30 min möglich sein.

Die Analysenelemente werden in 6 Gruppen eingeteilt (s. Tabelle 11-5), wobei für 5 Gruppen eine gepulste Seitenfensterröntgenröhre mit Ag-Anode als Anregungsquelle dient. Ab einer Röhrenspannung von 10 kV werden Primärstrahlungsfilter zur Verbesserung der Selektivität des Anregungssystems eingesetzt.

Tabelle 11-5
Elementgruppen und Anregungsbedingungen
(MARGOLIN u. a. [11.12])

Zu bestimmende Elementgruppe	Meß-regime-Nr.	Anregungsquelle	Quellenparameter
Na, Mg, Al, Si, P	1	Röntgenröhre mit Ag-Anode	5 kV ohne Filter
S, Cl, K, Ca, Ti, V	2		10 kV, 2 mm Cellulosefilter
Cr, Mn, Fe, Co, Ni	3		15 kV, 2 mm Cellulosefilter
Cu, Zn, Ga, Ge, As, Se, Br	4		25 kV, 0,05 mm Ag-Filter
Rb, Sr, Y, Zr, Nb, Mo, Pb, Bi, Th, U	5		45 kV, 0,127 mm Ag-Filter
Ag, Cd, Sn, Sb, Te, J, Cs, Ba, La, Ce, Pr, Nd	6	Isotopenquelle ^{241}Am	Strahlungsaktivität $3,7 \times 10^9 \, \text{s}^{-1}$

In einer 6. Gruppe sind Elemente zusammengefaßt, deren K-Linien mit einer ^{241}Am-Isotopenquelle angeregt werden, um einen empfindlichen Nachweis zu erreichen.

Eine qualitative Beurteilung der Spektren ermöglicht die Software durch Vorwahl von bis zu 25 Fenstern oder den Vergleich entfalteter Spektrenausschnitte mit gespeicherten (max. 19) Spektren von Reinelementen.

Die Konzentrationsberechnung einschließlich Matrixkorrektur erfolgt an Nettointensitäten, wobei die Matrix entweder über μ-Korrektur (Gruppen 1 bis 5) oder nach LACHANCE-TRAILL [5.36] mit empirisch bestimmten α-Koeffizienten berücksichtigt wird (Gruppe 6).

11.3. Analyse geologischen Materials

Meß- und Auswerteparameter: Energiedispersives Röntgenspektrometer MECA-10-44 mit gepulster Ag-Anode oder ^{241}Am-Isotop als Anregungsquelle, I_N, Escape-Peak-Abzug; Matrixkorrektur.

Es folgen Beispiele für jedes Meßregime. Sie sind auf die anderen in Tabelle 11-5 genannten Elemente übertragbar. Für die Einteilung in Bestimmungsbereiche standen mehr als 100 Kontrollproben zur Verfügung (Tabelle 11-6).

Tabelle 11-6
Gehaltsbereiche, relative Standardabweichungen und Bestimmungsgrenzen
(nach [11.12])

Bestimmungs-bereich [%]	Relative Standardabweichung (s_r)							
	Na$_2$	SiO$_2$	CaO	Fe$_2$O$_3$	Cu	Sr	Ba	Ce
50,0...69,9	–	0,007	0,003	–	–	–	–	–
30,0...49,9	–	0,011	0,006	0,005	–	–	–	–
10,0...29,9	0,03	0,015	0,012	0,011	–	–	–	–
2,00...9,99	0,06	0,04	0,04	0,04	–	–	–	–
0,50...1,99	0,20	–	0,06	0,05	–	–	–	–
0,20...0,99	–	–	–	–	0,03	0,01	0,01	–
0,05...0,19	–	–	–	–	0,06	0,03	0,04	–
0,01...0,049	–	–	–	–	0,09	0,08	0,09	0,11
0,002...0,0099	–	–	–	–	0,12	0,12	0,15	0,15
0,0005...0,0019	–	–	–	–	0,20	0,16	0,20	0,20
Meßregime-Nr.	1	1	2	3	4	5	6	6
Meßzeit [s]	3 × 300 daraus $\bar{x}$	100	100	100	100	100	100	100

Bestimmungs-grenzen [ppm]	MgO	SiO$_2$	TiO$_2$	MnO	Fe$_2$O$_3$	Cr	Ni	Cu	Zn	Cd	Sn	Pb
	1660	1300	135	65	75	50	10	8	8	10	30	6

Präparation: 3 bis 5 g Probepulver werden <20 µm zerkleinert und unter Zugabe von 8 % Phenolformaldehyd-Harz zu Tabletten gepreßt, anschließend 3 h bei 120 bis 150 °C getrocknet.

Eichung: Als Basis für diese umfangreiche Arbeit dienen Tabletten von »Reinelementen« (Na-U) und von 40 sowjetischen sowie internationalen Standardproben von Gesteinen und Erzen. Daraus wurden 5 Eichkomplexe hergestellt (Tabelle 11-7). Diese Komplexe sind in entsprechende Eichsätze zur Abstufung der Hauptkomponenten und Spurenelemente untergliedert.

Bewertung, Besonderheiten: Werden geringere Anforderungen an die Nachweisempfindlichkeit gestellt, können Meßregime zusammengelegt werden. Die Analyse der genannten

Kontrollproben ergab, daß nur unbedeutende systematische Fehler entstehen, wenn die Konzentrationsberechnung über die in der Grundzusammensetzung angepaßten Eichprobensätze erfolgt. Mit den Eichsätzen des allgemeinen Eichkomplexes sind Übersichtsanalysen möglich. Die durchschnittlichen Abweichungen vom wahren Wert sind in der Regel 2- bis 3mal größer als mit angepaßter Eichung.

Tabelle 11-7
Eichkomplexe

	Konzentrationsbereich [%]		
	SiO_2	CaO	Fe_2O_3
Allgemein	1...90	0,1...50	0,1...30
Granit	50...90	0,1...5	0,5...5
Basalt	30...50	3...15	3...30
Karbonat	1...30	15...50	0,1...3
Erz	für polymetallische Erze und Fe-Mn-Konkretionen		

Die Auswerteprogramme sind jeweils auf 19 Elemente und 20 Standards begrenzt. Bei der Analyse der Elementgruppe 6 (s. Tabelle 11-5) wird Fe zur Charakterisierung der Absorptionseigenschaften mit in das Analysenprogramm aufgenommen.

12. RFA minimaler Probemassen

ROLAND KIESSLING

12.1. Physikalische Besonderheiten

Bei sehr dünnen Meßproben tragen alle Atome einer Probensubstanz zur gemessenen Fluoreszenzintensität bei. Die Austrittstiefe der Fluoreszenzstrahlung ist dann größer als die Probendicke (s. auch Abschn. 2.5.4.). Demzufolge hängt die Intensität sowohl von der Konzentration als auch von der Dicke der Probe ab. Die Auswertung von Messungen an Proben solcher Schichten, die röntgenspektrometrisch nicht mehr unendlich dick sind, gestaltet sich zwar infolge der exponentiellen Abhängigkeiten unübersichtlich, ist aber bereits mit Taschenrechnern durchführbar [12.1].

Eine zweite Besonderheit besteht darin, daß mit abnehmender Masse je Flächeneinheit die Interelement- und Absorptionseffekte letztlich vernachlässigbar klein werden. Zwischen gemessener Fluoreszenzintensität und Anzahl der in der Meßprobe vorhandenen Atome besteht dann ein linearer Zusammenhang.

Drittens sind röntgenspektrometrisch endlich dicke Meßproben mechanisch instabil. Deshalb ist man auf Trägermaterial angewiesen. Diese Trägersubstanzen bestehen meist aus Verbindungen leichter Elemente. In ihnen treten Streuungen auf.

Viertens wird die anregende Röntgenstrahlung von derartigen Meßproben nur wenig geschwächt. Um die Fluoreszenzintensität der Meßprobe zu vergrößern, hinterlegt man die dünne Probe mit einer röntgenspektrometrisch unendlich dicken Schicht. Auf diese Weise erreicht man, daß sowohl die in dieser Schicht gestreute Primär- als auch die dort erregte Fluoreszenzstrahlung zur Anregung der Probe beiträgt. Bei der gezielten zusätzlichen Anregung einzelner Linien in der Meßprobe muß man Stoffe auswählen, die aus Elementen bestehen, deren Fluoreszenzlinien energiereicher als die interessierenden Linien sind. Die mit detektierte Streustrahlung der Unterlage beeinflußt das Signal-Rausch-Verhältnis ungünstig. Hochebene Quarzblöcke, auf die die anregende Röntgenstrahlung unter einem Winkel von etwa 6 Bogenminuten auftrifft und auf deren Oberfläche die Meßprobe in Form einer dünnen Schicht aufgebracht wird, vermeiden diesen Nachteil. Sie wirken wie totalreflektierende, aber unendlich dünne Unterlagen.

Fünftens wirken sich Korngrößen- und Inhomogenitätseinflüsse bei dünnen Proben stark auf das Meßergebnis aus [12.2]. Mit zunehmender Korngröße beobachtet man Abweichungen vom linearen Zusammenhang zwischen Intensität und Konzentration. Außerdem wirken sich bei heterogenem Material die unterschiedlichen Phasenanteile auf das Meßergebnis aus [12.3]. Naturgemäß beeinflussen dabei Korngröße und Art und Ausmaß der Inhomogenität die Intensität einer weicheren Fluoreszenzstrahlung mehr als die einer härteren. Einen Ausweg bietet das Homogenisieren mittels Boratschmelze.

Auch dann, wenn größere Probenmassen zur Verfügung stehen, bietet die RFA dünner Schichten als Vorteil, den Kompromiß zwischen Empfindlichkeit und Richtigkeit (in Abhängigkeit von Absorptionseffekten) entsprechend der jeweiligen Analysenaufgabe optimieren zu können. Die Präparation z.B. von Bodenproben in dünnen Schichten bereitet keine Schwierigkeiten; sie werden nach Suspendierung in Wasser auf eine gespannte Mylarfolie aufgebracht und dort getrocknet [12.4]. Auch für schwere und leichte Elemente gleichzeitig enthaltende Proben wie Sb-S-Ge-Te-Gemische ist diese Methode vorteilhaft [12.5]. Als Eichproben eignen sich Multielementstandards, hergestellt aus der wäßrigen Lösung eines Polymeren mit bekannten Massen an den betreffenden Elementen [12.6], oder auch analog präparierte Gelatinefilme [12.7].

So hat sich die Bestimmung kleiner Substanzmassen bereits seit längerer Zeit einen festen Platz unter den Anwendungsgebieten der RFA gesichert [12.8].

12.2. Spurenanalyse

Obwohl die RFA keine eigentliche spurenanalytische Methode ist, kann sie dennoch erfolgreich auch ohne Probenvoranreicherung zur Spurenbestimmung eingesetzt werden [12.9]. So gelingt unter Einsatz von Ga als innerem Standard die direkte Bestimmung von $5 \cdot 10^{-3}$%-Gehalten an V, Cr, Ni, Cu, Zn und As in Bodenproben mit einer Genauigkeit um ±20% oder besser [12.10]. Die Elemente Sn, Cd, Ag, As, Pb, Tl, Zn, Cu, Ni und Cr sind in Lebens- und Futtermitteln pflanzlicher und tierischer Herkunft, Bodenextrakten, Klärschlamm und Tennenbelägen bis herab in den ppm-Bereich bestimmbar [12.11]. Ohne Voranreicherung sind Spuren zwischen 10 und 50 ppm von Ca, Fe, Ni, Cu, Mo und Pb in Cr nach Oxydation der Probe und Verpressen mit Borsäure röntgenspektrometrisch analysierbar [12.12].

Lösungen werden jedoch nur in besonderen Fällen direkt zur RFA eingesetzt, insbesondere aber dann, wenn der Analyt bereits in gelöster Form vorliegt [12.13; 12.14]. Über die Anwendbarkeit und die Genauigkeit der RFA für die Bestimmung der Konzentration der Elemente P bis U in Lösung liegen vielfältige Erfahrungen vor [12.15]. Das Arbeiten mit innerem und äußerem Standard, Fehlerquellen und optimale Konzentrationsbereiche wurden untersucht. Lösungen, die verdünnter als $5 \cdot 10^{-3}$ molar sind, weisen keine bemerkenswerten Matrixeffekte mehr auf. Als Probenfenster dient gewöhnlich Mylarfolie, deren Absorptionsverhalten besonders bei der Bestimmung leichterer Elemente zu beachten ist [12.16].

Trennt man Spuren aus einer Matrix ab und mißt sie in röntgenspektrochemisch endlicher Schichtdicke, so ist ihre Bestimmung bis herab zu Konzentrationen möglich, für die eigentlich Methoden wie die Atomabsorptionsspektrometrie und die Neutronenaktivierungsanalyse prädestiniert erscheinen: Unter optimalen Arbeitsbedingungen [12.17] können beispielsweise noch 10^{-7} bis 10^{-8} g/cm² Probenfläche der Elemente bestimmt werden [12.18], bei Einsatz der unter 12.1. erwähnten totalreflektierenden Probenträger noch 10^{-11} g einiger Elemente [12.19]. Eine Übersicht über die Bestimmung von Pikogramm-Mengen an Elementen mittels RFA gibt BARTA [12.20].

Man arbeitet vorteilhaft in einem Bereich, in dem aufgrund der geringen Elementmassen keine bemerkenswerten Interelementeffekte mehr auftreten. So umgeht man von vornherein zusätzliche Fehlerquellen, gestaltet die Eichung und die Auswertung übersichtlich, muß aber beachten, daß das Trägermaterial für die eigentliche Probensubstanz integrierter Bestandteil der Meßprobe wird. Dieses Stützmaterial ruft fast immer Absorptionseffekte hervor. Diese führen dann nicht zu Fehlern im Meßergebnis, wenn die Präparation der Eichproben analog zur Präparation der Meßproben erfolgt und die Eichproben in ihrer Zusammensetzung den Meßproben ähnlich sind.

12.2.1. Schwebstaubanalyse

Allgemeine Grundlagen

Das gesamte Gebiet der Analyse von Luft und *Luftverunreinigungen* wird weltweit in zunehmendem Maße bearbeitet [12.21; 12.22]. Zur Analyse von Schwebstäuben der atmosphärischen Luft bietet die RFA neben ihrer Schnelligkeit gegenüber chemischen Methoden folgende Vorteile:

- einfache Probenpräparation, Verzicht auf Probenumarbeitungen,
- Automatisierbarkeit,
- zerstörungsfreie Messung und Archivierbarkeit der Proben,
- minimaler Aufwand an lebendiger Arbeit für Routineanalysen.

Um arbeits-, zeit- und materialaufwendige sowie fehlerbehaftete Probenumarbeitungen zu vermeiden, wird der zu analysierende Staub bereits so gesammelt, daß eine direkte RFA möglich ist. Sehr effektiv ist eine Filtration der Luft mittels geeigneter Filtermaterialien. Prinzipielle Probleme bei der Gewinnung von Meßproben bestehen darin,

- für größere Lufträume repräsentative Schwebstaubproben zu erhalten, da durch die Turbulenz der Luftströmungen fortwährend Entmischungs- und Mischvorgänge ablaufen.
  Eine scharfe Grenze zwischen *Sedimentations-* und *Schwebstaub* kann ohnehin nicht gezogen werden. Je nach meteorologischen Bedingungen an der Aspirationsstelle liegt sie ungefähr bei Teilchengrößen zwischen 10 bis 20 µm. Selbst im Abstand von weniger als 1 m voneinander synchron gesammelte Schwebstaubproben unterscheiden sich um über 10 % in ihren Elementgehalten.
- daß die bei der Aspiration im freien Luftraum vor der Aspirationsöffnung erzwungene Strömung zu Verschiebungen in der Konzentration der in der Luft verteilten Feststoffe führen kann.
  Isokinetische Aspirationsbedingungen sind aber aufgrund der Turbulenz der atmosphärischen Luft ohnehin kaum möglich.
- große Probenvolumina aspirieren zu müssen, um zu analysierbaren Staubmassen zu gelangen.
  Die Konzentration des Schwebstaubes in der Luft ist sehr gering und schwankt über große Konzentrationsbereiche. Ebenso kann sich die Zusammensetzung des Schwebstaubes innerhalb kurzer Zeit (1 h und weniger) wesentlich ändern, so daß für Durch-

schnittswertbestimmungen auch möglichst über die insgesamt betrachtete Zeit der Schwebstaub zu sammeln ist. Für Kurzzeitmessungen ist die Güte des Aspirators gemeinsam mit der Leistungsfähigkeit des Analysengerätes entscheidend dafür, wie lange aspiriert werden muß, um noch aussagekräftige Analysen durchführen zu können.

Daraus leiten sich folgende Forderungen an den *Aspirator* ab:

- Die Durchsatzleistung muß genau genug bekannt oder meßbar sein, um Angaben über die Konzentration der zu bestimmenden Elemente in der untersuchten Luft machen zu können. International zulässig sind Toleranzen von ±5%.
- Die Durchsatzleistung muß für Kurzzeitmessungen maximal sein; denn die Anzahl der abgeschiedenen Staubteilchen muß so groß sein, daß man ohne beachtenswerten Fehler das an ihnen gewonnene Analysenresultat auf den Immissionsschwebstaub der untersuchten Luft übertragen kann.
- Die Geometrie der anfallenden Staubproben muß der Probengeometrie des Röntgenfluoreszenzanalysators entsprechen.

Als geeignete Aggregate haben sich trockenlaufende einstufige Drehschiebervakuumpumpen von etwa 0,76 kW Leistungsaufnahme erwiesen, die über längere Zeiträume wartungsfrei arbeiten und beispielsweise durch ein Filter aus LF-1-Luftfilterkarton[1] von etwa 7 cm^2 effektiver Fläche 9 m^3/h Luft zu saugen gestatten. Die Kennlinie ist derart, daß Erhöhungen des Strömungswiderstandes der Staubsammelfilter, wie sie während des Aspirierens durch die Belegung der Filter eintreten, in einem relativ weiten Bereich durch gesteigerte Saugleistung annähernd kompensiert werden. So können beim Aspirieren von Immissions-Schwebstäuben mitlaufende Durchsatzmessungen entfallen.

Bei der Auswahl des *Filtermaterials* ist zu beachten, daß

- der Strömungswiderstand möglichst klein sein muß, um hohe Durchsatzleistungen zu ermöglichen; er soll eine von Filter zu Filter möglichst gleichbleibende Größe aufweisen,
- ein ausreichender Abscheidungsgrad für Schwebstäube auch bei den angestrebten hohen Durchlaufleistungen gesichert sein muß; er sollte nicht unter 99% liegen,
- der abgeschiedene Staub möglichst abriebsicher aufgenommen wird,
- die mechanische Stabilität und Beständigkeit gegenüber Röntgenstrahlung die direkte Verwendung als röntgenspektrometrische Meßprobe erlaubt,
- anorganische Verunreinigungen nur in geringsten und möglichst konstanten Konzentrationen vorliegen dürfen, um die röntgenspektrometrische Analyse nicht durch hohe und schwankende Blindwerte zu verfälschen,

[1]) Dieses Filtermaterial auf Cellulosefaserbasis (Linters und Rayon) hat eine Dicke von etwa 0,9 mm, ein Flächengewicht von 360 ± 20 g/m^2, einen Strömungswiderstand von 18 ± 2 mm WS, wenn durch eine Filterfläche von 1 m^2 je Stunde 100 m^3 Luft gesaugt werden. Der LF-1-Filterkarton enthält 0,45% Asche, bestehend aus Al-, Ca-, Si- und Spuren von Fe-, Zn-, Sr-, Ni-, Pb- und Cu-Verbindungen. Hersteller ist der VEB Spezialpapierfabrik Niederschlag des VEB Freiberger Zellstoff- und Papierfabrik Weißenborn.

- sowohl Schwächungskoeffizient als auch effektive Dicke sehr gering sein müssen, damit die Fluoreszenzintensität insbesondere der leichteren Elemente nicht zu stark herabgesetzt und die unerwünschte Streustrahlung klein gehalten wird.

Diesen Anforderungen genügen Faservliese auf Kunststoffbasis (z. B. Microsorbanfilter), spezielle Luftfilterkartons (z. B. der bereits erwähnte LF-1-Luftfilterkarton), Filterpapier (z. B. Whatman Nr. 41) und, wegen ihres stark erhöhten Strömungswiderstandes und der meist mangelnden Abriebsicherheit des abgeschiedenen Staubes nur bedingt, auch Membranfilter.
Untersuchungen zeigten, daß der LF-1-Luftfilterkarton gegenüber Microsorbanfiltern wesentliche Vorteile hinsichtlich mechanischer Stabilität und konstantem und niedrigerem Spurenelementgehalt aufweist. Bestaubte LF-1-Kartonfilter können ohne weitere Probenvorbereitung röntgenspektrometrisch vermessen werden. Bei anderen Filtermaterialien empfiehlt sich ein Verpressen der bestaubten Filter unter einem Druck von 300 bis 400 MPa, um die Probengeometrie ausreichend konstant zu halten.
Die kleinsten mittels RFA meßbaren Massen an auf Filtern abgeschiedenen Schwebstäuben sind in Publikationen [12.23; 12.24] angegeben. Sie liegen meist – mitunter sogar beträchtlich – unter 1 µg des zu bestimmenden Elementes je Probe, sind aber von Gerät und Trägermaterial stark abhängig. Die Korngröße des Schwebstaubes und seine Inhomogenität bleiben meist so klein, daß die dadurch hervorgerufenen Fehler in der Größenordnung der Probenahmefehler liegen. Das unterschiedlich tiefe Eindringen des Staubes in das Filtermedium, Probleme der Eichung und die Anwesenheit mancher Elemente als Spuren sind dagegen Ursachen für z. T. erhebliche Fehler.
Bei der Aspiration wird der Schwebstaub im wesentlichen auf der Frontseite des Filters abgeschieden. In Abhängigkeit von der Korngrößenverteilung werden vom Staub aber auch tieferliegende Bezirke des Filtermaterials erreicht, aus denen die Fluoreszenzstrahlung nur merklich geschwächt austreten kann. Für jedes Filtermaterial und für alle Fluoreszenzlinien läßt sich berechnen, welche Unterschiede in den Fluoreszenzintensitäten auftreten, wenn der aspirierte Staub entweder vollständig homogen verteilt im Filtermaterial vorliegend oder aber auf einer Seite des Filters abgeschieden zur Messung gelangt [12.25; 12.26]. Meßverfahren, die diesen Einfluß unterschiedlicher Substanzverteilung weitgehend kompensieren, basieren auf front- und rückseitigen Messungen beladener Filter.
Die Eichung ist an das jeweilige Meßverfahren anzupassen [12.27]. Eine Möglichkeit, Eichproben herzustellen, besteht im Dotieren des Filtermaterials mit Lösungen der interessierenden Elemente. Dieses Verfahren weist Unzulänglichkeiten auf [12.28; 12.29]. Einer ungleichen Verteilung der Elementmassen beim Dotieren des Filtermaterials läßt sich begegnen, indem nicht zusammenfließende Tröpfchen netzartig über die gesamte Probenfläche verteilt aufgegeben werden [12.30; 12.31]. Dennoch werden die Elementmassen dabei vorrangig *im* Filtermaterial verteilt.
Das Aufbringen von synthetischen Staubmischungen auf ein Eichfilter hat sich lange Zeit nicht durchsetzen können [12.32]. Es führt aber nach dem im folgenden »Beispiel einer Schwebstaubanalyse" geschilderten Verfahren zu optimalen Eichproben. Eine gewisse Verbreitung haben daneben Kieselgel-Eichproben gefunden, für die auch die Korrektur der Matrixeinflüsse in der Literatur angegeben wird [12.33; 12.34; 12.35].

Liegen einzelne Elemente im Schwebstaub nur in Spurenmengen vor, so kann deren Bestimmung durch Matrixeinflüsse merklich fehlerhaft werden. Beispielsweise ist die Bestimmung von Cu durch Mn-, Fe-, Pb-, Cd- und SiO_2-Massen in der Matrix gestört. In Schwebstaubproben aus der Umwelt liegt aber der Cu-Gehalt wesentlich unter dem Fe- und SiO_2-Gehalt, so daß die Cu-Bestimmung schwierig werden kann. Der Ausweg des Aspirierens schwerer Schwebstaubproben ist nicht gegeben, da das Verhältnis der Cu-Masse zur Masse der Matrix bestehen bleibt und die Fehler sich mit zunehmender Masse vergrößern. So bleibt die Tatsache bestehen, daß röntgenspektrometrische Elementbestimmungen in Schwebstäuben an Proben möglichst minimaler Masse auszuführen sind.

Beispiel einer Schwebstaubanalyse

Präparation der Meßproben: Der Schwebstaub der freien Atmosphäre wird direkt an LF-1-Luftfilterkartonscheiben von 40 mm Durchmesser auf einer Fläche von 30 mm Durchmesser abriebsicher abgeschieden. Zum Aspirieren der Luft dient eine Drehschiebervakuumpumpe (s. »Allgemeine Grundlagen«). Bei einem mittleren Schwebstaubgehalt von etwas über 300 µg/m³ (entspricht etwa der Schwebstaubkonzentration in einer durch Kraftfahrzeug- und Fußgängerverkehr staubbelasteten Atmosphäre einer mittelgroßen Stadt bei trockenem Wetter im Herbst) ist eine Aspirationszeit von 30 bis 60 min ausreichend, um 1,5 bis 3 mg Schwebstaub enthaltende Meßproben zu gewinnen. Diese Meßproben werden unter einem Druck von 300 bis 400 MPa zu einer mechanisch stabilen Scheibe verpreßt.

Präparation der Eichproben: Zur Eichung werden auf <3 µm zerkleinerte (windgesichtete) sehr reine Substanzen verwendet. Aus ihnen werden Grundmischungen hergestellt, in denen die Schwankungsbreite der Gehalte an den einzelnen Elementen die der in den Schwebstäuben überlappt. Beispielsweise können zu insgesamt 225 mg Gesamtmasse eingewogen werden (in Klammern die Mengenangabe für eine durchschnittliche Mischung):

7 ... 45 (43,5) mg Al_2O_3 [0] ... 50 (0) mg $CaCO_3$
21 ... 85 (53,5) mg SiO_2 14 ... 43 (28,6) mg Fe_2O_3
[0] ... 68 (27,2) mg $CaSO_4$ [0] ... 5 (2,5) mg ZnO
[0] ... 20 (19,5) mg K_2SO_4 [0] ... 5 (2,2) mg PbO
[0] ... 47 (1,1) mg KNO_3 17 ... 46 (45,1) mg DC-Cellulose

Der Anteil an Cellulose simuliert dabei Verbindungen aus Elementen mit sehr niedriger Ordnungszahl.
Die Homogenisierung erfolgt im Achatmörser zwei Stunden von Hand, die Aufbewahrung im Exsikkator über $CaCl_2$. Parallel dazu werden ähnliche Gemische aus NiO, As_2O_3, CdO, MnO_2, NH_4Br, TiO_2, Co_2O_3, Sb_2O_3, SnO_2, V_2O_5, Cr_2O_3, NH_4Cl, SrO und BaO hergestellt, von denen 3 mg zu 47 mg der Grundgemische gegeben werden. Auf diese Weise umgeht man das mit größerem Arbeitsaufwand und mit meist erheblicheren Fehlern verbundene Einwägen von Substanzmengen im Mikrogramm-Bereich.
Von den so hergestellten schwebstaubähnlichen Eichmischungen werden 1,00 mg abge-

wogen und auf eine ebene, polierte und indifferente Metalloberfläche von 30 mm Durchmesser gegeben und dort grob ausgebreitet. Durch Zugabe von wenigen Tropfen Cyclohexan tritt unter Zerlegung von Agglomeraten eine schnelle Suspendierung dieser Eichsubstanz ein. In dieser Form gelingt ihre Verteilung über die gesamte Metalloberfläche mit ausreichender Homogenität. Nach Verdunsten der Flüssigkeit wird ein Filterblatt aus LF-1-Luftfilterkarton zentrisch aufgelegt und die Eichsubstanz durch leichtes Drehen unter schwachem Andrücken darauf eingerieben [12.36]. Die so präparierten Eichproben werden ebenso wie die Meßproben verpreßt.

Meß- und Verfahrensparameter: Sequenzspektrometer, W-Anode, 40 kV/40 mA, Sinus-Automatik, Impulshöhenanalysator, Probenhinterlegung mit Reinstaluminium, rechnergestützte Auswertung linearer Eichfunktionen, Driftkorrektur.

Besonderheiten: Cd wird untergrundkorrigiert mittels eines Meßwertes bei $2\Theta = 55{,}5°$ (PET); Sr wird untergrundkorrigiert mittels zweier Meßwerte im Abstand von je 1° von der Meßlinie; Ni wird korrigiert mittels der WL_l-Linie; Br wird untergrundkorrigiert mittels eines Meßwertes bei $2\Theta = 41{,}80°$ (LiF-220). Für alle Elemente unterhalb Pb in der folgenden Aufstellung sind die Bestimmungsgrenzen mittels Eichproben ermittelt worden, die mindestens die ersten acht Elemente der Tabelle 12-1 enthielten. Für alle Elemente oberhalb Cl wurden die Bestimmungsgrenzen unter Benutzung unbeladener Filter ermittelt.

Tabelle 12-1
Meßbedingungen und Ergebnisse

Element	Meßlinie	Kristall	Kollimatoröffnung [Grad]	Detektor	gezählte Impulse, ×1 000	Bestimmungsgrenze [µg/Probe]	Empfindlichkeit [cps/µg]
Al	K_α	PET	0,7	DZ	10	1,7	3,7
Si	K_α	PET	0,4	DZ	10	1,1	2,9
S	K_α	PET	0,4	DZ	10	0,42	8,1
K	K_α	PET	0,4	DZ	30	0,44	53,5
Ca	K_α	LiF-200	0,4	DZ	100	1,7	45,7
Fe	K_α	LiF-220	0,4	DZ + SZ	120	0,60	93,0
Zn	K_α	LiF-220	0,4	SZ	20	2,0	38,2
Pb	$L_{\beta 1}$	LiF-220	0,4	SZ	20	10,7	7,1
Cl	K_α	PET	0,4	DZ	10	6,8	9,7
Cr	K_α	LiF-220	0,4	DZ + SZ	10	1,5	88,7
Mn	K_α	LiF-220	0,4	DZ + SZ	20	0,58	99,0
Ni	K_α	LiF-220	0,4	DZ + SZ	30	1,7	145,3
Br	K_α	LiF-220	0,4	SZ	30	4,6	29,8
Sr	K_α	LiF-220	0,4	SZ	50	4,8	20,0
Cd	$L_{\alpha 1}$	PET	0,7	DZ + SZ	10	0,94	12,2
Sn	$L_{\alpha 1}$	LiF-200	0,4	DZ	10	0,22	20,3
Ba	$L_{\beta 1}$	LiF-220	0,4	DZ + SZ	10	1,4	12,6

12.2.2. Röntgenspektrochemische Wasseranalyse

Nur selten ist, wie z. B. bei einer Bestimmung von Cl und Br in natürlichen Wässern, wenn deren Konzentration zwischen 0,6 und 120 mg/l liegt, eine direkte RFA der Lösung möglich [12.37]. Für Wasser- und Abwasseranalysen ist daher die Notwendigkeit einer *Anreicherung* der Inhaltsstoffe meist gegeben. Diese hängt nur wenig von der Art der verwendeten Röntgenfluoreszenzspektrometer ab. Deshalb kann der folgende Überblick über derartige Anreicherungs- und Abscheidungsmethoden zur Wasseranalyse ohne Bezug auf die Vielfalt der benutzten Spektrometersysteme gegeben werden [12.38].

Die im Wasser enthaltenen Substanzen können gelöst und als Schwebstoffe vorliegen. Letztere können mittels Filtration durch *Membranfilter* von 0,45 μm Porenweite erfaßt und auf dieser Unterlage direkt analysiert werden. Die Abscheidung von Schwebstoffen des Meerwassers auf Nuclepore-Membranen von 0,4 μm gestattet die Bestimmung von K, Ca, Ti, Cr, Mn, Fe, Ni, Cu, Zn, Br, Pb, Rb und Sr mit befriedigender Reproduzierbarkeit und Richtigkeit [12.39]. Allerdings beeinflußt neben Absorptionseffekten auch die Unterschiedlichkeit der Teilchengrößen das Meßergebnis [12.40].

Summarisch können nichtflüchtige Schwebstoffe und Substanzen durch *Verdampfung* des Wassers erfaßt werden. Dieses Verfahren ist zwar unkompliziert und relativ sicher vor Kontamination, benötigt aber viel Zeit. Auch die meist nicht interessierenden, aber mengenmäßig weitaus überwiegenden Elemente, wie Na, Ca, Mg, Cl und S, werden abgeschieden, und es kommt zu fraktionierter Kristallisation der gelösten Inhaltsstoffe. Das Verfahren erfordert deshalb eine besonders sorgfältige Präparation des Verdampfungsrückstandes zur Meßprobe und eine aufwendige Matrixkorrektur der Ergebnisse. Es empfiehlt sich, den Rückstand z. B. mit einer organischen Substanz, die zugleich als Bindemittel dient, zu verdünnen [12.41].

Ähnlich ist das Verfahren der *Gefriertrocknung* von Abwasser unter Zusatz von Cellulosepulver [12.42], gegebenenfalls auch von Graphit und Y als innerem Standard [12.43]. Es führt zu Bestimmungsgrenzen von 0,1 mg/l bzw. 5 μg/l bei Einsatz der Fundamentalparameter-Methode.

Aufwendiger und nur für Wasser geringer Salinität geeignet ist die sog. *Dampf-Filtrations-Methode* [12.44]. Sie liefert aber sehr homogene Meßproben. Da Cellophan-Folie wasserdampfdurchlässig ist, gelingt die Präparation der Inhaltsstoffe von Wasser auf solchem Material, wenn es als Boden eines Gefäßes dient und unter ihm der durchtretende Wasserdampf fortwährend abgesaugt wird, bis die Wasserprobe durch das Cellophan hindurch verdunstet ist.

Eingeführt ist auch das Imprägnieren von Papierfiltern, z. B. Whatman Nr. 41, mit der Wasserprobe. Um Chromatographie-Effekte zu unterdrücken und eine Konzentrierung auf der meßtechnisch relevanten Fläche zu erzielen, wird durch einen hydrophoben Wachsring begrenzt. Getrocknet wird von unten her durch einen nicht erwärmten Luftstrom. Die erzielbaren Bestimmungsgrenzen liegen unter 50 bis 100 μg/l [12.45].

Nur minimalen Aufwand erfordert das rasterförmige Aufbringen von Tropfen auf die Filterpapierfläche, ohne daß dabei die feuchten Stellen einander berühren [12.30]. Das bis zur Zwischentrocknung aufbringbare Probenvolumen ist aber sehr begrenzt.

Die Nachteile des Eindampfverfahrens und der getrennten Sammlung von Schweb- und gelösten Stoffen werden umgangen, wenn das zu analysierende Wasser bei pH 7 bis 8 unter Druck langsam durch *Ionenaustauscher-Membranen* filtriert wird. Die Präzision röntgenspektrometrischer Analysen nach einer derartigen Anreicherung wird mit einer relativen Standardabweichung von 10 bis 15% belegt. Von Vorteil sind die auftretenden linearen Abhängigkeiten zwischen Elementkonzentration und Meßsignal bis zur maximalen Austauscherkapazität von 0,07 mVal. Da aber diese Austauscherharze auch Alkali- und Erdalkali-Ionen absorbieren, bleibt die Anwendbarkeit der Methode auf Wässer mit sehr niedrigen Gehalten an Alkali- und Erdalkali-Ionen beschränkt [12.47].

Ein zweistufiges Verfahren gestattet es, diese Einschränkung zu umgehen [12.48]: In Meerwasser können Ni, Mn, Zn, Cu und Pb mit einer Bestimmungsgrenze von 2 bis 4 µg/l und einer Standardabweichung von 0,2 µg/l bestimmt werden, wenn Na, K, Ca und Mg mittels Chelex-100 abgetrennt und die verbleibenden Ionen nach einer allerdings aufwendigen Zwischenbehandlung der Lösung (Verdampfen, Vertreiben von Ammoniumsalzen, Aufnehmen in Säure) von SA-2-Ionenaustauscherfiltern mit Sulfonsäuregruppen aufgenommen werden.

Ähnlich liegen die Verhältnisse für *Celluloseaustauscher* mit Chromotropsäure als funktionelle Gruppe [12.49]. Besser gelingt die Abtrennung gelöster Spurenelemente, insbesondere von Fe, Cu, Zn, Pb und U, aus Trinkwasser an einem Celluloseaustauscher mit 1-(2-Hydroxyphenylazo)-2-naphthol (Hyphan) als chelatbildende Ankergruppe auch in Gegenwart von 0,5 M NaCl [12.50]. Der Austauscher wird dabei als Pulver in einer Austauschersäule, mit dem das zu analysierende Wasser geschüttelt wird, oder als Filterblatt eingesetzt. Nach diesem Verfahren werden standardisiertes Wasser, Leitungs-, Fluß- und Meerwasser analysiert [12.51] und vergleichende Untersuchungen zwischen RFA, Neutronenaktivierungsanalyse und Absorptionsspektrometrie [12.52] durchgeführt.

Geradezu ideal für die Abtrennung von Schwermetall-Ionen aus Wässern höherer Salinität und Härte eignen sich dagegen Cellulosefilter, in denen 2,2'-Diaminodiethylenamin (DEN) verankert ist. Sie sind nicht handelsüblich, aber mit einigem Aufwand selbst herstellbar. Bei einer Filtrationsgeschwindigkeit von 1,5 ml/(min cm^{-2}) und pH 6 binden sie 90 bis 100% von gelöstem Cr^{3+}, Fe^{3+}, Co^{2+}, Ni^{2+}, Zn^{2+}, Ag^+, Cd^{2+}, Eu^{3+}, Hg^{2+}, Pb^{2+} und UO_2^{2+} [12.55].

Ihre Kapazität liegt bei 3,6 µVal/cm^2. Auch Anionen werden gebunden. Ihr Haften wird allerdings bereits durch 10^{-2} M NaCl deutlich negativ beeinflußt [12.56].

Für die Bestimmung von U mittels Abtrennung durch eine mit dem Celluloseaustauscher Hyphan gefüllte Trennsäule wird für ein Probenvolumen von 5 l eine Bestimmungsgrenze von 0,3 ppb erzielt. Der Zeitaufwand für diese Analyse liegt bei 3 bis 4 h [12.57; 12.58]. Unter Verwendung von *Ionenaustauscher-Papier* kann U in natürlichen Wässern ebenfalls gut analysiert werden [12.59]. *Chelatbildende Ionenaustauscher-Harze* gestatten, Bestimmungsgrenzen bis herab zu 2 ppb [12.60] in Grundwasser zu erreichen.

Ionenaustauscher-Papiere werden zur röntgenspektrometrischen Spurenanalyse von Hg in Wasser benutzt, wobei allerdings organische Hg-Verbindungen schwieriger zu erfassen sind und besonders aufgearbeitet werden müssen. Dies geschieht beispielsweise durch Bestrahlung mit UV oder Oxydation mit Cl_2-Gas [12.61]. Anionenaustauscher-Papiere bzw. -Harze gestatten aber auch eine Voranreicherung von Cu, Ni und Zn aus Meerwasser [12.62] bei Wiederfindungsraten von >95% oder von Cl und Br [12.37] für die nachfolgende RFA. Die Voranreicherung von Hg aus Wasser gelingt auch elektrochemisch, wobei Cr, Co, Cu, Ni und Zn dem Hg folgen [12.64].

Ist man auf die Verwendung gekörnter Ionenaustauscher zu Anreicherung von Metallspuren aus Wässern angewiesen, so kann die Herstellung der Meßprobe daraus nach Beladung zu Schwierigkeiten führen. Abhilfe schafft ein Fixieren der Körner mit Gelatine [12.65]. Ein Verpressen mit Borsäure oder Paraffin führt zu Meßproben, die ihre Form mit der Zeit ändern.

Zu den Filtrationsverfahren ist auch eine Anreicherungsmethode zu rechnen, die darauf basiert, daß z.B. ein mit einer frisch präparierten homogenen ZnS-Schicht (450 µg) belegtes Filter viele schwerlösliche Sulfide bildende Metalle anreichert. Bestimmungsgrenzen von 0,2 µg/l werden erreicht. Allerdings stören u.a. Fe^{3+} und HPO_4^{2-} [12.66].

Neben diesen Filtrations- und Absorptionsverfahren zur Spurenanalyse von Wässern gibt es *Fällungsverfahren*, bei denen die Spurenelemente nach Filtration eines Niederschlages zur RFA gebracht werden. Relativ einfach können so Metallspuren durch eine Mitfällung (Kollektorfällung) an Eisenhydroxid abgeschieden und röntgenspektrometrisch bestimmt werden [12.67; 12.68]. Oberflächenwässer mit Gehalten von 10 bis 100 µg/l an Zn und Pb wurden nach dieser Methode mit guter Übereinstimmung zu anderen Analysenmethoden analysiert [12.69]. Ebenso gelingt die schnelle Analyse auf Cr^{3+} [12.70].

Mit *organischen Komplexbildnern* als Fällungsmittel ist diese Methode erweitert worden. Man verwendet für ppm-Gehalte von Fe, Mn, Zn, Cu, Cd, As, Pb und Se bevorzugt 1-(2-Pyridylazo)-2-naphthol (PAN) oder Diethyldithiocarbamat (DDTC) mit Tartrat als Maskierungsmittel, wenn das Wasser einen größeren Fe-Gehalt aufweist [12.82]. Der experimentelle Aufwand ist niedrig. Beim Fällungsverfahren mit PAN gibt man zu 0,5 bis 4 l der auf 70 bis 80 °C erwärmten Wasserprobe 4 ml einer ethanolischen 0,5%igen PAN-Lösung, läßt 10 min stehen und filtriert. Man erzielt so Wiederfindungsraten um 90 % und mehr für Cr^{3+}, Mn^{2+}, Cu^{2+}, Zn^{2+}, Hg^{2+} und Eu^{3+} und etwa 70 % und mehr für zahlreiche andere Kationen. Dabei ist die Salinität des Wassers praktisch ohne Einfluß [12.71].

Eine Reihe von Ionen kann mit Diethylammonium-N,N-diethyldithiocarbamat aus Trinkwasser, städtischem Abwasser und BIOKLAV-Aufschlußlösungen angereichert werden, wobei die Niederschläge fest und dauerhaft auf Membranfiltern haften. Die Wiederfindungsrate liegt für Massen von 5 bis 10 µg in 10 bis 500 ml Wasser bei 80 % oder besser [12.72], der Zeitbedarf ist minimal. Da DDTC bei Konzentrationen <10 µg/l zunehmend als Fällungsmittel versagt, wird Ammoniumpyrrolidindithiocarbamat (APDC) bei pH 4 dann gut als bestes unspezifisches Fällungsmittel anwendbar [12.74]. Der Zusatz eines Kollektors wie Fe^{3+}, Co^{2+} oder Cu^{2+} verbessert das Abscheidungsverhalten vieler Elemente [12.75], die Zugabe von Dibenzylidin-D-Sorbitol in Dimethylsulfoxid die Koagulation der Chelate vor der Filtration [12.76].

Dithiole sind selektivere Fällungsmittel. So eignet sich 6-Anilin-1,3,5-triazin-2,4-dithiol allein oder auch kombiniert mit Benzyldimethyltetradecylammoniumchlorid zur Anreicherung von Cu, Cd und Pb aus Thermalwässern [12.118].

Besonders für geringste Gehalte empfiehlt sich die Adsorption der gebildeten Chelate an Chromosorb und deren nachfolgende Elution mit Chloroform, um daraus einen dünnen Film auf totalreflektierenden Quarzblöcken erzeugen zu können. Bei der dadurch möglichen Nutzung der unter 12.1. erwähnten totalreflektierenden Meßanordnung resultieren Bestimmungsgrenzen von 0,02 bis 0,03 µg/l [12.79].

Auf einer *Extraktion* von Metallionen beruht die Behandlung der Wasserproben mit geschmolzenem Oxin. Nach Erkalten der Suspension kann das erstarrte Oxin gesammelt und ohne weitere Hilfsstoffe zu direkt einsetzbaren Meßproben verpreßt werden [12.80]. Eine andere Möglichkeit besteht in der Sammlung der Oxinate durch *Aktivkohle:* Nach Zugabe von 10 mg Oxin zur 1-l-Wasserprobe bei pH 8 wird auf 60 °C erwärmt, 100 mg Aktivkohle zugefügt und nach 30minütiger Gleichgewichtseinstellung filtriert. Man beobachtet Anreicherungsfaktoren bis 10^4 für über 20 Ionen bei praktisch vollständiger Abscheidung [12.81; 12.83].

Besondere Analysenaufgaben bei der Wasseruntersuchung werden meist durch spezielle Verfahren gelöst. So kann die röntgenspektrometrische Bestimmung von Halogenid und Sulfat indirekt durch Zusatz von Silber- und Bariumnitratlösung und Ermittlung der in der Probe nach Abzentrifugieren des Niederschlages verbleibenden Silber- und Bariumionenkonzentration erfolgen [12.84]. Wird Sulfat und Chlorid aus 50 bis 100 ml Leitungswasser an $BaCrO_4$ bzw. AgSCN als Kollektor mitgefällt, so kann mit guter Reproduzierbarkeit das Intensitätsverhältnis SK_α/CrK_α bzw. ClK_α/SK_α als Maß für die mitgefällte SO_4^{2-}- bzw. Cl^--Menge dienen [12.85]. Sulfidgehalte in wäßrigen Lösungen im ppm- und ppb-Bereich lassen sich röntgenspektrometrisch in Lösungsvolumina bis zu 3 l bestimmen, wenn man über dünne Silberhalogenidschichten filtriert, wobei S^{2-} als Ag_2S abgeschieden und direkt gemessen wird [12.86].

Eine »Sub-part-per-billion«-Bestimmung von Se in natürlichen Wässern ist möglich nach Reduktion und nachfolgender Adsorption an Aktivkohle [12.87]. Ebenfalls gut bestimmbar nach Adsorption an Aktivkohle wird J nach Fällung mit Ag^+ [12.88] und Mo nach Chelatbildung mit Tetramethylendithiocarbamat [12.89].

Uran kann außer nach bereits genannten Verfahren [12.59; 12.60] in ppb-Gehalten auch durch Mitfällung an einem Eisen-Dibenzyldithiocarbamat-Träger röntgenfluoreszenzanalytisch bestimmt werden [12.90].

Etwas aufwendiger gestaltet sich die ppb-Bestimmung von Phosphat in natürlichen Wässern. Orthophosphat kann mit Ethylacetat als 12-Molybdato-Phosphorsäure extrahiert werden. Eine weitere Extraktion mit einem silylierten Silicagel ergibt die Meßprobe, in der das Molybdän röntgenspektrometrisch bestimmt wird [12.91].

12.2.3. Allgemeine röntgenspektrochemische Spurenanalyse

Beim Übergang von Wasser auf eine andere Matrix ändern sich die angewandten Konzentrierungsverfahren für die RFA nur wenig, da üblicherweise die Aufarbeitung der Spuren auch dann stets über wäßrige Lösungen vorgenommen wird. Es sei denn, die Matrix bietet die Möglichkeit der Anwendung einer speziellen Präparationsart, oder die RFA wird mit anderen Analysenverfahren gekoppelt. Deshalb sollen im folgenden Teil Hinweise auf weitere mögliche Arbeitstechniken und ihre Anwendung gegeben werden. Bei der außerordentlich großen Zahl von Veröffentlichungen auf diesem Gebiet kann aus Platzgründen nur auf solche Arbeiten verwiesen werden, denen allgemeinere Bedeutung zukommt [12.92; 12.93; 12.94].

Die *Ringofentechnik* ist einsetzbar in Verbindung mit Filterpapier als Träger bei der RFA von Ag, Pb, Rh, Pt, Au, Cu, Fe und Ca in Spuren [12.95]. Ein mit 1-(2-Thiazolylazo)-2-naphthol beladener Anionenaustauscher gestattet Anreicherungsfaktoren um 200 für Cu, Ni, Zn und Cd in Erdböden in Gegenwart anderer Elemente. Die beobachteten Bestimmungsgrenzen liegen zwischen 0,35 und 1,2 µg/g Sorbent [12.96].

Spurenmengen von Au können an einem selektiven Ionenaustauscher-Papier – ein Styrol-Divinylbenzol-Copolymeres, in das NH_2-Gruppen eingeführt wurden – absorbiert werden [12.97]. Für die Ba-Bestimmung wird dagegen vor der Absorption auf Kationenaustauscherpapier eine Abtrennung durch Mitfällung an Bleichromat und Lösung des Niederschlags unter Zugabe von 1,2-Diaminocyclohexantetraessigsäure als Maskierungsmittel für Na^+-, Ca^{2+}- und Mg^{2+}-Ionen empfohlen. Diese Ionen stören nicht, wenn aus derselben Lösung Hg nach Sammlung auf einem Anionenaustauscherpapier zur RFA gebracht wird [12.98]. Letzteres hat sich auch zur Bestimmung der leichten SE-Elemente in Apatit bewährt [12.99].

Sind Mo, W, Nb und Ta in Gras und anderen pflanzlichen Materialien zu bestimmen, so kann nach dem Aufschluß der Probe mit HNO_3, H_2O_2 und H_2F_2 eine Anreicherung dieser Elemente an stark basischen Anionenaustauscherpapieren erfolgen. Die Absorptionsraten liegen bei über 95%, die Bestimmungsgrenzen zwischen 0,3 und 0,6 µg bei 1 g Einwaage [12.100].

Cellulose-Ionenaustauscher sind in zunehmendem Maße vorteilhaft einsetzbar. Bei Bestimmungsgrenzen um 1 µg für Br^-, SeO_3^{2-}, $HAsO_4^{2-}$, JO_4^-, VO_3^- werden relative Standardabweichungen <10% für viele Ionen erzielt (Cr-Anode LiF-200-Kristall, Vakuum, 100 s Meßzeit) [12.101]. In einer mit 4-(2-Pyridylazo)-resorcin beladenen Celluloseaustauschersäule können aus 10%igen Lösungen von NaCl, $CaCl_2$, $Al(NO_3)_3$, $ZnCl_2$, $Mn(NO_3)_2$ und $Cr(NO_3)_3$ und aus Methanol und Ethanol Spurengehalte an Pb, Cu, Zn, Fe und Ni quantitativ abgetrennt werden (Ausnahme: Fe aus $Al(NO_3)_3$ und $Cr(NO_3)_3$ sowie Ni aus $Mn(NO_3)_3$). Nach Elution mit HCl werden sie, an 100 mg des Celluloseaustauschers fixiert, zur RFA gebracht [12.102]. Durch Reaktion von Silicagel mit verschiedenen silylierenden Verbindungen können chelatbildende funktionelle Gruppen auf diesem verankert werden, z. B. vom Ethylendiamin und seinem Dithiocarbamat, von primären und sekundären Aminen und ihren Dithiocarbamaten. Sie besitzen Eigenschaften, die sie für die Konzentrierung von Metallionen aus wäßrigen Lösungen für eine nachfolgende RFA geeignet erscheinen lassen [12.103; 12.104].

Mit SiO_2 beladene Filter (Whatman SG-81) gestatten nach Behandlung mit N-β-Ethyl-γ-aminopropyltrimethoxysilan den Einsatz derartiger Substanzen in der Filtertechnik z. B. zur Anreicherung von niedrigen Gehalten an U: Aus 25 ml Lösung werden 5 ppm in Form von $UO_2(CO_3)_3^{4-}$ bei pH 6 bis 8 nach mehrmaligem Passieren des Filters zu 95% gebunden [12.105]. Zur Vereinfachung der Arbeitstechnik mit Ionenaustauscher-Papieren wurden Haltevorrichtungen speziell für die RFA entwickelt [12.106].

Der Anwendung von Ionenaustauscher-Papieren sind jedoch praktische Grenzen gesetzt [12.107]. Deshalb sind Konzentrierungsverfahren für Spurenelemente auch unabhängig von reinen Ionenaustauschern auf Harz- oder Cellulose-Basis entwickelt worden. So eignet sich mit 1-(2-Thiazolylazo)-2-naphthol beladenes Naphthalin als Sammler [12.108]. Mit Polyurethanschaum als Extraktionsmittel ist die RFA von As-, Fe-, Co-, Zn- und Phosphationenspuren (letztere indirekt über den Molybdänkomplex) möglich [12.109; 12.110; 12.111]. Polymere Thioether eignen sich als Sorbentien für As, Co, Cu, Zn, Pb, Cd, W, Mo, Bi, Fe, Au, In, Se [12.112] und für Pd, Rh, Ru, Pt, Ir und Os. Die Qualitätsparameter der nachfolgenden RFA: Relative Standardabweichung 0,02 bis 0,03 bei der Analyse von 0,3 bis 1 mg an Metall in 1,2 g Sorbens, Bestimmungsgrenze 9 bis 30 ng/ml bei einem Ausgangsvolumen von 400 bis 500 ml [12.113].

Besser noch geeignet für die Platinmetalle (Ir, Os) aufgrund ihrer hohen Selektivität sind polymere tertiäre Amine bei gleich guten Einsatzmöglichkeiten zur RFA [12.114]. Eine Vielzahl von Elementen läßt sich auch durch schmelzflüssige Sammler wie Oxin, Dithizon, PAN, NaDDTC, Thiooxin, Benzoylaceton, 1-Phenyl-3-methyl-4-benzyl-5-pyrazolon, Palmitinsäure, C_7- bis C_9-Monocarbonsäuren, C_{17}- bis C_{20}-Carbonsäuren usw. anreichern [12.115]; für Hg-Spuren werden speziell Dithizon und Fettsäuren mit weniger als 17 C-Atomen vorgeschlagen [12.116].

Wie in der Wasseranalyse werden organische Komplexbildner – Tannin, 1-Nitroso-2-naphthol, Methylenblau [12.117], Alizarinblau, Phenylfluoron, Kupferron [12.118; 12.119], NaDDTC [12.120], ZnDDTC [12.121], Dibenzylammoniumdithiocarbamat [12.122] (auch unter Zusatz von Mo als Kollektor [12.123]), Hexamethylenammoniumhexamethylendithiocarbamat [12.124; 12.125], Mo-pyrrolidindithiocarbamat [12.126], Phenanthrolin und Tetraphenylboron [12.127], 6-Anilino-1,3,5-triazin-2,4-dithiol [12.128] – zur Abtrennung von Spuren auch aus allen anderen wäßrigen Lösungen benutzt [12.129; 12.130]. Selbst bei der Bestimmung von V-, Mo- und W-Spuren in Elektrolyten für die Chloralkali-Elektrolyse versagen diese Verfahren nicht [12.131]. Als Trägermaterial für die nachfolgende RFA dienen zumeist Filterpapiere oder Membranfilter. Die Fixierung von Niederschlägen darauf – wenn überhaupt erforderlich – gelingt durch Besprühen mit einem Lack [12.132]. Nach Extraktion mit CCl_4 und Zugabe von Polystyrol ist auch die Fixierung auf Mylarfolie möglich, wodurch infolge geringerer Streustrahlung etwa um eine Zehnerpotenz niedrigere Bestimmungsgrenzen ($3 \cdot 10^{-8}$ bis $5 \cdot 10^{-7}$ g für Co, Cu, Fe, Ni, Mn und Zn) erzielt werden [12.133].

Sind in Lebensmitteln Pb, Cd, Hg, As und Te zu bestimmen, so wird ein Aufschluß mit HNO_3/H_2SO_4 in einer Polyethylenflasche bei 60 °C oder mit HNO_3 unter Druck vorgeschlagen. Pb, Cd und Hg können aus der Aufschlußlösung mit dem Austauscherharz Chelex-100 oder durch Fällung mit Ammonium-pyrrolidindithiocarbamat unter Zusatz von Cu-Ionen als Kollektor abgetrennt werden. As und Te lassen sich anschließend mit H_2S wiederum mit Cu als Kollektor ausfällen. Die Ausbeute dieser Präparation liegt bei über 90% [12.134].

In pharmazeutischen Produkten wird Dibenzyl-dithiocarbamat als Fällungsmittel für Mn, Fe, Co, Ni, Cu, Zn, As, Se, Cd, Sb, Hg und Pb zur röntgenspektrometrischen Routinebestimmung benutzt [12.135].

Zur Bestimmung von U und Pu in Reaktoranlagen hat sich deren elektrochemische Abscheidung als Oxide auf einer polierten Nickeloberfläche bewährt. Die Bestimmungsgrenzen liegen bei 100 ng [12.136]. Nach Fixierung ihrer Sulfide auf Filterpapier sind Mikrogramm-Mengen von Ru, Rh, Pb, Os, Ir, Pt und Au gut der RFA zugänglich [12.137].

Für die Erfassung und die röntgenspektrometrische Bestimmung einzelner Elemente sind spezielle Verfahren erarbeitet worden. Einige Beispiele werden hier genannt. Zur Bestimmung von V-Spuren in $TiCl_4$ wird das $TiCl_4$ in 40%iger Fluorwasserstoffsäure auf ein kleines Volumen eingedampft. Bei pH 5 wird gemeinsam mit zugesetztem Mn(VII) als Diethyldithiocarbamat gefällt, während Ti durch Komplexbildung mit Maleinsäure gelöst bleibt [12.138].

Speziell für As wird über die Mitfällung an Mo aus 3,7 M $HClO_4$ unter Verwendung einer 2%igen Thioacetamidlösung als Fällungsmittel berichtet [12.139]. Hg^{2+} kann aus seiner Matrix mit Dithizon/Chloroform extrahiert werden. Die Extraktionslösung gibt man auf ein Filterblatt, das sich zur Verdunstung des Lösungsmittels in einem Warmluftstrom befindet. Anschließend ist das Konzentrieren des im Filter dispergierten Komplexes auf die röntgenspektrometrisch genutzte Fläche erforderlich, was durch gezielte Behandlung mit Chloroform gelingt [12.140]. Die Abscheidung von Hg aus der Luft ist an einem mit Aktivkohle beladenen Papier möglich [12.141].

An einem Aktivkohlepräparat, das durch Tablettieren einer Mischung von Kohlepulver mit Stearinsäure im Verhältnis 3:2 herzustellen ist, können Bleialkylverbindungen aus Benzinverbrennungsgasen adsorbiert und der direkten RFA zugeführt werden [12.63].

Indirekte Bestimmungsmethoden dienen vorrangig der röntgenspektrometrischen Bestimmung leichterer Elemente. So kann Si als Molybdänsäurekomplex nach Zugabe von Bleinaphthenat als innerer Standard mit Methylisobutylketon extrahiert werden. Zur Messung gelangen die MoL_α- und PbM_α-Linien. Dieses Verfahren eignet sich in modifizierter Form auch zur Bestimmung von P, As und Ge [12.16].

Zur Bestimmung von Cl^-, Br^-, SCN^-, CN^-, SO_4^{2-}- und PO_4^{3-}-Spuren ist es nicht erforderlich, diese Ionen quantitativ und reproduzierbar verteilt auf Filter aufzubringen, wenn man sie gemeinsam mit einem Bezugselement und einem gut meßbaren Fällungsmittel abscheidet [12.53; 12.54]. Be-Spuren sind röntgenspektrometrisch zugängig über die Intensität der Co-Fluoreszenzstrahlung des $[CO(NH_3)_6]_2[Be_4O(CO_3)_6] \cdot xH_2O$-Komplexes [12.54].

Auch zur quantitativen Analyse von *Dünnschicht-Chromatographiezonen* kann die RFA eingesetzt werden, und zwar können als Träger SiO_2-Schichten, Cellulosepapiere und Dünnschichtfolien dienen [12.73; 12.77]. Ein Zusatzgerät für kommerzielle Röntgenfluoreszenzspektrometer bringt Diagramme (bevorzugt werden Chromatogramme auf Al- oder Polyesterbasis) hinter einem Spalt gedreht zur RFA. Dabei werden 2 mm voneinander entfernt liegende Testpunkte vom Gerät aufgelöst und Bestimmungsgrenzen von 20 µg für Cl und 2,5 µg für Br erzielt [12.78].

Anhang

Tafel I	Wellenlängen charakteristischer Spektrallinien *282*
Tafel II.	Anregungsenergien für K- und L-Spektren und Wellenlängen von K- und L-Absorptionskanten *283*
Tafel III.	Analysatorkristalle *284*
Tafel IV.	Massenschwächungskoeffizienten μ/ϱ *287*

Wellenlängen charakteristischer Spektrallinien (in nm)

Z	Element	K-Linien		L-Linien			
		$K_{\alpha_{1,2}}$	K_{β_1}	L_{α_1}	L_{β_1}	L_{β_2}	L_{γ_1}
9	F	1,8307					
11	Na	1,1909	1,1574				
12	Mg	0,9889	0,9559				
13	Al	0,8339	0,7960				
14	Si	0,7126	0,6778				
15	P	0,6155	0,5804				
16	S	0,5373	0,5032				
17	Cl	0,4729	0,4403				
19	K	0,3744	0,3454				
20	Ca	0,3360	0,3089				
22	Ti	0,2750	0,2514				
23	V	0,2505	0,2285				
24	Cr	0,2291	0,2085				
25	Mn	0,2103	0,1910				
26	Fe	0,1937	0,1757	1,7602	1,7290		
27	Co	0,1791	0,1621	1,6000	1,5698		
28	Ni	0,1659	0,1500	1,4595	1,4308		
29	Cu	0,1542	0,1392	1,3357	1,3079		
30	Zn	0,1437	0,1296	1,2282	1,2009		
31	Ga	0,1341	0,1207	1,1313	1,1054		
32	Ge	0,1256	0,1129	1,0456	1,0194		
33	As	0,1177	0,1057	0,9671	0,9414		
34	Se	0,1106	0,0992	0,8990	0,8735		
35	Br	0,1041	0,0933	0,8375	0,8126		
37	Rb	0,0927	0,0829	0,7318	0,7075		
38	Sr	0,0877	0,0783	0,6863	0,6623		
40	Zr	0,0788	0,0701	0,6070	0,5836	0,5586	0,5384
41	Nb	0,0748	0,0665	0,5725	0,5481	0,5238	0,5036
42	Mo	0,0710	0,0632	0,5406	0,5166	0,4923	0,4726
44	Ru	0,0644	0,0572	0,4846	0,4611	0,4372	0,4182
45	Rh	0,0614	0,0546	0,4597	0,4365	0,4130	0,3944
46	Pd	0,0587	0,0521	0,4368	0,4138	0,3909	0,3725
47	Ag	0,0561	0,0497	0,4154	0,3927	0,3703	0,3523
48	Cd	0,0536	0,0475	0,3956	0,3731	0,3514	0,3336
49	In	0,0514	0,0455	0,3762	0,3584	0,3339	0,3162
50	Sn	0,0492	0,0435	0,3600	0,3378	0,3175	0,3001
51	Sb	0,0472	0,0417	0,3439	0,3219	0,3023	0,2852
52	Te	0,0453	0,0400	0,3290	0,3070	0,2882	0,2712
53	J	0,0435	0,0384	0,3148	0,2931	0,2751	0,2582
55	Cs	0,0402	0,0355	0,2892	0,2678	0,2511	0,2348
56	Ba	0,0387	0,0341	0,2776	0,2562	0,2404	0,2242
57	La	0,0373	0,0328	0,2665	0,2453	0,2303	0,2141
58	Ce	0,0359	0,0316	0,2561	0,2351	0,2208	0,2048
72	Hf	0,0224	0,0195	0,1569	0,1371	0,1327	0,1179
73	Ta	0,0217	0,0190	0,1522	0,1324	0,1285	0,1138
74	W	0,0211	0,0184	0,1476	0,1279	0,1245	0,1098
75	Re	0,0204	0,0179	0,1433	0,1236	0,1206	0,1061
76	Os	0,0198	0,0173	0,1391	0,1197	0,1169	0,1025
77	Ir	0,0193	0,0168	0,1352	0,1158	0,1135	0,0991
78	Pt	0,0187	0,0163	0,1313	0,1120	0,1102	0,0958
79	Au	0,0182	0,0159	0,1277	0,1083	0,1070	0,0927
80	Hg	0,0177	0,0154	0,1242	0,1049	0,1040	0,0897
81	Tl	0,0172	0,0150	0,1207	0,1015	0,1010	0,0868
82	Pb	0,0167	0,0146	0,1175	0,0982	0,0983	0,0840
83	Bi	0,0162	0,0142	0,1144	0,0952	0,0955	0,0814
90	Th	0,0135	0,0117	0,0956	0,0766	0,0794	0,0653
92	U	0,0128	0,0111	0,0911	0,0720	0,0755	0,0615

Anregungsenergien für K- und L-Spektren und Wellenlängen von K- und L-Absorptionskanten

Z	Element	K-Kante		L$_I$-Kante		L$_{II}$-Kante		L$_{III}$-Kante	
		λ[nm]	[keV]	λ[nm]	[keV]	λ[nm]	[keV]	λ[nm]	[keV]
9	F	1,805	0,687						
11	Na	1,148	1,08						
12	Mg	0,9512	1,303						
13	Al	0,7951	1,559						
14	Si	0,6745	1,837						
15	P	0,5787	2,142						
16	S	0,5018	2,470						
17	Cl	0,4397	2,819						
19	K	0,3437	3,606						
20	Ca	0,3070	4,037						
22	Ti	0,2497	4,963						
23	V	0,2269	5,462						
24	Cr	0,2070	5,987	1,83	0,679	2,13	0,583	2,16	0,574
25	Mn	0,1896	6,535	1,63	0,762	1,91	0,650	1,94	0,639
26	Fe	0,1743	7,109	1,46	0,849	1,72	0,721	1,75	0,708
27	Co	0,1608	7,707	1,33	0,929	1,56	0,794	1,59	0,779
28	Ni	0,1488	8,329	1,222	1,015	1,42	0,871	1,45	0,853
29	Cu	0,1380	8,978	1,127	1,100	1,30	0,953	1,33	0,933
30	Zn	0,1283	9,657	1,033	1,200	1,187	1,045	1,213	1,022
31	Ga	0,1196	10,365	0,954	1,30	1,093	1,184	1,110	1,117
32	Ge	0,1117	11,100	0,873	1,42	0,994	1,248	1,019	1,217
33	As	0,1045	11,860	0,8107	1,529	0,9124	1,358	0,939	1,32
34	Se	0,0980	12,649	0,7506	1,651	0,8416	1,473	0,867	1,43
35	Br	0,0920	13,471	0,697	1,78	0,780	1,59	0,800	1,55
37	Rb	0,0816	15,197	0,5998	2,066	0,6643	1,865	0,689	1,80
38	Sr	0,0770	16,101	0,5583	2,220	0,6172	2,008	0,6387	1,940
40	Zr	0,0689	17,993	0,4867	2,546	0,5378	2,304	0,5583	2,220
41	Nb	0,0653	18,981	0,4581	2,705	0,5026	2,467	0,5223	2,373
42	Mo	0,0620	19,996	0,4298	2,883	0,4718	2,627	0,4913	2,523
44	Ru	0,0561	22,112	0,383	3,24	0,4180	2,965	0,4369	2,837
45	Rh	0,0534	23,217	0,3626	3,430	0,3942	3,144	0,4130	3,001
46	Pd	0,0509	24,341	0,3428	3,616	0,3724	3,328	0,3908	3,171
47	Ag	0,0486	25,509	0,3254	3,809	0,3514	3,527	0,3698	3,351
48	Cd	0,0464	26,704	0,3085	4,018	0,3326	3,726	0,3504	3,537
49	In	0,0444	27,920	0,2926	4,236	0,3147	3,938	0,3324	3,728
50	Sn	0,0425	29,182	0,2777	4,463	0,2982	4,156	0,3156	3,927
51	Sb	0,0407	30,477	0,2639	4,695	0,2830	4,380	0,3000	4,131
52	Te	0,0390	31,800	0,2511	4,937	0,2687	4,611	0,2855	4,340
53	J	0,0374	33,155	0,2389	5,188	0,2553	4,855	0,2719	4,557
55	Cs	0,0345	35,949	0,2167	5,719	0,2314	5,356	0,2474	5,010
56	Ba	0,0331	37,399	0,2068	5,994	0,2204	5,622	0,2363	5,245
57	La	0,0318	38,920	0,1973	6,282	0,2103	5,893	0,2258	5,488
58	Ce	0,0307	40,438	0,1889	6,559	0,2011	6,163	0,2164	5,727
72	Hf	0,0190	65,292	0,1100	11,271	0,1155	10,732	0,1297	9,554
73	Ta	0,0184	67,379	0,1061	11,681	0,1114	11,128	0,1255	9,874
74	W	0,0178	69,479	0,1025	12,097	0,1075	11,533	0,1216	10,196
75	Re	0,0173	71,590	0,0990	12,524	0,1037	11,953	0,1177	10,529
76	Os	0,0168	73,856	0,0956	12,968	0,1001	12,380	0,1140	10,867
77	Ir	0,0163	76,096	0,0923	13,427	0,0967	12,817	0,1106	11,209
78	Pt	0,0158	78,352	0,0893	13,875	0,0934	13,266	0,1072	11,556
79	Au	0,0153	80,768	0,0863	14,354	0,0903	13,731	0,1040	11,917
80	Hg	0,0149	83,046	0,0835	14,837	0,0872	14,210	0,1008	12,3
81	Tl	0,0145	85,646	0,0808	15,338	0,0843	14,695	0,0979	12,655
82	Pb	0,0141	88,037	0,0782	15,858	0,0815	15,205	0,0950	13,041
83	Bi	0,0137	90,420	0,0757	16,376	0,0789	15,713	0,0923	13,422
90	Th	0,0113	109,741	0,0606	20,458	0,0630	19,677	0,0761	16,293
92	U	0,0108	115,610	0,0569	21,764	0,0592	20,938	0,0722	17,160

Analysatorkristalle

a) Symbol b) chemischer Name c) chemische Formel	a) hkl (hkil) b) 2d [nm] c) Kristallsystem	In 1. Beugungsordnung erfaßbarer Elementebereich (2θ: 10° bis 145°) K_α — L_α	a) Reflexionsvermögen b) Auflösungsvermögen c) störende Eigenstrahlung	Bemerkungen Beständigkeit gegenüber Röntgenstrahlung, Wärme, Vakuum	Anwendung
1	2	3 4	5	6	7
a) – b) Topas c) $Al_2SiO_4(F, OH)_2$	a) (303) b) 0,2712 c) orthorhombisch	23…70 $\geqq 58$	a) mittel b) sehr hoch c) F, Al, Si	sehr gut	verbessert die Dispersion im Bereich VK bis NiK, wo K_β des Elements Z mit K_α des Elements Z + 1 überlappt, Intensität $\approx$ (5 bis 10)% von LiF (200)
a) LiF (220) b) Lithiumfluorid c) LiF	a) (220) b) 0,2848 c) kubisch	23…68 $\geqq 57$	a) hoch b) sehr hoch c) F	sehr gut	gleiche Anwendung wie Topas; Intensität $\approx$ 50% von LiF (200)
a) LiF (200) b) Lithiumfluorid c) LiF	a) (200) b) 0,4028 c) kubisch	19…58 $\geqq 49$	a) sehr hoch b) sehr hoch c) F	sehr gut	universell verwendbarer Kristall, höchste Intensität für die meisten Elemente; vereint große Intensität mit hoher Dispersion
a) NaF (200) b) Natriumfluorid c) NaF	a) (200) b) 0,462 c) kubisch	19…55 $\geqq 48$	a) – b) – c) Na, F	sehr gut	wenig gebräuchlich
a) NaCl (200) b) Steinsalz Natriumchlorid c) NaCl	a) (200) b) 0,5641 c) kubisch	16…50 $\geqq 44$	a) sehr hoch b) hoch c) Na, Cl	sehr gut	gut für SK_α und ClK_α in leichter Matrix; etwas höhere Intensität als LiF (200) für GeK_α bis BaK_α bei höherer Untergrundintensität; wenig gebräuchlich
a) Si (111) b) Silicium c) Si	a) (111) b) 0,6276 c) kubisch	16…47 $\geqq 41$	a) hoch b) sehr hoch c) Si	sehr gut	günstig für mittlere und hohe Ordnungszahlen; keine Reflexe in geradzahlig höherer Ordnung
a) Ge (111) b) Germanium c) Ge	a) (111) b) 0,6532 c) kubisch	15…46 $\geqq 40$	a) hoch b) sehr hoch c) Ge	sehr gut	günstig für mittlere und hohe Ordnungszahlen; keine Reflexe in geradzahlig höherer Ordnung
a) α-Quarz (10$\bar{1}$1) b) Siliciumdioxid c) SiO_2	a) (10$\bar{1}$1) b) 0,6687 c) hexagonal	15…46 $\geqq 40$	a) hoch b) sehr hoch c) Si	sehr gut	PK_α in leichter Matrix; Intensität für PK_α bis KK_α größer als für EDDT, aber geringer als für PET

Tafel III

a) Symbol b) chemischer Name c) chemische Formel	a) hkl (hkil) b) 2d [nm] c) Kristallsystem	In 1. Beugungsordnung erfaßbarer Elementebereich (2θ: 10° bis 145°)		a) Reflexionsvermögen b) Auflösungsvermögen c) störende Eigenstrahlung	Bemerkungen	
		K_α	L_α		Beständigkeit gegenüber Röntgenstrahlung, Wärme, Vakuum	Anwendung
1	2	3	4	5	6	7
a) Graphit b) Kohlenstoff c) C	a) (0002) b) 0,6708 c) –	15...46	≥ 40	a) sehr hoch b) – c) –	sehr gut	sehr gut für P und S
a) InSb (111) b) Indiumantimonid c) InSb	a) (111) b) 0,74806 c) kubisch	14...46	38...92	a) hoch b) mittel c) In, Sb	sehr gut	Für Si, P, S, Cl besser geeignet als EDDT. Verglichen mit EDDT ist das Reflexionsvermögen für Si-K_α um den Faktor 7 höher. Geringe Reflexion in zweiter Ordnung.
a) α-Quarz (10$\bar{1}$0) b) Siliciumdioxid c) SiO$_2$	a) (10$\bar{1}$0) b) 0,8510 c) hexagonal	14...41	36 ...100	a) mittel b) sehr hoch c) Si	sehr gut	wie EDDT und PET; höhere Auflösung, aber geringere Intensität
a) PET b) Pentaerythritol c) C(CH$_2$OH)$_4$	a) (020) b) 0,8742 c) tetragonal	13...41	36...99	a) hoch b) niedrig c) keine	beschränkt; neigt zum Zerfall mit dem Alter, insbesondere bei starker Einwirkung von Röntgenstrahlung	Al, Si, P, S; speziell für P und S in mittelschwerer und schwerer Matrix; Reflexionsvermögen 1,5- bis 2fach im Vergleich zu EDDT; höchster thermischer Ausdehnungskoeffizient von den üblichen Analysatorkristallen
a) EDDT b) Ethylendiamin-d-tartrat c) C$_6$H$_{14}$N$_2$O$_6$	a) (020) b) 0,8808 c) monoklin	13...41	35...99	a) mittel b) niedrig c) keine	gut	Al und Si in jeder Matrix; P, S, Cl in mittlerer und schwerer Matrix; deutlich niedrigerer thermischer Ausdehnungskoeffizient als PET
a) ADP b) Ammoniumdihydrogenphosphat c) NH$_4$H$_2$PO$_4$	a) 001 b) 1,0648 c) tetragonal	12...37	33...91	a) niedrig b) – c) P	gut	Mg; Untergrund kann infolge P-Eigenstrahlung hoch sein
a) TlAP b) Thalliumhydrogenphthalat c) TlHC$_8$H$_4$O$_4$	a) 001 b) 2,59 c) rhombisch	(8)...23	23...60	a) hoch b) – c) Tl	gut	für leichte und sehr leichte Elemente; für F und Na besser als KAP

a) Symbol b) chemischer Name c) chemische Formel	a) hkl (hkil) b) 2d [nm] c) Kristallsystem	In 1. Beugungsordnung erfaßbarer Elementebereich (2θ: 10° bis 145°)		a) Reflexionsvermögen b) Auflösungsvermögen c) störende Eigenstrahlung	Bemerkungen	Anwendung
		K_α	L_α		Beständigkeit gegenüber Röntgenstrahlung, Wärme, Vakuum	
1	2	3	4	5	6	7
a) RbAP b) Rubidiumhydrogenphthalat c) $RbHC_8H_4O_4$	a) 001 b) 2,612 c) rhombisch	(8)...23	23...60	a) hoch b) – c) Rb	gut	für leichte und sehr leichte Elemente für F und Na besser als KAP
a) KAP b) Kaliumhydrogenphthalat c) $KHC_8H_4O_4$	a) (001) b) 2,6632 c) rhombisch	(8)...23	23...60	a) hoch b) – c) K	gut	für leichte und sehr leichte Elemente
a) Bleistearat PbSt b) Bleioctadecanoat c) $Pb[CH_3(CH_2)_{16}COO]_2$	a) – b) 10,04 c) Schichtkristall (seifenähnlicher Pseudokristall)	(5)...12	≤ 34	a) hoch b) – c) Pb Si (von Glasträger)	gut (bis 60 °C)	für F besseres Reflexionsvermögen als KAP

Massenschwächungskoeffizienten μ/ϱ [cm²/g]

		NaK$_\alpha$ 1,1909 nm	MgK$_\alpha$ 0,9889 nm	AlK$_\alpha$ 0,8339 nm	SiK$_\alpha$ 0,7126 nm	PK$_\alpha$ 0,6155 nm	SK$_\alpha$ 0,5373 nm	ClK$_\alpha$ 0,4729 nm	KK$_\alpha$ 0,3744 nm
3	Li	206	113	65,6	39,7	25,0	16,2	10,9	5,28
4	Be	543	305	180	111	70,5	46,2	31,2	15,2
5	B	1 100	627	375	233	149	98,6	66,9	32,8
6	C	1 980	1 150	696	437	283	188	129	63,6
7	N	3 030	1 790	1 100	698	456	305	210	105
8	O	4 130	2 520	1 580	1 020	674	456	315	159
9	F	5 170	3 220	2 050	1 330	888	603	419	213
11	Na	5 980	5 510	3 560	2 340	1 570	1 070	750	385
12	Mg	853	500	4 390	2 940	2 000	1 380	972	504
13	Al	1 070	645	403	3 420	2 370	1 660	1 180	622
14	Si	1 420	859	544	358	2 960	2 080	1 480	778
15	P	1 730	1 050	669	440	299	2 340	1 690	906
16	S	2 220	1 350	857	562	380	264	2 020	1 100
17	Cl	2 590	1 580	1 010	662	449	312	2 230	1 360
19	K	3 740	2 290	1 460	958	648	450	321	174
20	Ca	4 540	2 780	1 770	1 160	783	543	386	208
21	Sc	4 980	3 040	1 930	1 270	856	593	422	226
22	Ti	5 770	3 520	2 230	1 460	981	677	480	256
23	V	6 430	3 920	2 480	1 620	1 090	749	530	281
24	Cr	7 410	4 530	2 880	1 880	1 270	875	619	330
25	Mn	8 360	5 110	3 240	2 120	1 420	981	693	367
26	Fe	9 740	5 950	3 770	2 460	1 650	1 140	803	424
27	Co	10 600	6 500	4 130	2 700	1 810	1 250	883	467
28	Ni	12 300	7 570	4 800	3 140	2 110	1 450	1 020	539
29	Cu	11 000	8 020	5 120	3 350	2 260	1 550	1 100	579
30	Zn	8 400	8 520	5 490	3 620	2 450	1 700	1 200	638
31	Ga	1 560	7 930	6 020	3 970	2 680	1 860	1 310	693
32	Ge	1 820	8 770	6 600	4 350	2 940	2 030	1 430	754
33	As	2 540	1 500	6 020	4 740	3 210	2 230	1 580	833
34	Se	2 680	1 620	6 440	5 030	3 430	2 380	1 690	893
35	Br	2 940	1 790	1 120	4 700	3 810	2 650	1 880	994
37	Rb	3 400	2 040	1 280	828	3 770	3 110	2 210	1 170
38	Sr	3 650	2 220	1 410	923	4 100	3 370	2 400	1 270
39	Y	3 990	2 460	1 580	1 050	717	3 090	2 610	1 390
40	Zr	4 330	2 690	1 740	1 160	802	3 380	2 840	1 510
41	Nb	4 750	2 950	1 910	1 270	874	617	2 610	1 650
42	Mo	5 070	3 180	2 080	1 400	969	690	2 000	1 760
45	Rh	6 480	4 090	2 680	1 810	1 250	892	651	1 750
47	Ag	7 580	4 750	3 090	2 070	1 430	1 010	736	412
48	Cd	8 110	5 110	3 330	2 240	1 550	1 100	804	452
50	Sn	9 330	5 880	3 840	2 580	1 780	1 260	917	513
51	Sb	10 100	6 310	4 100	2 740	1 890	1 330	963	535
56	Ba	9 290	7 640	5 430	3 650	2 510	1 770	1 280	701
58	Ce	10 600	7 920	6 210	4 180	2 880	2 030	1 460	801
72	Hf	4 540	2 780	1 760	5 690	3 900	3 270	2 830	1 560
74	W	4 890	3 050	1 950	1 270	4 240	3 570	2 810	1 690
79	Au	5 800	3 670	2 420	1 640	1 150	3 490	2 520	1 820
82	Pb	6 560	4 180	2 770	1 900	1 330	961	2 820	1 850
92	U	9 360	6 430	5 050	3 400	2 350	1 660	1 200	668

Tafel IV

		CaK$_\alpha$ 0,3360 nm	TiK$_\alpha$ 0,2750 nm	VK$_\alpha$ 0,2505 nm	CrK$_\alpha$ 0,2291 nm	MnK$_\alpha$ 0,2103 nm	FeK$_\alpha$ 0,1937 nm	CoK$_\alpha$ 0,1791 nm	NiK$_\alpha$ 0,1659 nm
3	Li	3,81	2,11	1,61	1,26	1,00	0,815	0,674	0,567
4	Be	10,9	5,93	4,48	3,43	2,67	2,10	1,68	1,36
5	B	23,6	12,8	9,68	7,39	5,72	4,48	3,54	2,84
6	C	45,9	25,1	19,0	14,5	11,2	8,76	6,92	5,52
7	N	75,9	41,7	31,6	24,2	18,7	14,6	11,6	9,22
8	O	116	64,1	48,6	37,3	28,9	22,6	17,9	14,3
9	F	156	86,5	65,7	50,5	39,2	30,7	24,3	19,4
11	Na	282	157	120	92,3	71,8	56,4	44,7	35,7
12	Mg	371	208	159	123	95,6	75,2	59,7	47,7
13	Al	460	261	200	154	120	94,9	75,4	60,4
14	Si	576	327	250	194	151	119	94,7	75,9
15	P	674	386	297	230	180	143	114	91,1
16	S	818	471	363	282	221	175	140	112
17	Cl	1 020	596	460	359	282	224	179	144
19	K	1 210	715	557	437	345	275	220	178
20	Ca	156	829	649	511	405	324	260	210
21	Sc	170	866	682	539	429	344	277	225
22	Ti	192	113	88,7	585	469	378	307	250
23	V	211	124	96,7	76,6	515	416	337	275
24	Cr	247	145	114	90,0	72,1	480	390	319
25	Mn	275	161	126	99,3	79,5	64,2	418	342
26	Fe	317	185	144	114	91,0	73,4	59,9	382
27	Co	349	204	159	125	100	80,8	65,8	54,1
28	Ni	401	233	182	143	114	91,9	74,8	61,4
29	Cu	432	251	195	154	123	98,7	80,2	65,8
30	Zn	476	278	217	171	136	110	89,5	73,5
31	Ga	516	300	233	183	146	117	94,9	77,6
32	Ge	561	325	252	198	157	126	102	83,2
33	As	620	359	279	219	174	139	113	92,2
34	Se	666	386	299	235	186	149	121	98,7
35	Br	741	429	332	261	207	165	134	109
37	Rb	871	503	389	304	241	192	155	126
38	Sr	917	547	423	331	262	209	169	137
39	Y	1 040	599	464	363	287	229	185	150
40	Zr	1 130	650	503	393	310	248	199	162
41	Nb	1 230	711	550	430	340	271	218	177
42	Mo	1 310	757	585	457	361	287	231	187
45	Rh	1 560	911	708	555	439	351	283	230
47	Ag	1 510	1 050	814	638	505	403	325	263
48	Cd	1 140	1 100	852	668	528	422	340	275
50	Sn	394	1 230	959	753	596	476	384	311
51	Sb	409	1 050	973	769	612	491	398	324
56	Ba	533	322	256	595	658	633	513	418
58	Ce	608	367	290	233	536	598	577	472
72	Hf	1 180	700	549	436	349	283	231	190
74	W	1 280	760	596	472	378	306	250	205
79	Au	1 520	915	721	574	461	374	306	252
82	Pb	1 550	1 020	803	639	513	415	339	279
92	U	1 040	1 120	887	778	687	559	458	378

		CuK$_\alpha$ 0,1542 nm	WL$_\alpha$ 0,1476 nm	ZnK$_\alpha$ 0,1437 nm	AuL$_\alpha$ 0,1277 nm	GeK$_\alpha$ 0,1256 nm	PbL$_\alpha$ 0,1175 nm	ZrK$_\alpha$ 0,0788 nm	MoK$_\alpha$ 0,0710 nm
3	Li	0,485	0,446	0,422	0,344	0,335	0,304	0,206	0,194
4	Be	1,12	0,999	0,929	0,696	0,667	0,575	0,283	0,251
5	B	2,29	2,03	1,88	1,36	1,29	1,09	0,435	0,363
6	C	4,44	3,92	3,61	2,57	2,45	2,04	0,719	0,573
7	N	7,42	6,54	6,02	4,27	4,05	3,36	1,11	0,859
8	O	11,5	10,1	9,28	6,56	6,23	5,14	1,64	1,24
9	F	15,6	13,7	12,6	8,93	8,47	6,99	2,19	1,65
11	Na	28,7	25,3	23,3	16,5	15,7	12,9	4,00	2,99
12	Mg	38,5	34,0	31,2	22,1	21,0	17,4	5,36	3,99
13	Al	48,7	43,0	39,6	28,1	26,7	22,0	6,78	5,04
14	Si	61,2	54,1	49,8	35,3	33,5	27,7	8,52	6,32
15	P	73,7	65,1	59,9	42,6	40,5	33,5	10,3	7,67
16	S	90,8	80,3	74,0	52,6	50,0	41,4	12,8	9,51
17	Cl	116	103	95,0	67,7	64,3	53,3	16,5	12,2
19	K	145	128	118	84,6	80,4	66,7	20,9	15,5
20	Ca	171	152	140	101	95,7	79,4	25,0	18,6
21	Sc	183	163	151	108	103	85,6	27,0	20,1
22	Ti	204	182	168	140	116	96,4	30,7	22,9
23	V	225	200	185	134	128	106	34,0	25,3
24	Cr	261	233	215	156	149	124	39,7	29,6
25	Mn	281	251	232	169	161	134	43,3	32,3
26	Fe	316	282	262	191	182	153	49,8	37,3
27	Co	352	314	291	212	202	169	54,8	40,9
28	Ni	50,8	335	312	231	220	186	62,1	46,7
29	Cu	54,4	48,8	45,4	242	232	195	65,8	49,4
30	Zn	60,9	54,6	50,8	27,1	259	218	73,2	55,0
31	Ga	64,1	57,3	53,3	39,4	37,7	224	76,1	57,3
32	Ge	68,5	61,3	56,9	41,9	40,1	33,9	80,3	60,7
33	As	75,9	67,9	63,0	46,4	44,3	37,5	88,9	67,2
34	Se	81,2	72,6	67,4	49,6	47,3	40,0	94,6	71,6
35	Br	89,6	80,0	74,2	54,5	52,0	43,9	103	78,0
37	Rb	103	92,2	85,4	62,4	59,5	50,0	115	88,1
38	Sr	112	100	92,7	67,7	64,5	54,2	19,0	94,4
39	Y	123	109	101	73,9	70,5	59,2	20,6	102
40	Zr	132	118	109	79,3	75,6	63,4	21,8	16,8
41	Nb	145	129	119	86,6	82,6	69,2	23,7	18,2
42	Mo	153	136	126	91,3	87,0	72,9	24,8	19,0
45	Rh	188	168	155	113	108	90,2	30,8	23,6
47	Ag	215	192	177	129	123	103	34,6	26,4
48	Cd	225	210	185	134	128	107	35,8	27,2
50	Sn	254	226	209	152	144	121	40,3	30,6
51	Sb	266	237	219	160	152	128	43,3	32,9
56	Ba	343	306	284	207	197	165	55,6	42,2
58	Ce	388	346	321	234	223	187	63,0	47,8
72	Hf	158	142	132	260	248	208	117	88,9
74	W	170	153	142	106	101	226	127	96,5
79	Au	209	188	175	130	125	106	147	113
82	Pb	232	208	193	144	138	117	142	129
92	U	314	282	262	195	187	158	58,6	101

19 Röntgenfluoreszenzanalyse

Tafel IV

		RhK$_\alpha$ 0,0614 nm	AgK$_\alpha$ 0,0561 nm	BaK$_\alpha$ 0,0387 nm	CeK$_\alpha$ 0,0359 nm	WK$_\alpha$ 0,0211 nm	AuK$_\alpha$ 0,0182 nm
3	Li	0,183	0,178	0,163	0,161	0,142	0,136
4	Be	0,219	0,206	0,174	0,170	0,150	0,145
5	B	0,293	0,263	0,196	0,189	0,160	0,154
6	C	0,432	0,370	0,239	0,225	0,177	0,170
7	N	0,614	0,507	0,281	0,259	0,183	0,173
8	O	0,860	0,692	0,339	0,304	0,191	0,178
9	F	1,12	0,885	0,396	0,348	0,194	0,177
11	Na	1,99	1,55	0,617	0,525	0,230	0,201
12	Mg	2,64	2,05	0,784	0,659	0,261	0,223
13	Al	3,32	2,56	0,947	0,787	0,283	0,235
14	Si	4,16	3,20	1,16	0,962	0,323	0,263
15	P	5,04	3,87	1,39	1,14	0,356	0,283
16	S	6,25	4,80	1,70	1,39	0,412	0,321
17	Cl	8,03	6,15	2,14	1,74	0,478	0,360
19	K	10,2	7,83	2,72	2,21	0,580	0,428
20	Ca	12,2	9,35	3,23	2,62	0,667	0,485
21	Sc	13,2	10,1	3,49	2,83	0,702	0,504
22	Ti	15,1	11,6	3,97	3,21	0,778	0,552
23	V	16,7	12,8	4,40	3,55	0,850	0,598
24	Cr	19,5	15,0	5,14	4,15	0,976	0,680
25	Mn	21,3	16,4	5,64	4,55	1,06	0,738
26	Fe	24,6	19,0	6,53	5,27	1,22	0,839
27	Co	27,0	20,6	7,13	5,75	1,32	0,903
28	Ni	31,0	23,9	8,29	6,69	1,53	1,04
29	Cu	32,9	25,4	8,79	7,10	1,61	1,09
30	Zn	36,5	28,2	9,77	7,88	1,78	1,20
31	Ga	38,2	29,5	10,3	8,29	1,87	1,26
32	Ge	40,6	31,4	11,0	8,89	2,01	1,35
33	As	44,9	34,8	12,1	9,81	2,20	1,48
34	Se	48,0	37,1	13,0	10,5	2,35	1,58
35	Br	52,4	40,7	14,3	11,6	2,59	1,73
37	Rb	59,6	46,4	16,5	13,3	2,99	2,00
38	Sr	64,0	49,9	17,8	14,4	3,23	2,16
39	Y	69,3	54,1	19,3	15,7	3,52	2,34
40	Zr	71,3	56,2	20,6	16,7	3,80	2,53
41	Nb	75,5	59,8	22,3	18,1	4,16	2,77
42	Mo	80,3	63,5	23,6	19,2	4,40	2,93
45	Rh	16,2	12,8	28,2	22,9	5,24	3,49
47	Ag	18,0	14,2	31,0	25,4	5,93	3,95
48	Cd	18,5	14,5	32,3	26,4	6,14	4,09
50	Sn	20,7	16,3	34,9	28,7	6,78	4,52
51	Sb	22,5	17,7	38,4	31,4	7,21	4,79
56	Ba	28,7	22,5	8,53	7,05	8,98	5,96
58	Ce	32,3	25,3	9,52	7,85	10,1	6,70
72	Hf	60,0	46,8	17,2	14,1	3,54	11,6
74	W	65,2	50,8	18,6	15,3	3,80	2,63
79	Au	76,8	60,2	22,4	18,4	4,60	3,18
82	Pb	87,6	68,6	25,2	20,6	5,06	3,47
92	U	69,4	89,8	34,2	28,1	7,01	4,81

Literaturverzeichnis

[3.1] LEONOWICH, J., S. PANDIAN u. I. L. PREISS: J. Radioanal. Chem. **40** (1977), S. 175–187

[3.2] BLOCHIN, M. A.; Methoden der Röntgenspektralanalyse. Leipzig: B. G. Teubner Verlagsgesellschaft 1963

[3.3] GILFRICH, J. V. u. a.: X-Ray characteristics and applications of layered synthetic microstructures. Adv. in X-ray analysis Vol. 21, 1982

[3.4] FÜNFER, E., u. H. NEUERT: Zählrohre und Szintillationszähler. Karlsruhe: Verlag G. Braun 1959

[3.5] FENYVES, E., u. O. HAIMAN: The physical principles of nuclear radiation measurements. Budapest: Akademiai Kiado 1969

[3.6] RICHTER, K., u. K. KLEINSTÜCK: Ein Proportionalzählrohr mit geringer Fotopeakverschiebung für die Röntgenfluoreszenzanalyse. Exp. Techn. d. Phys. **26** (1978), S. 1–27

[3.7] MEILING, W.: Kernphysikalische Elektronik. WTB, Band 160. Berlin: Akademie-Verlag 1975

[3.8] KUHN, A.: Halbleiter- und Kristallzähler. Leipzig: Akademische Verlagsgesellschaft Geest & Portig KG 1969

[3.9] JENKINS, R., R. W. GOULD u. D. GEDCKE: Quantitative X-Ray Spectrometry. New York u. Basel: Marcel Dekker, Inc. 1981

[3.10] ELAD, E., u. M. NAKAMURA: High-Resolution X-Ray and Electron Spectrometer. Nucl. Instr. & Meth. **41** (1966), S. 161

[3.11] GOULDING, F. S., u. D. A. LANDIS: Signal Processing for Semiconductor Detectors. IEEE Trans. Nucl. Sci. **NS-29** (1982), S. 1125–1141

[3.12] MUSKET, R. G.: Proc. Workshop on Energy Dispersive X-Ray Spectrometry. Gaithersburg 1979, NBS Special Publ. 1981, S. 97; R. G. MUSKET, W. Bauer: Determination of Gold Layer and Dead-Layer Thicknesses for a Si(Li)-Detector. Nucl. Instr. & Meth. **109** (1973), S. 593

[3.13] POHLERS, A.: Untersuchungen zur Leistungsfähigkeit von Halbleiterdetektoren in der Röntgendiffraktometrie. Dissertation A, Technische Universität Dresden, Sektion Physik, 1985

[3.14] ROSS, P. A.: J. Opt. Soc. Amer. **16** (1928), S. 433

[3.15] RHODES, J. R.: X-Ray and Electron Probe Analysis. In: Energy Dispersion X-Ray Analysis, ASTM Special Publication STB 485, Philadelphia 1971, S. 243

[3.16] ČECHAK, T., u. L. MOUČKA: Design and Manufacture of X-Ray Differential Filters. Radiochemical Radioanal. Lett. **24** (1976), S. 227–238

[3.17] SCHIEKEL, M., u. P. JUGELT: State and Trends in Energy Dispersive X-Ray Analysis. Proceedings on Working Meeting Radio Isotope Application in Industry and Research, Leipzig 1985

[3.18] HILL, R. F., u. W. GARBER: Portable X-Ray Analyzer for in-situ Gold Qualification. IEEE Trans. Nucl. Sci **NS-25** (1978), S. 790–793

[3.19] PLESCH, R.: G-I-T Fachz. Lab., **21** (1977), S. 1034

[4.1] CLARK, N. H.: Scattered primary radiation as an internal standard in X-Ray emission spectrometry. X-Ray Spectrom. 2 (1973), S. 41

[4.2] DUIMAKAEW, SCH. I., u. A. L. ZWETJANSKI: Verwendung gestreuter Primärstrahlung bei der Röntgenspektralanalyse mittels der Methode der theoretischen Korrekturen. Zavodsk. Lab. 50 (1984), S. 20

[4.3] NIELSON, K. K.: Progress in X-ray fluorescence correction methods using scattered radiation. Adv. in X-Ray analysis 22 (1979), S. 303

[4.4] VAN ESPEN, P., H. NULLENS u. F. Adams: An In-depth Study of Energy-dispersive X-Ray Spectra. X-Ray Spectrom. 9 (1980), S. 126–137

[4.5] MARAGETER, E., W. WEGSCHEIDER u. K. MÜLLER: Radiative Auger Transitions and their Consideration in Deconvolution of Energy Dispersive X-Ray Spectra. X-Ray Spectrom. 13 (1984), S. 78–82

[4.6] GOULDING, F. S., u. J. M. JAKLEVIC: XRF Analysis-some sensivity comparisions between chargedparticle and photon excitation. Nulc. Instr. & Methods 142 (1977), S. 323–332

[4.7] SCHIEKEL, M., u. A. STEINBRECHER: Der Einfluß des Atmosphärendruckes bei der energiedispersiven Röntgenfluorenzanalyse leichter Elemente. Isotopenpraxis 16 (1980), S. 239–240

[4.8] KOCH, S., u. P. JUGELT: Einsatzmöglichkeiten der energiedispersiven Pulverdiffraktometrie zur Phasenanalyse metallurgischer und geologischer Proben. Isotopenpraxis 14 (1978), S. 261–267

[4.9] SCHMIEDL, H.-D., u. W. DIEWITZ: Beiträge zur Informationsauswertung in der energiedispersiven Röntgenfluorenzanalyse mit Halbleiterdetektorspektrometern. Dissertation A, TU Dresden, Sektion Physik, 1976

[4.10] SAVITZKY, A., u. M. J. E. GOLAY: Smoothing and Differentation of Data by Simplified Least Squares Procedures. Anal. Chem. 36 (1964), S. 1627–1639

[4.11] MARISCOTTI, M. A.: A method for automatic identification of peaks in the presence of background and its application to spectrum analysis. Nucl. Instr. & Methods 50 (1967), S. 309–320

[4.12] SIEBER, H.-J., u. J. KNORR: Untersuchungen zum systematischen und zufälligen Fehler bei der automatischen Peaklagenbestimmung nach Mariscotti. Isotopenpraxis 14 (1978), S. 257–261

[4.13] REED, S. J. B., u. N. G. WARE: Escape peaks and internal fluorescence in x-ray spectra recorded with lithium drifted silicon detectors. J. Phys. E 5 (1972), S. 582–584

[4.14] STATHAM, P. J.: Devonvolution and Background Subtraction by Least-Squares Fitting with Prefiltering of Spectra. Anal. Chem. 49 (1977), S. 2149–2154

[4.15] RUSS, J. C.: Processing of Energy Dispersive X-Ray Spectra. EDAX-Editor 6 (1976), S. 4–33

[4.16] HECKEL, J., u. P. JUGELT: Absolutbestimmung des in einer dicken Probe bei Elektronenbeschuß mit Primärenergien $E_0 = 15$, 20 und 25 keV erzeugten Bremsstrahlungsspektrums. Experim. Technik d. Physik 31 (1983), S. 493–509

[4.17] BAEDECKER, P. A.: Digital Methods of Photopeak Integration in Activation Analysis. Anal. Chem. 43 (1971), S. 405–410

[4.18] COVELL, D. F.: Determination of Gamma-Ray Abundance Directly from the Total Absorption Peak. Anal. Chem. 31 (1959), S. 1785–1790

[4.19] HEYDORN, K., u. W. LADA: Peak Boundary Selection in Photopeak Integration by the Method of Covell. Anal. Chem. 44 (1972), S. 2313–2317

[4.20] NIELSON, K. K.: Application of Direct Peak Analysis to Energy-dispersive X-Ray Fluorescence Spectra. X-Ray Spectrom. 7 (1978), S. 15–22

[4.21] SHEN, R. B., J. C. RUSS u. W. STROEVE: Modelling intensity and concentration in energy dispersive x-ray fluorescence. Adv. in X-ray analysis 22 (1979), S. 385–393

[4.22] WIELOPOLSKI, L., u. R. P. GARDNER: Development of the detector response function approach in the least-squares analysis of x-ray fluorescence spectra. Nucl. Instr. and Methods 165 (1979), S. 297–306

[4.23] KUNZENDORF, H., u. H. A. WOLLENBERG: Determination of rare-earth elements in rocks by isotopeexcited x-ray fluorescence spectrometry. Nucl. Instr. & Methods 87 (1970), S. 197–203

[4.24] MARAGETER, E., W. WEGSCHEIDER u. K. MÜLLER: A novel method for nonlinear least-squares analysis of energy-dispersive x-ray spectra. Nucl. Instr. & Methods in Physics Research B 1 (1984), S. 137–145

[4.25] MARAGETER, E.: Über eine computerunterstützte Auswertemethode zur energiedispersiven Röntgenfluoreszenzanalyse. Dissertation, TU Graz, 1982

[4.26] EGGERT, F., u. W. SCHOLZ: A Rapid Deconvolution Method Based on the Bayesian Theorem Applied to Energy Dispersive X-Ray Emission Analysis. Phys. stat. sol. (a) 88 (1985), K 123–K 125

[4.27] HECKEL, J.: Beiträge zur quantitativen energiedispersiven Elektronenstrahl-Mikroanalyse dicker Proben. Dissertation A, TU Dresden, Sektion Physik, 1983

[4.28] KEITH, H. D., u. T. C. LOOMIS: Calibration and Use of a Lithium-drifted Silicon Detector for Accurate Analysis of X-Ray Spectra. X-Ray Spectrom. 5 (1976), 93–103

[4.29] KOCH, S., P. JUGELT u. H.-D. SCHMIEDL: Energiedispersive Röntgenspektrometrie und ihr Einsatz zur Elementanalyse von Mikrobereichen. Wiss. Zeitschr. d. TU Dresden 25 (1976), S. 159–167

[4.30] BRONSTEIN, I. N., u. K. A. SEMENDJAJEW: Taschenbuch der Mathematik. Gemeinschaftsausgabe Verlag Nauka Moskau und BSB B. G. Teubner Verlagsgesellschaft Leipzig, 1979

[4.31] FÜLLE, R.: Beiträge zur Gestaltung rechnergestützter Experimente in der Kernphysik. Dissertation B, TU Dresden, Fak. Mathem. u. Naturwiss. 1980

[4.32] MÜLLER, P. H.: Lexikon der Stochastik, 2. Auflage. Berlin: Akademieverlag 1975

[5.1] SHERMAN, J.: A theoretical derivation of the composition of mixable specimens from fluorescence intensities. Spectrochim. acta 7 (1955), S. 283

[5.2] SHIRAIWA, T., u. N. FUJINO: Theoretical calculation of fluorescent x-ray intensities in fluorescent x-ray spectrochemical analysis. Jap. Journ. Appl. phys. 5 (1966), S. 886

[5.3] DUNN, W. L., C. R. EFIRD, R. P. GARDNER u. K. VERGHESE: A mathematical model for tertiary x-rays from heterogeneous samples. X-Ray Spectrom. 4 (1975), S. 18

[5.4] GARDNER, R. P., u. A. R. HAWTHORNE: Monte Carlo Simulation of the x-ray fluorescence excited by discrete energy photons in homogeneous samples including tertiary inter-element effects. X-Ray Spectrom. 4 (1975), S. 138

[5.5] DOSTER, J. M., u. R. P. GARDNER: The complete spectral response for EDXRF Systems-Calculation by Monte Carlo and analysis applications. X-Ray Spectrom. 11 (1982), S. 173

[5.6] ZANIN, S. J., u. G. E. HOOSER: Analysis of solders by x-ray spectrometry. Appl. Spectrosc. 22 (1968), S. 105–108

[5.7] GUIRALDENQ, P., u. M. SABOT: The effect of the structure and surface condition on x-ray fluorescence analysis of over-carburized steels containing 13 % chromium. Chim. Analytique 49 (1967), S. 633–648

[5.8] GARDNER, R. P., D. BETEL u. K. VERGHESE: X-ray fluorescence analysis of heterogeneous materials: effects of geometry and secondary fluorescence. International Journal of Applied Radiation und Isotopes 24 (1973), S. 135–146

[5.9] HUNTER, C. B., u. J. R. RHODES: Particle size effects in x-ray emission analysis: formulae for continuous size distributions. X-Ray Spectrom. 1 (1972), S. 107–111

[5.10] WEBER, K.: Eine vereinfachte Formulierung des Korngrößeneinflusses. X-Ray Spectrom. 5 (1976), S. 7–12

[5.11] BRINDLEY, G. W.: The effect of grain or particle size on x-ray reflections from mixed powders and alloys, considered in relation to the quantitative determination of crystalline substances by x-ray methods. Phil. Mag. 36 (1945), S. 347–359

[5.12] BLANQUET, P.: Minerals and Metals. Le Bureau de Recherches Geologiques et Miniers, Paris (1964)

[5.13] BERRY, P. F., T. FURUTA u. J. R. RHODES: Advan. X-Ray Anal. 12 (1969), S. 612, University of Denver, Plenum Press. New York

[5.14] LUBECKI, A., B. HOLYNSKA u. M. WASILEWSKA: Grain size effect in non-dispersive x-ray fluorescence analysis. Spectrochim. Acta 23 B (1968), S. 465–479

[5.15] RHODES, J. R., u. C. B. HUNTER: Particle size effects in x-ray emission analysis: Simplified formulae for certain practical cases. X-Ray Spectrom. 1 (1972), S. 113–117

[5.16] JENKINS, I. R., u. J. I. DE VRIES: Practical x-ray spectrometry. 2. Aufl. London: Macmillan 1972

[5.17] CLAISSE, F., u. C. SAMSON: Heterogenity effects in x-ray analysis. Adv. in X-ray Anal. 5 (1962), S. 335–354

[5.18] SCHÄFER, K.: Atomfaktorbestimmungen im Gebiet anormaler Dispersion II. Z. Physik 86 (1933), S. 738–759

[5.19] HAWTHORNE, A. R., u. R. P. GARDNER: A prospose model for particle-size effects in the x-ray fluorescence analysis of heterogeneous powders that includes incidence angle and non-random packing effects. X-Ray Spectrom. 7 (1978), S. 198–205

[5.20] DÜMECKE, G.: Eine empirische Methode zur Korrektur des Einflusses der Korngröße bei der Röntgenfluoreszenzanalyse von gepulverten Glasproben und anderen Einphasensystemen. X-Ray Spectrom. 10 (1981) 1, S. 2–7

[5.21] MÜLLER, R. O.: Spektrochemische Analysen mit Röntgenfluoreszenz. München/Wien: R. Oldenbourg 1967

[5.22] JENKINS, R., u. P. W. HURLEY: Effects of surface finish in the X-ray fluorescence analyses of bulk materials. 12. Colloquium Spectroscopicum Internationale. Exeter 1965; London: Hilger & Watts Ltd., S. 444

[5.23] PLESCH, R.: Der Einfluß der Standards auf den Fehler der Röntgenanalyse. G-I-T Fachz. Lab. 21 (1977), S. 375

[5.24] LUCAS-TOOTH, H. J., B. J. PRICE: A mathematical method for the investigation of interelement effects in x-ray fluorescent analysis. Metallurgia 54 (1961), S. 149

[5.25] PLESCH, R.: Empirical matrix corrections in practical x-ray spectroscopy. X-Ray Spectrom. 5 (1976), S. 142

[5.26] JENKINS, R.: A review of empirical influence coefficient methods in x-ray spectrometry. Adv. in X-ray analysis 22 (1979), S. 281

[5.27] STORM, R.: Wahrscheinlichkeitsrechnung, mathematische Statistik und statistische Qualitätskontrolle, Leipzig 1967

[5.28] LINDER, A.: Statistische Methoden für Naturwissenschaftler, Mediziner und Ingenieure, Basel 1961

[5.29] DOERFFEL, K.: Statistik in der analytischen Chemie. Leipzig: VEB Deutscher Verlag für Grundstoffindustrie 1984

[5.30] STEPHENSON, D. A.: Multivariable analysis of quantitative x-ray emission data. Anal. Chem. 43 (1971), S. 310

[5.31] MENCIK, Z.: Note on the accuracy involved in the use of effective mass absorption coefficients in x-ray fluorescence analysis with polychromatic radiation. X-Ray Spectrom. 4 (1975), S. 108

[5.32] TERTIAN, R., u. R. VIE LE SAGE: The equivalent wavelength notion: Definition, properties, applications. X-Ray Spectrom. 5 (1976), S. 73

[5.33] BEATTY, H. J., u. R. M. BRISSEY: Calibration method for x-ray fluorescence spectrometry. Anal. Chem. 26 (1954), S. 980

[5.34] MARTI, W.: Determination of the interelement effects in the x-ray fluorescence analysis of Cr-steels. Spectrochim. Acta 17 (1961), S. 379; MARTI, W.: Über die Bestimmung des Interelementeffektes bei der RFA von Stählen. Spectrochim. Acta 18 (1962), S. 1499

[5.35] BURNHAM, D., J. H. HOWER u. C. JONES: Generalized x-ray emission spectrographic calibration applicable to varying compositions and sample forms. Anal. Chem. 29 (1957), S. 1827

[5.36] LACHANCE, G. R., u. R. J. TRAILL: Practical evaluation of the matrix problem in the x-ray analysis. Can. spectros. 11 (1966), S. 63

[5.37] GRISS, J. W., u. L. S. BIRKS: Calculation methods for fluorescent x-ray spectrometry. Anal. Chem. 40 (1968), S. 1080

[5.38] THIELE, B.: Konzentrationsbestimmungen in Mehrstoffsystemen durch RFA. Siemens-Zeitschrift 44 (1970), S. 707

[5.39] TERTIAN, R.: An accurate coefficient method for x-ray fluorescence analysis. Adv. in X-ray analysis 19 (1976), S. 85

[5.40] CLAISSE, F., u. M. QUINTIN: Generalization of the Lachance-Traill-method for the correction of the matrix effect in x-ray fluorescence analysis. Can. spectros. 12 (1967), S. 129

[5.41] RASBERRY, S. D., u. K. F. J. HEINRICH: Calibration for interelement effects in x-ray fluorescence analysis. Anal. Chem. 46 (1974), S. 81

[5.42] PLESCH, R.: Physikalische Ableitung der Siemens-Rechnerprogramme für die Röntgenspektrometrie. Siemens-Zeitschrift 49 (1975), S. 657

[5.43] JENKINS, R.: A survey of mathematical correction procedures in x-ray spectrometry. Adv. in X-ray analysis 19 (1976), S. 1

[5.44] GILFRICH, J. V., u. L. S. BIRKS: Spectral distribution of x-ray tubes for quantitative x-ray fluorescence analysis. Anal. Chem. 40 (1968), S. 1077

[5.45] GILFRICH, J. V.: Spectral distribution of a thin window Rh-target x-ray spectrografic tube. Anal. Chem. 43 (1971), S. 934

[5.46] HUBELL, J. H., W. H. MC MASTER, N. KERR DEL GRANDE u. J. H. MALLETT: X-ray cross sections and attenuation coefficients. In: International tables for x-ray crystallography Vol. IV, S. 47–70, Birmingham 1974
KOMJAK, N. J.: Tabellen der Massenschwächungskoeffizienten (russ.). LNPO Burewestnik, Leningrad 1978

[5.47] BAMBYNEK, W., B. CRASEMANN, R. W. FINK, H. U. FREUND, H. MARK, C. D. SWIFT, R. E. PRICE u. P. V. RAO: X-ray fluorescence yields. Auger-and Coster-Kronig transitions probabilities. Rev. Modern Phys. 44 (1972), S. 716

[5.48] RAO, P. V., M. H. CHEN u. B. CRASEMANN: Atomic vacancy distributions produced by inner shell ionization. Phys. rev. A5 (1972), S. 997

[5.49] CRISS, J. W., u. L. S. BIRKS: Calculation methods for fluorescent x-ray spectrometry. Anal. Chem. 40 (1968), S. 1080

[5.50] BUDESINSKY, B. W.: Theoretical correction of interelement effects: System Iron, Nickel, Chromium. X-Ray Spectrom. 4 (1975), S. 166

[5.51] DE JONGH, W. K.: X-ray fluorescence analysis applying theoretical matrix corrections. Stainless steel. X-Ray Spectrom. 2 (1973), S. 151

[5.52] SHIRAIWA, T., u. N. FUJINO: Theoretical correction procedures for x-ray fluorescence analysis. X-Ray Spectrom. 3 (1974), S. 64

[5.53] SPARKS, C. J.: Quantitative x-ray fluorescent analysis using fundamental parameters. Adv. in X-ray analysis 19 (1976), S. 19

[5.54] BETIN, J.: Röntgenspektralanalyse von Legierungen mit Fundamentalparametern (russ.) Zavodsk. Lab. 48 (1982) 11, S. 32

[5.55] ROUSSEAU, R.: Fundamental algorithm between concentration and intensity in XRF analysis. X-Ray Spectrom. **13** (1984), S. 115 und 121

[5.56] VREBOS, B., u. J. A. HELSEN: Inverse formulations of the Sherman equations for x-ray spectrometry. X-Ray Spectrom. **14** (1985), S. 27

[5.57] PAWLINSKIJ, G. W., J. I. WELITSCHKO u. A. G. REVENKOW: Programma rastschjota intensivnostei analititscheskich linii rentgenowskowo spektra fluoreszenzii. Zavodsk. Lab. **43** (1977) 4, S. 433

[5.58] LAGUITTON, D., u. M. MANTLER: LAMA I-A general Fortran program for quantitative X-ray fluorescence analysis. Adv. in X-ray analysis **20** (1977), S. 515

[5.59] CRISS, J. W.: Fundamental parameters calculations on a laboratory microcomputer /XRF 11. Adv. in X-ray analysis **23** (1980), S. 93

[5.60] GEDCKE, D. A., L. G. BYARS u. N. C. JACOBUS: FPT: An integrated fundamental parameters program for broadband EDXRF analysis without a set of similar standards. Adv. in X-ray analysis **26** (1983), S. 355

[5.61] SHEN, R. B., u. J. C. RUSS: A simplified fundamental parameters method for quantitative energy-dispersive X-ray fluorescence analysis. X-Ray Spectrom. **6** (1977), S. 56

[5.62] SHEN, R. B., J. CRISS, J. C. RUSS u. A. O. SANDBERG: Modifical NRL XRF programm for energy dispersive X-ray fluorescence/(XRAY 95). Adv. in X-ray analysis **23** (1980), S. 99

[5.63] VANE, R. A.: A comparison of the XRF 11 and EXACT fundamental parameters programs when using filtered direct and secondary target excitation in EDXRF. Adv. in X-ray analysis **26** (1983), S. 369

[5.64] GARDNER, R. P., u. J. M. DOSTER: The reduction of matrix effects in x-ray fluorescence analysis by the Monte-Carlo fundamental parameter method. Adv. in X-ray analysis **22** (1979), S. 343

[5.65] GARDNER, R. P., L. WIELOPOLSKI u. J. M. DOSTER: Adaption of the fundamental parameters Monte-Carlo Simultation to EDXRF analysis with secondary fluorescer X-ray machines. Adv. in X-ray analysis **21** (1978), S. 129

[5.66] ROUSSEAU, R., u. F. CLAISSE: Theoretical Alpha coefficients for the Claisse-Quintin relation for X-ray spectrochemical analysis. X-Ray Spectrom. **3** (1974), S. 31

[5.67] AUSTEN, C., u. T. STEELE: The computer calculation, from fundamentals parameters, of influence coefficients for x-ray spectrometry. Adv. in X-ray analysis **18** (1975), S. 362

[5.68] JENKINS, R., J. F. CROKE, R. L. NIEMANN u. R. G. WESTBERG: Use of calculated Alpha-coefficients in quantitative x-ray spectrometry. Adv. in X-ray analysis **18** (1975), S. 372

[5.69] KUCZUMOW, A.: The concentration correction equations as a consequence of the Shiraiwa and Fujino equation. X-Ray Spectrom. **11** (1982), S. 112

[5.70] BROLL, N., u. R. TERTIAN: Quantitative x-ray fluorescence analysis by use of fundamental influence coefficients. X-Ray Spectrom. **12** (1983), S. 30

[5.71] MANTLER, M.: LAMA III – a computer program for quantitative XRFA of bulk specimens and thin film layers. Adv. in X-ray analysis **27** (1984), S. 433

[5.72] CRISS, J. W., L. S. BIRKS u. J. V. GILFRICH: NRL XRF – A most versatile computer program for X-ray fluorescence analysis. Anal. Chem. **50** (1978), S. 33

[5.73] KALININ, B. D.: Zu den Grundlagen der Methode der theoretischen Korrekturen in der Röntgenspektralanalyse (russ.). Zavodsk. Lab. **6** (1980), S. 55

[5.74] PLESCH, R.: Die hybride Matrixkorrektur in der Röntgenspektrometrie. X-Ray Spectrom. **5** (1976), S. 204

[5.75] TERTIAN, R., u. R. VIE LA SAGE: Crossed influence coefficients for accurate X-ray fluorescence analysis of multicomponent systems. X-Ray Spectrom. **6** (1977), S. 123

[5.76] BANDEMER, H.: Optimale Versuchsplanung. Berlin: Akademie-Verlag 1980

[5.77] MAHR, C., u. G. STORK: Beiträge zur Röntgenfluoreszenzanalyse. I. Anwendung der Additionsmethode. Z. Anal. Chem. **222** (1966), S. 1–9

[5.78] STORK, G., u. C. MAHR: Beiträge zur Röntgenfluoreszenzanalyse. II. Gleichzeitige Bestimmung mehrerer Elemente mit Hilfe der Additionsmethode. Z. Anal. Chem. 222 (1966), S. 363–369

[5.79] PLESCH, R.: Die Unterdrückung röntgenanalytischer Matrixeffekte durch präparative Maßnahmen. G-I-T Fachz. Lab. 20 (1976), S. 191–194

[5.80] ANDERMANN, G., u. J. W. KEMP: Scattered X-ray as internal standards in X-ray emission spectrocopy. Anal. Chem. 30 (1958), S. 1306–1309

[5.81] SANNER, G., u. H. EHRHARDT: Herabsetzung von Matrixeinflüssen mit Hilfe des Bremskontinuums. Neue Hütte 13 (1968), S. 751–754

[5.82] ADDINK, N. W. H., H. KRAAY u. A. U. WITMER: The putting to advantage of the absorbing qualities of diluting agents for obtaining 45 degree calibration curves in X-ray fluorescence analysis. IX. Coll. Spectrosc. Internat. Lyon 1961, Tome III S. 368–384

[5.83] TERTIAN, R.: Quantitative chemical analysis with X-ray fluorescence spectrometry – an accurate and general mathematical correction method for the interelement effects. Spectrochim. Acta B 24 (1969), S. 447–471

[5.84] GWOZDZ, R.: A critical survey of mixing, dilution and addition methods and possible extensions of the theory. X-Ray Spectrom. 3 (1974), S. 2–14

[6.1] BRUCH, J., u. A. WUTSCHEL: Hochfrequenzschmelzen von Spänen zur Herstellung fester Proben für die Spektrometer- und Röntgenfluoreszenzanalyse. Archiv. Eisenhüttenw. 41 (1970), S. 433–437

[6.2] GUIRALDENQ, P., u. M. SABOT: The effect of the structure and surface condition on x-ray fluorescence analyses of over-carburized steels containing 13% chromium. Chim. Analytique 49 (1967), S. 633–648

[6.3] HEGEDÜS, Z., G. KOVACS u. a.: Einfluß der Wärmebehandlung von Stählen auf die Ergebnisse der spektrometrischen und Röntgenfluoreszenzanalyse. Magyar Kémiai Folyóirat 70 (1964), S. 559–561

[6.4] SCHMITZ, L., W. LOOSE u. K. H. KOCH: Probenvorbereitung von Ferrolegierungen und Sinter durch Umschmelzen und Feinst-Naß-Mahlung. Z. Anal. Chem. 276 (1975), S. 111–116

[6.5] SCHMITZ, L., W. LOOSE u. K. H. KOCH: Anwendung einer Umschmelztechnik bei der Probenvorbereitung von Ferrolegierungen. Z. Anal. Chem. 266 (1973), S. 186–196

[6.6] REVIN, Ju. V., V. B. RJABININ u. N. V. LARIN: Verfahren zur Herstellung fester Eichproben zur Röntgenfluoreszenzanalyse. Ž. Anal. Chim. 32 (1977), S. 1237–1240

[6.7] BRACHFELD, B.: The determination of Al and WC in a heterogeneous Ni alloy powder by x-ray fluorescence. Appl. Spectrosc. 28 (1974), S. 449–454

[6.8] LÜSCHOW, H. N., u. H. K. STEIL: Zur Röntgenfluoreszenzanalyse von Sn-Pb-Sb-Legierungen. Z. Anal. Chem. 245 (1969), S. 304–311

[6.9] ZANIN, S. J., und G. E. Hooser: Analysis of solders by x-ray spectrometry. Appl. Spectrosc. 22 (1968), S. 105–108

[6.10] FILLMORE, C. L., A. C. ECKERT u. J. V. SCHOLLE: Determination of Sb, Sn and As in Sb-Pb-alloys by x-ray fluorescence. Appl. Spectrosc. 23 (1969), S. 502–507

[6.11] MCALPIN, D. L., u. C. T. KENNER: Determination of antimony, tin, and arsenic in high antimonial lead alloys by vacuum x-ray fluorescence. Appl. Spectrosc. 29 (1975), S. 481–485

[6.12] EICK, J. D., H. J. CAUL u. D. L. SMITH: Analysis of gold and platinum group alloys by x-ray emission with corrections for interelement effects. Appl. Spectrosc. 21 (1967), S. 324–328

[6.13] GLOSSOP, G.: Analyse von Dentalamalgam durch Röntgenfluoreszenz unter Verwendung einer Lösungstechnik. Analyst 97 (1972), S. 131–133

[6.14] RASBERRY, S. D., N. J. CAUL u. A. YEZER: Röntgenfluoreszenzanalyse zahnmedizinischer Silberlegierungen mit Korrektur für eine Linieninterferenz. Spectrochim. Acta 23 B (1968), S. 345–351

[6.15] WEBER, K.: Eine vereinfachte Formulierung des Korngrößeneinflusses. X-Ray Spectrom. 5 (1976), S. 7–12

[6.16] BERNHARDT, C.: Vergleichende Untersuchungen zur mechanischen Aktivierung von Quarz in einigen Labormühlen. Silikattechnik 25 (1974), S. 183–186

[6.17] OCEPEC, D., u. E. EBERL: Agglomeration oder Rehbindereffekt. Dechema Monograph. 79 (1976) A/l, S. 183–195

[6.18] WAGNER, J. C., E. H. BICKNHESE u. F. R. BRYAN: X-ray determination of zinc in basic flue dust and blast furnace sinter. Appl. Spectrosc. 21 (1967), S. 176–177

[6.19] WILLGALLIS, A., u. G. SCHNEIDER: Zur Präparation silikatischer Proben für die Röntgenfluoreszenzanalyse. Z. Anal. Chem. 246 (1969), S. 115–118

[6.20] HEPP, H.: Zum Einsatz der Röntgenfluoreszenzanalyse in Aufbereitungsanlagen. Erzmetall 21 (1968), S. 151–155

[6.21] HEIDE, B.: Einsatz eines Mehrkanalröntgenspektrometers zur Überwachung und Steuerung der Meggener Flotation. Erzmetall 21 (1968), S. 155–159

[6.22] MATOCHA, C. K.: Verwendung von Aluminiumpulver-Briketts bei der Spektralanalyse. Appl. Spectrosc. 22 (1968) S. 27–30

[6.23] WAGNER, F.: Anwendung der Röntgenspektrometrie bei der Analyse von Si- und Ca-Legierungen. Z. Anal. Chem. 198 (1963), S. 98–107

[6.24] ADAMČUK, J. P.: Röntgenfluoreszenzanalyse pulverförmiger Proben von sandig-tonigen Gesteinen. Ž. Anal. Chim. 31 (1976), S. 2175–2181

[6.25] ROTHE, G., u. A. KÖSTER-PFLUGMACHER: Kunststoffe zur Präparation in der Röntgenfluoreszenzanalyse. Z. Anal. Chem. 213 (1965), S. 173–181

[6.26] BONDARENKO, S. K., u. B. J. KISLOW: Röntgenfluoreszenzanalyse von Sr-Ca-Bi-Titanaten. Ž. Anal. Chim. 30 (1975), S. 1179–1182

[6.27] BROWN, T. W., R. J. LEECH u. K. HICKSON: Experiences with fusion techniques in the analysis of glass batch materials and aluminosilicates. Philips Sonderdruck

[6.28] DIXIT, R. M., u. S. K. KAPOOR: Direkte Röntgenfluoreszenzanalyse von Zn, Zr und U in ThO_2. Z. Anal. Chem. 227 (1975), S. 189–190

[6.29] FELDMANN, D., A. GRILL u. W. MARK: Cerium-Mischmetall (CeMM) and CeMM-Cobalt analysis by x-ray fluorescence. Z. Metallkunde 64 (1973), S. 848–852

[6.30] HISANO, K., u. K. OYAMA: Schnelle Bestimmung von Nb, Zr, Mn, Cr, V und Ca in Ilmenit mittels Röntgenfluoreszenzstrahlung. Japan Analyst. 18 (1969), S. 1508–1509

[6.31] STETTER, A., u. H. KERN: Spektrometrische Untersuchung nichtmetallischer Stoffe in Eisenhüttenlaboratorien III. Die Untersuchung von Eisenerzsintern und Hochofenschlacke mit einem programmgesteuerten Röntgenfluoreszenzspektrometer. Arch. Eisenhüttenw. 35 (1964), S. 867–869

[6.32] BEAN, L.: A method of producing sturdy specimens of pressed powders for use in x-ray spectrochemical analysis. Appl. Spectrosc. 20 (1966), S. 191–193

[6.33] CLAISSE, F.: Accurate x-ray fluorescence analysis without internal standard. Quebec. Dept. Mines RP 327 (1956)

[6.34] BLOCHIN, M. A., u. S. J. DUIMAKAJEV: Optimale RFA von Lösungen. Zavodsk. Lab. 29 (1963), S. 1061–1064

[6.35] EBEL, H., u. N. HILLEBRAND: Einfluß der Sekundäranregung und der Streuung auf die Intensitäten bei der Lösungs-RFA. Spectrochim. Acta 27 B (1972), S. 463–469

[6.36] STRASHEIM, A., u. F. T. WYBENGA: The determination of certain noble metals in solution by means of x-ray fluorescence spectrocopy. 1. The determination of platinum, gold, and iridium. Appl. Spectrosc. 18 (1964), S. 16–20

[6.37]   KRIPPENDORF, C., H. EHRHARDT u. G. SANNER: Die Analyse von Lösungen im Vakuum-Elementbereich mit dem Röntgenspektrometer VRA. Jenaer Rdsch. 29 (1984), S. 186–187
[6.38]   LEHMANN, E., G. SANNER u. H. EHRHARDT: RFA von K in Lösungen unter Vakuum. Neue Hütte 17 (1972), S. 306–308
[6.39]   BRUCH, J.: RFA von verschiedenen Ferrolegierungen. Arch. Eisenhüttenw. 33 (1962), S. 5–15
[6.40]   SANNER, G., u. H. EHRHARDT: RFA edelmetallhaltiger galvanischer Bäder. Neue Hütte 16 (1971), S. 44–47
[6.41]   BAYER, E.: RFA von Hartmetallmischungen. Arch. Eisenhüttenw. 47 (1976), S. 157–160
[6.42]   LASSNER, E., R. PÜSCHEL u. H. SCHEDLE: Röntgenfluoreszenzanalyse von Legierungen und Hartmetallen. Talanta 12 (1965), S. 871–881
[6.43]   BRILL, M., u. W. FAUST: Bestimmung von Cu, Zn, Sn, Pb in Bronzen durch Röntgenfluoreszenzanalyse wäßriger Lösungen. Z. Anal. Chem. 258 (1972), S. 349–352
[6.44]   WYBENGA, F. T., u. A. STRASHEIM: Determination of certain noble metals in solution by means of x-ray fluorescence spectroscopy. 1. The determination of palladium, rhodium, and ruthenium. Appl. Spectrosc. 20 (1966), S. 247–250
[6.45]   INGAMELLS, C. O.: Lithiummetaborate flux in silicate analysis. Anal. Chim. Acta 52 (1970), S. 323–334
[6.46]   ELSHEIMER, H. N., u. B. P. FABBI: A versatile x-ray fluorescence method for the analysis of sulfur in geological materials. Adv. in X-ray anal. 17 (1973), S. 236–246
[6.47]   BANERJEE, S., u. B. G. OLSEN: X-ray fluorescence analysis of refractory oxide materials. Adv. in X-ray anal. 18 (1975), S. 317–326
[6.48]   LÜSCHOW, H. M., u. H. P. SCHÄFER: Über die Verwendung von Graphittiegeln zur Präparation in der RFA. Z. Anal. Chem. 250 (1970), S. 317–318
[6.49]   RICHTER, P.: Neue Röntgenfluoreszenzdaten von Silikatgestein-Standards. Neues Jb. Mineralog., Mh. 7 (1968), S. 209–214
[6.50]   TERTIAN, R.: Über die genaue quantitative Bestimmung der leichten Elemente durch RFA-Vergleich der Aufschlußmethoden. Anal. Chim. Acta 41 (1968), S. 554–556
[6.51]   EMMERMANN, R., u. D. V. OBI: Röntgenspektralanalytische Bestimmung von Fe, Ti, Ca, K, Si und Al in silicatischen Gesteinen unter Verwendung von Lithiumborat-Glasplättchen. Z. Anal. Chem. 254 (1971), S. 1–6
[6.52]   STEPHENSON, D. A.: An improved flux-fusion technique for x-ray emission analysis. Anal. Chem. 41 (1969), S. 966–967
[6.53]   YELINEK, M., A. J. GRAFFEO u. R. L. CAROLL: X-ray fluorescence analysis of ferrophosphorus and slag from the electric-reduction furnace manufacture of elemental phosphorus. Appl. Spectrosc. 24 (1970), S. 247–249
[6.54]   BENNETT, H. O., G. J. OLIVER u. M. HOLMES: The x-ray fluorescence analysis of high-alumina materials (>98 % Al_2O_3). Trans. and J. Brit. Ceram. Soc. 76 (1977), S. 11–17
[6.55]   RINALDI, F. F., u. P. E. AGUZZI: X-ray spectrographic analysis of iron-bearing materials in a pyrit-processing plant. Part. I. Philips Sonderdruck (1966)
[6.56]   LONGOBUCCO, R.: Analyse von Haupt- und Nebenbestandteilen in keramischen Materialien. Anal. Chem. 34 (1962), S. 1263–1267
[6.57]   TINGLE, W. H., u. C. K. MATOCHA: Spectrochemical analysis of non-metallic samples – pellet-spark technique with a multichannel photoelectric spectrometer. Anal. Chem. 30 (1958), S. 494
[6.58]   VAN WILLIGEN, J. H. H. G. u. a.: A borax fusion technique for quantitative x-ray fluorescence analysis. Talanta 18 (1971), S. 450–452
[6.59]   KRAEFT, U.: Präparation für die RFA nach neuen und bewährten Gesichtspunkten G-I-T Fachz. Lab. 16 (1972), S. 679–682

[6.60] Koch, K.-H., K. Ohls u. G. Becker: Schnellanalyse von Schlacken durch RFA. Arch. Eisenhüttenw. 41 (1970), S. 87–90

[6.61] Wittmann, A., J. Chmeleff u. H. Herrmann: Préparation automatisée de perles pour l'analyse la fluorescence de rayons x. X-Ray Spectrom. 3 (1974), S. 137–142

[6.62] Kraeft, U.: Probenaufbereitung für die RFA mit der Schmelzkokille. Zement-Kalk-Gips 9 (1972), S. 449

[6.63] Cullen, T. J.: Potassium pyrosulfate fusion technique – determination of Cu in mattes and slags by x-ray spectroscopy. Anal. Chem. 32 (1960), S. 516

[6.64] Rinaldi, F. F., u. P. E. Aguzzi: X-ray spectrographic analysis of iron-bearing materials in a pyrite-processing plant. part II. Philips Sonderdruck

[6.65] Rinaldi, F. E., u. P. E. Aguzzi: Einfache Technik zum Gießen von glasartigen Scheiben für die RFA. Spectrochim. Acta 23 B (1967), S. 15–18

[6.66] Funasaka, W., Y. Tomida u. S. Muraki: Bestimmung von Ca in Gesteinen und Industrieprodukten durch RFA. Japan Analyst. 18 (1969), S. 570–573

[6.67] Donec, Ju. T.: Bestimmung hoher Nb- und Ta-Gehalte durch RFA. Zavodsk. Lab. 35 (1969), S. 1060–1061

[6.68] Dobner, W., G. Wronka u. W. Becker: Probenvorbereitung für die RFA von Ferrolegierungen. Arch. Eisenhüttenw. 42 (1971), S. 643–644

[6.69] Ohls, K., u. G. Riemer: Erfahrungen beim Aufschluß von Ferrolegierungen im Platintiegel. Z. Anal. Chem. 260 (1972), S. 30–31

[6.70] Neeb, K. H., W. Schweighofer u. H. J. Weise: Verfahren zur Herstellung von Meßpräparaten, insbesondere für die RFA. Siemens Sonderdruck

[6.71] Luke, C. L.: Determination of refractory metals in ferrous alloys and high-alloy steel by the borax disk x-ray spectrochemical method. Anal. Chem. 35 (1963), S. 56–58

[6.72] Norrish, K., u. J. T. Hutton: An accurate x-ray spectrographic method for the analysis of a wide range of geological samples. Geochim. Cosmochim. Acta 33 (1969), S. 431–453

[6.73] Fabbi, B. P.: A refined fusion x-ray fluorescence technique, and determination of major and minor elements in silicate standards. American Mineralogist 57 (1972), S. 237–245

[6.74] Harvey, P. K., D. M. Taylor, R. D. Hendry u. F. Bancroft: An accurate fusion method for the analysis of rocks and chemically related materials by x-ray fluorescence spectrometry. X-Ray Spectrom. 2 (1973), S. 33–44

[6.75] Dümecke, G.: Anwendung der Röntgenfluoreszenz zur Analyse von ZrO_2-haltigen Materialien der Feuerfestindustrie. Silikattechnik 21 (1970), S. 162–164

[6.76] Pertl, A., H. Lehmann u. H. Grubitsch: Die RFA zur Beurteilung von Roh- und Werkstoffen der Feuerfestindustrie. Radex-Rundschau (1976), S. 639–671

[6.77] Aleksandruk, T. D., u. a.: Röntgenfluoreszenzanalyse von Schlacken bei der Nickel-Cobalt-Herstellung. Zavodsk. Lab. 37 (1971), S. 919–924

[6.78] Aleksandruk, T. D., u. a.: Röntgenfluoreszenzanalyse sulfidischer Verbindungen bei der Nickel-Kupfer-Herstellung. Zavodsk. Lab. 39 (1973), S. 966–968

[6.79] Fuchs, H., E. Lechmann u. P. Straach: Röntgenspektrometrische Silikatanalyse an geologischen Proben. Silikattechnik 28 (1977), S. 112–114

[6.80] Vogel, E., W. Seemann u. H. Meyer: Einführung in die Praxis der Röntgenfluoreszenzanalyse, Lehrhefte 1 und 2. VEB Zementkombinat Dessau

[6.81] Philips-Firmenschrift: Automatic X-ray Analysis of Cementmaterials, including Sample Preparation by Fusion or Pressing, Eindhoven, Nov. 1968

[6.82] Tertian, R., u. F. Claisse: Principles of Quantitative X-Ray Fluorescence Analysis. London: Heyden & Son Ltd. 1982

[6.83] Daugherty, K. E., u. R. J. Robinson: X-Ray Fluorescence Spectrometric Analysis of the Iron(II), Cobalt(II), Nickel(II), and Copper(II) Chelates of 8-Quinolinol. Anal. Chem., 36 (1964), S. 1869–1870

[6.84] VAN ZYL, C.: Rapid Preparation of Robust Pressed Powder Briquettes Containing a Stryrene and Wax Mixture as Binder. X-Ray Spectrom., 11 (1982), S. 29–31

[6.85] BERTIN, E. P.: Principles and Practice of X-Ray Spectrometric Analysis. New York: Plenum Press 1979

[6.86] AFONIN, V. P., u. T. N. GUBINA: Rentgenospektral'nyi Fluoreszentnyi Analiz Gornych Porod i Mineralov. Novosibirsk, Nauka 1977

[6.87] NOVOSEL-RADOVIĆ, V., MALJKOVIĆ u. N. NENADIC: Influence of Irradiation Time on the Usability of Briquetted Samples in X-Ray Emission Spectrometry. Z. Anal. Chem., 320 (1985), S. 159–162

[7.1] EHRLICH, G., K. FRIEDRICH, R. KUCHARKOWSKI u. R. STAHLBERG: Zur Bewertung quantitativer chemischer Analysen – Zufallsfehler, systematischer Fehler, Gesamtfehler. Z. Chem. 24 (1984), S. 204–208

[7.2] GOTTSCHALK, G.: Standardisierung quantitativer Analysenverfahren; I: Allgemeine Grundlagen. Z. Anal. Chem. 275 (1975), S. 1–10

[7.3] GOTTSCHALK, G.: Standardisierung quantitativer Analysenverfahren; II: Standardisierte Messung und Auswertung. Z. Anal. Chem. 276 (1975), S. 81–85

[7.4] PLESCH, R.: Die Nachweisgrenze in der Röntgenspektrometrie. G-I-T Fachz. Lab. 19 (1975), S. 676–682

[7.5] HERTROYS, P. u. J. L. DE VRIES: Counting strategy. Philips scientific reports No. 4

[8.1] JURCZYK, J., W. SMOLEC u. G. STANKIEWICZ: Beitrag zur Röntgenfluoreszenzanalyse von Eisenerzen. Chem. Anal. 24 (1979), S. 1005

[8.2] JURCZYK, J., W. SMOLEC u. G. STANKIEWICZ: On the X-Ray fluorescence analysis of iron ores by the method of sample fusion. Chem. Anal. 24 (1979), S. 1005–1018

[8.3] STANKIEWICZ, G.: Optimierung der Parameter der wellenlängendispersiven Röntgenfluoreszenzanalyse von Erzen am Beispiel der Titanmagnetiterze. Diss. A, Technische Hochschule Gliwice 1986

[8.4] MITCHELL, B. J., u. F. N. HOPPER: Digital Computer Calculation and Correction of Matrix Effects in X-Ray-Spectroscopy. Appl. Spectroscopy 20 (1966) 3, S. 172

[8.5] FERET, F.: Bestimmung der chemischen Zusammensetzung von Eisenerzen mit der RFA an durch Sintern vorbereiteten Proben. Diss. A, Berg- und Hüttenakademie Krakow 1978

[8.6] LUCAS-TOOTH, H. J., u. G. PYNE: The accurate determination of mayor constituents by X-ray fluorescence analysis in the presence of large interelement effects. Adv. in X-ray analysis 7 (1964), S. 523–541

[8.7] COLDWELL, V. E.: A practical Method for the accurate analysis of high alloy steels by X-ray-Emission. X-Ray-Spectrom. 5 (1976) 1, S. 31

[8.8] BRENNER, J., F. STRICKER, P. FRIEDHOFF u. M. HEINEN: Korrekturverfahren für die Röntgenfluoreszenzanalyse hochlegierter Stähle. Arch. Eisenhüttenwes. 43 (1972) 7, S. 559

[8.9] DOJKA, B., Z. MAICHNAK u. J. JURCZYK: Kohlenstoffbestimmung in Stahl mittels Röntgenfluoreszenzanalyse. Betriebserfahrungen. Hutnik 47 (1980) 11, S. 493

[8.10] HARUNO, DKOCHI, KATSUYNKI, TAKAHASCHI, SHUNICHI, SUZUKI, KOICHI, SATO, EHIKO, SUOLO: High frequency induction melting and centrifugal casting method for preparing high alloy steels and nickel-base-superalloys in instrumental analysis. Transaction of National Research Institute for Metals 19 (1977) 6, S. 293

[8.11] STAATS, G.: Zur Vorbereitung von Proben von Ferrolegierungen für die Röntgenfluoreszenzanalyse. Z. Anal. Chem. 255 (1971), S. 22

[8.12] JURCZYK, J., G. STANKIEWICZ, N. WWYSZOMIRSKI u. J. GOUDNIK: Beitrag zur RFA von Ferrolegierungen mit der Aufschlußtechnik. Hutnik 47 (1980) 10, S. 389

[8.13] DOBNER, W., G. WRONKA u. W. BECKER: Probenvorbereitung für die Röntgenfluoreszenzanalyse von Ferrolegierungen. Arch. Eisenhüttenwes. 42 (1971), 9, S. 643

[8.14] STAATS, G.: Untersuchungen von Ferrolegierungen mit der Röntgenfluoreszenzanalyse. Arch. Eisenhüttenwes. 45 (1974) 10, S. 693

[8.15] JURCZYK, J., G. STANKIEWICZ u. J. KOJDER: Röntgenfluoreszenzanalyse von Multi-Komponenten-Ferrolegierungen FeSiMn, FeSiCaBa, FeSiCaAl, FeAlMn. Chem. Anal. 26 (1981), S. 1027

[8.16] GRIMALDI, R., A. MEUCCI u. G. RANDI: Advances in Ferroalloy. Instrumental Analysis 1975

[8.17] RANDI, G., R. GRIMALDI u. A. MEUCCI: L'analisi per fluorescenza a raggi X degli elementi di titolo di alune ferroleghe. Possibilita di diesaggio delle impurezze mediante spettrometrio di emissione. Metallurgia Italiana 68 (1976) 1, S. 15–18

[8.18] WEHNER, B., K. KLEINSTÜCK u. H. SÄNGER: Röntgenfluoreszenzanalyse von Ferrolegierungen mittels Umschmelzverfahren. Zavodsk. Lab. 51 (1985) 2, S. 26–28

[9.1] Autorenkollektiv: Röntgenfluoreszenzanalyse – Anwendung in Betriebslaboratorien. Leipzig: VEB Deutscher Verlag für Grundstoffindustrie, 1. Auflage 1981

[9.2] KRÜGER, G., W. BÖHME, M. THOMAE u. G. LOOS: Erfahrungen beim Einsatz von Röntgenfluoreszenzanalysatoren mit Radionuklidanregung zur Zinnbestimmung. Isotopenpraxis 19 (1983) 6, S. 198–201

[9.3] BÄCKERUD, L.: Determination of Cu in complex brasses by x-ray fluorescence spectroscopy. Appl. Spectroscop. 21 (1967), S. 315–324

[9.4] Edelmetallanalyse. Probierkunde und naßanalytische Verfahren. Berlin/Göttingen/Heidelberg: Springer-Verlag 1964

[10.1] CAIMANN, V., u. E. WINTER: Praktische Anwendung eines Korrekturverfahrens zur Beseitigung von Interelementeffekten bei der Röntgenspektralanalyse von Gläsern. Glastechn. Ber. 44 (1971) 12, S. 519–528

[10.2] AUSTIN, M.J., W.W. FLETCHER, K. HICKSON u. R.J. LEECH: Mathematical correction of matrix effects in the x-ray fluorescence analysis of soda-lime-silica glasses. Glass Technology 12 (1971) 3, S. 65–71

[10.3] RAMSAUER, R.: Anwendung des Schlierenmikroskops zur Untersuchung der Schichtung von Tafelglas. Glastechn. Ber. 27 (1954), S. 374

[10.4] HARVEY, P. K., D. M. TAYLOR, R. D. HENDRY u. F. BANCROFT: An accurate fusion method for the analysis of rocks and chemically related materials by x-ray fluorescence spectrometry. X-Ray Spectrom. 2 (1973), S. 33–44

[10.5] SEIDEL, G., H. HUCKAUF u. J. STARK: Technologie der Bindebaustoffe, Bd. 3. Berlin: VEB Verlag für Bauwesen 1978

[10.6] SIEMENS: Analysentechnische Mitteilungen Nr. 154. Verfasser: L. BEITZ, E. MÜLLER u. R. PLESCH: Die chemische Analyse des Zements und seiner Rohstoffe mit dem Mehrkanal-Röntgenspektrometer MRS 300

[10.7] NORRISH, K., u. J.T. HUTTON: An accurate x-ray spectrographic method for the analysis of a wide range of geological samples. Geochim. et Cosmochim. Acta 23 (1969), S. 431–453

[10.8] THOMAS, I. L., u. M.T. HAUKKA: XRF determination of trace and major elements using a single-fused. Disc. Chem. Geol. 21 (1978), S. 39–50

[10.9] HAUKKA, M. T., u. I.L. THOMAS: Practical solutions to matrix effects in X-ray fluorescence analysis by mathematical methods. Anal. Chem. 50 (1978) 4, S. 592–596

[10.10] FUCHS, H., E. LECHMANN u. P. STRAACH: Röntgenspektrometrische Silikatanalyse an geologischen Proben. Silikattechnik 28 (1977) 4, S. 112–114

[10.11] EMMERMANN, R., u. D. V. C. OBI: Röntgenspektralanalytische Bestimmung von Fe, Ti, Ca, K, Si und Al in silikatischen Gesteinen unter Verwendung von Lithiumborat-Glasplättchen. Z. Anal. Chem. 254 (1971), S. 1–6

[10.12] JENKINS, R.: Application of the solution of matrix effects arising in X-ray fluorescence spectrometry. Philips Bulletin Scientific and Analytical Equipment 79. 177/FS 15 (1967)

[10.13] TERTIAN, R.: A self-consistent calibration method for industrial X-ray spectrometric analysis. X-Ray Spectrom. 4 (1975), S. 52–61

[10.14] HAHN-WEINHEIMER, P., u. H. ACKERMANN: Quantitative röntgenspektralanalytische Bestimmung von Kalium, Rubidium, Strontium, Barium, Titan, Zirkonium und Phosphor. Statistische Untersuchungen über die Verteilung dieser Elemente in Mineralphasen. Z. Anal. Chem. 194 (1963) 2, S. 81–101

[10.15] WEDEPOHL, K. H.: Die Röntgen-Fluoreszenz-Spektralanalyse von geochemischen Proben auf Elemente der Ordnungszahlen 25–40. Z. Anal. Chem. 180 (1961), S. 246–259

[10.16] ANDERMANN, G., u. J. W. KEMP: Scattered X-rays as internal standards in X-ray emission spectroscopy. Anal. Chem. 30 (1958), S. 1306–1309

[10.17] REYNOLDS, R. C.: Matrix corrections in trace element analysis by X-ray fluorescence: Estimation of the mass assorption coefficient by Compton scattering. Amer. Miner. 48 (1963), S. 1133–1143; Estimation of mass absorption coefficients by Compton scattering: Improvements and extensions of the method. Amer. Miner. 52 (1967), S. 1493–1502

[10.18] FRANZINI, M., L. LEONI u. M. SAITTA: Determination of X-ray mass absorptioncoefficient by measurement of the intensity of AgK_α-Compton scattered radiation. X-Ray Spectrom. 5 (1976), S. 84–87

[10.19] TOBSCHALL, H. J.: Geochemische Untersuchungen zum stofflichen Bestand und Sedimentationsmilieu paläozoischer mariner Tone. Chem. Erde Bd. 34 (1975), S. 105–167

[10.20] FRIESE, G., M. GEISSLER, T. KAEMMEL, G. RIESEL u. R. SCHINDLER: Zur Analytik des Wolframs in Gesteinen und Mineralen. Z. geol. Wiss. 6 (1978), S. 779–786

[10.21] WILLIS, J. P., H. W. FESA, E. J. D. KABLE u. G. W. BERG: The determination of Ba in rocks by X-ray fluorescence spectrometry. Canad. Spectroscopy 14 (1969), S. 3–11

[10.22] BAIRD, A. K.: A pressed specimen die for the Norelco vacuum-path X-ray spectrograph. Norelco Rep. 8 (1961), S. 6

[10.23] LEONI, L., u. M. SAITTA: Matrix Effect Corrections by AgK_α-Compton Scattered Radiation in the Analysis of Rock Samples. X-Ray Spectrom. 6 (1977), S. 181

[10.24] VERDURMEN, E. A. TH.: Accuracy of X-ray spectrometric determinations of Rb and Sr concentrations in rock samples. X-Ray Spectrom. 6 (1977), S. 117

[10.25] BOUGAULT, H., H. P. CAMBON u. H. TOULHOAT: X-ray spectrometric analysis of trace elements in rocks. Correction for instrumental interferences. X-Ray Spectrom. 6 (1977), S. 66–72

[10.26] FEATHER, C. E., u. J. P. WILLIS: A simple method for background and matrix correction of spectral peaks in trace element determination by X-ray fluorescence spectrometry. X-Ray Spectrom. 5 (1976), S. 41–48

[10.27] RALSTON, A., u. M. S. WILF: Mathematische Methoden für Digitalrechner. München/Wien: R. Oldenbourg-Verlag 1972

[11.1] ROSE, H. J.; I. ADLER u. F. J. FLANAGAN: X-ray fluorescence analysis of the light elements in rocks and minerals. Appl. Spectroscopy 17 (1963), S. 81

[11.2] PELIKANOVA, M.: Determination of sulphur in silicate and carbonate rocks by wavelength dispersive XRF. Z. Anal. Chem. 294 (1985), S. 320–338

[11.3] PALME, CHR., u. E. JAGOUTZ: Application of the fundamental parameter method for the determination of major and minor elements on fused geological samples with X-ray fluorescence, spectrometry. Anal. Chem. 49 (1977), S. 717

[11.4] LECHMANN, E.: Röntgenspektrometrische Analyse silikatischer Proben mit dem Röntgenspektrometer VRA-20. Z. angew. Geol. 30 (1984), S. 257-261

[11.5] EMMERMANN, R., u. D. V. C. OBI: Röntgenspektralanalytische Bestimmung von Fe, Ti, Ca, K, Si und Al in silikatischen Gesteinen unter Verwendung von Lithiumborat-Glasplättchen. Z. Anal. Chem. 254 (1971), S. 1-6

[11.6] JENKINS, R.: Application of the solution of matrix effects arising in X-ray fluorescence spectrometry. Philips Bulletin Scientific and Analytical Equipment 79. 177/FS 15 (1967)

[11.7] STEPHENSON, D. A.: Theoretical analysis of quantitative X-Ray emission data: glasses, rocks and metales. Anal. Chem. 43 (1971), S. 1761

[11.8] HARVEY, P. K., u. B. P. ATKIN: The estimation of mass absorption coefficients by Compton scattering: extensions to the use of RhK_α Compton radiation and intensity ratios. Amer. Miner. 67 (1982), S. 534-537

[11.9] WEDEPOHL, K. H.: Die Röntgen-Fluoreszenz-Spektralanalyse von geochemischen Proben auf Elemente der Ordnungszahlen 25-40. Z. Anal. Chem. 180 (1961), S. 246-259

[11.10] SERIKOV, I. V.: Röntgenspektralanalyse von Gesteinen unter Berücksichtigung des Matrixeffektes mit Hilfe der nichtkohärenten Streustrahlung. Ministerum f. Geol. der UdSSR, VSEGEI, Leningrad 1979, 1. Aufl.

[11.11] STERN, W. B.: Zur Simultananalyse von Silicaten (Hauptkomponenten, Spuren) mittels energiedispersiver Röntgenfluoreszenz-Spektrometrie (EDS-XFA). Z. Anal. Chem. 320 (1985), S. 6-14

[11.12] MARGOLIN, E. M., YU. I. PRONIN, D. YA. CHOPOROV, A. M. SHIL'NIKOV, N. I. KOMYAK, D. A. GOGANOV, A. S. SEREBRYAKOV u. E. A. FED'KOV: Some experience in using the MEGA-10-44 (XR-500) X-ray fluorescence analyser for solving geological problems. X-Ray Spectrom. 14 (1985), S. 56-61

[12.1] PLESCH, R.: Die Röntgenanalyse intermediärer Proben im exponentiellen Bereich. Z. Anal. Chem. 28 (1977), S. 262-266

[12.2] HOLYNSKA, B., u. A. MARKOWICZ: Correction method for the particle-size effect in the X-ray fluorescence analysis of »thin« and monolayer samples. X-Ray Spectrom. 11 (1982) 117-120

[12.3] LORBER, K. E., W. WEGSCHEIDER u. a.: Development of EDXRF techniques for the quantitative multielement analysis of urban dust samples. Microchim. Acta (1978) I, S. 209-218

[12.4] FUJINAGA, T., M. SATAKE u. J. MIURA: Rapid X-ray fluorescence analysis of trace metals collected by using naphthalene powder doped with 1-(2-thiazolylazo)-2-naphthol. Talanta 26 (1979), S. 964

[12.5] DARASHKEVICH, V. R., B. A. MALYUKOV u. G. M. TUROVSKAYA: X-Ray fluorescence analysis of antimony-sulphur-germanium-tellurium films. Ž. Anal. Chim. 34 (1979), S. 138-141

[12.6] BILLIET, J., u. R. DAMS: Multi-elemental thin film standards for XRF-analysis. Mikrochim. Acta (1981) II, S. 37-44

[12.7] PAVEL, J., u. U. FREY: Gelatin films as calibration standard for X-ray spectrometric determination of elements in thin samples. Int. J. Environ. Anal. Chem. 13 (1983), S. 89-113

[12.8] PLESCH, R.: Die Analyse kleiner Substanzmengen mit der Röntgenspektrometrie. Siemens Analysentechn. Mitt. Nr. 69 (1973)

[12.9] LIESER, K. H.: X-Ray fluorescence in trace element analysis. Trace Anal. Technol. Dev. (1981), S. 156-163

[12.10] ZSOLNAY, I. M., J. M. BRAUER u. ST. A. SOJKA: X-ray fluorescence determination of trace elements in soil. Anal. Chim. Acta 162 (1984), S. 423-426

[12.11] RETHFELD, H.: Bestimmung von Schwermetallspuren in Lebens- und Futtermitteln pflanzlicher und tierischer Herkunft, Bodenextrakten, Klärschlämmen und Tennenbelägen mit Hilfe der Röntgenfluoreszenzanalyse. Z. Anal. Chem. 310 (1982), S. 127–130

[12.12] CHANDOLA, L. C., u. P. P. KHANNA: Determination of some common trace impurities in chromium by X-ray fluorescence spectrometry. Microchim. Acta (1984) II, S. 149–154

[12.13] SMAGUNOVA, A. N., u. A. N. BAZYKINA: X-Ray fluorescence analysis of solutions. Ž. Anal. Chim. 40 (1985), S. 773–791

[12.14] HARRIS, A. M., u. D. F. BAINES: Determination of copper concentration in aqueous and organic phases from solvent extraction processes by X-ray fluorescences. X-Ray Spectrom. 5 (1976), S. 129–133

[12.15] MAGYAR, B.: Über die Genauigkeit und Anwendbarkeit der Röntgenfluoreszenz für die Bestimmung der Konzentration der Elemente Phosphor bis Uran in Lösung. Talanta 18 (1971), S. 27–28

[12.16] DICK, J. G., C. C. WAN u. R. DI FRUSCIA: The calculation of mylar film absorption correction coefficients in X-ray spectrochemical analysis of aqueous samples. X-Ray Spectrom. 6 (1977), S. 212–214

[12.17] BEITZ, L.: Probenvorbereitung und Optimierung von Meßparametern für die Röntgenfluoreszenz-Spurenanalyse. Z. Anal. Chem. 315 (1983), S. 217–220

[12.18] DARASKEVIC, V. R., M. V. LJUBIVAJA u. B. A. MALJUKOV: Nachweisgrenzen der Röntgenfluoreszenzanalyse von dünnen Schichten. Zavodsk. Lab. 43 (1977), S. 1082–1085

[12.19] KNOTH, J., u. H. SCHWENKE: An X-ray fluorescence spectrometry with total reflecting sample support for trace analysis at the ppb level. Z. Anal. Chem. 291 (1978), S. 200–204

[12.20] BARTA, T.: Detecting picogram amounts of elements X-ray fluorescence spectrometry. Termeszet Vilaga 112 (1981), S. 81–84

[12.21] JAKLEVIC, J. M., u. A. C. THOMPSON: X-Ray methods for the chemical characterization of atmospheric aerosols. Nucl. Instr. Methods Phys. Res. 193 (1982), S. 309–314

[12.22] WEST, N. G.: X-Ray fluorescence spectrometry applied to the analysis of environmental samples. Trends analyt. Chem. 3 (1984), S. 199–204

[12.23] PLESCH, R.: Röntgenanalyse dünner Proben im Rahmen des Umweltschutzes. Siemens-Zeitschrift 51 (1977), S. 108–111

[12.24] DZUBAY, Th. G., u. R. K. STEVENS: Ambient air analysis with dichotomous sampler and X-ray fluorescence spectrometer. Environ-Sci. Technol. 9 (1975), S. 663–668

[12.25] ADAMS, F. C., u. J. BILLIET: Experimental verification of the X-ray absorption correction in aerosol loaded filters. X-Ray Spectrom. 5 (1976), S. 188–193

[12.26] PLESCH, R.: Automatische Filterkorrekturen in der Röntgenspektroskopie particularer Substanzen. Z. Anal. Chem. 294 (1979), S. 112–116

[12.27] KIESSLING, R.: Beiträge zur Röntgenfluoreszenzanalyse von Schwebstäuben. Dissertation B, Bergakademie Freiberg (1977)

[12.28] BASUKLUNA, E. N., u. A. N. SMAGUNOVA: Estimation of interelement effects in X-ray spectral analysis of solutions placed onto paper filters. Ž. Anal. Chim. 40 (1985), S. 62–67

[12.29] TAM, G. K. H., u. G. LACROIX: Pitfalls in using filter paper disks as standard supports in X-ray fluorescence spectrometry. Anal. Lett. 15 (1982), S. 1373–1382

[12.30] FLORKOWSKI, T., HOLYNSKA, B., u. S. PIOREK: X-ray fluorescence techniques in analysis of environmental pollutants. In: Measurement, Detection and Control of Environmental Pollutants. Vienna (1976), S. 213–231 (Herausgeber: International Atomic Energy Agency)

[12.31] BAUM, R., W. F. GUTKNECHT u. a.: Preparation of standard targets for X-ray analysis. Anal. Chem. 47 (1975), S. 1727–1728

[12.32] CAMP, D. C.: X-ray fluorescence analysis – results of a first round intercomparison study. X-Ray Spectrom. 3 (1974), S. 47–50

[12.33] SPATZ, R., u. K. H. LIESER: Kieselgelstandards für die Bestimmung von Spurenelementen in pulverförmigen Proben mit leichter Matrix durch Röntgenfluoreszenzanalyse. Z. Anal. Chem. 280 (1976), S. 193-196

[12.34] SPATZ, R., u. K. H. LIESER: Bestimmung von Spurenelementen in Staubproben durch Röntgenfluoreszenzanalyse und Radionuklidanregung unter besonderer Berücksichtigung der Matrixeffekte. Z. Anal. Chem. 280 (1976), S. 197-200

[12.35] BREITWIESER, E., u. K. H. LIESER: Multielementstandards auf Kieselgelbasis zur Bestimmung von Spurenelementen in silikatischen Proben durch RFA. Z. Anal. Chem. 292 (1978), S. 126-131

[12.36] KIESSLING, R., G. ACKERMANN u. P. DITTRICH: Verfahren zur Probenherstellung aus minimalen Massen feinteiliger Festkörper für die RFA. DDR-WP G 01N/2710866

[12.37] SICHERE, M.-C. F. CESBRON u. G.-M. ZUPPI: Dosage par fluorescence X du chlore et du brome dans les eaux naturelles, les saumures et les evaporites. Anal. chim. Acta 98 (1978), S. 299-306

[12.38] VAN GRIEKEN, R.: Preconcentration methods for the analysis of water by X-ray spectrometry techniques. Anal. Chim. Acta 143 (1982), S. 3-34

[12.39] VANDERSTAPPEN, M., u. R. VAN GRIEKEN: Trace metal analysis of sediments and particulate matter in sea water by energy-dispersive X-ray fluorescence. Z. Anal. Chem. 282 (1976), S. 25-30

[12.40] HELLMANN, H.: Matrix-Effekt und Korngrößenverteilung bei der RFA von Feststoffen der Gewässer. Z. Anal. Chem. 263 (1973), S. 14-19

[12.41] MEIER, H., E. UNGER u. W. ALBRECHT: Zur Frage der Bestimmung von Schwermetallen in Flußwässern mit Hilfe der Radionuklid-RFA. Microchim. Acta (1975), S. 505-517

[12.42] FENKART, K., E. ENG u. U. FREY: Röntgenspektrometrische Elementbestimmung in Abwasser: Probenvorbereitung und Matrixkorrekturverfahren. Z. Anal. Chem. 293 (1978), S. 364-369

[12.43] VAN DYCK, P., u. PH. D. THESIS: University of Antwerp (UIA), Wilrijk, Belgium (1982)

[12.44] RICKEY, F. A., u.a.: in: T. G. DZUBAY (Ed.): X-ray fluorescence Analysis of Environmental Samples, Ann Arbor Science Publishers, Ann. Arbor, MI (1977), S. 135

[12.45] SMITS, J., u. R. VAN GRIEKEN: Optimization of a simple spotting procedure for X-ray fluorescence analysis of waters. Anal. Chim. Acta 88 (1977), S. 97-107

[12.46] DE LINDEMANN, L., u. G. BERNARDINI: Bestimmung von Mikromengen Silicium mittels Röntgenfluoreszenzspektrometrie. Anal. Chim. (Rom) 61 (1971), S. 131-136

[12.47] VAN GRIEKEN, R. E., C. M. BRESSELEERS u. B. M. VANDERBORGHT: Chelex-100 ion-exchange filter membranes for preconcentration in X-ray fluorescence analysis of water. Anal. Chem. 49 (1977), S. 1326-1331

[12.48] KINGSTON, H., u. P.A. PELLA: Preconcentration of Trace Metals in Environmental and Biological Samples by Cation Exchange Resin Filters for X-ray Spectrometry. Anal. Chem. 53 (1981), S. 223

[12.49] LIESER, K. H., H. M. ROBER u. P. BURBA: Abtrennung von Spurenelementen aus Wasser mit Hilfe von Celluloseaustauscher-Filtern und ihre Bestimmung durch RFA mit Radionuklidanregung. Z. Anal. Chem. 284 (1977), S. 361-368

[12.50] BURBA, P., u. K. H. LIESER: Abtrennung von Spurenelementen an einem Celluloseaustauscher mit 1-(2-Hydroxyphenylazo)-2-naphthol (Hyphan) als funktionelle Gruppe und nachfolgender Bestimmung durch RFA. Z. Anal. Chem. 286 (1977), S. 191-197
S. 191-197

[12.51] LIESER, K. H., u.a.: Multielement trace analysis of solid and liquid samples by X-ray fluorescence. Microchim. Acta (1978) I, S. 363-373

[12.52] BURBA, P., u. a.: Preconcentration and determination of trace elements in fresh water and sea water. Comparison of results obtained by different methods (X-ray fluorescence, neutron activation and atomic absorption). Z. Anal. Chem. 291 (1978), S. 273-277

[12.53] STORK, G., u. H. JUNG: Indirekte Bestimmung leichter Elemente durch RFA. I: Bestimmung von Chlorid, Thiocyanat, Cyanid und Phosphat über einen abhängigen Bezugsstandard. Z. Anal. Chem. 249 (1970), S. 161–164

[12.54] STORK, G., u. H. JUNG: Indirekte Bestimmung leichter Elemente durch RFA. II: Bestimmung von Sulfat, Chlorid und Bromid nebeneinander, sowie Beryllium. Z. Anal. Chem. 262 (1972), S. 161–166

[12.55] SMITS, J. A., u. R. E. VAN GRIEKEN: Charakterization of a 2,2'-diaminodiethylamino-cellulose filter toward metall cation extraction. Anal. Chem. 52 (1980), S. 1479–1784

[12.56] SMITS, J., und R. VAN GRIEKEN: Enrichment of trace anions from water with 2,2'-diaminodiethylamine cellulose filters. Anal. Chim. Acta 123 (1981), S. 9–17

[12.57] BURBA, P., B. GLEITSMANN u. K.-H. LIESER: Abtrennung und RFA von gelöstem Uran aus natürlichem Wasser mittels chelatbildender Celluloseaustauscher (am Beispiel natürlicher Wasserproben). Z. Anal. Chem. 289 (1979), S. 28–34

[12.58] BURBA, P., CEBULC, M. u. J. A. C. BROEKAERT: Verbundverfahren (Spektralphotometrie, ICP-OES, RFA) zur Bestimmung von Uranspuren in natürlichen Wässern. Z. Anal. Chem. 318 (1984), S. 1–11

[12.59] MINNKINEN, P.: A combined ion exchange and X-ray fluorescence method for the determination of uranium in natural waters. Finn. Chem. Lett. (1977) Nr. 4–5, S. 134–137

[12.60] HATHAWAY, L. R., u. G. W. JAMES: Use of chelating ion-exchange resin in the determination of uranium in ground water by X-ray fluorescence. Anal. Chem. 47 (1975), S. 2035–2037

[12.61] CLECHET, P., u. a.: Spurenanalyse von Quecksilber in Wasser durch Röntgenspektrometrie nach Konzentration an Ionenaustauscherpapier. Analusis 5 (1977), S. 366–371

[12.62] LOYDEN, D. E., T. A. PATTERSON u. J. J. ALBERTS: Preconcentration and X-ray fluorescence determination of Cu, Ni and Zn in sea water. Anal. Chem. 47 (1975), S. 733–735

[12.63] MIZUNO, K., u. H. SHIIO: X-ray fluorescence analysis of alkali lead in air with active carbon. Japan Analyst 21 (1972), S. 271–273

[12.64] VASSOS, B. H., R. F. HIRSH u. H. LETTERMANN: X-ray microdetermination of chromium, cobalt, copper, mercury, nickel and zinc in water using electrochemical preconcentration. Anal. Chem. 45 (1973), S. 792–794

[12.65] EL-TAHER, A.-E.-H.: Vergleichende Untersuchungen zur polarographischen, röntgenfluoreszenzspektrometrischen und spektralphotometrischen Bestimmung von Spurenbestandteilen an ausgewählten Elementen – Eisen, Kupfer und Zink. Dissertation A, Bergakademie Freiberg (1977)

[12.66] DISAM, A., TSCHÖPEL, P., u. G. TÖLG: Röntgenfluorimetrische und atomabsorptiometrische Bestimmung von Elementspuren im ng/ml-Bereich in wäßrigen Lösungen nach Anreicherung durch Fällungsaustauschreaktion an dünnen Metallsulfidschichten. Z. Anal. Chem. 295 (1979), S. 97–109

[12.67] CHAKRAVORTY, R., u. R. VAN GRIEKEN: Coprecipitation with iron hydroxide and X-ray fluorescence analysis of trace metals in water. Int. J. Environ. Anal. Chem. 11 (1982), S. 67–80

[12.68] LEYDEN, D. E., E. GOLDBACH u. A. T. ELLIS: Preconcentration and X-ray spectrometric determination of arsenic (III/V) and chromium (III/VI) in water. Anal. Chim. Acta 171 (1985), S. 369–374

[12.69] BRUNINX, E., u. E. VAN MEYL: The analysis of surface waters for iron, zinc and lead by coprecipitation on iron hydroxid and X-ray fluorescence. Anal. Chim. Acta 80 (1975), S. 85–95

[12.70] PIK, A. J., J. M. ECKERT u. K. L. WILLIAMS: The determination of dissolved chromium(III) an chromium(VI) and particulate chromium in waters at $\mu g l^{-1}$ levels by thin-film X-ray fluorescence spectrometry. Anal. Chim. Acta 124 (1981), S. 351–356

[12.71] VANDERSTRAPPEN, M. G., u. R. E. VAN GRIEKEN: Co-crystallization with 1-(2-pyridylazo)-2-naphthol and X-ray fluorescence for trace metal analysis of water. Talanta 25 (1978), S. 653–658

[12.72] SCHEUBECK, E., CH. JÖRRENS u. H. HOFFMANN: Schnelles Anreicherungsverfahren für den Einsatz der Röntgen-Fluoreszenz-Analyse (RFA) zur Erfassung von Metallspuren aus wäßrigen Lösungen. Z. Anal. Chem. 303 (1980), S. 257–264

[12.73] LIBBY, R. A.: Quantitative Dünnschichtchromatographie mit Röntgenemissionsspektrometrie. Analyt. Chem. 40 (1968), S. 1507–1512

[12.74] MARIJANOVIC, P., J. MAKJANIC, V. VALKOVIC: Trace element analysis of waters by X-ray emission spectroscopy. J. Radioanal. Nucl. Chem. 81 (1984), S. 353–357

[12.75] TANOUE, T., H. NARA u. S. YAMAGUCHI: Adv. in X-ray Anal. Jpn. 11 (1979), S. 69

[12.76] TAKEMOTO, S., H. KITAMURA u. Y. KUGE: X-ray fluorescence analysis of trace elements in water by using gel-coprecipitation method with dibenzylidene-D-Sorbitol. Japan Analyst 25 (1976), S. 40–44

[12.77] HUBER, W., u. H. FRICKE: Selektiver Nachweis von Elementen auf Papier und Dünnschichtchromatogrammen mit Hilfe der RFA. J. Chromatogr. 48 (1970), S. 362

[12.78] HOUPT, P. M.: An element-specific X-ray fluorescence scanner for thin-layer chromatograms. X-Ray Spectrom. 1 (1972), S. 37–38

[12.79] KNÖCHEL, A., u. A. PRANGE: Analysis of trace elements in sea water. II: Determination of heavy metal traces in sea water by X-ray fluorescence analysis with totally reflecting sample holders. Microchim. Acta (1980) II, S. 395–408

[12.80] MAGYAR, B., u. F. J. LOBANOV: Extraktion der Metallionen Cr(III), Fe(III), Co(II), Ni(II), Cu(II) und Zn(II) mit geschmolzenem Oxin und Bestimmung der extrahierten Metalle mit Hilfe von Röntgenfluoreszenz. Talanta 20 (1973), S. 55–63

[12.81] VANDERBORGHT, B. M., u. R. E. VAN GRIEKEN: Enrichment of Trace Metals in Water by Adsorption on Activated Carbon. Anal. Chem. 49 (1977), S. 311

[12.82] WATANABE, H., S. BERMAN u. D. S. RUSSELL: Determination of trace metals in water by X-ray fluorescence spectrometry. Talanta 19 (1972), S. 1363–1375

[12.83] VANDERBORGHT, B. M., u. R. E. VAN GRIEKEN: Trace metal analysis of water containing humic substances by X-ray fluorescence. Int. J. Environ. Anal. Chem. 5 (1978), S. 221–237

[12.84] HERES, A., u. a.: Über den Einsatz der Röntgenfluoreszenz, der Atomabsorption und der Emissionspektrographie zur Wasseranalyse. Analysis 1 (1972), S. 408–412

[12.85] MAGYAR, B., u. G. KAUFMANN: Spektrochemische Bestimmung von Sulfat bzw. Chlorid mit Röntgenfluoreszenz nach Anreicherung durch Mitfällung von $BaCrO_4$ bzw. AgSCN aus verdünnten Lösungen. Talanta 22 (1975), S. 267–272

[12.86] TSCHÖPEL, P., u. a.: Röntgenfluorimetrische Bestimmung von Sulfidspuren im ppb-Bereich in wäßrigen Lösungen nach Austauschreaktion an dünnen Silberhalogenidschichten. Z. Anal. Chem. 271 (1974), S. 106–117

[12.87] ROBBERECHT, H. J., u. R. E. VAN GRIEKEN: Sub-part-perbillion determination of total dissolved selenium and selenite in environmental waters by X-ray fluorescence spectrometry. Anal. Chem. 52 (1980), S. 449–453

[12.88] HOWE, P. T.: Report AECL-6444, Atomic Energy of Canada Ltd., (1980), S. 11

[12.89] MONIEN, H., u. a.: Zur Bestimmung von Molybdän in Meerwasser mit verschiedenen Methoden. Vergleich und Richtigkeit von Analysenergebnissen (Inversvoltammetrie, Atomabsorptions- und Röntgenfluoreszenz-Spektrometrie). Z. Anal. Chem. 300 (1980), S. 363–371

[12.90] CARAVAJAL, G. S., K. J. MAHAN u. D. E. LEYDEN: The determination of uranium in natural waters at ppb levels by thin-film X-ray fluorescence spectrometry after coprecipitation with an iron dibenzylidithiocarbamate carrier complex. Anal. Chim. Acta 135 (1982), S. 205–214

[12.91] LEYDEN, D. E., W. K. MONIDEX u. P. CARR: Determination of parts per billion phosphate in natural waters using X-ray fluorescence spectrometry. Anal. Chem. 47 (1975), S. 1449–1452

[12.92] ELLIS, A. T., u. a.: Preconcentration methods for the determination of trace elements in water by X-ray fluorescence spectrometry. I: Response characteristics. Anal. Chim. Acta 142 (1982), S. 73–87

[12.93] ELLIS, A. T., u. a.: Preconcentration methos for the determination of trace elements in water by X-ray fluorescence spectrometry. II: Interference studies. Anal. Chim. Acta 142 (1982), S. 89–100

[12.94] ZOLOTOV, YU. A., V. A. BODNYA u. A. N. ZAGRUZINA: Application of extraction methods for the determination of small amounts of metals. CRC Crit. Rev. Anal. Chem. 14 (1982), S. 93–174

[12.95] ACKERMANN, G., u. a.: Möglichkeiten und Grenzen bei der Verwendung von Filterpapier als Träger bei der röntgenspektrometrischen Analyse. Talanta 19 (1972), S. 293–298

[12.96] BRYKINA, G. D., u. a.: Sorption X-ray fluorescence determination of copper, nickel, zinc, and cadmium in soils. Ž. Anal. Chim. 38 (1983), S. 33–37

[12.97] GREEN, T. E., S. L. LAW u. W. J. CAMPELL: Verwendung von selektivem Ionenaustauschpapier bei der Röntgenspektrographie und der Neutronenaktivierung. Anwendung zur Bestimmung von Gold. Anal. Chem. 42 (1970), S. 1749–1753

[12.98] CLECHET, P., u. G. ESCHALIER: Determination of traces of mercury and barium in mineral-containing water by selective retention in ion-exchange papers and X-ray fluorescence spectrometry. Anal. Chim. Acta 156 (1984), S. 295–299

[12.99] ROELANDTS, I.: Determination of light rare earth elements in apatite by X-ray fluorescence spectrometry after anion exchange extraction. Anal. Chem. 53 (1981), S. 676–680

[12.100] HAAS, H. F., V. KRIVAN u. H. M. ORTNER: Bestimmung von Refraktärmetallen in pflanzlichem Material durch Röntgenfluoreszenzanalyse nach Anreicherung. Anal. Chim. Acta 149 (1983), S. 77–86

[12.101] RABE, R.: Röntgenfluoreszenzspektrometrische Bestimmung von Spurenelementen in verdünnten wäßrigen Lösungen nach Anreicherung auf Cellulose-Ionenaustauschern. Z. Pflanzenernähr. Bodenkunde 141 (1978), S. 143–150

[12.102] FÖRSTER, M., u. K. H. LIESER: Bestimmung der Spurengehalte an Schwermetallen in anorganischen Salzen und organischen Lösungsmitteln durch energiedispersive Röntgenfluoreszenzanalyse oder flammenlose Atomabsorptionsspektrometrie nach Anreicherung mit einem Celluloseaustauscher. Z. Anal. Chem. 309 (1981), S. 355–358

[12.103] LEYDEN, D. E., u. G. H. LUTTRELL: Preconcentration of trace metals using chelating groups immobilizid via silylation. Anal. Chem. 47 (1975), S. 1612–1617

[12.104] HIRAYAMA, K., u. N. UNOHARA: X-ray fluorescence analysis of trace metals by adsorption to the chelating functional group immobilised silica gel. Bunseki Kagaku 29 (1980), S. 452–457

[12.105] CRONIN, J. T., u. E. D. LEYDEN: Preconcentration of uranium for X-ray fluorescence determination on chemically-modified filters. Intern. J. Environ. Anal. Chem. 6 (1979), S. 255–262

[12.106] TACKETT, S. L.: Haltevorrichtung für Ionenaustausch-Filterpapier zur Verwendung in der Röntgenspektrometrie. Anal. Chem. 43 (1971), S. 972

[12.107] HOOTON, K. A. H., u. M. L. PARSONS: Practical limits of detection with ion exchange-resin loaded papers. Appl. Spectroscopy 27 (1973), S. 480–483

[12.108] VAN GRIEKEN: R.; u. a. Soil analysis by thin-film energydispersive X-ray fluorescence. Anal. Chim. Acta 108 (1979), S. 93–101

[12.109] KHAN, A. S., u. A. CHOW: Indirekt determination of phosphate by X-ray fluorescence spectrometry using polyurethane foam. Anal. Lett. 16 (1983) 4A, S. 265–274

[12.110] KHAN, A. S., u. A. CHOW: Determination of arsenic by polyurethane foam extraktion and X-ray fluorescence. Talanta 31 (1984), 304–306

[12.111] CHOW, A., u. S. L. GINSBERG: The extraction and determination of thiocyanate complexes by use of polyurethane foam. Talanta 30 (1983), S. 620–622

[12.112] SHESTAKOV, V. A., u. a.: Sorption-X-ray fluorescence determination of heavy metals using a polymeric thioether. Ž. Anal. Chim. 38 (1983), S. 2131–2136

[12.113] SHESTAKOV, V. A., u. a.: Sorption and X-ray fluorescence determination af platinum metals using a polymer thioether. Ž. Anal. Chim. 36 (1981), S. 1784–1792

[12.114] SHESTAKOV, V. A., u. a.: Sorption-XRF determination of platinum metals using a polymeric sorbent containing tertiary nitrogen. Ž. Anal. Chim. 39 (1984), S. 311–316

[12.115] LOBANOV, F. I.: Chemical X-ray fluorescence analysis. Zavodsk. Lab. 47 (1981), S. 1–14

[12.116] LABANOV, F. I., u. a.: Chemical X-ray fluorescence determination of trace mercury by using extraction preconcentration with low-melting organic substances. Zavodsk. Lab. 49 (1983), S. 11–12

[12.117] SPEVACKOVA, V., J. JOHN u. M. PRAZSKA: Determination of uranium by XRF analysis following its preconcentration with some organic precipitants. J. Radional. Chem. 80 (1983), S. 115–120

[12.118] HIROKAWA, K.: Enrichment procedures for small quantities of metals by organo-metallic or other coprecipitation techniques for X-ray fluorescence analysis. Z. Anal. Chem. 260 (1972), S. 4–7

[12.119] YOSHIKWAWA, S., u. R. NAKAMURA: Determination of microgram amounts of aluminium, iron and titanium in various gypsum by cupferron precipitation and X-ray fluorescence. Bunseki Kagaku 30 (1981), S. 17–21

[12.120] KNAPP, G., B. SCHREIBER u. R. W. FREI: A simple concentration procedure for trace metals for X-ray fluorescence and atomic absorption spectrometry. Anal. Chim. Acta 77 (1975), S. 293–297

[12.121] LENGAR, Z., V. HUDNIK u. S. GOMISCEK: X-ray fluorescence spectrometric determination of traces of metal ions in water after preconcentration on Zinc diethyldithiocarbamate. Vestn. Slov. Kem. Drus. 28 (1981), S. 379–388

[12.122] MOORE, R. V.: Dibenzylammonium and sodium dibenzyldithiocarbamates as precipitants for preconcentration of trace elements in water for analysis by energy dispersive X-ray fluorescence. Anal. Chem. 54 (1982), S. 895–897

[12.123] BRÜGGERHOFF, S., u. a.: Beitrag zur Präparation von Spurenkonzentrat-Targets für die PIXE-Multielementanalyse. I: Grundlagen. Z. Anal. Chem. 311 (1982), S. 252–258

[12.124] YAMAMOTO, Y., M. SUGITA u. K. UEDA: Determination of trace amounts of iron, nickel and tin in zircaloys by X-ray fluorescence spectrometry coprecipitation with hexamethylene-ammoniumhexamethylenedithiocarbamate. Bull. Chem. Soc. Japan 55 (1982), S. 742–745

[12.125] YAMAMOTO, Y., Y. NISHINO u. K. UEDA: Determination of trace amounts af copper, lead and zinc in cements by X-ray fluorescence spectrometry after precipitation separation with hexamethyleneammoniumhexamethylenedithiocarbamat. Talanta 32 (1985), S. 662–664

[12.126] PIK, A. J., u. a.: The determination of metals at ppb levels by thin-film X-ray fluorescence spectrometry after coprecipitation with a molybdenum carrier complex. Anal. Chim. Acta 110 (1979), S. 61–66

[12.127] BERGERIOUX, C., u. W. HAERI: Coprecipitation of dissolved trace elements with combined organic precipitating reagents for use in X-ray fluorescence analysis. I: 1,10-Phenanthrolic and tetraphenylboron. Analusis 8 (1980), S. 169–173

[12.128] WATANABE, H., u. T. UEDA: The precipitation of traces of copper, cadmium and lead with 6-anilino-1,3,5-triazine-2.4-dithiol and its application to X-ray fluorescence spectrometry. Bull. Chem. Soc. Japan 53 (1980), S. 411–415

[12.129] LEYDEN, D. E.: X-ray fluorescence and methods of preconcentration of ions from aqueous solution. Poll. Eng. Technol. **18** (1981), S. 271–306

[12.130] LEYDEN, D. E.: Preconcentration methods for trace element determination. Report 1983. EPA-600/4-83-006

[12.131] VERBEECK, J., B. VANDERBORGHT u. R. VAN GRIEKEN: Determination of vanadium, molybdenum and tungsten in chloralkali electrolysis brines by X-ray fluorescence spectroscopy. Anal. Chim. Acta **128** (1981), S. 207–212

[12.132] KOCH, O. G.: Beitrag zur Probenpräparation in der RFA. Z. Anal. Chem. **274** (1975), S. 203–204

[12.133] KUROHA, T., u. S. SHIBUYA: Bestimmung von Spurenmetallen durch Röntgenfluoreszenzspektrometrie nach Solventextraktion und Überführung auf einen dünnen Film. Japan Analyst. **17** (1968), S. 801–805

[12.134] MENKE, H.: Untersuchung einer Methode zur Bestimmung von Blei, Cadmium, Quecksilber, Arsen und Tellur in Lebensmitteln mit Hilfe der Röntgenfluoreszenz. Z. Anal. Chem. **286** (1977), S. 31–35

[12.135] LINDER, H. R., H. D. SELTNER u. B. SCHREIBER: Use of dibenzyldithiocarbaminate as cocipitant in the routine determination of 12 heavy metals in pharmaceuticals by X-ray fluorescence spectrometry. Anal. Chem. **50** (1978), S. 896–899

[12.136] BRODDA, B.-G., D. HERZ u. U. WENZEL: X-ray fluorescent spectrometric determination of trace amounts of actinides on electrodeposited samples. Anal. Chim. Acta **147** (1983), S. 105–111

[12.137] OUMO, P. R., u. E. NIEBOER: Determination of microgram amounts of precious metals using X-ray fluorescence spectrometry. Analyst **104** (1979), S. 1037–1049

[12.138] HIMSWORTH, G.: The determination of trace amounts of vanadium in titanium(IV)-chloride by X-ray fluorescence spectrometry. Analyst. **100** (1975), S. 186–191

[12.139] REYMONT, T. M., u. R. J. DUBOIS: Determination of traces of arsenic by coprecipitation and X-ray fluorescence. Anal. Chim. Acta **56** (1971), S. 1–6

[12.140] IWASAKI, K., u. K. TANAKA: Determination of microgram amounts of mercury by X-ray fluorescence analysis after solvent extraction and concentration on filter paper. Japan Analyst **24** (1975), S. 619–623

[12.141] JANSSEN, J. H., u.a.: Determination of total mercury in workroom air by atomic absorption or X-ray fluorescence spectrometry after collection on carbon loaded paper. Anal. Chim. Acta **84** (1976), S. 319–326

Sachwortverzeichnis

A

Absorption 29
Absorptionskanten 32
Absorptionskoeffizient 30
Absorptionsmittel, Zusatz von 215, 217, 219, 252, 254
Absorptionsspektrum 32
Abstandsquadratgesetz 19
Additionsmethode 146
Aktivkohle 277, 280
Alpha-Korrektur-Modell 137
Analysator 78
Analysatorkristalle 304
–, Auswahlkriterien 59
–, Dispersion 60
–, integrales Reflexionsvermögen 60
Anodenmaterial, Einfluß auf Bremsspektrum 22
Anodenschlamm 216
Anregungsbedingungen 40
Anregungsenergien 303
Anregungsspannungen 26
Anregungswahrscheinlichkeit 40
Anreicherungsverfahren 274
Ansätze mit »theoretischen Alphas« 140
Anwendungsleistungen der RFA 18
Applikationsstandardabweichung 177
Arbeitsaufwand 182
Aspirator 270
Auflösungsvermögen von Detektoren 64
–, energetisches 73, 74
–, zeitliches 65
Aufmahlen 166
Aufschlußmittel 162
AUGER-Effekt 33
äußerer Standard 146
Auswahlregeln 25

B

BÄCKERUD-Verfahren 223
Bauxit 210
Bestimmungsgrenze 85, 181, 190, 265
Beugung am Einkristall 36
Bewertung von Verfahren 179f
Bindemittel 170
Bindemittelzusatz 169
Bleielektrolyse 216
Bleiflugstaub 218
Bleikönig 224
Bleiraffination 230
Blindstrahlung 215
BOHRsches Atommodell 23
Borate 162
Borax-Schmelzaufschluß 196
BRAGGsche Gleichung 37
– Reflexion 37
BRAGG-SOLLER-Spektrometer 57
Bremsspektrum 21f
Bremsstrahlung 21
–, spektrale Intensität 27
Bronzen 220
Bruttoimpulsrate 183

C

CAUCHY-Verteilung 93
Cellulose als Bindemittel 170
– als Ionenaustauscher 275, 278
charakteristische Strahlung 23
Chrom-Nickel-Stahl 131
CLARKE-Bereich 261
Columbit 255, 257
COMPTON-Effekt 35
COMPTON-Strahlung 260
COMPTON-Streuung 34

D

Dauerhaftigkeit von Meßproben 154
Detektor 62f
Detektorcharakteristik 64
Detektoreffektivität 65, 66
Detektorfolien 70
Detektorspannung 64
Dichtefunktion 174
Disk-Pin-Probe 156, 201
Diskriminator 77
Dokimasie 224
Drift der Primärintensität 146
Driftkorrektur 146
DUANE-HUNTsches Gesetz 22
Dünnschicht-Chromatographie 280

E

Edelmetalle 224
Eichfunktion, lineare 124
Eichkurve, graphische Darstellung 124
Eichproben 122
Eichproben, Anforderungen an 122
Eichprobenanzahl 122, 129
Eindampfen von Lösungen 274
Einfahrverhalten von Röntgenspektrometern 179
Eisenerz, -konzentrate 191
Eisensinter 191
Elektrolyteisen, Zusatz von 202, 206
elektromagnetisches Spektrum 18
elektromagnetische Strahlung 18
Elementidentifizierung 98
Empfindlichkeit 126, 182
Energieauflösungsvermögen 64
energiedispersive RFA 92
- Spektrometer 44, 45, 47, 48, 81
Enhancement 110
Escape Peak 63, 93, 97
Extraktion 276, 279

F

Fällungsreagenzien 276, 277
Fällungsverfahren 276, 279
FANO-Faktor 69

Fehler, impulsstatistische 174, 183
-, systematische 173
-, zufällige 173
Ferrochrom 203
Ferrolegierungen 203f
Ferrolegierungen, Löseprozeß 203
Ferromangan 203
Ferromolybdän 203
Ferroniob 203
Ferrosilicium 204
Feuerfestmaterial 244
Filterdifferenzverfahren 83
Filtermaterial 270
Flugstaub 218
Fluoreszenzanregung 31
Fluoreszenzausbeute 34
flüssige Proben 171
fokussierende Dispersion 59
Fotoabsorption 31
Fotopeak 63
Fotopeakverschiebung 65
Freiheitsgrad 176
Fundamentalparameter-Modell 123, 138
Funktionstest von Spektrometern 85
Funktionsverstärker 76
F-Verteilung 131

G

galvanische Bäder 228
Gamma-Strahlung radioaktiver Quellen 29
Gasverstärkung 69
GAUSS-Verteilung 174
Gefriertrocknung 274
Genauigkeit 173
Generator 51
Gerätestandardabweichung 177
Gerätetest 178
geringe Probenmengen 170
Gesteine 251
gestreute Primärintensität, innerer Standard 149
Gieß-Preß-Technik 164
Glasbildner, Zusatz von 161, 250
Glasbildung beim Schmelzaufschluß 161, 250
Gläser 158
-, technische 233f
Glaspulver 235

Glättung von Spektren 95
Gold 224
graphische Darstellung der Eichfunktion 124
Gußeisen 197

H

Halbleiterdetektoren 71
Halbwertsbreite 60, 61, 67, 69, 100
– von Spektrallinien 62
Halbwertsdicke 30
Halbwertszeit 29
Hartmetalle 209
Hartperm 141
Häufigkeitsverteilung 174
Heliumspülung 50
Hochofenschlacken 195
Homogenisierung 163
Homogenität 154, 161
Hüttenaluminium 223
Hybrid-Verfahren 140, 233

I

Ilmenit 255, 257
Impulsaufstockung 98
Impulshöhenspektrum 63, 93
Impulshöhenverteilung 62
Impulsrate und Intensität 90, 91
impulsstatistischer Fehler 174, 183
Impulsvorwahl 183
indirekte Bestimmungsverfahren 280
Inhomogenitäten 220
innerer Standard 146
–, Anwendung 228, 260
–, Auswahlkriterien 148
–, gestreute Primärintensität als 149
Intensität 19
– charakteristischer Spektrallinien 28
Intensitätsdrift 126
Intensität, monochromatische Anregung 38
–, polychromatische Anregung 40
Intensitäts-Konzentrations-Beziehungen 123
–, empirische 123
–, graphische Darstellung 123
Intensitäts-Korrektur-Modelle 125
Intensität und Impulsrate 90, 91

Intensitätsverhältnisse 186
Interelementanregung 110
Ionenaustauscher 275
–, chelatbildende 275
Ionenaustauschermembranen 275
Ionenaustauscherpapier 275, 278
Iteration 138

K

Kalk-Natron-Glas 235
Kalkstandard 246
K_α-Dublett 26
Kantenfilter-Methode 212
Kaolin 242
Kegelprobe 156
Klinker 246, 247
Koeffizientenbewertung 127
Koeffizienten, Signifikanztest 130
Kollektorfällung 276, 279
Kollimator 61
Komplexbildner, organische 276, 279
Konzentrations-Korrektur-Modelle 123, 135, 137
Korngrößeneinfluß 116f
– bei Glaspulvern 235f
–, empirischer Korrekturansatz 235f
–, Korrekturmodelle 118
–, mathematisches Modell 235f
Korngrößenverteilung 116, 238
Korrekturansatz nach BEATTY und BRISSEY 136
– nach JENJINS 253
– nach LUCAS-TOOTH und PRICE 127
– nach MARTI 136
– nach RASBERRY und HEINRICH 137, 142
Korrekturverfahren, hybride 140, 233
Korrelationskoeffizient 134
Kovarianz 129
Kupfer-Nickel-Schlacke 214
Kupferschiefer 207
Kupferstein 213

L

Laterite 254
Leistungsfähigkeit der RFA 15
Linienauflösungsvermögen 226

Sachwortverzeichnis

Linienkoinzidenzen 202, 209, 224, 225, 263
Lösungen 171, 227
Luftverunreinigungen 269

M

Magmatite 251
Mahlbedingungen 166
Mahlhilfsmittel 165
Massenschwächungskoeffizienten 30, 108, 109, 307f
Massenstreukoeffizient 36
Matrixeffekte 107, 108f
–, Korrektur von 123f, 145f
Mehrkanalspektrometer 44, 45
Membranfilter 274, 279
Meßgrößen 183
Messing 221
Meßprobendicke 153
Meßprobenform und -größe 153
Meßprobenoberfläche 153
Meßstrategie 183
Meßwertstabilität 178
metallische Bestandteile 197
Metamophite 251
Mikrolith 255, 257
mineralogische Einflüsse 117
Monochromator 57f
Mosaikkristall 61
MOSELEYsches Gesetz 27

N

Nachweiselektronik 76
Natriumperoxidaufschluß 230
Natron-Kalk-Gläser 233
Nettoimpulsrate 91
Nettointensitäten 184
Neusilber 221
Niob 209
Normalverteilung 174

O

Oberflächenbehandlung 121
Oberflächeneinfluß 119

Oberflächenprobleme 114
Oberflächenrauhigkeit 120
Oberflächenstruktur 114
optimale Zählbedingungen 183f

P

Palladium 224, 225
Parameteroptimierung 104
PAULI-Prinzip 23
Peakflächenbestimmung 100
Peaksuchverfahren 95
Pile-up-Effekt 98
Plateau von Zählern 64
POISSON-Verteilung 174
Polyethen als Bindemittel 216
Polyvinylalkohol als Bindemittel 261
Potenzreihenansatz 126
Präparationstechnik 153f
Präzision, Reproduzierbarkeit 173
Preßhilfsmittel 169
Preßregime 167
Probenahme 190
Preßwerkzeug 168
Primärröntgenstrahlung 20
–, gestreute 149
Probendicke 41, 115
–, kritische 116
Probendrehung 50
Probenmassen, geringe 267
Probenvolumen, effektives 115
Probenvorbereitung 153f
–, flüssige Proben 171
–, kompakte Proben 155
–, pulverförmige Proben 165f
–, zufällige Fehler 177
Probleme bei der Anwendung der RFA 15
Proportionalzählrohr 68f
–, Alterung 70
–, Wirkungsweise 69
Pulverpreßtechnik 167f

Q

qualitative Analyse 89, 95
Quantenenergien 19
– von Röntgenstrahlen 19

316 Sachwortverzeichnis

Quantenzählausbeute 65
Quantenzahlen 24

R

Radionuklidquellen 55, 56
Rauhigkeit 156
Rauhtiefe 120
Reflexionsvermögen 20, 37
– von Kristallen 60
Regressionskoeffizenten 128
–, Signifikanztest 130, 134
Regressionsrechnung 127, 132
relative Standardabweichung 175
Relativmessung 126
Reproduzierbarkeit, Präzision 173
–, von Analysenverfahren 175
–, von Meßwerten 176
Reststreuung 129, 132, 179
Richtigkeit 173
Ringofentechnik 277
Rockingkurve 60
Roheisen 197
Röntgenfluoreszenzanalyse, Grundprinzip 17
Röntgenröhre 51f, 54
–, Anodenmaterial 54
–, Lebensdauer 55
–, Wirkungsgrad 53
Röntgenspektrallinien, Benennung 25
–, Intensitäten 26
Röntgenspektrometer 43f
–, Einfahrverhalten 179
Röntgenspektrum 49
Rotschlamm 210

S

Schlacken, bleihaltige 213
–, zinnhaltige 211
Schlämmkaolin 242
Schleifmittel 157
Schleuderguß 198, 202, 158
Schleudergußverfahren 198
Schmelzaggregate 163
Schmelzaufschlüsse 158
–, Einflußgrößen 160
–, Gießtechnik 164

–, Probleme 159
–, Tiegelmaterial 161
–, Zusätze 161
Schmelzflußelektrolyt 223
Schmelzmittel 162
Schmelztechniken 164
Schüttguttechnik 166
Schwächung 29
–, selektive 108
Schwächungsgesetz 29
Schwächungskoeffizienten 29
Schwebstaub, Auswahl des Filtermaterials 270
Schwebstaubanalyse 269, 272
Sedimentationsanalyse 238
Sedimentationsstaub 269
Sedimente 251
Seigerungen 220
Seitenfensterröhre 51, 52
Sekundäranregung 110
Sequenzgerät 44, 45, 47
Si(Li)-Detektor 72
Siemens-Martin-Schlacken 197
Signifikanztest für Regressionskoeffizienten 130
Silberelektrolyt 228
Silber-Palladium-Legierung 224
Silikatmodul 246
Sinter 191
Sinteraufschluß 195
Sinusverstärker 76
SOLLER-Kollimator 46, 61
Spektralverteilung der Primärspektren 139
Spektralzerlegung mit logarithmisch gekrümmtem Kristall 58
– nach CAUCHOIS 58
– nach JOHANN 57
– nach JOHANSSON 59
Spektrenentfaltung 105
Spektrenglättung 95
Spektrenverfälschung, Korrektur 97
Spurenanalyse 268, 277
Spurenelemente in geologischen Proben 258
Stahl 199f
–, legiert 202
–, unlegiert 201
Stahlspäne, Umschmelzen von 202
Stahlwerksschlacken 195
Standard, äußerer 146
–, innerer 146

Standardabweichung 175
–, relative 175
Standardgesteine 244, 265
Standardspektren 102
Standardzusatzmethode 146
statistische Parameter 175
– Sicherheit 131, 176
Staub 269
Stirnfensterröhre 53
Strahlungsintensität 19
Streuintensität 92
Streukoeffizient 30, 36
Streuung 34f
–, inkohärente 34
–, kohärente 34
Stripping-Verfahren 103
Struktureffekt 191
Student-Verteilung 176
Szintillationszähler 66f
–, Wirkungsweise 67

T

Talerprobe 156, 197
Tantal 209
Tantalit 209
Temperaturregelung 50
Termschema 25
Tertiäranregung 111
THOMSON-Streuung 34
Titanmagnetiterze 193
Tone 241
Tonerde 215
Tonerdemodul 246
Tonschiefer 254
Totzeit 50, 86
–, experimentelle Bestimmung 86
Totzeitkorrektur 65
Transmissionsverfahren nach CAUCHOIS 58

U

Übergangswahrscheinlichkeit 26
Umschmelzen 158, 197, 199, 202, 220
Untergrund 94, 99
– als innerer Standard 150, 213
Untergrundbestimmung 99

– Filterverfahren 99
– Interpolationsverfahren 99
Untergrundimpulsraten 91

V

Vakuumküvetten 228
Vakuumsystem 48
Varianz 175
Verdünnungsmethoden 151
Verstärker 76
Vertrauensbereich 176
Voraussetzungen, räumlich 16
–, personell 16

W

Wahrscheinlichkeit, statistische Sicherheit 176
Wasseranalyse 274
Wechselwirkung Strahlung und Materie 29
Weißerstarrung 197
Weißmetalle 226
Wellenlänge, effektive 42
Wellenlängen von Spektrallinien 302
Wirkungsgrad von Röntgenröhren 53

Z

Zählbedingungen, optimale 183f
–, –, für Intensitätsverhältnisse 186
–, –, für Nettointensitäten 184
Zählerplateau 64
Zählgase 71
Zählgas, Dichtestabilisierung 70
–, Druckstabilisierung 50
Zeitbedarf 182
Zeitvorwahl 183
Zement 246
– Klinker 247
– Rohmehl 247
Zerfallsgesetz 29
Zinnkrätzen 230
Zinnschlacken 211
Zinnschnellbestimmung 212
Zirkon-Korund-Feuerfestmaterial 244
Zirkonrohstoffe 244

MIX
Papier aus verantwortungsvollen Quellen
Paper from responsible sources
FSC® C105338

If you have any concerns about our products,
you can contact us on
ProductSafety@springernature.com

In case Publisher is established outside the EU,
the EU authorized representative is:
Springer Nature Customer Service Center GmbH
Europaplatz 3, 69115 Heidelberg, Germany

Printed by Libri Plureos GmbH
in Hamburg, Germany